数据结构与算法
——C语言版

传智播客/编著

清华大学出版社
北京

内 容 简 介

本书以 C 语言为基础讲解数据结构与算法。全书共 11 章,全面介绍了开发中常用的数据结构,包括线性表(顺序表、单链表、双链表、循环链表)、栈和队列、串、数组和广义表、树、图,详细讲解了各种数据结构的实现及常用操作,以及多种查找算法、内部排序算法的原理和实现,简要介绍了文件的相关知识,最后通过一个综合项目对书中介绍的知识进行整合应用,帮助读者了解实际项目开发的流程。

本书对每种数据结构和算法的剖析都遵循由浅入深的原则,并配以实用的案例和图示,适合具有 C 语言基础的数据结构初学者,实用性强。本书可作为高等院校计算机相关专业数据结构课程的教学参考用书,也可作为培训教材和自学者的学习用书。

图书在版编目(CIP)数据

数据结构与算法:C 语言版/传智播客编著. —北京:清华大学出版社,2016(2025.2 重印)
ISBN 978-7-302-44068-0

Ⅰ.①数… Ⅱ.①传… Ⅲ.①数据结构 ②算法分析 ③C 语言－程序设计 Ⅳ.①TP311.12 ②TP312

中国版本图书馆 CIP 数据核字(2016)第 132454 号

责任编辑:袁勤勇 战晓雷
封面设计:莲蕊蕊
责任校对:梁 毅
责任印制:刘 菲

出版发行:清华大学出版社
        网 址:https://www.tup.com.cn,https://www.wqxuetang.com
        地 址:北京清华大学学研大厦 A 座   邮 编:100084
        社 总 机:010-83470000   邮 购:010-62786544
        投稿与读者服务:010-62776969,c-service@tup.tsinghua.edu.cn
        质量反馈:010-62772015,zhiliang@tup.tsinghua.edu.cn
        课件下载:https://www.tup.com.cn,010-83470236
印 装 者:三河市龙大印装有限公司
经 销:全国新华书店
开 本:185mm×260mm   印 张:23.75   字 数:565 千字
版 次:2016 年 9 月第 1 版   印 次:2025 年 2 月第 13 次印刷
定 价:59.80 元

产品编号:069314-06

前　言

　　随着计算机科学与技术的不断发展,计算机的应用领域已不再局限于科学计算,而更多地应用于控制、管理等非数值处理领域。与此相应,计算机处理的数据也由纯粹的数值发展到字符、表格、图形、图像、声音等具有一定结构的数据,处理的数据量也越来越大,这就需要考虑如何来组织数据与数据之间的关系,即数据结构。特别是随着大数据时代的到来,信息范围的拓宽和信息结构复杂度的加深,为了编写出高质量的程序,必须分析这些信息的特征以及它们之间存在的关系,选择合适的数据处理方式。程序设计的实质就是为确定的问题选择一种适当的数据结构并设计一个好的算法。

为什么要学习数据结构与算法

　　数据结构是计算机专业中的一门专业基础课,开设计算机专业的学校都要开设数据结构课程。数据结构不仅涉及计算机硬件,还和计算机软件的研究有着密切的关系,所有的计算机系统软件和应用软件都要用到各种类型的数据结构和算法。因此,想要更有效地通过编程解决实际问题,仅掌握几种计算机程序设计语言是远远不够的,还必须学好数据结构与算法的相关知识。打好“数据结构与算法”这门课程的扎实基础,对于学习计算机的其他课程,如操作系统、数据库管理系统、软件工程、编绎原理、人工智能等都十分有益。

如何使用本书

　　本书面向具有 C 语言基础的读者。本书的同系列教材包括《C 语言开发入门教程》《C 语言程序设计教程》,请读者学习过以上 C 语言的课程后再使用本教材学习。

　　本书以企业开发中使用的 Visual Studio 2013 为开发工具,以 C 语言为基础讲解数据结构与算法。在整体布局上采用从线性的表到非线性的树,再到错综复杂的图,一步步由浅入深;在学习数据结构时穿插讲解所使用到的算法。在学习完数据结构后,又独立出两章(第 8 章、第 9 章)讲解实际开发中常用的算法,这样的布局能让读者更好地在整体上把握数据结构与算法学习的方法。

　　本书知识覆盖面广,增加了其他教材没有讲述,而在实际开发中常用的知识技术,如循环链表、优先队列、二叉树创建、磁盘排序、哈希文件等,目前市面上几乎没有全面覆盖这些知识的教材,本书为了让初学者与实际开发更好地接轨,对这些知识都进行了讲解。

　　在讲解时,每一种数据结构都遵循“概念→存储原理(配结构分析图)→基本操作原理及实现(配演示图)→完整代码(调试)”的规则;语言通俗易懂,并在难理解处配有相应图示辅助讲解。每一种数据结构在讲解基本操作时均采用以案例引领的教学法,学习完就会实现一个具有基本操作的完整数据结构,可作为封装好的数据结构使用,例如,在后面几章的学习中会使用到前面实现的数据结构;在配套的教学案例中也都是直接调用教材中实现好的数据结构。因此教材的实用性较强。

每一种算法都是遵循"算法思想分析→算法实现→算法复杂度分析→算法改进"的规则,对每一个算法都结合具体案例分析其算法复杂度,力求最优算法。

整体来说,本教材真正遵循了由浅入深、由易到难的学习规律,更适合数据结构初学者使用,让初学者能具备数据分析、数据组织、数据构造的能力。

本书共分为11章,下面分别对每一章进行简单介绍。

- 第1章为概述,介绍了数据结构与算法,讲解了数据结构的概念及分类、算法的概念和特性以及如何用算法复杂度评判一个算法的优劣。通过本章的学习,读者会对数据结构与算法有一个大体上的认识,为以后的深入学习打下基础。
- 第2章讲解了最简单的数据结构——线性表,具体包括常用的顺序表、单链表、双链表、循环链表。通过本章的学习,读者可以掌握线性表的原理及实现,并使用线性表来解决一些简单的问题,为以后学习其他数据结构打下坚实的基础。
- 第3章讲解了两种比较特殊的线性表——栈和队列。讲解了栈和队列的概念、结构特点、常用操作及应用。学习完本章后,读者应对数据结构的理解更加清晰。栈和队列在计算机内部与编程应用中都经常被使用,学好本章,将对读者大有裨益。
- 第4章主要讲解了串的相关知识,包括串的概念、串的存储结构以及串常用的模式匹配算法。本章从数据结构的角度出发,对串的存储与实现进行讲解,使读者能够更好地理解串的底层结构。
- 第5章主要介绍了数组和广义表。通过本章的学习,读者应对数据结构在内存中的存储有初步了解,并能掌握本章所讲的几种数据类型的存储方式。同时要对广义表的概念有所把握,通过广义表的递归运算,学习递归算法的结构和基本使用方法。
- 第6章主要讲解树的相关概念与算法,主要包括树的概念及树的一些基本术语、二叉树的相关知识、线索二叉树和赫夫曼树。树的数据结构及许多算法思想在实际开发中应用特别广泛,希望读者通过本章的学习能够对树有一个整体的掌握。
- 第7章主要介绍了图的基本概念、图的存储结构和图相关概念的运算与应用。通过本章的学习,应掌握图的基本概念,了解图在内存中的存储结构,能够以某种存储结构为基础,创建图并进行图的一些运算。当然更重要的是学习数据结构的表示与构成,加强对数据结构和算法的理解。
- 第8章主要讲解了各种数据结构的查找算法,介绍了线性表的查找、树表的查找、哈希表的查找。通过本章的学习,读者应掌握线性表、树表和哈希表的一些简单的查找算法。
- 第9章主要讲解了多种内部排序算法的原理和实现。通过本章的学习,应熟练掌握多种内部排序算法的核心思想,了解各种算法的性能优劣与计算机内部对数据顺序的处理方式,同时能为不同应用环境以性能为前提选择合适算法。

- 第 10 章主要讲解了文件的概念与分类。本章所学内容较为简单,因为文件的组织形式并不是数据结构的重点内容,因此并不深入讲解,但读者在学习之后也要对文件及其分类也要有大体掌握。
- 第 11 章综合前面所学知识,开发了一个综合项目。通过本章的学习,读者应该对本教材所学知识融会贯通,并且了解实际项目开发流程。

本书的 11 个章可分为 5 个部分:第一部分包括第 1 章,概述了数据结构与算法的基本知识;第二部分包括第 2~7 章,讲解了开发中常用的数据结构,是本教材的重点;第三部分包括第 8、9 章,讲解了查找、排序的一些算法,让读者掌握一些常用的简单算法;第四部分包括第 10 章,简单讲解了文件相关的知识;第五部分包括第 11 章,以一个综合项目将前面所学的知识贯穿在一起,进行深入剖析,加强读者对前面所学知识的应用,也让读者了解实际项目开发的流程,学会如何进行项目分析、项目设计、项目模块划分,让读者成为一个合格的预备程序员。

在学习过程中,读者一定要亲自实践教材中的案例代码。如果读者在理解知识点的过程中遇到困难,建议不要纠结于某一点,可以先往后学习,通常来讲,看到后面对知识点的讲解或者其他小节的内容后,前面看不懂的知识点一般就能理解了。如果读者在动手练习的过程中遇到问题,建议多思考,理清思路,认真分析问题发生的原因,并在问题解决后多总结。

本书配套服务

为了提升您的学习或教学体验,我们精心为本书配备了丰富的数字化资源和服务,包括在线答疑、教学大纲、教学设计、教学 PPT、教学视频、测试题、源代码等。通过这些配套资源和服务,我们希望让您的学习或教学变得更加高效。请扫描下方二维码获取本书配套资源和服务。

致谢

本书的编写和整理工作由江苏传智播客教育科技股份有限公司完成。全体编写人员在编写过程中付出了辛勤的汗水,此外,还有很多人员参与了本书的试读工作并给出了宝贵的建议,在此向大家表示由衷的感谢。

意见反馈

尽管我们尽了最大的努力,但教材中难免会有不妥之处,欢迎各界专家和读者朋友们来信来函提出宝贵意见,我们将不胜感激。您在阅读本书时,如发现任何问题或有不认同之处可以通过电子邮件与我们取得联系。

请发送电子邮件至 itcast_book@vip.sina.com。

传智播客

2025 年 1 月于北京

目 录

第 1 章
数据结构与算法概述

学习目标
- 理解数据结构的概念。
- 理解抽象数据类型的概念。
- 理解算法的概念。
- 掌握算法复杂度的计算。
- 了解算法与数据结构的关系。

数据结构是计算机及其相关专业的基础课程之一,它是介于数学、计算机硬件和计算机软件三者之间的一门核心课程,在计算机科学中,数据结构不仅是一般程序设计的基础,而且是学习其他计算机课程,如操作系统、编译原理、数据库管理系统、软件工程、人工智能等的先修课程。本章主要讲述数据结构的概念、分类及与其相关的抽象数据类型(ADT)、算法的概念,后面各章将陆续学习计算机中常见的数据结构及其使用方法。

1.1 数据结构

数据结构是在每一种计算机语言中都会提到的热门术语,它主要研究数据在计算机中的存储和处理方法,旨在培养学生分析数据、组织数据的能力,告诉学生如何编写效率高、结构好的程序。对于一个合格的、优秀的程序员,数据结构是其必备技能之一。对于如此重要的数据结构,本节就来揭开它的神秘面纱。

1.1.1 什么是数据结构

众所周知,计算机的基本功能大多基于对数据的操作,但当数据较多时,特别是在如今的大数据时代,数据量越来越庞大,该如何组织这些数据,使之能被更高效地处理呢?例如,统计今年新入学的学生信息,包括姓名、年龄、学号、籍贯等,要想在这一大堆数据中高效地进行插入、删除、查找、修改等操作,就要将这些数据合理地组织起来,例如将这些数据制作成表,如图 1-1 所示,这种表就可以称为一种数据结构。

001	小明	男	北京
002	张小强	男	上海
003	李小红	女	河北
004	吕丽	女	河南
⋮	⋮	⋮	⋮

图 1-1 学生信息表

数据结构是计算机存储、组织数据的方式,它是指相互之间存在一种或多种特定关系的数据元素的集合。在计算机中,数据元素并不是孤立的、杂乱无序的,而是按照一定的内在联系存储起来的,这种数据之间的内在联系就是数据结构的组织形式。例如图 1-1 中的数据以一种线性表的形式组织起来。除此之外,数据还可以以其他方式组织起来,如图书馆藏书数据可以组织为索引表的形式,火车站排队买票可以组织为队列的形式,家庭族谱可以组织为树的形式,同学、朋友之间的关系可以组织为图的形式,等等。这些所谓的索引表、队列、树、图都是一种数据结构。

在深入学习数据结构之前,先来学习其中的几个基本概念和术语,学习这些概念术语对以后理解数据结构会有帮助。

1. 数据

数据是指能直接输入计算机中,被计算机处理的符号和被计算机操作的对象。数据不仅包括整型、实型等数值数据,也包括声音、视频、图像等非数值数据。总的来说,数据就是计算机处理的符号。要注意,数据有两个必备条件:能直接输入计算机,能被计算机直接处理。随着计算机的发展,数据的范围也在不断地扩大。

2. 数据元素

数据元素是数据结构中基本的独立单位,它也被叫作元素、结点、记录等。如图 1-1 中学生信息表的第一条记录"001　奥普　男　美国"即为表中的一个元素。在复杂的数据结构中,数据元素往往由若干个数据项组成,数据项是具有独立含义的最小标识单位,也称为字段或域。如"001　奥普　男　美国"这个数据元素由 001(学生编号)、奥普(姓名)、男(性别)、美国(国籍)4 个数据项组成。

3. 数据对象

数据对象是性质相同的数据元素的集合。所谓性质相同是指数据元素具有相同数量和类型的数据项。数据对象是数据的一个子集。如图 1-1 的学生信息表就是一个数据对象,这个数据对象中的数据元素都是由"学号""姓名""性别""国籍"4 个相同的数据项组成的;班级中全部女生的信息也是一个数据对象,它是班级学生信息的一个子集。通常简称数据对象为数据,如图 1-1 中的学生信息表可称为一份数据。

数据结构以某种内在联系将由数据项组成的数据元素组织成为一个数据对象,在学习数据结构时重在学习数据结构的组织形式以及相关运算。数据结构不但是计算机学科的理论基础之一,也是软件开发的必备基础,因此,无论是从事计算机行业,还是希望在计算机方面继续深造,都应该好好学习这门课。

1.1.2　数据结构的分类

由 1.1.1 节的学习已经知道,数据结构是相互之间存在一种或多种关系的数据元素的集合,这种关系包括两个方面:逻辑关系与存储方式。逻辑关系又称为逻辑结构,描述元素之间的逻辑关系;而存储方式描述的是数据元素与数据元素之间的关系,在计算机存储器中的存储结构也称物理结构。接下来学习这两种结构类型。

1. 逻辑结构

逻辑结构反映的是数据元素之间的关系,它们与数据元素在计算机中的存储位置无关,是数据结构在用户面前所呈现的形式。根据不同的逻辑结构来分,数据结构可分为集合、线性结构、树形结构和图形结构 4 种形式,接下来分别进行简要介绍。

1) 集合

在集合中,数据元素都属于这个集合,但数据元素之间并没有什么关系。它类似于数学中的集合,如图 1-2 所示。

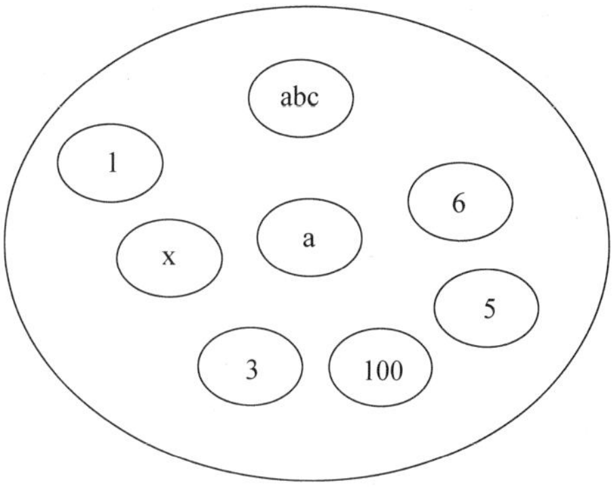

2) 线性结构

线性结构中的元素具有一对一的关系,通过前一个结点可以找到后一个结点,图 1-1 的学生信息表就是一个线性结构,数据元素逐个排列。线性结构中前后两个结点互有联系。

图 1-2 集合

线性结构分为顺序存储和链式存储两种。顺序存储是由一段地址连续的空间来存储元素;链式存储是由分散的单元空间来存储元素,存储单元由指针相连接。

简单的线性结构如图 1-3 所示。

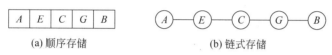

(a) 顺序存储   (b) 链式存储

图 1-3 线性结构

在线性结构中,除头尾结点外,可以通过前一个结点来寻找后一个结点,也可以通过后一个结点来寻找前一个结点。

3) 树形结构

树形结构中,数据元素之间存在一对多的层次关系。图 1-4 为一棵普通的树。

除根结点外,树形结构的每一个结点都必须有一个且只有一个前驱结点,但可以有任意个后继结点。这些数据元素有自顶向下的层次关系。

4) 图形结构

图形结构中的数据元素存在多对多的关系,每个结点的前驱和后继结点都可以是任意个,如图 1-5 所示。

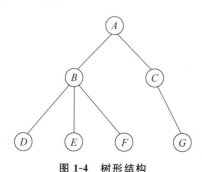

图 1-4 树形结构 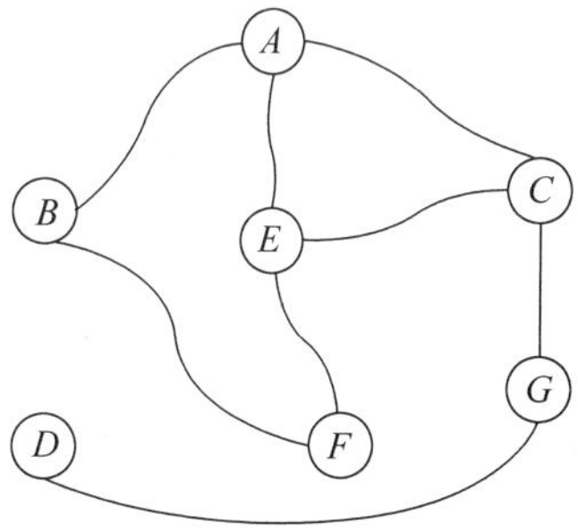   **图 1-5 图形结构**

按照逻辑结构,数据结构可以分为上述 4 种类型,在后续的深入学习中,本书会逐一详细讲解。

2．存储结构

数据结构除了按照逻辑结构来分,还可以按照存储结构来分。

存储结构反映的是数据元素在计算机中的存储形式,如何在计算机中正确地描述数据元素之间的逻辑关系,才是数据结构的关键与重点。常用的存储结构有顺序存储结构、链式存储结构、索引存储结构和散列表 4 种,接下来分别进行简要介绍。

1) 顺序存储结构

顺序存储结构是把逻辑上相邻的结点存储在地址连续的存储单元里,数据元素之间的关系由存储单元是否相邻来体现。这种存储结构通常用高级语言上的数组来描述,数据的逻辑关系与物理关系是一致的。以数组 int a[5]＝{100,20,3,56,266}为例,其中的元素 a[0]～a[4]在逻辑上是连续的,在存储器中的物理地址也是连续的,如图 1-6 所示。

地址	0001	0005	0009	0013	0017
	100	20	3	56	266
数组角标	0	1	2	3	4

图 1-6　顺序存储结构

使用顺序存储结构存储数据时,系统为数据元素分配一段连续的地址空间。顺序存储结构可以提高空间利用率,而且对于随机访问元素,其效率非常高,因为逻辑上相邻的数据元素,其存储地址也是紧邻的,所以可以按元素序号来快速查找到某一个元素。

但也正因如此,如果要对顺序存储结构实现元素的插入和删除,效率则非常低。因为如果要插入一个元素,需要将这个位置之后的所有元素都向后移动一个位置;同样,如果要删除一个元素,需要将这个位置之后的所有元素都向前移动一个位置。

顺序存储结构在使用时有空间限制,当需要存取元素的个数多于预先分配的空间时,会出现"溢出"问题;当元素个数少于预先分配的空间时,又会造成空间浪费。

2) 链式存储结构

链式存储结构在空间上是一些不连续的存储单元,这些存储单元的逻辑关系通过附加的指针字段来表示,例如 C/C++ 语言中的指针类型,通过这些指针的指向来表明结点之间的联系。图 1-3(b)为链式存储结构的示意图,但在此图中没有标明指针的指向。在链式存储结构中,可以有指向后继元素的指针字段,也可以有指向前驱元素的指针字段,如图 1-7 和图 1-8 所示。

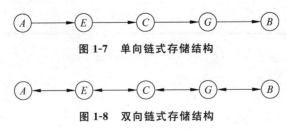

图 1-7　单向链式存储结构

图 1-8　双向链式存储结构

在图 1-7 中,可以通过当前结点来找到后面的元素。在图 1-8 中,可以通过前面的元素查找后面的元素,也可以通过后面的元素查找前面的元素。这两种存储结构是要在第 2 章中学习的单向链表与双向链表。

一般而言,链式存储在内存中分配的单元是不连续的,像散落的珠子,需要用丝线(指针)串起来,这种结构更有利于元素的插入和删除。当要在某一个位置插入一个新元素,例如在图 1-7 中的 E 与 C 两个元素之间插入一个元素 T,则只需要断开 E 和 C 之间的连接,然后将 E 的指针指向 T,将 T 的指针指向 C 即可。插入完成后的序列如图 1-9 所示。

图 1-9　插入元素 T

这样在插入元素时不必移动任何一个元素,高效简洁。同理,当删除某一个元素时,只需将其前后两个元素连接起来即可,也无须移动其他元素。

但链式存储结构无法进行元素的随机访问。

对链式存储结构而言,空间利用率也较低,因为分配的内存单元有一部分被用来存储结点之间的逻辑关系。但链式存储在存储元素时没有空间限制,顺序存储与链式存储都是按需分配,只是链式存储可以在需要时方便地分配新空间,不会造成空间不足或者浪费。

3) 索引存储结构

这种存储结构主要是为了方便查找数据,它通常是在存储结点信息的同时,还建立附加的索引表。索引表中的每一项称为索引项,它由两个字段组成:关键字与地址。其中关键字唯一标识一个结点,地址是指向结点的指针。这种结构类似于人们常用的字典,如图 1-10 所示。

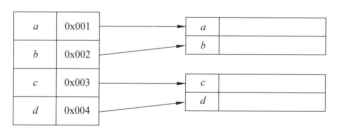

图 1-10　索引存储结构

这种索引表一个索引项对应一个结点,叫作稠密索引。如果索引表中一个索引项对应一组结点,叫作稀疏索引,稀疏索引表如图 1-11 所示。

索引表可以快速地对数据进行随机访问。又因为在进行数据的插入和删除时,只需要更改索引表中的地址值,不必移动结点,所以在数据更改方面也具有较高的效率。但是索引存储结构在建立结点时会额外分配空间来建立一个索引表,因此降低了空间利用率。

4) 散列存储结构

散列(hash)存储又称为哈希存储,是一种力图将数据元素的存储位置与关键字之间建立确定对应关系的查找技术。它的基本思想是通过一定的函数关系(散列函数,也称为哈希函数)计算出一个值,将这个值作为元素的存储地址。

散列存储的访问速度是非常迅速的,只要给出相应结点的关键字,它会立即计算出该结

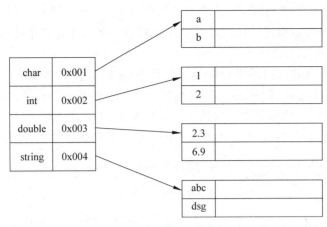

图 1-11　稀疏索引

点的存储地址。因此它是一种非常重要的存储方法。

数据存储的几种方式各有其优点，也各有其用途，不能说哪一种存储结构就比另一种好。在使用时，它们既可以单独使用，也可以组合起来使用，具体要根据操作和实际情况来决定采取哪一种方式，或者哪几种方式结合使用。

1.2　抽象数据类型

抽象数据类型（Abstract Data Type，ADT）是指一个数学模型以及定义在这个模型上的一组操作。抽象数据类型的定义仅仅取决于它的一组逻辑特性，而与它在计算机中的表示和实现无关。

抽象数据类型有两个重要特征：数据抽象和数据封装。

所谓数据抽象是指用 ADT 描述程序处理的实体时，强调的是其本质的特征，无论内部结构如何变化，只要本质特性不变，就不影响其外部使用。例如，在程序设计语言中经常使用的数据类型 int，它就可以理解为是一个抽象数据类型，在不同的计算机或操作系统中，它的实现方式可能会有所不同，但它本质上的数学特性是保持不变的。例如，int 类型的数据指的是整数，可以进行加减乘除模等一些运算，int 类型数据的这些数学特性保持不变，那么在编程者来看，它们都是相同的。因此数据抽象的意义在于数据类型的数学抽象特性。

而另一方面，所谓的数据封装是指用户在软件设计时从问题的数学模型中抽象出来的逻辑数据结构和逻辑数据结构上的运算，需要通过固有数据类型（高级编程语言中已实现的数据类型）来实现，它在定义时必须给出名字及其能够进行的运算操作。一旦定义了一个抽象数据类型，程序设计中就可以像使用基本数据类型那样来使用它。例如，在统计学生信息时，经常会使用姓名、学号、成绩等信息，可以定义一个抽象数据类型 student，它封装了姓名、学号、成绩 3 个不同类型的变量，这样操作 student 的变量就能很方便地知道这些信息了。C 语言中的结构体以及 C++ 语言中的类等都是这种形式。

抽象数据类型在定义时遵循一定的格式规范，一般抽象数据类型的定义格式如下所示：

```
ADT 抽象数据类型名
{
    Data:
        数据元素之间逻辑关系的定义;
    Operation:
        操作 1;
        操作 2;
            ⋮
}
```

使用它的人可以只关心它的逻辑特征,不需要了解它的存储方式。定义它的人同样不必关心它如何存储。

抽象数据类型的定义由一个值域(Data)和定义在该值域上的一组操作(Operation)组成,若按其值的不同特性,可将抽象数据类型细分为 3 类:

(1) 原子类型。这种类型的变量,值是不可分解的。例如 int、char 等这些数据类型就无法再分解,属于原子类型的数据类型。一般较少定义这种抽象数据类型,因为固有数据类型基本都能满足程序设计。

(2) 固定聚合类型。这种抽象数据类型,其值是由确定数目的成分按一定的结构组成的。例如,以上提到的 student 抽象数据类型由姓名、学号、成绩 3 个成分按照先后顺序组成。

(3) 可变聚合类型。与固定聚合类型相比,构成可变聚合类型值的成分的数目不确定。例如,定义一个"字符序列",其中序列长度是可变的,我们并不知道会有多少个字符来组成这个序列。

抽象数据类型可以更好地使程序设计模块化,在模块内部给出这些数据的表示及其操作的细节,在模块外部使用抽象的数据和抽象的操作。而且,所定义的数据类型的抽象层次越高,含有该抽象数据类型的软件模块的复用程度也就越高。

1.3　算法

著名计算机科学家沃思(Niklaus Wirth)曾提出了一个程序公式:程序 = 数据结构 + 算法。算法是数据结构的灵魂,这句话一点也不为过。一个数据结构设计得再好,如果没有算法,如同失去灵魂的人,它的存在就毫无意义。将算法与数据结构结合起来,才能对数据结构进行各种运算操作。既然算法如此重要,接下来就学习一下什么是算法。

1.3.1　什么是算法

算法(algorithm)是解决特定问题的步骤描述,通俗地讲,算法就是描述解决问题步骤的方法。例如,新学期开学,从家到学校的交通方式这个问题就有很多解决方案:有的学生乘坐火车,有的学生乘坐汽车,有的学生乘坐飞机,在本市的可能会自己开车或乘坐公共汽车,离学校近的可能会步行来学校。这里每一种方案就是一种算法,这么多解决方法就是这么多种算法。

在计算机中,算法也是对某一个问题的求解方法,只是它的表现形式是计算机指令的有序序列,执行这些指令就能解决特定的问题。例如,在高级程序设计语言(如C语言)中,常用的排序算法如选择排序、冒泡排序等,都是用计算机指令编写算法,来解决排序问题。

在程序设计中,算法有3种较为常用的表示方法:伪代码法、N-S结构化流程图和流程图法,用得最多的是流程图法,接下来就简单地学习算法的流程图法。

流程图是描述问题处理步骤的一种常用图形工具,它由一些图框和流程线组成。使用流程图描述问题的处理步骤,形象直观,便于阅读。画流程图时必须按照功能选用相应的流程图符号,常用的流程图符号如图1-12所示。

图1-12所示的流程图符号中列举了4个图框、1个流程线和1个连接点,具体说明如下:

- 起止框用于表示流程的开始或结束。
- 输入输出框用平行四边形表示,在平行四边形内可以写明输入或输出的内容。
- 判断框用菱形表示,它的作用是对条件进行判断,根据条件是否成立来决定如何执行后续的操作。
- 处理框用矩形表示,它代表程序中的处理功能,如算术运算和赋值等。
- 流程线用单向箭线或直线表示,可以连接不同位置的图框。流程线的标准流向是从左到右和从上到下,可用直线表示,非标准流向的流程线应使用箭头指示方向。
- 连接点用圆形表示,用于流程图的延续。

通过上面的讲解,读者对流程图符号有了简单的认识。下面以一个数组选择排序算法的流程图为例,学习简单的流程图,如图1-13所示。

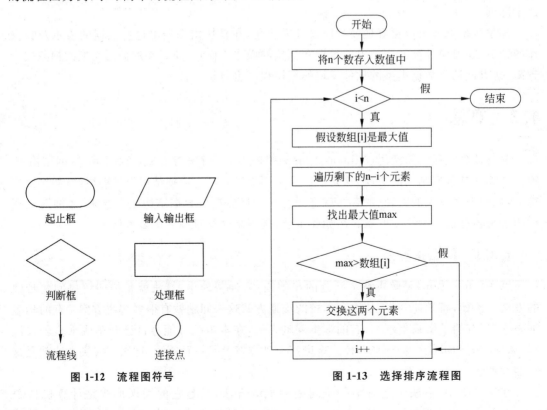

图1-12　流程图符号　　　　　　图1-13　选择排序流程图

假设一个数组要从小到大排序,结合流程图来分析选择排序的过程:

第一步,在数组中选择出最小的元素,将它与 0 角标元素交换,即放在开头第 1 位。

第二步,除 0 角标元素外,在剩下的待排序元素中选择出最小的元素,将它与 1 角标元素交换,即放在第 2 位。

第三步,依次类推,直到完成最后两个元素的排序交换,就完成了升序排列。

这样根据流程图来编写算法的指令代码,就会变得清晰简单。读者在以后设计算法时,最好先根据设计思路画出算法的流程图,其次分析其可行性,最后再完成代码。

1.3.2　算法的特性

一个好的算法,尤其是一个成熟的算法,应该具有以下 5 个特性:

(1) 确定性。算法的每一步都有确定的含义,不会出现二义性。即在相同条件下,只有一条执行路径,相同的输入只会产生相同的输出结果。

(2) 可行性。算法的每一步都是可执行的,通过执行有限次操作来完成其功能。

(3) 有穷性。一个算法必须在执行有穷步骤之后结束,且每一步都可在有穷时间内完成。这里的有穷概念不是数学意义上的,而是指在实际应用当中可以接受的、合理的时间和步骤。

(4) 输入。算法具有零个或多个输入。有些输入量需要在算法执行过程中输入;有的算法表面上没有输入,但实际上输入量已经被嵌入在算法之中。

(5) 输出。算法至少具有一个或多个输出。“输出”是一组与“输入”有对应关系的量值,是算法进行信息加工后得到的结果,而这种对应关系即为算法的功能。

一个好的算法需要具备这几个条件。那么在设计算法时,怎样才能设计出好的算法呢?这就需要在设计算法时有明确的目标。想要设计出一个好的算法,需要从以下 4 个方面来考虑:

(1) 正确性。算法能够正确地执行,实现预定的功能。这是算法最重要也是最基本的要求,它包括程序没有语法错误;对于合法的输入能够产生满足要求的输出结果;甚至对于非法的测试数据都能有满足要求的输出结果。一个好的算法必定经得住千锤百炼的测试。

(2) 可读性。算法应该易于理解,也就是可读性好,这就要求算法的逻辑必须是清晰、简单和结构化的。可读性好有助于程序员理解算法,晦涩难懂的算法往往会隐藏错误且不易被发现,难于调试和修改。

(3) 健壮性。要求算法具有高容错性,即提供异常处理,能够对不合理的数据进行检查,不经常出异常中断或死机现象。

(4) 高效率与低存储。算法的效率通常指的是算法的执行时间,对于同一个问题的多种算法,执行时间短的其效率就高。存储量指的是算法在执行过程中所需的最大存储空间,包括所用到的内存及外存。设计算法时应考虑到执行效率和存储需求,设计出一个“性价比”较高的算法。

要设计出一个好的算法,就要综合考虑其正确性、可读性、健壮性,还要考虑其执行效率和存储量需求。

1.3.3　算法的复杂度

分析一个算法主要看这个算法的执行需要多少机器资源。在各种机器资源中,时间和空间是两个最主要的方面。因此,在进行算法分析时,人们最关心的就是运行算法所要花费的时间和算法中使用的各种数据所占用的空间资源。算法所花费的时间通常称为时间复杂度,使用的空间资源称为空间复杂度。接下来学习如何计算一个算法的时间复杂度和空间复杂度。

1. 时间复杂度

在进行算法分析时,语句总的执行次数 $T(n)$ 是关于问题规模 n 的函数,然后分析 $T(n)$ 随 n 的变化。

$$T(n)=O(f(n))$$

这样用大写的 O 来标记算法的时间复杂度,称之为大 O(Order 的简写)标记法。一般随着 n 的增长,$T(n)$ 也会随之增长,其中 $T(n)$ 增长最慢者就是时间性能最优的算法。

在计算时间复杂度的时候,根据 $T(n)$ 与 n 的最高阶数关系,我们给这些算法的复杂度进行了归类,如表 1-1 所示。

表 1-1　算法复杂度关系

$T(n)$ 与 n 的最高阶数关系	名　　称	$T(n)$ 与 n 的最高阶数关系	名　　称
$T(n)=O(1)$	常数阶	$T(n)=O(2^n)$	指数阶
$T(n)=O(n)$	线性阶	$T(n)=O(\log n)$	对数阶
$T(n)=O(n^2)$	平方阶	$T(n)=O(n\log n)$	$n\log n$ 阶
$T(n)=O(n^3)$	立方阶		

当然还会有一些其他阶数关系,这里只是列出了几种较常见的关系。算法的执行次数可能会与规模 n 呈现出这些关系,那么这些关系又是如何推导出来的呢?下面给出大 O 阶的推导方法:

(1)用常数 1 取代运行中的所有加法常数。

(2)在修改后的运行次数函数中,只保留最高阶项。

(3)如果最高阶项存在,且不是 1,则除去其常系数,得到的结果就是大 O 阶。

接下来通过分析几段程序的执行过程来推导出其时间复杂度,程序段 1 代码如下所示:

```
int a=100;              //执行一次
int b=200;              //执行一次
int sum=a+b;            //执行一次
printf("%d\n", sum);    //执行一次
```

上述程序段有 4 行代码,每一行执行 1 次,加起来一共执行了 4 次,$f(n)=4$,即 $T(n)=O(4)$。根据推导方法中的第一条,将常数项以 1 代替。在保留其最高阶项时,发现其没有最高阶项,因此该算法的时间复杂度为 $O(1)$,为常数阶。

程序段 2 代码如下所示:

```
void func()
{
```

```
int i, sum=0;                //执行一次
for (i=0; i <=100; i++)
{
    sum +=i;                 //执行 n 次
}
printf("%d\n", sum);         //执行一次
}
```

该程序段的执行次数为 $1+n+1$，则 $f(n)=n+2$，即 $T(n)=O(n+2)$。然后将常数项以 1 替换，且只保留最高阶项，则得出 $T(n)=O(n)$，因此该算法的时间复杂度为 $O(n)$，为线性阶。

程序段 3 代码如下所示：

```
void func()
{
    int i=1;
    do
    {
        i * =2;
    }
    while (i<n);
}
```

在这个程序段中，当 $i<n$ 时，循环结束。如果循环了 $f(n)$ 次，则 $2^{f(n)}=n$，即 $f(n)=\log_2 n$，$T(n)=O(\log_2 n)$。然后消除常系数，保留最高阶项，最后得出 $T(n)=O(\log n)$，为对数阶。

用大 O 阶来推导算法的复杂度并不难，读者在以后的学习中设计算法，就可以用此法来估测算法的优劣。

2．空间复杂度

空间复杂度是对一个算法在运行过程中所占存储空间大小的度量，一般也作为问题规模 n 的函数，以数量级形式给出，格式如下所示：

$$S(n)=O(f(n))$$

一个算法的存储量包括输入数据所占空间、程序本身所占空间和辅助变量所占空间。在对算法进行分析时，只考虑辅助变量所占空间。

若所需辅助空间相对于输入数据量来说是常数，则称此算法为原地工作。若所用空间量依赖于特定的输入，则除了有特殊说明外，均按最坏情况考虑。

有时候，在写代码时可以用空间来换取时间，例如，写一个算法来判断某年是否是闰年，这样每输入一个年份都要调用算法去判断一下，在时间上就有点复杂。为了提高效率，可以用空间来换取时间，即建立一个大小合适的数据，编号从 0 到 n，如果是闰年，则存入数据 1，否则存入数据 0。这样只要通过判断年份编号上存储的是 0 还是 1 就知道该年份是否是闰年了。

用空间换取时间可以将运算最小化，但这两种情况哪种更好，要结合具体情况而定。一般情况下，都是用时间复杂度来度量算法，当不加限定地使用"复杂度"这一术语时，都是指时间复杂度。

1.3.4　算法与数据结构

计算机软件的最终成果都是以程序的形式体现的，一个程序应当包含以下两方面的内容：

（1）对数据的描述。在程序中指定用到哪些数据以及这些数据的类型和数据的组织形式，也就是数据结构。

（2）对数据操作的描述。即操作步骤，也就是算法。

数据结构是算法的基础，算法是数据结构的灵魂。数据结构设计和算法分析的目的是设计更好的程序，程序的本质是为要处理的问题选择好的数据结构，同时在此结构上施加一种好的算法。

对于一个程序来说，数据是原料。一个程序所要进行的计算或处理总是以某些数据为对象，将这些松散无组织的数据组织成一个数据结构，算法操作的就是这些数据结构。算法的设计和选择要结合数据结构，简单地说，数据结构的设计就是选择存储方式，如确定问题中的信息是用数据存储还是普通的变量存储或其他更加复杂的数据结构存储。算法设计的实质是为实际问题要处理的数据选择一种恰当的存储结构，并在选定的存储结构上设计一个好的算法，因为一个数据结构会对应多种不同的算法，此时就要利用时间复杂度与空间复杂度来选择一个最优算法。不同的数据结构设计将对应差异很大的算法。

数据存储结构会影响算法的好坏，因此在选择存储结构时，也要考虑其对算法的影响。例如，如果存储结构的存储能力较强，则可以存储较多的信息，算法将会好设计一些。反之，对于过于简单的数据结构，基于该结构的算法设计可能会比较复杂一些。另外，数据结构是算法操作的基础，其选择要充分考虑算法的各种操作，与算法的操作相适应。

算法通常是决定程序效率的关键，但一切算法最终都要在相应的数据结构上实现，许多算法的精髓就是在于选择了合适的数据结构作为基础。在程序设计中，不但要注重算法设计，也要正确选择数据结构，这样往往能够事半功倍。

1.4　小结

本章首先讲解了数据结构的概念及分类，然后讲解了抽象数据类型，它是与数据结构紧密相联的概念，最后讲解了算法的概念、算法的特性，以及怎么用时间复杂度与空间复杂度来评估一个算法的优劣，并剖析了算法与数据结构的关系。通过本章的学习，读者应对数据结构与算法有一个大体上的认识，为以后的深入学习打下基础。

【思考题】

1. 简述你对数据结构的理解。

2. 在设计一个算法时需要考虑到哪些因素？

第 2 章

线　性　表

学习目标

- 理解顺序表的逻辑与存储原理,并能实现简单顺序表。
- 掌握单链表的逻辑与存储原理,并能实现单链表。
- 掌握双链表的逻辑与存储原理。
- 掌握循环链表的逻辑与存储原理。

线性表,顾名思义是像线一样性质的表,它的用处多不胜数,是最常用且最简单的一种数据结构。例如,一串英文字母、一队手拉手的小朋友、一份学生成绩单等都可以用线性表表示。线性表的存储结构有顺序存储结构和链式存储结构两种,本章分别基于这两种存储结构来讲解常用的几个线性表。

2.1　什么是线性表

线性表是具有相同特性的数据元素组成的一个有限序列。例如,定义一个线性表来存储本班学生的学生编号,可表示为如下形式:

$$(001,002,003,\cdots,050)$$

这就是一个线性表。线性表也可以用一个标识符来命名,如 A＝(001,002,003,…,050)。线性表中元素的个数为线性表的长度,当元素个数为 0 时,称该线性表为空表。线性表中的元素可以是整数、字符等简单数据,也可以由数个数据项组成。如图 1-1 也是一个线性表,描述的是新学期入学学生的信息,其中每一个元素都由几个数据项组成,在这种情况下,常把一个元素称为一条记录。

每一种数据结构都有它自己的特征,线性表作为一种最简单的数据结构,有如下几个特征:

(1) 线性表中有且只有一个开始结点(头结点),这个开始结点没有前驱结点。

(2) 线性表中有且只有一个末尾结点(尾结点),这个末尾结点没有后继结点。

(3) 除去开始结点与末尾结点,其他结点都有一个前驱结点和一个后继结点。

线性表的这种结构使元素逐个排列开来,如手拉手的小朋友,如此呈现给人们的数据形式就比较清晰明了。

线性表在存储结构上有顺序存储和链式存储两种方式,但不管哪种存储方式,它们的结构都有如下特点:

(1) 均匀性。虽然不同数据表的数据元素可以是各种各样的,但对于同一个线性表来说,数据元素必须具有相同的数据类型和长度。

（2）有序性。各数据元素在线性表中的位置只取决于它们的序号，数据元素之间的相对位置是线性的，即存在唯一的"第一个"和"最后一个"数据元素。除了第一个和最后一个外，其他元素前面均只有一个数据元素（直接前驱），后面均只有一个数据元素（直接后继）。

数据结构的目的是和算法结合，实现各种操作。线性表是一种比较灵活的数据结构，它的长度可根据需要增减，它也可以进行插入、删除等操作。可对线性表进行的基本操作如下：

- 创建——Create()：创建一个新的线性表。
- 初始化——Init()：初始化操作，将新创建的线性表初始化为空。
- 获取长度——GetLength()：获取线性表的长度。
- 判断表是否为空——IsEmpty()：判断线性表是否为空。
- 获取元素——Get()：获取线性表某一个位置上的元素。
- 插入——Insert()：在线性表的某一个位置插入一个元素。
- 删除——Delete()：删除某一个位置上的元素。
- 清空表——Clear()：清空线性表，将线性表置为空。

当然，在设计线性表时，也可以有其他操作，例如，根据某个条件对线性表中的元素进行排序，将两个线性表合并成一个，重新复制一个线性表等，上面只是描述了线性表一些最基本的操作。

线性表是应用最广泛的一种数据结构，在使用过程中，除了链表、栈和队列等，线性表还有很多推广应用，如时间表、排序表等。当然，这些推广应用需要读者在实际开发中去深入学习，限于篇幅，本书只讲解最基础的线性表。

2.2　线性表的顺序存储（顺序表）

通过前面的学习可以知道，线性表有顺序存储与链式存储两种结构，它们各有自己的存储特点，在实现上也有所不同。本节先学习线性表的顺序存储。

2.2.1　顺序存储的原理

第1章简单讲解了线性表的顺序存储结构，读者对线性表的顺序存储结构原理已有所了解。所谓顺序存储，就是在存储器中分配一段连续的存储空间，逻辑上相邻的数据元素，其物理存储地址也是相邻的。假如要用顺序表来存储4个字母，则需要在内存中分配4个连续的存储单元，如图2-1所示。

在图2-1中，要存储的4个字母被存储在一段连续的存储空间中。由存储空间的地址可以看出，这4个存储单元是连续的，第一个存储单元由序号0来标记，接下来的存储单元依次递增标记序号，这样在查找元素时，只要找到相应的索引就能找到元素，非常方便。线性表的这种存储方式称为顺序存储或顺序映射，又由于逻辑上相邻的两个元素在对应的顺序表中的存储位置也相邻，因此这种映射也称为直接映射。

地址		序号
0x001	d	0
0x002	b	1
0x003	w	2
0x004	t	3

图 2-1　顺序存储结构

在图2-1中，分配了4个存储单元来存储这4个字符，表的长度为4，容量也为4。但要注意的是,表的长度未必与容量相同。表的长度要小于等于表的容量,因为可能申请了 4 个存储单元,但只存入 3 个元素。

在顺序存储中,只要确定了线性表在存储空间里的起始位置,线性表中任意元素就都可随机存取,所以线性表的顺序存储结构是一种随机存取的结构。在高级语言中,顺序存储是用数组来实现的。

在顺序存储中,系统不需要为表元素之间的逻辑关系增加额外的存储空间,而且在存取元素时,它可以根据给出的下标快速计算出元素的存储地址,从而达到随机读取的目的。例如在图 2-1 中,如果要读取第 3 个元素,因它的下标为 2(与第 1 个元素之间有两个间隔),由内存段的起始地址 0x001 和元素相差个数可以快速计算出第 3 个元素的存储地址 0x003,计算出地址后,就可以方便地对数据进行操作。

但是,如果在顺序表中插入或删除元素,效率会特别低。对插入来说,只限于在表的长度小于表的容量的顺序表中,如果插入大量数据,很难保证空间是否充足。而且一旦分配了存储空间,如果想要扩充容量,需要重新分配空间,然后将原来的数据复制到新的空间中,非常麻烦。另一方面,即使空间充足,在插入位置之后的元素也必须都要向后移动,效率非常低。同理,如果要删除大量元素,那么势必会造成空间的浪费,而且删除元素后,后面的元素都要向前移动,效率也会非常低。

2.2.2 顺序存储的实现

了解了顺序表,接下来实现一个顺序表,并完成其查找、插入和删除等基本操作。在实现各种数据结构时,本书都以 C 语言为例。

1. 创建顺序表

在创建顺序表时,需要先创建一个头结点来存放顺序表的长度、大小和地址等信息,然后再创建顺序表,同时将顺序表的地址保存在头结点中,其示意图如图 2-2 所示。

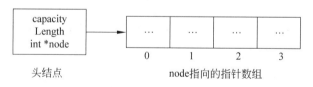

图 2-2　顺序表示意图

实现思路如下:

(1) 定义一个 struct 来保存顺序表信息。

(2) 为头结点分配空间。

(3) 为顺序表分配空间,将顺序表空间地址保存在头结点中。

(4) 将头结点地址返回给调用者。

代码实现如下:

```
typedef struct _tag_SeqList                    //头结点,记录表的信息
{
    int capacity;                              //表容量
```

```
    int length;                                      //表长度
    int * node;                                      //node[capacity],为指针数组
}TSeqList;

//创建顺序表
SeqList * SeqList_Create(int capacity)               //返回值为SeqList *类型,即顺序表的地址
{
    int ret;
    TSeqList * temp=NULL;
    temp=(TSeqList * )malloc(sizeof(TSeqList));       //为头结点分配空间
    if (temp==NULL)
    {
        ret=1;
        printf("func SeqList_Create() error:%d\n", ret);
        return NULL;
    }
    memset(temp, 0, sizeof(TSeqList));
    temp->capacity=capacity;
    temp->length=0;
    temp->node=(int * )malloc(sizeof(int * ) * capacity);   //分配一个指针数组
    if (temp->node==NULL)
    {
        ret=2;
        printf("func SeqList_Create() error:%d\n", ret);
        return NULL;
    }
    return temp;                                      //将分配好的顺序表的地址返回
}
```

顺序表的实现并不难,而且实现方式也有多种,只要思路清晰,代码实现就很简单,读者也可以试着自己来实现。

2. 求顺序表容量

在实现顺序表时,一般将顺序表信息保存在头结点中,因此求顺序表容量时,可以直接从头结点中获取。代码实现如下:

```
//求顺序表容量
int SeqList_Capacity(SeqList * list)                 //参数为顺序表地址
{
    TSeqList * temp=NULL;
    if (list==NULL)                                  //作健壮性判断
    {
        return;
    }
    temp=(TSeqList * )list;
    return temp->capacity;
}
```

3. 求顺序表长度

和求顺序表的容量一样,求顺序表大小也是从头结点中获取信息,代码如下:

```
//获取顺序表长度
int SeqList_Length(SeqList * list)
{
    TSeqList * temp=NULL;
    if (list==NULL)
    {
        return;
    }
    temp=(TSeqList * )list;
    return temp->length;
}
```

4. 插入元素

增删改查是数据结构的核心操作,每种数据结构都要实现这几种最基本的操作。在顺序表中,如果要插入元素,则需要将插入位置后的所有元素向后移动,其示意图如图 2-3 所示。

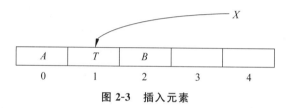

图 2-3 插入元素

在图 2-3 中,要在顺序表的角标 1 位置插入元素 X,则在插入时,需要将角标 1 和其后的元素都向后移动一个单元,其过程如图 2-4 所示。

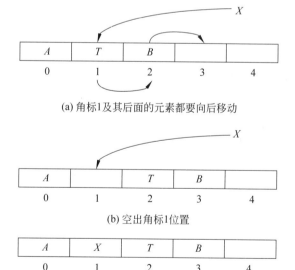

(a) 角标1及其后面的元素都要向后移动

(b) 空出角标1位置

(c) 插入完成

图 2-4 插入元素 X

图 2-3 和图 2-4 演示了往顺序表中插入元素的过程。在插入过程中,需要考虑一些异常情况:

- 当顺序表已满时,表中的元素无法向后移动,需要作出特别处理(例如不插入,或者新开辟一块更大的空间来存储这些元素)。
- 当插入的位置在空闲区域时,需要作出相应处理。

例如,在图 2-5 中,容量为 5 的顺序表中只有两个元素,当插入新元素 X 时,指定的位置是角标 3 的位置,这样就造成元素不连续,不符合顺序表的存储规则。在这种情况下可以作适当的修正,将插入位置改为角标 2。

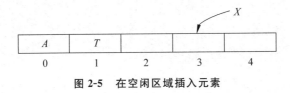

图 2-5　在空闲区域插入元素

有了插入元素的思路后,接下来用代码来实现,代码如下:

```c
//插入元素
int SeqList_Insert(SeqList * list, SeqListNode * node, int pos)
{                                   //参数为顺序表地址、要插入的元素地址、插入位置
    int i;
    TSeqList * temp=NULL;
    //先作健壮性判断
    if (list==NULL ||node==NULL)    //如果顺序表为空,或者结点为空
    {
        return -1;
    }
    temp=(TSeqList * )list;
    //如果顺序表已满
    if (temp->length >=temp->capacity)
    {
        return -2;
    }


    //容错
    if (pos>temp->length)           //如果给出的 pos 在长度后,即中间有空余
        pos=temp->length;           //就修正到最后一个元素后面

    for (i=temp->length; i >pos; i--)   //将插入位置的元素依次后移动
    {
        temp->node[i]=temp->node[i-1];
    }
    temp->node[i]=(int)node;        //然后在腾出的位置插入新元素结点
    temp->length++;                 //插入成功后,长度加 1
    return 0;
}
```

5．删除元素

从顺序表中删除某一个元素,则将元素删除后,需要将后面的元素依次向前移动来补齐空位,删除过程如图 2-6 所示。

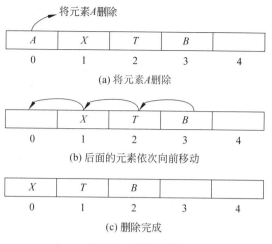

图 2-6　删除元素

删除过程相对来说没有插入过程那么复杂,不必考虑内存不足时的"溢出"问题,但因为要移动元素,效率还是较低的。其代码实现如下:

```
//删除元素
SeqList * SeqList_Delete(SeqList * list, int pos)
{
    int i;
    //先作健壮性判断
    TSeqList * tlist=NULL;
    SeqListNode * temp=NULL;
    tlist=(TSeqList *)list;
    if (list==NULL || pos <0 || pos >=tlist->capacity)
    {
        printf("SeqList_Delete() error\n");
        return NULL;
    }
    temp=(SeqListNode *)tlist->node[pos];      //要删除的元素

    for (i=pos+1; i <tlist->length; i++)       //将删除元素位置后的所有元素向前移动
    {
        tlist->node[i -1]=tlist->node[i];
    }

    tlist->length--;                            //删除元素后,长度要减 1
    return temp;
}
```

6. 查找某个位置上的元素

在顺序表中查找某个元素是非常方便的,因为顺序表在底层是以数组来实现的,每个存储单元都有索引标注,要查找某个位置上的元素,直接按索引来查找即可。

查找元素的代码实现如下:

```
SeqList * SeqList_Get(SeqList * list, int pos)
{
    //先作健壮性判断
    TSeqList * tlist=NULL;
    SeqListNode * temp=NULL;
    tlist=(TSeqList *)list;
    if (list==NULL || pos < 0 || pos >=tlist->capacity)
    {
        printf("SeqList_Get() error\n");
        return NULL;
    }
    temp=(SeqListNode *)tlist->node[pos];       //将表中 pos 位置的结点指针赋给 temp
    return temp;
}
```

7. 清空表

清空顺序表是将表中的内容全部置为 0。其代码实现如下：

```
//清空顺序表
void SeqList_Clear(SeqList * list)
{
    TSeqList * temp=NULL;
    if (list==NULL)
    {
        return;
    }
    temp=(TSeqList *)list;
    temp->length=0;
    memset(temp->node, 0, (temp->capacity * sizeof(void *)));   //将顺序表全部归 0
    return;
}
```

8. 销毁表

销毁顺序表是将表整个销毁，无法再使用。其代码实现如下：

```
//销毁顺序表
void SeqList_Destory(SeqList * list)
{
    TSeqList * temp=NULL;
    if (list==NULL)                    //如果顺序表为空
    {
        return;
    }
    temp=(TSeqList *)list;
    if (temp->node ! =NULL)
    {
        free(temp->node);              //先释放头结点中的指针数组
    }
```

```
      free(temp);                          //再释放头结点
      return;
}
```

至此,已经实现了一个顺序表最基本的操作,可以完成简单的增删改查的功能。接下来可以用测试程序来测试一下这个顺序表的使用情况。

注意:本书同系列教材《C 语言程序设计教程》、《C++ 程序设计教程》均使用 Visual Studio 2013 来开发,同样,在本书中仍然使用 Visual Studio 2013 作为数据结构的开发环境,关于 Visual Studio 2013 的安装与使用,请参考《C 语言程序设计教程》一书(传智播客高教产品研发部编著),本书不再重复叙述。

在上述讲解中,每一个函数都已实现,因此在本例中只添加头文件 SeqList.h 与测试程序 main.c 两个文件,而函数实现代码的 SeqList.c 文件在本例中不再重复给出,具体如例 2-1 所示。

例 2-1

SeqList.h(头文件):

```
 1 #ifndef _SEQLIST_H_
 2 #define _SEQLIST_H_
 3
 4 typedef void SeqList;
 5 typedef void SeqListNode;
 6
 7 SeqList * SeqList_Create(int capacity);                          //创建顺序表
 8 void SeqList_Destory(SeqList * list);                           //销毁顺序表
 9 void SeqList_Clear(SeqList * list);                            //清空线性表
10 int SeqList_Length(SeqList * list);                           //获取顺序表长度
11 int SeqList_Capacity(SeqList * list);                          //获取顺序表容量
12 int SeqList_Insert(SeqList * list, SeqListNode * node, int pos);   //在 pos 位置插入元素
13 SeqList * SeqList_Get(SeqList * list, int pos);                  //获取 pos 位置的元素
14 SeqList * SeqList_Delete(SeqList * list, int pos);               //删除 pos 位置的元素
15
16 #endif
```

main.c(测试程序的文件):

```
17 #include "SeqList.h"
18 #include <stdio.h>
19 #include <stdlib.h>
20
21 typedef struct _Teacher
22 {
23     char name[32];
24     int age;
25 }Teacher;
26
27 int main()
28 {
```

```
29      int ret=0;
30      SeqList * list=NULL;
31      Teacher t1, t2, t3, t4, t5;                              //结点元素
32      t1.age=31;
33      t2.age=32;
34      t3.age=33;
35      t4.age=34;
36      t5.age=35;
37      //创建结点
38      list=SeqList_Create(10);                                 //创建顺序表
39
40      //插入结点
41      ret=SeqList_Insert(list, (SeqListNode * )&t1, 0);        //位置0表示始终在头部插入
42      ret=SeqList_Insert(list, (SeqListNode * )&t2, 0);
43      ret=SeqList_Insert(list, (SeqListNode * )&t3, 0);
44      ret=SeqList_Insert(list, (SeqListNode * )&t4, 0);
45      ret=SeqList_Insert(list, (SeqListNode * )&t5, 0);
46
47      printf("顺序表容量: %d\n", SeqList_Capacity(list));
48      printf("顺序表长度: %d\n", SeqList_Length(list));
49
50      //遍历顺序表
51      printf("遍历顺序表: \n");
52      for (int i=0; i <SeqList_Length(list); i++)
53      {
54          Teacher * temp=(Teacher * )SeqList_Get(list, i);    //获取链表结点
55          if (temp==NULL)
56          {
57              printf("func SeqList_Get() error\n", ret);
58              return;
59          }
60
61          printf("age: %d\n", temp->age);
62      }
63
64      //销毁链表
65      printf("销毁顺序表时: \n");
66      while (SeqList_Length(list) >0)
67      {
68          Teacher * temp=(Teacher * )SeqList_Delete(list, 0);  //删除头部元素
69          if (temp==NULL)
70          {
71              printf("func SeqList_Get() error\n", ret);
72              return;
73          }
74
75          printf("age: %d\n", temp->age);
76      }
77      SeqList_Destory(list);
78
```

```
79      system("pause");
80      return 0;
81  }
```

运行结果如图 2-7 所示。

图 2-7 例 2-1 的运行结果

由图 2-7 可知,例 2-1 中创建了一个容量为 10 的顺序表,并且存入了 5 个元素。在本例中,第 21~25 行定义了 Teacher 结构体,保存了 Teacher 的姓名和年龄;第 31~36 行创建了 5 个结点,并且为结点中的 age 赋值;第 38 行调用 SeqList_Create() 函数创建了一个顺序表,第 41~45 行将 Teacher 的 5 个结点插入到顺序表中,每次都从头部插入;第 47、48 行分别调用相应函数求顺序表的容量和长度;第 52~62 行代码遍历顺序表中的元素并打印;第 66~76 行代码是逐一删除顺序表中的元素,并打印删除的元素;第 77 行代码将顺序表销毁。

通过本节的学习,读者应对线性表的顺序存储有了一定的掌握。其实它并不难,只要理清思路,代码便是手到擒来。

2.3 线性表的链式存储(链表)

顺序表必须占用一整块事先分配好的、大小固定的存储空间,不便于存储空间的管理,为此有人提出可以实现存储空间的动态管理,即链式存储方式——链表。本节学习什么是链表,以及链表的实现。

2.3.1 链式存储的原理

在链式存储中,结点之间的存储单元地址可能是不连续的。链式存储中每个结点都包含两个部分:存储元素本身的数据域和存储结点地址的指针域。在第 1 章中介绍链式存储时,讲解了一些链式存储的原理,结点中的指针指向的是下一个结点,如果结点中只有指向后继结点的指针,那么这些结点组成的链表称为单向链表。图 2-8 就是一个单链表。

一般在链表中也会有一个头结点来保存链表的信息,然后有一个指针指向下一个结点,下一个结点又指向它后面的一个结点,这样直到最后一个结点,它没有后继结点,就指向 NULL。

在链表中,这些存储单元可以是不连续的,因此它可以提高空间利用率。当需要存储元

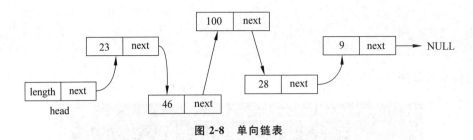

图 2-8   单向链表

素时,哪里有空闲的空间就在哪里分配,只要将分配的空间地址保存到上一个结点就可以,这样通过访问前一个元素就能找到后一个元素。

当在链表中某一个位置插入元素时,从空闲空间中为该元素分配一个存储单元,然后将两个结点之间的指针断开,上一个结点的指针指向新分配的存储单元,新分配的结点中指针指向下一个结点;这样不需要移动原来元素的位置,效率比较高。同样,当删除链表中的某个元素时,就断开它与前后两个结点的指针,然后将它的前后两个结点连接起来,也不需要移动原来元素的位置。与顺序表相比较,在插入、删除元素方面,链表的效率要比顺序表高许多。

但是随机查找元素时,链表没有索引标注,存储单元的空间并不连续,如果要查找某一个元素,必须先得经过它的上一个结点中的地址才能找到它,因此不管遍历哪一个元素,都必须把它前面的元素都遍历后才能找到它,效率就不如顺序表高。

2.3.2   链式存储的实现

链表的几种操作与顺序表差不多,也是增删改查几种操作。接下来实现一个链表。

1. 创建链表

以图 2-8 为例,在创建链表时,头结点中保存链表的信息,则需要创建一个 struct,在其中定义链表的信息与指向下一个结点的指针。代码如下:

```
struct Header                      //头结点
{
    int length;                    //记录链表大小
    struct Node * next;            //指向第一个结点的指针
};
```

存储元素的结点包含两部分内容:数据域和指针域,则也需要定义一个 struct,代码如下:

```
struct Node                        //结点
{
    int data;                      //数据域
    struct Node * next;            //指向下一个结点的指针
};
```

这样头结点与数据结点均已定义。为了使用方便,将两个 struct 用 typedef 重新定义新的名称,代码如下:

```
typedef struct Node List;                  //将 struct Node 重命名为 List
typedef struct Header pHead;                //将 struct Header 重命名为 pHead
```

创建链表要比创建顺序表简单一些。顺序表中需要先为头结点分配空间,其次为数组分配一段连续空间,将这段连续空间地址保存在头结点中,然后往其中存储元素。但创建链表时,只需要创建一个头结点,每存储一个元素就分配一个存储单元,然后将存储单元的地址保存在上一个结点中即可,不需要在创建时把所有的空间都分配好。

创建链表的代码如下:

```
pHead * createList()                       //pHead 是 struct Header 的别名,是头结点类型
{
    pHead * ph=(pHead * )malloc(sizeof(pHead));   //为头结点分配内存
    ph->length=0;                          //为头结点初始化
    ph->next=NULL;
    return ph;                             //将头结点地址返回
}
```

2. 获取链表大小

链表的大小等信息也保存在头结点中,因此需要时从头结点中获取即可,代码如下:

```
int Size(pHead * ph)                       //获取链表大小
{
    if (ph==NULL)
    {
        printf("参数传入有误!");
        return 0;
    }
    return ph->length;
}
```

3. 插入元素

在链表中插入元素时要比在顺序表中快。以图 2-8 为例,如果要在 46～100 之间插入元素 99,其插入过程是:首先将 46 和 100 之间的连接断开,然后将 46 结点的指针指向 99,将 99 结点的指针指向 100,这样就完成了插入。其过程如图 2-9 所示。

在插入元素时,不必像顺序表中那样移动元素,效率要高很多。其代码实现如下:

```
int Insert(pHead * ph, int pos, int val)   //在某个位置插入某个元素,插入成功返回 1
{
    //先作健壮性判断
    if (ph==NULL || pos < 0 || pos >ph->length)
    {
        printf("参数传入有误!");
        return 0;
    }
    //在向链表中插入元素时,先要找到这个位置
```

```
List * pval=(List *)malloc(sizeof(List));    //先分配一块内存来存储要插入的数据
pval->data=val;
List * pCur=ph->next;                        //当前指针指向头结点后的第一个结点
if (pos==0)                                  //插入在第一个位置
{
    ph->next=pval;                           //指针断开连接过程
    pval->next=pCur;
}
else
{
    for (int i=1; i <pos; i++)               //找到要插入的位置
    {
        pCur=pCur->next;
    }

    pval->next=pCur->next;                   //指针断开再连接的过程
    pCur->next=pval;
}
ph->length++;                                //增加一个元素,长度要加 1
return 1;
}
```

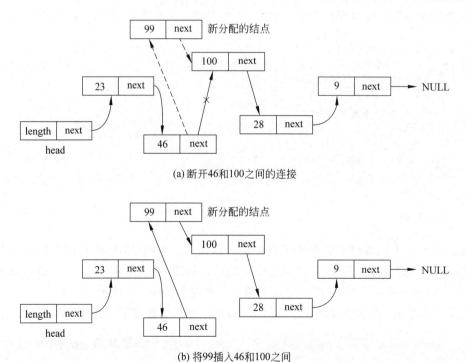

(a) 断开46和100之间的连接

(b) 将99插入46和100之间

图 2-9   在链表中插入新元素

4. 查找某个元素

查找链表中的某个元素,其效率没有顺序表高,因为不管查找的元素在哪个位置,都需要将它前面的元素都全部遍历才能找到它。查找的代码实现如下:

```
List* find(pHead* ph, int val)                    //查找某个元素
{
    //先作健壮性判断
    if (ph==NULL)
    {
        printf("参数传入有误!");
        return NULL;
    }
    //遍历链表来查找元素
    List * pTmp=ph->next;
    do
    {
        if (pTmp->data==val)
        {
            return pTmp;
        }
        pTmp=pTmp->next;
    } while (pTmp->next !=NULL);                   //循环条件是直到链表结尾
    printf("没有值为%d的元素!", val);
    return NULL;
}
```

5. 删除元素

在删除元素时,首先将被删除元素与上下结点之间的连接断开,然后将这两个上下结点重新连接,这样元素就从链表中成功删除了。例如,将图 2-9(b)中的元素 28 删除,其过程如图 2-10 所示。

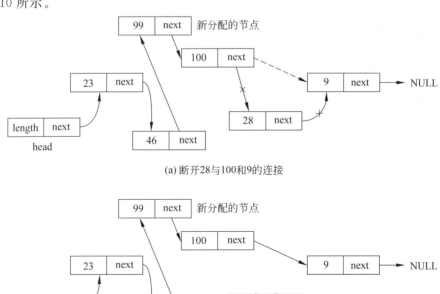

(a) 断开28与100和9的连接

(b) 将100和9连接起来

图 2-10 从链表中删除元素

从链表中删除元素,也不需要移动其他元素,效率也较高。其代码实现如下:

```c
void Delete(pHead* ph, int val)          //删除值为 val 的元素,删除成功,返回删除的元素
{
    List * pTmp=NULL;
    //先作健壮性判断
    if (ph==NULL)
    {
        printf("链表传入错误!");
        return;
    }

    //找到 val 值所在结点
    List * pval=find(ph, val);
    if (pval==NULL)
    {
        printf("没有值为%d 的元素!", val);
        return;
    }

    //遍历链表去找到要删除结点,并找出其前驱及后继结点
    List * pRe=ph->next;                  //当前结点
    List * pCur=NULL;
    if (pRe->data==val)                   //如果删除的是第一个结点
    {
        ph->next=pRe->next;
        ph->length--;
        free(pRe);
        return;
    }
    else                                 //如果删除的是其他结点
    {
        for (int i=0; i <ph->length; i++)  //遍历链表
        {
            pCur=pRe->next;
            if (pCur->data==val)         //找到要删除的元素
            {
                pRe->next=pCur->next;    //将被删除元素的上下两个结点连接起来
                ph->length--;            //长度减 1
                free(pCur);
                return;                  //将被删除的元素结点返回
            }
            pRe=pRe->next;
        }
    }
}
```

6. 销毁链表

销毁链表时,将链表中每个元素结点释放。头结点可以释放,也可以保留,将其置为初始化状态。代码实现如下:

```
void Destory(pHead * ph)                          //销毁链表
{
    List * pCur=ph->next;
    List * pTmp;
    if (ph==NULL)
        printf("参数传入有误!");

    while (pCur->next !=NULL)
    {
        pTmp=pCur->next;
        free(pCur);                               //将结点释放
        pCur=pTmp;
    }
    ph->length=0;                                 //置为初始化状态
    ph->next=NULL;
}
```

在本例中,没有释放头结点,只是将头结点中的信息置为初始化状态。

7. 遍历打印链表

实现出链表的遍历打印函数,是为了在接下来的测试程序中避免代码重复,打印链表的代码如下:

```
void print(pHead * ph)
{
    if (ph==NULL)
    {
        printf("参数传入有误!");
    }
    List * pTmp=ph->next;
    while (pTmp !=NULL)
    {
        printf("%d ", pTmp->data);
        pTmp=pTmp->next;
    }
    printf("\n");
}
```

至此,链表基本的操作都已经实现,接下来可以用测试程序来测试这个链表的使用情况。同样,由于上述操作函数都已经实现,在接下来的测试中只给出头文件 list.h 和测试代码文件 main.c,而函数实现文件 list.c,读者可以复制上述各操作函数的代码,也可以试着自己来实现。具体如例 2-2 所示。

例 2-2

list.h(头文件):

```
1 #ifndef _LIST_H_
2 #define _LIST_H_
3
```

```
 4 struct Node;
 5 typedef struct Node List;
 6 typedef struct Header pHead;
 7
 8 pHead * createList();                                  //创建链表
 9 int isEmpty(pHead* l);                                 //判断链表是否为空
10 int Insert(pHead* l, int pos, int val);                //插入元素,插入成功返回 1
11 void Delete(pHead* l, int ele);                        //删除元素,删除成功则返回删除的元素
12 List * find(pHead* l, int ele);                        //查找某个元素是否存在
13 int Size(pHead* l);                                    //获取链表大小
14 void Destory(pHead* l);                                //销毁链表
15 void print(pHead * l);                                 //打印链表
16
17 struct Node                                            //结点
18 {
19     int data;                                          //数据域
20     struct Node * next;                                //指向下一个结点的指针
21 };
22
23 struct Header                                          //头结点
24 {
25     int length;                                        //记录链表大小
26     struct Node * next;
27 };
28 #endif
```

main.c(测试文件):

```
29 #define _CRT_SECURE_NO_WARNINGS
30 #include "list.h"
31 #include <stdio.h>
32 #include <stdlib.h>
33
34 int main()
35 {
36     int ret;
37     pHead * ph=createList();                           //创建链表
38     if (ph==NULL)
39     {
40         printf("创建链表失败!\n");
41     }
42     int arr[10]={ 1, 2, 3, 4, 56, 76, 7, 4, 36, 34 };  //定义一个 int 类型数组
43
44     for (int i=0; i<=6; i++)
45     {
46         Insert(ph, 0, arr[i]);                         //将数组元素插入到链表中,每次都从头部插入
47     }
48
49     printf("链表长度:%d\n", Size(ph));
50
```

```
51    printf("打印链表中的元素：\n");
52    print(ph);
53    printf("删除链表中的元素，请输入要删除的元素：\n");
54    int num;
55    scanf("%d", &num);                    //本例中为测试程序，为减少异常处理，请输入链表中有的元素
56    Delete(ph, num);
57    printf("元素删除成功，删除元素%d后，链表中元素为：\n", num);
58    print(ph);
59
60    ret=find(ph, 3);                       //查找链表中的某一个元素
61    if (ret)
62        printf("get!\n");
63    else
64        printf("NO!\n");
65
66    system("pause");
67    return 0;
68 }
```

运行结果如图 2-11 所示。

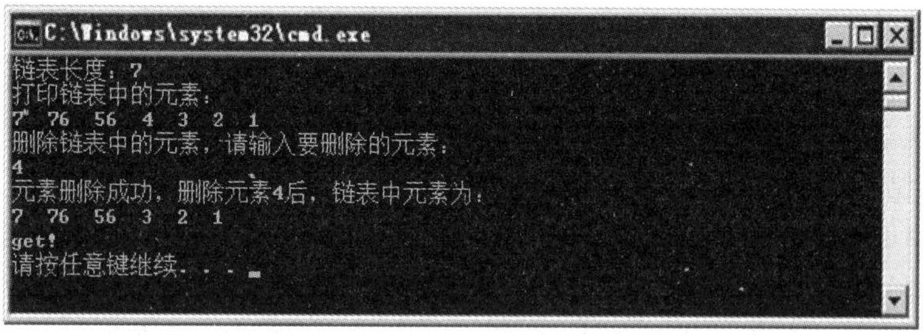

图 2-11　例 2-2 的运行结果

在例 2-2 中，第 37 行代码创建了一个链表；第 42～47 行定义了一个 int 类型数组，并将数组中的元素插入到了链表中；第 49 行代码打印出了链表的长度，由图 2-11 可知，链表长度为 7；第 52 行代码调用 print() 函数遍历打印出了链表中的元素；第 53～57 行代码是删除链表中的某个元素，从键盘输入的元素为 4，即删除链表中的元素 4；第 58 行代码又调用 print() 函数重新打印删除 4 后的链表元素，由图 2-11 的运行结果可知，元素 4 删除成功；第 60～64 行代码是查找链表中是否有值为 3 的元素，由运行结果可知，这个元素存在。

至此，线性表的顺序存储与链式存储及其原理和实现方式都已讲解完毕，相信读者对这两种表也有了一定的掌握，其实只要理解了其存储原理，思路清晰，代码实现并不难。掌握了这两种最基本的线性表，对接下来其他数据结构的学习会有很大帮助。

2.4　双链表

上一节学习了单链表，但是单链表有一个缺点，无法快速访问前驱结点，当查找到某个元素时，如果想找前面的元素结点，需要再次从头遍历，这样就比较麻烦。那么就有人会问，

是否可以在结点中再增加一个指针来指向前驱结点？答案是可以的。增加了指向前驱结点的指针的链表称为双链表。

2.4.1 什么是双链表

双链表，顾名思义就是可以向两个方向走的链表。它的每一个结点有两个指针，一个指向后继结点，另一个指向前驱结点，如图2-12所示。

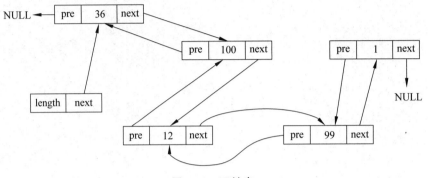

图2-12 双链表

图2-12的双链表中，第一个结点的前驱指针 pre 指向了 NULL，当然，读者在设计时也可以将它指向头结点；最后一个结点的后继结点 next 指向了 NULL，这和单链表是一样的。在双链表中，通过一个结点可以找到它的后继结点，也可以找到它的前驱结点。

双链表在结构和算法描述上和单链表相同，只是某些算法实现比单链表复杂一些。例如，在插入元素时，需要同时修改两个方向的指针指向。以图2-12中的双链表为例，在元素12~99之间插入新元素33，其过程如图2-13所示。

从图2-13演示的过程中可以看出，在插入元素时，需要同时修改两个方向的指针指向。同理，在删除元素时，也要修改两个指针，这里就不再做相应的图解演示。

前面已学习过单链表的实现过程，双链表的实现与单链表的实现大同小异，因此在本节学习完双链表之后，读者可以试着自己来实现双链表的基本操作，然后再对比与本书中双链表的实现有何异同。

2.4.2 双链表的实现

学习完双链表的定义与基础操作之后，本节用C语言来实现一个双链表。此双链表所具有的功能如下：

- 创建双链表。
- 获取双链表的长度。
- 判断双链表是否为空。
- 插入、删除、查找元素。
- 销毁双链表。
- 打印双链表。

在学习单链表时，每一种操作算法都有详细的描述与实现代码，双链表与单链表有很多操作是相似的，不再详细描述，只给出案例代码。具体如例2-3所示。

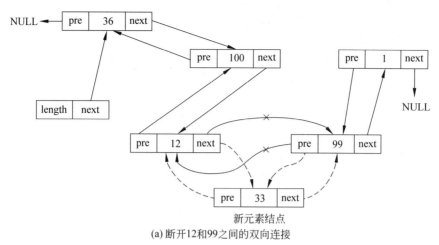

(a) 断开12和99之间的双向连接

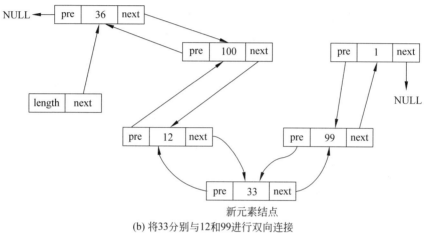

(b) 将33分别与12和99进行双向连接

图 2-13 在双链表中插入元素

例 2-3

dlist. h(头文件)：

```
1 #ifndef _DLIST_H_
2 #define _DLIST_H_
3
4 struct Node;
5 typedef struct Head * pHead;              //头结点类型
6 typedef struct Node * pNode;              //数据结点类型
7 //定义头结点
8 struct Head
9 {
10    int length;
11    pNode next;                           //指向下一个结点的指针
12 };
13 //定义数据结点
14 struct Node
15 {
```

```
16      int data;
17      pNode pre;                                   //指向前驱结点的指针
18      pNode next;                                  //指向后继结点的指针
19  };
20
21  pHead DlistCreate();                             //创建双链表
22  int getLength(pHead ph);                         //获取链表的长度
23  int IsEmpty(pHead ph);                           //判断链表是否为空
24  int DlistInsert(pHead ph, int pos, int val);     //在链表的 pos 位置插入元素 val
25  void DlistDelete(pHead ph, int val);             //删除双向链表 ph 中的元素 val
26  pNode DlistFind(pHead ph, int val);              //查找链表中是否有值为 val 的元素
27  void DlistDestory(pHead ph);                     //销毁链表
28  void printFront(pHead ph);                       //打印链表中的元素
29  void printLast(pHead ph);
30  #endif
```

dlist.c(函数实现文件):

```
31  #include "dlist.h"
32  #include <stdio.h>
33  #include <stdlib.h>
34
35  pHead DlistCreate()                              //创建双链表
36  {
37      pHead ph= (pHead)malloc(sizeof(struct Head));   //为头结点分配空间
38      if (ph==NULL)
39          printf("分配头结点失败!");                //为了方便运行结果查看,不设置 return 返回
40      //创建好头结点后,初始化头结点中的数据
41      ph->length=0;
42      ph->next=NULL;
43      return ph;                                   //将头结点返回
44  }
45  int getLength(pHead ph)                          //获取链表的长度
46  {
47      //先对传入的链表作健壮性检查
48      if (ph==NULL)
49          printf("传入的双链表有误!");
50      return ph->length;
51  }
52
53  int IsEmpty(pHead ph)                            //判断链表是否为空
54  {
55      if (ph==NULL)
56          printf("传入的双链表有误!");
57      if (ph->length==0)                           //如果长度为 0,则链表为空
58          return 1;
59      else
60          return 0;
61  }
62
63  int DlistInsert(pHead ph, int pos, int val)      //在链表的 pos 位置插入元素 val
64  {
```

```
65       pNode pval=NULL;
66       //先作健壮性判断
67       if (ph==NULL || pos <0 || pos >ph->length)
68           printf("插入元素时,参数传入有误!");
69
70       //如果参数无误,为元素分配结点空间
71       pval= (pNode)malloc(sizeof(struct Node));
72       pval->data=val;                        //将值 val 保存到此结点中
73
74       //判断在哪个位置插入元素,先判断链表是否为空
75       if (IsEmpty(ph))                       //如果链表为空
76       {
77           ph->next=pval;                     //直接将结点插入到头结点后
78           pval->next=NULL;
79           pval->pre=NULL;                    //第一个结点不回指头结点
80       }
81       else                                   //如果链表不为空,则要判断应插入哪个位置
82       {
83           pNode pCur=ph->next;
84           if (pos==0)                        //在第一个位置(头结点后)插入
85           {
86               ph->next=pval;                 //头结点指向 pval
87               pval->pre=NULL;
88               pval->next=pCur;               //pval 的后继指针指向 pCur
89               pCur->pre=pval;                //pCur 的前驱指针指向 pval
90           }
91           else                               //如果不是插入到第一个位置
92           {
93               for (int i=1; i <pos; i++)     //遍历链表找到要插入的位置
94               {
95                   pCur=pCur->next;           //pCur 指针向后移
96               }
97               //循环结束,此时 pCur 指向的是要插入的位置
98               pval->next=pCur->next;         //指针断开再连接的过程
99               pCur->next->pre=pval;
100              pval->pre=pCur;
101              pCur->next=pval;
102          }
103      }
104      ph->length++;
105      return 1;
106 }
107
108 void DlistDelete(pHead ph, int val)         //删除链表 ph 中的元素 val
109 {
110      if (ph==NULL || ph->length==0)
111      {
112          printf("参数传入有误!"); return;
113      }
114      //如果参数无误,则遍历找到值为 val 的元素,然后将其删除
115      pNode pval=DlistFind(ph, val);          //找到值所在的结点
116      if (pval==NULL)
117      {
```

```
118        return NULL;
119     }
120     printf("将其删除\n");
121     //因为双向链表中的结点既有前驱结点又有后继结点
122     pNode pRe=pval->pre;                //pRe 指向 pval 结点的前驱结点
123     pNode pNext=pval->next;             //pNext 指向 pval 结点的后继结点
124
125     if (pRe==NULL)
126       {
127          ph->next=pval->next;
128          free(pval);
129          return;
130       }
131     if (pNext==NULL)
132       {
133          pval->pre=NULL;
134          free(pval);
135          return;
136       }
137     pRe->next=pNext;
138     pNext->pre=pRe;
139     }
140
141 pNode DlistFind(pHead ph, int val)        //查找某个元素
142 {
143     if (ph==NULL)
144     {
145         printf("参数传人有误!");
146     }
147     //如果参数无误,则遍历双链表,查找要找的元素
148     pNode pTmp=ph->next;                 //此过程与单链表无异
149     do
150     {
151        if (pTmp->data==val)
152        {
153            printf("有此元素!\n");
154            return pTmp;
155        }
156        pTmp=pTmp->next;
157     } while (pTmp->next !=NULL);          //循环条件是直到链表结尾
158
159     printf("没有值为%d的元素!\n", val);
160     return NULL;
161 }
162
163 void DlistDestory(pHead ph)              //销毁链表
164 {
165     pNode pCur=ph->next;
166     pNode pTmp;
167     if (ph==NULL)
168         printf("参数传人有误!");
169
170     while (pCur->next !=NULL)
```

```
171        {
172            pTmp=pCur->next;
173            free(pCur);                        //将结点释放
174            pCur=pTmp;
175        }
176        ph->length=0;                          //回到初始化状态
177        ph->next=NULL;
178  }
179
180  void printFront(pHead ph)                    //打印链表中的元素,从前往后打印
181  {
182        if (ph==NULL)
183        {
184            printf("参数传入有误!");
185        }
186        pNode pTmp=ph->next;
187        while (pTmp !=NULL)
188        {
189            printf("%d ", pTmp->data);
190            pTmp=pTmp->next;
191        }
192        printf("\n");
193  }
194
195  void printLast(pHead ph)                     //倒序打印,从链表末尾开始向前打印
196  {
197        if (ph==NULL)
198        {
199            printf("参数传入有误!");
200        }
201        pNode pTmp=ph->next;
202        while (pTmp->next !=NULL)
203        {
204            pTmp=pTmp->next;                    //先将指针 pTmp 移动到末尾结点
205        }
206        for (int i=--ph->length; i >=0; i--)   //从末尾结点向前打印元素
207        {
208            printf("%d ", pTmp->data);
209            pTmp=pTmp->pre;
210        }
211        printf("\n");
212  }
```

main. c(测试文件):

```
213 #define _CRT_SECURE_NO_WARNINGS
214 #include "dlist.h"
215 #include <stdio.h>
216 #include <stdlib.h>
217 int main()
218 {
219     //创建一个双链表
220     pHead ph=NULL;
```

```
221      ph=DlistCreate();
222
223      //向链表中插入元素
224      int num;
225      printf("请输入要插入的元素,输入 0 结束: \n");
226      while (1)
227      {
228          scanf("%d", &num);
229          if (num==0)
230              break;
231          DlistInsert(ph, 0, num);                //本测试程序从头部插入
232      }
233
234      printf("双链表长度: %d\n", getLength(ph));
235      printFront(ph);                             //从前往后打印双链表的元素
236      DlistInsert(ph, 3, 99);                     //在 3 位置插入新元素 99
237      printFront(ph);                             //然后再从前往后打印双链表的元素
238      printLast(ph);                              //从后往前打印元素
239
240      int val;
241      printf("请输入要查找的元素: \n");
242      scanf("%d", &val);
243      DlistFind(ph, val);                         //查找元素
244
245      int del;
246      printf("请输入要删除的元素: \n");
247      scanf("%d", &del);
248      DlistDelete(ph, del);                       //删除元素
249      printFront(ph);                             //打印删除元素后的链表
250
251      DlistDestory(ph);                           //销毁链表
252      printf("双链表销毁成功!\n此时链表长度为: %d\n", ph->length);
253
254      system("pause");
255      return 0;
256 }
```

运行结果如图 2-14 所示。

在例 2-3 双链表的实现中,只实现了双链表的增删改查几个基本功能。双链表的插入删除操作,实现起来比单链表的稍微复杂一些,其他操作都无较大的改动。双链表是可以倒序遍历的,为了测试该双链表的功能,在最后打印链表元素时,增加了一个倒序打印函数 printLast(),从后往前打印链表的元素。

相对于单链表来说,双链表要复杂一些,因为它多了一个前驱指针,所以对于插入和删除操作的实现要格外小心。另外,因为双链表中的每个结点要记录两个指针,所以空间消耗要略多一些。不过由于它良好的对称性,使得对某个结点的前后两个结点操作更灵活,也使算法的时间效率得到了提高,说到底,就是用空间换时间。

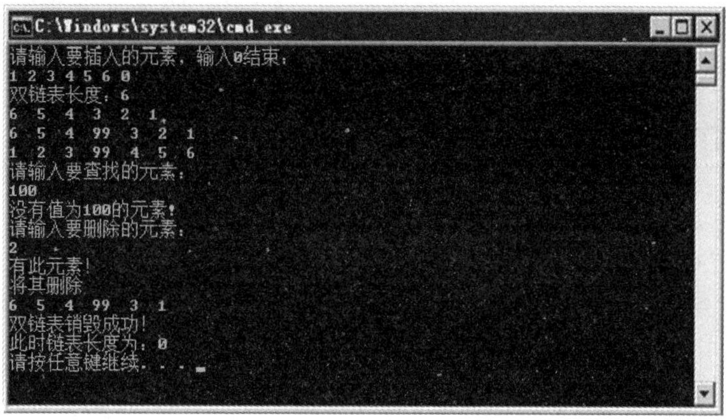

图 2-14 例 2-3 的运行结果

2.5 循环链表

链表还有一种常用的形式,那就是循环链表,看到循环二字,想必读者已经知道它是一种怎样的链表了,不错,这种链表头尾相接,形成了一个环。那么它又具有什么样的特性呢?本节就来探讨一下。

2.5.1 什么是循环链表

循环链表是首尾相接的一种链表,它的尾结点的后继指针又指向链表的第一个结点,这样形成了一个环。对于循环链表,从表中的任何一个结点出发,都能找到其他所有的结点。图 2-15 是一种单向的循环链表。

图 2-15 单循环链表

循环链表的形式有好几种,如双循环链表、多重循环链表(将表中结点链在多个环上)等。

图 2-16 就是一个多重循环链表,元素 26 所在的结点既在左边的循环链中,又在右边的循环链中。多重循环链表并不常用,下面主要讲解的是单链的循环链表。

循环链表既有单链表的优点又有双链表的优点,相对于单链表,双链表需要为每个结点增加部分存储空间以保存前驱指针的信息,而循环链表无须增加存储空间,只是改变了尾结点中后继指针的指向,就使操作更加灵活多变。需要注意的是,循环链表中没有 NULL 指针,涉及遍历操作时,其终止条件就不再是非循环链表中判别 pNode->next 是否为空,而是判别它们是否等于某一指定指针,如头指针或尾指针等,用代码表示,如下所示:

```
if(pNode->next==pHead->next)
{
    ...
}
```

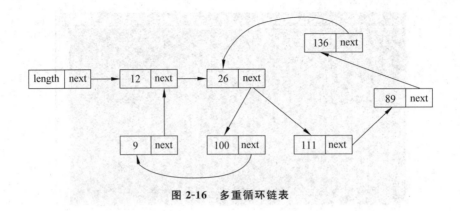

图 2-16　多重循环链表

2.5.2　循环链表的实现

在单链表中,从一个已知结点出发,只能访问到该结点及其后继结点,无法找到该结点之前的其他结点。而在单循环链表中,从任一结点出发都可访问到表中所有结点,这一优点使某些运算在单循环链表上更易于实现。

循环链表在实现上大多操作都与单链表相同,如创建、查找等,这些部分在单链表与双链表中都有详细的讲解及代码实现,此处就不再重复,接下来主要讲解其插入与删除元素时与单链表的异同。

1. 插入元素

在循环链表中插入元素,如果是插入到第一个位置,即头结点之后的位置,则稍稍有些麻烦,需要处理 3 个指针,头结点中的指针、尾结点中的指针和插入元素的结点指针。其过程如图 2-17 所示。

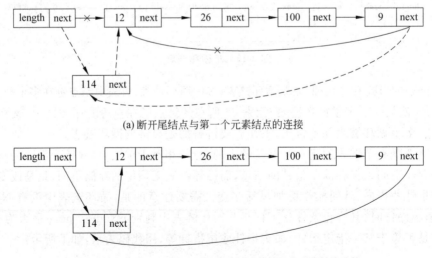

(a) 断开尾结点与第一个元素结点的连接

(b) 插入结点分别与头结点、尾结点和原来的第一个元素结点连接

图 2-17　在循环链表的头结点插入元素

在头结点之后插入元素时,要将新结点中的指针指向此位置上原来的结点,头结点中的

指针指向新结点,尾结点指针指向新结点。比单链表多处理了一个尾结点指针。

在尾部插入元素时也有所不同,p->next 不再指向 NULL,而是指向 head->next。

除此两处外,在其他位置插入元素,则与单链表处理相同。其代码实现如下:

```c
int ClistInsert(pHead ph, int pos, int val)        //在链表的 pos 位置插入元素 val
{
    if (ph==NULL || pos <0 || pos >ph->length)
    {
        printf("插入元素时,参数传入有误!\n");
    }
    pNode pval=NULL;
    //参数传入无误,则为新元素 val 分配结点
    pval=(pNode)malloc(sizeof(struct Node));
    pval->data=val;                                //将值 val 保存到此结点中
    //判断在哪个位置插入元素,先判断链表是否为空
    if (IsEmpty(ph))                               //如果链表为空
    {
        ph->next=pval;                             //直接将结点插入到头结点后
        pval->next=pval;                           //将第一个结点指向它自己
    }
    else                           //循环链表不为空,则分为在头部插入(即头结点后)和普通位置插入
    {
        pNode pRear=ph->next;
        if (pos==0)                                //在第一个位置(头结点后)插入
        {
            //在 0 号位置插入,需要先找到尾结点
            while (pRear->next !=ph->next)         //循环结束的条件
            {
                pRear=pRear->next;                 //pCur 指针向后移动
            }
            //while 循环结束后,pRear 指向尾结点
            //然后插入元素
            pval->next=ph->next;
            ph->next=pval;
            pRear->next=pval;                      //这 3 个步骤顺序不能更改
        }
        else                                       //如果不是 0 号位置插入,则和单链表无区别
        {
            pNode pCur=ph->next;
            for (int i=1; i <pos; i++)             //遍历链表找到要插入的位置
            {
                pCur=pCur->next;                   //pCur 指针向后移
            }
            //循环结束,此时 pCur 指向的是要插入的位置
            pval->next=pCur->next;                 //指针断开再连接的过程
            pCur->next=pval;
        }
    }
    ph->length++;
    return 1;
}
```

在插入新元素时,先判断链表是否为空,如果为空,则将元素插入到头结点后,然后将其指针指向自身;如果不为空,则根据插入的位置作出相应操作。

2.删除元素

在删除元素时,也要考虑删除的是否为头结点后的第一个元素,如果是,则需要将头结点与尾结点的指针指向待删除结点的后继结点,如图 2-18 所示。

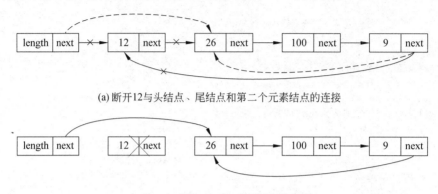

(a)断开12与头结点、尾结点和第二个元素结点的连接

(b) 第二个元素26分别与头尾结点的连接

图 2-18   删除头结点后的第一个元素

如果是删除其他位置的元素,则和单链表处理方式相同。其代码实现如下:

```
pNode ClistDelete(pHead ph, int val)          //删除循环链表 ph 中的元素 val
{
    if (ph==NULL || ph->length==0)
    {
        printf("参数传入有误!");
    }
    //先找到链表的尾结点
    pNode pRear=ph->next;
    while (pRear->next !=ph->next)
    {
        pRear=pRear->next;
    }
    //查找此元素
    pNode pval=ClistFind(ph, val);            //ClistFind()函数与单链表相同
    if (pval==NULL)
        return NULL;

    if (pval==ph->next)                       //如果是第 0 号位置的结点
    {
        ph->next=pval->next;
        pRear->next=pval->next;
    }
    else                                      //如果是其他位置的结点
    {
        //就要找到 pval 的前驱结点
```

```
        pNode pRe=ph->next;
        for (int i=0; i <ph->length; i++)
        {
            if (pRe->next==pval)
            {
                pRe->next=pval->next;
                return pval;
            }
            pRe=pRe->next;
        }
    }
    return NULL;
}
```

在循环链表中,除了插入和删除操作与单链表稍有不同之外,其他操作与单链表都是一样的,读者可以参照单链表的操作自己动手实现循环链表,并完成测试。

2.5.3　约瑟夫环

约瑟夫问题是循环链表的一个典型应用,其描述如下:m 个人围成了一圈,从其中任意一个人开始,按顺时针顺序使所有人依次从 1 开始报数,报到 n 的人出列;然后使 n 之后的人接着从 1 开始报数,再次使报到 n 的人出列……如此下去,求出列的顺序及最后留下来的人的编号。

为了更清晰地描述问题,可以将 m 与 n 设定为具体数字,如 $m=8$,$n=3$,即 8 个人围坐成一圈。为这 8 个人编号,使编号为 1 的人从 1 开始报数,报到 3 的人出局;编号为 4 的人再从 1 开始报数,报到 3 的出局……如此重复,直到最后只剩下一个人,如图 2-19 所示。

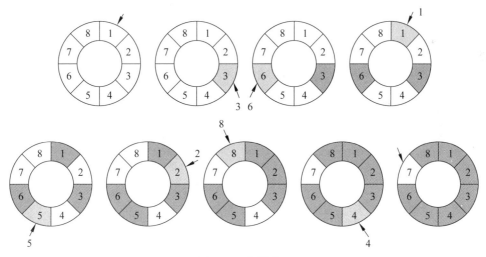

图 2-19　约瑟夫环

第一轮:从 1 到 3,第 3 个人出局。
第二轮:第 4 个人从 1 开始报数,第 6 个人报到 3,则第 6 个人出局。
第三轮:第 7 个人从 1 开始报数,第 1 个人报到 3,则第 1 个人出局。

第四轮：第 2 个人从 1 开始报数，第 5 个人报到 3，则第 5 个人出局。

第五轮：第 7 个人从 1 开始报数，第 2 个人报到 3，则第 2 个人出局。

第六轮：第 4 个人从 1 开始报数，第 8 个人报到 3，则第 8 个人出局。

第七轮：第 4 个人从 1 开始报数，此时只剩下他和 7，他自己报到 3，则第 4 个人出局。

最后这一圈人只剩下第 7 个人。

当数据量较小时，通过作图很轻易地就能找出出局顺序；但当数据量较大时，人工计算几乎是不可能的。要解决这样的问题，需要借助一定的编程算法，而循环链表就正好可以用来解决此问题。首先用这些数据创建一个循环链表；然后设置限制条件并循环遍历链表，当遍历到要出局的元素时，就将其删除，这样循环操作直到链表中只剩下一个结点。具体代码如例 2-4 所示。

例 2-4

clist.h（头文件）：

```
1 #ifndef _CLIST_H_
2 #define _CLIST_H_
3
4 struct Node;
5 typedef struct Head * pHead;          //头结点类型
6 typedef struct Node * pNode;          //数据结点类型
7 //定义头结点
8 struct Head
9 {
10     int length;
11     pNode next;                       //指向下一个结点的指针
12 };
13 //定义数据结点
14 struct Node
15 {
16     int data;
17     pNode next;                       //指向后继结点的指针
18 };
19 pHead ClistCreate();                  //创建循环链表
20 int getLength(pHead ph);              //获取循环链表的长度
21 int IsEmpty(pHead ph);               //判断链表是否为空
22 int ClistInsert(pHead ph, int pos, int val);  //在链表的 pos 位置插入元素 val
23 void print(pHead ph);                //打印循环链表中的元素
24
25 #endif
```

clist.c（文件）：

```
26 #include "clist.h"
27 #include <stdio.h>
28 #include <stdlib.h>
29
30 pHead ClistCreate()                   //创建循环链表
31 {
```

```
32        pHead ph= (pHead)malloc(sizeof(struct Head));        //为头结点分配空间
33        if (ph==NULL)
34            printf("分配头结点失败!");                        //为了方便运行结果查看,不设置 return 返回
35        //创建好头结点后,初始化头结点中的数据
36        ph->length=0;
37        ph->next=NULL;
38        return ph;                                           //将头结点返回
39    }
40
41    int IsEmpty(pHead ph)                                    //判断链表是否为空
42    {
43        if (ph==NULL)
44            printf("传入的循环链表有误!");
45        if (ph->length==0)                                   //如果长度为 0,则链表为空
46            return 1;
47        else
48            return 0;
49    }
50
51    int ClistInsert(pHead ph, int pos, int val)              //在链表的 pos 位置插入元素 val
52    {
53
54        if (ph==NULL || pos < 0 || pos >ph->length)
55        {
56            printf("插入元素时,参数传入有误!\n");
57        }
58
59        pNode pval=NULL;
60        //参数传入无误,则为新元素 val 分配结点
61        pval= (pNode)malloc(sizeof(struct Node));
62        pval->data=val;                                      //将值 val 保存到此结点中
63
64        //判断在哪个位置插入元素,先判断链表是否为空
65        if (IsEmpty(ph))                                     //如果链表为空
66        {
67            ph->next=pval;                                   //直接将结点插入到头结点后
68            pval->next=pval;                                 //将第一个结点指向它自己
69        }
70        else                          //循环链表不为空,则分为在头部插入(即头结点后)和普通位置插入
71        {
72            pNode pRear=ph->next;
73            if (pos==0)                                      //在第一个位置(头结点后)插入
74            {
75                //在 0 号位置插入,需要先找到尾结点
76                while (pRear->next !=ph->next)               //循环结束的条件
77                {
78                    pRear=pRear->next;                       //pCur 指针向后移动
79                }
80                //while 循环结束后,pRear 指向尾结点
81                //然后插入元素
```

```
82            pval->next=ph->next;
83            ph->next=pval;
84            pRear->next=pval;              //这 3 个步骤顺序不能更改
85        }
86        else                              //如果不是 0 号位置插入,则和单链表无区别
87        {
88            pNode pCur=ph->next;
89            for (int i=1; i <pos; i++)    //就要遍历链表找到要插入的位置
90            {
91                pCur=pCur->next;          //pCur 指针向后移
92            }
93            //循环结束,此时 pCur 指向的是要插入的位置
94            pval->next=pCur->next;        //指针断开再连接的过程
95            pCur->next=pval;
96        }
97    }
98    ph->length++;
99    return 1;
100 }
101
102 void print(pHead ph)                      //打印循环链表中的元素
103 {
104    if (ph==NULL || ph->length==0)
105    {
106        printf("参数传入有误!");
107    }
108
109    pNode pTmp=ph->next;
110
111    for (int i=0; i <ph->length ; i++)
112    {
113        printf("%d ", pTmp->data);
114        pTmp=pTmp->next;
115    }
116    printf("\n");
117 }
```

Joseph. c(测试文件):

```
118 #define _CRT_SECURE_NO_WARNINGS
119 #include "clist.h"
120 #include <stdio.h>
121 #include <stdlib.h>
122
123 int main()
124 {
125    int m, n;
126    printf("请输入约瑟夫环的总人数:\n");
```

```
127        scanf("%d", &m);
128        if (m <= 0)
129        {
130            printf("请输入正确的数字!\n");
131            return 0;
132        }
133        printf("请输入被踢出的报数: \n");
134        scanf("%d", &n);
135        if (n <= 0)
136        {
137            printf("请输入正确的数字!\n");
138            return 0;
139        }
140
141        //根据输入的 m 创建链表
142        pHead ph=NULL;
143        ph=ClistCreate();
144        if (ph==NULL)
145        {
146            printf("创建循环链表失败!\n");
147            return 0;
148        }
149
150        //插入元素
151        for (int i=m; i >0; i--)
152        {
153            ClistInsert(ph, 0, i);          //使用头插法从 m 到 1 倒序插入
154        }
155
156        print(ph);
157        printf("被踢顺序: \n");
158        //插入元素后,就循环遍历链表
159        pNode node=ph->next;           //node 指针指向第一个结点
160        while (node->next !=node)        //循环结束条件,结点指向其自身,此时剩最后一个结点
161        {
162            for (int i=1; i <n -1; i++)   //i <n -1,报到 n 就重新开始
163            {
164                node=node->next;
165            }
166            //for 循环结束后,node 指针指向待出局的结点的前驱结点
167            pNode pTmp=node->next;         //pTmp 指向要出局的结点
168
169            //接下来先要判断这个结点是 0 号位置的结点还是其他位置的结点
170            if (pTmp==ph->next)            //如果此结点在 0 号位置
171            {
172                ph->next=pTmp->next;       //头结点也要作处理
173                node->next=pTmp->next;
174                printf("%d ", pTmp->data);
175                free(pTmp);
```

```
176              ph->length--;
177          }
178          else                          //如果此结点在其他位置
179          {
180              node->next=pTmp->next;
181              printf("%d ", pTmp->data);
182              free(pTmp);
183              ph->length--;
184          }
185          node=node->next;
186      }
187      node->next=node;                  //循环结束,只剩下 node 一个结点,让其指向自身
188      printf("\n");
189
190      printf("链表中最后留下的是 ");
191      print(ph);
192
193      system("pause");
194      return 0;
195  }
```

运行结果如图 2-20 所示。

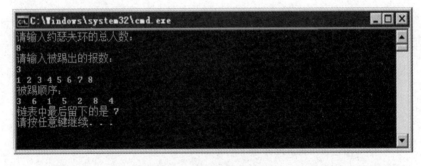

图 2-20　例 2-4 的运行结果

在例 2-4 中,创建了一个循环链表,以循环链表为基础来计算这一圈人的出局序列,并求出最后留下来的人。解决约瑟夫问题并没有用到循环链表的全部算法,因此在本例中只实现了此问题涉及的操作。首先创建一个循环链表,使用每位参与者的信息初始化该链表;然后开始遍历,159～187 行代码是将报数为 n 的结点删除,160 行代码的循环条件是 node->next != node,即当链表中只剩一个结点时终止循环。while 循环里用一个 for 循环(162～165 行代码)来控制报数情况,报到 n 就将此结点删除。

2.6　本章小结

本章作为进入数据结构部分的开始,讲解了最简单的数据结构——线性表,具体包括常用的顺序表、单链表、双链表、循环链表。本章针对每一种表分析了它们的逻辑关系、存储原

理,并给出了它们常用操作的详细代码实现。通过本章的学习,读者可以掌握线性表的原理及实现,并能够使用线性表来解决一些简单的问题,为以后学习其他数据结构打下坚实的基础。

【思考题】

从存储结构、基本操作两方面简述顺序表与链表的不同之处。

第 3 章
栈 和 队 列

学习目标
- 了解栈的定义。
- 掌握栈的顺序实现及链式实现。
- 掌握栈的应用。
- 了解队列的定义。
- 掌握队列的顺序实现及链式实现。
- 理解循环队列。

第 2 章学习了顺序表与链表这两种最简单的数据结构及其操作,本章学习另外两种数据结构:栈和队列。栈和队列也属于线性表,只是在操作上,它们与第 2 章学习的线性表有所不同,是操作受限的线性表。本章就来分析一下栈和队列到底有何特点。

3.1 什么是栈

洗碗时,将洗好的碗一个叠一个地摆放在橱柜中;用碗时,再将碗逐个取下。通常来讲,摆放碗时是由下而上依次放置,而取碗时是自顶向下逐个选取。图 3-1 是一摞摆放好的碗。

像上述这种现象,也就是先放入的东西后被取到,后放入的东西优先被取到,我们认为其遵循"后进先出"原则。在各种数据结构中,也有一种数据结构遵循这个规则,它就是栈(stack)。

栈也是一种线性表,但它是受到限制的线性表。第 2 章学习的顺序表、链表可以在两端进行插入、删除操作,而栈,类似于盛放碗的碗橱,仅允许在一端进行这些操作,其结构示意图如图 3-2 所示。

图 3-1 一摞碗

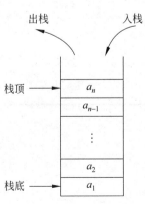

图 3-2 栈的结构示意图

栈中允许执行插入和删除操作的一端称为栈顶,不允许执行插入和删除操作的一端称为栈底。向一个栈中插入新元素又称为入栈、压栈。入栈之后该元素被放在栈顶元素的上面,成为新的栈顶元素。

从一个栈中删除元素又称为出栈、弹栈,是把栈顶元素删除,使其相邻元素成为新的栈顶元素。

执行入栈操作时,会先将元素插入到栈中,然后按照数据入栈的先后顺序,从下往上依次排列。每当插入新的元素时,栈顶指针就会向上移动,指向新插入的元素。

执行出栈操作时,栈顶的元素会被先弹出,接着按照后进先出的原则将栈中的元素依次弹出。弹出栈顶元素后,栈顶指针就向下移动,指向原栈顶下面的一个元素,这个元素就成为了新的栈顶元素。

当栈已满时,不能继续执行入栈操作。同理,栈为空时,也不能继续执行出栈操作。

需要注意的是,若要从栈中获取元素,只能通过栈顶指针取到栈顶元素,无法取得其他元素。例如在图 3-2 中,当 a_n 没有被弹出时,无法读取到下面的元素。

由于栈遵循后进先出(Last In First Out,LIFO)原则,因此又把栈称为后进先出表。

栈的常用操作如下:

- Create()(或 Init()):创建栈(或初始化栈)。
- IsEmpty():判断栈是否为空。
- Push():进栈。
- Pop():出栈。
- getTop():获取栈顶元素。只是读取栈顶元素,并不将元素弹出栈。
- getSize():获取栈的长度。
- Destory():销毁栈。

进栈、出栈相当于第 2 章学习的线性表中的插入、删除操作,两者不同的是:栈顶是栈读取数据的唯一入口。

3.2 栈的实现

栈也是线性表,因此线性表的存储结构对栈也适用,栈也分为顺序栈和链栈两种存储结构。存储结构的不同使得实现栈的基本算法也有所不同。

3.2.1 栈的顺序存储实现

栈的顺序存储也称为顺序栈,它利用一组地址连续的存储单元依次存放自栈底到栈顶的元素,同时附设栈顶标识 top 来指示栈顶元素在顺序栈中的位置。向顺序栈中插入元素时,其过程如图 3-3 所示。

由图 3-3 可知,向栈中插入元素时,需先使 top 指针指向栈顶上面的空位,然后进行赋值。

删除栈中元素时,只将 top 指针向下移动,指向新的栈顶元素,删除过程如图 3-4 所示。

由图 3-4 可知,弹栈是将 top 指针移动,指示到新的栈顶元素。原来的栈顶元素依然存在于存储单元中,但无法通过栈进行访问。

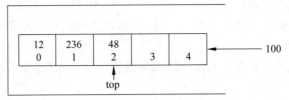

(a) 100要入栈，此时top指针指向原来的栈顶48

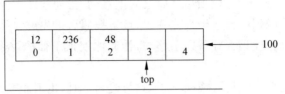

(b) 将top指针向上移动一个位置，指向新栈顶位置

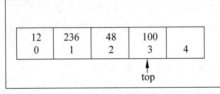

(c) 100入栈成为新的栈顶

图 3-3　向顺序栈中插入元素

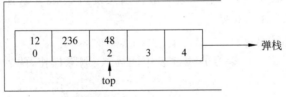

(a) 要将48弹栈，此时top指向栈顶48

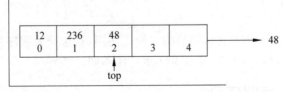

(b) 将48弹栈

(c) top指针向下移动一个位置，指向新栈顶236

图 3-4　顺序栈弹栈

在这个过程中,有一点需要注意:不管栈的示例图如何画(在图 3-2 中,栈开口向上,在图 3-3 与图 3-4 中,栈开口向右,当然也可以将其画为开口向下或者开口向左),都是为了更清晰地描述具体问题,其存储原理是一样的,这一点一定要理解。学习其原理后,下面实现一个顺序栈,此顺序栈所具备的功能如下:

- 顺序栈的初始化。
- 判断栈是否为空。
- 获取栈顶元素。
- 弹栈、压栈。
- 销毁栈。

然后在测试文件 main. c 中完成此顺序栈的测试,具体如例 3-1 所示。

例 3-1

seqstack. h(头文件):

```
1 #ifndef _SEQSTACK_H_
2 #define _SEQSTACK_H_
3
4 #define MAXSIZE 1024
5 #define INFINITY 65535
6 typedef struct
7 {
8     int data[MAXSIZE];                        //在结构中定义一个数组
9     int top;                                  //指示栈顶元素,在数组中相当于索引
10 }SeqStack;
11
12 void InitStack(SeqStack * stack);            //初始化栈
13 int IsEmpty(SeqStack * stack);               //判断栈是否为空
14 int SeqStack_Top(SeqStack * stack);          //返回栈顶元素
15 int SeqStack_Pop(SeqStack * stack);          //弹出栈顶元素
16 void SeqStack_Push(SeqStack * stack, int val); //将元素 val 压入栈中
17 void SeqStack_Destory(SeqStack * stack);     //销毁栈
18
19 #endif
```

seqstack. c(函数实现文件):

```
20 #include "seqstack.h"
21
22 void InitStack(SeqStack * stack)             //初始化栈
23 {
24     stack->top=-1;
25 }
26
27 int IsEmpty(SeqStack * stack)                //判断栈是否为空
28 {
29     if (stack->top==-1)
30         return 1;
```

```
31      return 0;
32 }
33
34 int SeqStack_Top(SeqStack* stack)              //返回栈顶元素
35 {
36      if (!IsEmpty(stack))
37          return stack->data[stack->top];
38      return INFINITY;                            //只是作一个简单标识,有可能栈顶元素也为-1
39 }
40
41 int SeqStack_Pop(SeqStack* stack)              //弹出栈顶元素
42 {
43      if (!IsEmpty(stack))
44          return stack->data[stack->top--];     //弹出一个元素后,top要减1
45      return INFINITY;
46 }
47
48 void SeqStack_Push(SeqStack* stack, int val)   //将元素 val 压入栈中
49 {
50      if (stack->top >=MAXSIZE -1)              //栈已满
51          return;
52      stack->top++;                             //增加一个元素后,top要加1
53      stack->data[stack->top]=val;              //将 val 元素存到数组中
54 }
55
56 void SeqStack_Destory(SeqStack* stack)         //销毁栈
57 {
58      if (!IsEmpty(stack))
59          free(stack);
60 }
```

main. c(测试文件):

```
61 #include <stdio.h>
62 #include <stdlib.h>
63 #include "seqstack.h"
64
65 int main()
66 {
67      srand((unsigned)time(0));                 //以时间为种子产生随机数
68      SeqStack stack;                           //创建一个顺序栈
69      InitStack(&stack);                        //初始化栈
70
71      //向栈中添加元素
72      for (int i=0; i <50; i++)
73      {
74          SeqStack_Push(&stack, rand() %1000);  //添加的是随机产生的数
75      }
76
77      //获取栈顶元素
```

```
78          printf("栈顶元素: %d\n", SeqStack_Top(&stack));
79
80          //打印栈中元素
81          printf("栈中的元素:");
82          for (int i=0; i < 50; i++)
83          {
84              if (i %5==0)
85                  printf("\n");                              //每 5 个元素一行
86              printf("%d ", SeqStack_Pop(&stack));           //依次将栈顶元素弹出
87          }
88
89          printf("\n");
90
91          system("pause");
92          return 0;
93      }
```

运行结果如图 3-5 所示。

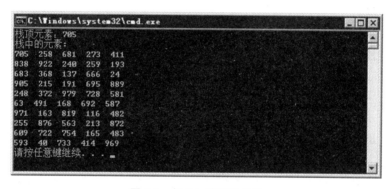

图 3-5　例 3-1 的运行结果

在例 3-1 的实现中,用一个 struct 来定义栈。在此结构体中定义了一个数组 data 来存放元素,同时定义了 top 来指示栈顶元素。

代码 22～25 行初始化栈。栈中数据索引从 0 开始,当 top 值为−1 时栈为空。

代码 27～32 行是判断栈是否为空,其判断条件为 top 值是否为−1,如果 top 值为−1,则栈为空;如果 top 值不为−1,证明栈中有元素,栈不为空。

代码 34～39 行是读取栈顶元素,就是读取数组 data 中索引为 top 的元素,因此该元素为 lstack->data[lstack->top]。

代码 41～46 行是将栈顶元素弹出,栈顶元素为 lstack->data[lstack->top],将其弹出后,top 指示下面的元素,所以 top 要减 1。

代码 48～54 行是元素入栈,首先是让 top 指向数组中要插入数据的位置,因为是顺序栈,所以 top++ ;然后将元素存储到数组的栈顶元素 lstack->data[lstack->top]中。

代码 56～60 行是销毁栈,就是将分配的结构空间释放。

学习完顺序栈,读者可再与之前学习的顺序表相比较,区分两者在执行读取、插入、删除等操作时的异同,以巩固所学知识。

顺序栈是在顺序表的基础上实现的,读者可以利用已经实现的顺序表来实现一个顺序

栈,例如在创建顺序栈时,直接调用已经在顺序表中实现的 SeqList_Create()函数。这种实现方式就留给读者自己来实现,读者可以参考博学谷中的相关资源,也可以参考相应的讲解视频。当然,读者也可以有自己的实现方式,我们追求的是更高效简便的算法。

3.2.2　栈的链式存储实现

栈的链式存储也称为链栈,它和链表的存储原理一样,都可以利用闲散空间来存储元素,用指针来建立各结点之间的逻辑关系。链栈也会设置一个栈顶元素的标识符 top,称为栈顶指针。它和链表的区别是,只能在一端进行各种操作,如图 3-6 所示。

链栈就是一个单端操作的链表,它的插入、删除操作就是在链表的一端进行。接下来就实现一个链栈,其功能如下:

- 创建一个链栈。
- 判断链栈是否为空。
- 压栈,弹栈。
- 获取栈顶元素。
- 销毁链栈。

然后在 main. c 文件中完成此链栈的测试,具体如例 3-2 所示。

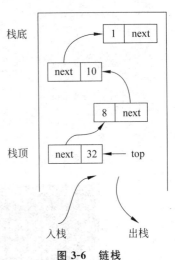

图 3-6　链栈

例 3-2

linkstack. h(头文件):

```
1 #ifndef _LINKSTACK_H_
2 #define _LINKSTACK_H_
3
4 typedef struct Node * pNode;
5 typedef struct Stack * LinkStack;
6 struct Node                        //数据结点
7 {
8     int data;                      //数据
9     pNode next;                    //指针
10 };
11
12 struct Stack                       //此结构记录栈的大小和栈顶元素指针
13 {
14     pNode top;                     //栈顶元素指针
15     int size;                      //栈大小
16 };
17
18 LinkStack Create();                //创建栈
19 int IsEmpty(LinkStack lstack);     //判断栈是否为空
20 int getSize(LinkStack lstack);     //获取栈的大小
21 int Push(LinkStack lstack, int val); //元素入栈
22 pNode getTop(LinkStack lstack);    //获取栈顶元素
```

```
23 int Pop(LinkStack lstack);                         //弹出栈顶元素
24 void Destory(LinkStack lstack);                     //销毁栈
25
26 #endif
```

linkstack.c（操作函数实现文件）：

```
27 #include "linkstack.h"
28 #include <stdio.h>
29 #include <stdlib.h>
30
31 LinkStack Create()                                   //创建栈
32 {
33     LinkStack lstack=(LinkStack)malloc(sizeof(struct Stack));
34     if (lstack !=NULL)
35     {
36         lstack->top=NULL;
37         lstack->size=0;
38     }
39     return lstack;
40 }
41
42 int IsEmpty(LinkStack lstack)                         //判断栈是否为空
43 {
44     if (lstack->top==NULL || lstack->size==0)
45         return 1;
46     return 0;
47 }
48
49 int getSize(LinkStack lstack)
50 {
51     return lstack->size;                             //获取栈的大小
52 }
53
54 int Push(LinkStack lstack, int val)
55 {
56     pNode node= (pNode)malloc(sizeof(struct Node));  //为元素 val 分配结点
57     if (node !=NULL)
58     {
59         node->data=val;
60         node->next=getTop(lstack);                   //新元素结点指向下一个结点,链式实现
61         lstack->top=node;                            //top 指向新结点
62         lstack->size++;
63     }
64     return 1;
65 }
66
67 pNode getTop(LinkStack lstack)                        //获取栈顶元素
68 {
69     if (lstack->size !=0)
```

```
70          return lstack->top;
71      return NULL;
72  }
73
74  int Pop(LinkStack lstack)                    //弹出栈顶元素
75  {
76      if (IsEmpty(lstack))
77      {
78          return -10000;
79      }
80      pNode node=lstack->top;                  //node指向栈顶元素
81      lstack->top=lstack->top->next;           //top指向下一个元素
82      lstack->size--;
83      int num=node->data;
84      free(node);
85          return num;
86  }
87  void Destory(LinkStack lstack)               //销毁栈
88  {
89      if (IsEmpty(lstack))
90      {
91          free(lstack);
92          printf("栈已为空,不必再行销毁!\n");
93          return;
94      }
95      //如果栈不为空,需要把栈中的结点都删除释放
96      do
97      {
98          int pTmp;
99          pTmp=Pop(lstack);
100         free(pTmp);
101     }while (lstack->size>0);
102     printf("栈销毁成功!\n");
103 }
```

main.c(测试文件):

```
104 #include <stdio.h>
105 #include <stdlib.h>
106 #include "linkstack.h"
107
108 int main()
109 {
110     srand((unsigned)time(0));
111     LinkStack lstack=NULL;
112     lstack=Create();                         //创建一个栈
113
114     //判断栈是否为空
115     int ret;
116     ret=IsEmpty(lstack);
```

```
117     if (ret)
118         printf("栈为空!\n");
119     else
120         printf("栈不为空!\n");
121
122     //向栈中插入元素
123     for (int i=0; i <10; i++)
124     {
125         Push(lstack, rand() %100);                //插入的是随机产生的数
126     }
127
128     //再次判断栈是否为空
129     ret=IsEmpty(lstack);
130     if (ret)
131         printf("栈为空!\n");
132     else
133         printf("栈不为空!\n");
134
135     //求栈的长度
136     printf("栈的长度: %d\n", getSize(lstack));
137
138     //获取栈顶元素
139     //返回的是 pNode 结点类型,要转换为 int 类型
140     printf("栈顶元素: %d\n", * ((int * )getTop(lstack)));
141
142     //打印栈中的元素
143     while (lstack->size >0)
144     {
145         //Pop()返回的是 pnode 结点类型,也要转换为 int 类型
146         printf("%d ", Pop(lstack));
147     }
148     printf("\n");
149
150     //销毁栈
151     Destory(lstack);
152
153     system("pause");
154     return 0;
155 }
```

运行结果如图 3-7 所示。

图 3-7　例 3-2 的运行结果

在例 3-2 中,6～16 行代码定义了链栈的数据结点与头结点,这与链表的定义方式相同,但有时在链栈的实现中通常不定义头结点,而是直接把栈顶放在单链表的头部。

创建好栈之后,先调用 IsEmpty() 函数判断栈是否为空,结合代码,由图 3-7 中的代码执行结果可知:初始时栈为空。代码 123～126 行,向栈中存入元素,再次进行判断时,由图 3-7 可知,此时栈不为空。代码 136 行中代码输出栈的长度为 10。代码 140 行求栈顶元素,由图 3-7 可知此时栈顶元素为 46;代码 143～147 行打印栈中的元素,即将元素逐一弹出。由代码可知,栈中的元素是随机产生的数,由图中输出结果可知,第一个元素为 46,与求得的栈顶元素相同。代码 151 行销毁栈,因为在打印时已经将栈中元素全部弹出,所以在销毁之时栈已空,等同已经销毁。

3.3　栈的应用

栈是一种常用的数据结构,基本上稍微复杂一点的程序都会用到:遍历一个图时,会用到栈;搜索一个解时,也会用到栈。即便程序代码中没有明确用栈,在程序执行过程中也会用到栈,因为程序返回和函数调用以及其他遵循栈"先进后出"原则的地方,系统都会用栈来存储数据。栈的应用很多,本节学习栈的两个较为典型且常用的应用。

3.3.1　用栈实现四则运算

我们都知道,计算机的基本功能大多基于对数据的操作,给出一个运算式,计算机能迅速计算出其结果,若运算式有错误,例如运算式"1+3 * (2+5",右边少了一个")",编译器会立刻检查出错误并报告,那么计算机是如何做到的呢?

其实计算机在进行运算时,将运算表达式转换成了逆波兰表达式,这是一种不需要括号的后缀表达方式,例如"1+2"经转换变为"1 2 +",然后再进行计算。而在转换的过程中,这些数据就保存在栈中。需要进行计算时,利用栈先进后出的特点来进行字符的匹配检查,直到完成转换再对后缀表达式计算结果。

计算机在这个过程中执行了两步操作:

(1) 将中缀表达式转换为后缀表达式。

(2) 对后缀表达式计算。

这两步操作都用到了栈,下面先来学习执行这两步操作的基本原理。

1. 中缀转后缀

将中缀表达式转换为后缀表达式的过程中,数据是用栈来存储的。在遍历中缀表达式时,遵循以下规则:

- 对于数字,直接输出。
- 对于符号:

左括号:进栈,不管栈中是否有元素。

运算符:若此时栈为空,直接进栈。

若栈中有元素,则与栈顶符号进行优先级比较:若新符号优先级高,则新符号进栈(默认左括号优先级最低,直接入栈);若新符号优先级低,将栈顶符

　　　　号弹出并输出,之后使新符号进栈。

　　右括号:不断将栈顶符号弹出并输出,直到匹配到左括号,再接着读取下一个符号。

　　　　需注意,左右括号匹配完成即可,并不将其输出。

- 遍历结束时,将栈中所有的符号弹出并输出。

下面以"1＋3＊(2＋5)"为例来分析中缀转后缀的转换过程。

(1) 遍历字符串,第一个读取到的字符是 1,则对于数字直接输出,如图 3-8 所示。

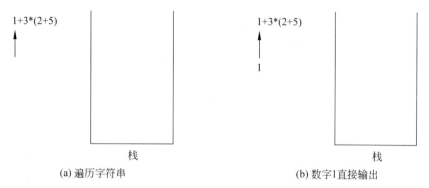

(a) 遍历字符串　　　　　　　　　　　(b) 数字1直接输出

图 3-8　遍历字符串

　　(2) 数字 1 输出后,接着读取下一个字符,为符号"＋",是运算符,此时栈为空,直接进栈,如图 3-9 所示。

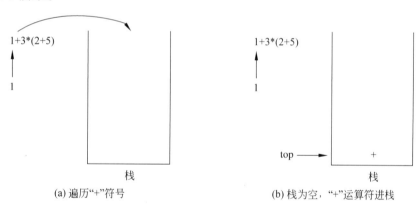

(a) 遍历"+"符号　　　　　　　　　(b) 栈为空,"+"运算符进栈

图 3-9　"＋"运算符进栈

　　(3) 读取下一个字符,为数字 3,直接输出,如图 3-10 所示。

　　(4) 读取下一个字符,是符号"＊",与栈顶符号比较优先级,其优先级大于栈顶的"＋"符号,进栈,如图 3-11 所示。

　　(5) 读取下一个字符,是"(","("直接进栈,如图 3-12 所示。

　　(6) 读取下一个字符,为数字 2,直接输出,如图 3-13 所示。

　　(7) 读取下一个字符,为"＋",比较它与栈顶符号的优

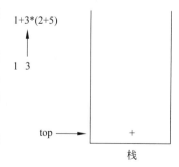

图 3-10　数字 3 直接输出

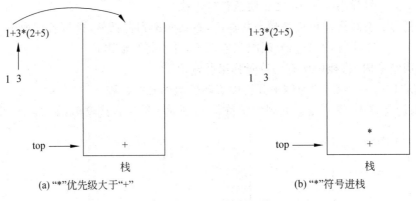

(a) "*"优先级大于"+"　　　　　　　　(b) "*"符号进栈

图 3-11　" * "运算符进栈

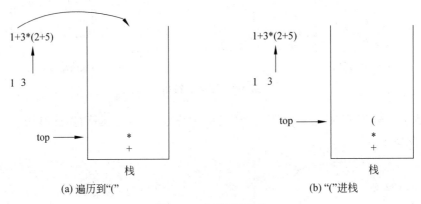

(a) 遍历到"("　　　　　　　　　　(b) "("进栈

图 3-12　"("符号进栈

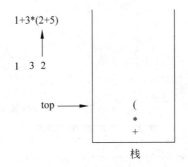

图 3-13　数字 2 直接输出

先级,因为"("优先级默认最低,所以将新符号"＋"号进栈,如图 3-14 所示。

(8) 接着读取下一个字符,是数字 5,直接输出,如图 3-15 所示。

(9) 输出数字 5 后,接着读取下一个字符,为")",则弹出栈顶符号并输出,直到匹配到"(",如图 3-16 所示。

如果在输入表达式时少写了一个左括号,那么在执行这一步时就会出错,因为将栈弹空也不会匹配到对应的左括号。

(10) 左右括号匹配完成后,继续读取下一个字符,当遍历到下一个字符时,发现字符串

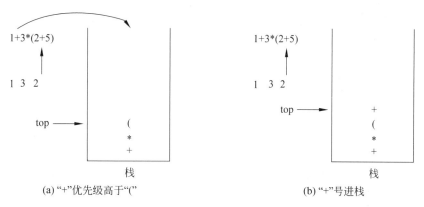

(a) "+"优先级高于"("　　　　　　　　　　(b) "+"号进栈

图 3-14　"十"运算符进栈

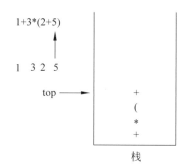

图 3-15　数字 5 直接输出

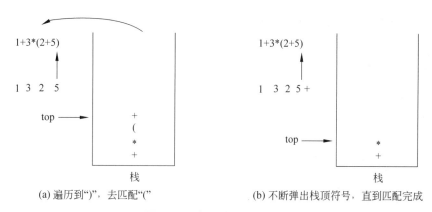

(a) 遍历到")"，去匹配"("　　　　　　　(b) 不断弹出栈顶符号，直到匹配完成

图 3-16　遍历到")"，匹配"("

已经遍历结束，则就将栈中的符号全部弹出并输出，其结果如图 3-17 所示。

　　经过一系列的转换，中缀表达式"1+3 * (2+5)"转换为后缀表达式的结果为"1325＋ * ＋"，在这个转换匹配的过程中，如果有错误，例如在第(9)步过程中，如果运算式少写一个左括号"("，则直到弹出栈中所有元素也匹配不到"("符号，编译器就会报错，像经常使用的头文件包含♯include <stdio. h>等都是利用这个原理来检查的。

　　学习了上面的转换规则与过程，再结合 3.2 节中学习过的栈，就可以通过编程来实现运算式的转换了。在 Visual Studio 2013 中创建一个项目，3.2.2 节中实现了一个链式栈，将

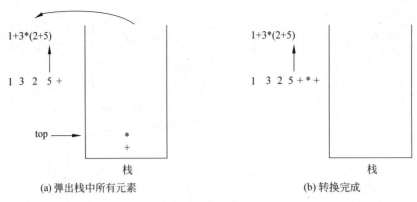

(a) 弹出栈中所有元素　　　　　　　　　　　(b) 转换完成

图 3-17　转换完成

头文件 linkstack.h 与函数实现文件 linkstack.c 添加进去,注意,在遍历运算式时是以字符串的形式进行的,因此需要将 3.2.2 节例 3-2 中栈的数据类型 int 改为 char,修改后的结点定义如下:

```
struct Node                    //数据结点
{
    char data;                 //数据,将 int 类型改为 char
    pNode next;                //指针
};
```

相应地,Push()函数的参数类型也要改为 char,如下所示:

```
int Push(LinkStack lstack, char val);          //插入元素类型为 char
```

其他的无须改动。在测试文件 main.c 中编写程序,具体如例 3-3 所示。

例 3-3

main.c(测试文件):

```
1 #define _CRT_SECURE_NO_WARNINGS
2 #include <stdio.h>
3 #include <stdlib.h>
4 #include "linkstack.h"
5
6 char buffer[256]={ 0 };                //临时缓冲区,从栈中弹出的元素可以先存放在这里
7 void Put(char ch)
8 {
9     static int index=0;
10    buffer[index++]=ch;               //将字符存入进来,然后索引 index 后移
11 }
12
13 //优先级比较函数
14 int Priority(char ch)
15 {
16    int ret=0;
```

```
17      switch (ch)
18      {
19      case '+':
20      case '-':
21          ret=1;
22          break;
23      case '*':
24      case '/':
25          ret=2;
26          break;
27      default:
28          break;
29      }
30      return ret;
31 }
32
33 //判断字符是否是数字
34 int isNumber(char ch)
35 {
36      return (ch >= '0' && ch <= '9');              //是数字返回1,否则返回0
37 }
38
39 //判断字符是否是运算符
40 int isOperator(char ch)
41 {
42      return (ch=='+' || ch=='-' || ch=='*' || ch=='/');
43 }
44
45 //判断字符是否是左括号
46 int isLeft(char ch)
47 {
48      return (ch=='(');
49 }
50
51 //判断字符是否是右括号
52 int isRight(char ch)
53 {
54      return (ch==')');
55 }
56
57 //函数功能:中缀转后缀表达式
58 //函数返回值:正确返回0,错误返回-1
59 int Transform(const char * str)
60 {
61      //在转换字符串时,先创建一个栈
62      LinkStack lstack=Create();              //创建栈
63
64      //创建完栈之后,就遍历字符串中的字符,数字输出,运算符入栈……
65      int i=0;
66      while (str[i] != '\0')
```

```
67  {
68          //判断是否是数字
69          if (isNumber(str[i]))                           //如果是数字,就直接输出
70          {
71              Put(str[i]);                                //存入到buffer中
72          }
73          //判断是否是运算符
74          else if (isOperator(str[i]))
75          {
76              //如果是运算符,则先判断栈是否为空
77              if (!IsEmpty(lstack))                       //如果栈不为空
78              {
79                  //要比较此符号与栈顶符号的优先级
80                  while (!IsEmpty(lstack)
81                      &&Priority(* ((char * )getTop(lstack)))
82                          >=Priority(str[i]))
83                  {   //如果栈顶符号优先级高,就将栈顶符号弹出并输出
84                      //直到栈顶符号的优先级小于此符号
85                      //或者栈已弹空
86                      Put(Pop(lstack)->data);            //将弹出的栈顶符号存入到buffer中
87                  }
88              }
89              Push(lstack, str[i]);                       //如果栈为空,符号直接入栈
90          }
91          //如果是左括号,直接入栈
92          else if (isLeft(str[i]))
93          {
94              Push(lstack, str[i]);
95          }
96          //如果是右括号
97          else if (isRight(str[i]))
98          {
99              //判断栈顶是不是左括号,如果不是,就弹出,直到匹配到左括号
100             while (!isLeft(* ((char * )getTop(lstack))))
101             {
102                 //弹出栈顶符号并存入到buffer中
103                 Put(Pop(lstack)->data);
104                 if (IsEmpty(lstack))                    //如果弹出元素后,栈已经空了,就匹配错误
105                 {
106                     printf("没有匹配到左括号!\n");
107                     return -1;                          //如果栈已为空,结束程序
108                 }
109             }
110
111             Pop(lstack);                                //while循环结束,就匹配到了左括号
112                                                         //将左括号弹出,注意不保存
113         }
114         else
115         {
116             printf("有不能识别的字符!\n");
```

```
117             return -1;
118         }
119     i++;
120     }
121
122     //遍历结束
123     if (str[i]=='\0')
124     {
125         //遍历结束后,将栈中所有符号依次弹出
126         while (!IsEmpty(lstack))
127         {
128             if (getTop(lstack)->data=='(')        //如果栈中还有"(",证明缺少右括号
129             {
130                 printf("有没有匹配的"(",缺少")"\n");
131                 return -1;
132             }
133             Put(Pop(lstack)->data);
134         }
135     }
136     else
137     {
138         printf("遍历没有完成!\n");
139     }
140     return 1;
141 }
142
143 int main()
144 {
145     char str[1024]={0};                          //"1325+ * +";
146     printf("请输入四则运算表达式: \n");
147     scanf("%s", str);
148
149     if(Transform(str)==-1)
150         printf("遍历中出现错误,无法完成转换!\n"); //转换
151     else
152         printf("转化后的表达式是: %s\n",buffer);
153     system("pause");
154     return 0;
155 }
```

运行结果如图 3-18 所示。

图 3-18　例 3-3 的运行结果

由图 3-18 中的运行结果可知,当输入"1＋3＊(2＋5)"时,程序将其转换为"1325＋＊＋",

与图解分析的结果一致。再次运行,输入一个错误的表达式时,会出现出错提示,如图 3-19 所示。

图 3-19　例 3-3 输入错误表达式的运行结果

在例 3-3 中,代码第 6 行定义了一个全局的 char 类型数组 buffer,用来临时存放要从栈中弹出的元素。整个转换过程中本段代码一共实现了 7 个函数。

代码 7～11 行的 Put 函数,将字符(即从栈中弹出的元素)存储到 buffer 中。

代码 14～31 行实现的 Priority() 函数,用来比较操作符的优先级。

代码 34～37 行实现的 isNumber() 函数,用来判断字符是否是数字的函数。

代码 40～43 行实现的 isOperator() 函数,用来判断字符是否是运算符的函数。

代码 46～49 行实现的 isLeft() 函数,用来判断字符是否是左括号的函数。

代码 52～55 行实现的 isRight() 函数,用来判断字符是否是右括号的函数。

代码 59～138 行是进行转换的核心,每遍历到一个字符就要调用相应函数判断是数字还是运算符,或者是左括号还是右括号,以作不同的处理。

本例实现了简单的转换,做了一些容错处理。但它只能处理简单的一位数字的运算,如果是两位或多位数字,它并不能识别,例如“102＋30”这样的表达式,虽然它转换后看起来并无异样,但它并没有按运算符来区分哪几位数是一个数字。

2. 后缀表达式的运算

将中缀表达式转换为后缀表达式后,计算机会根据后缀表达式进行求值计算。计算过程中的数据也是存储在栈中,相对于中缀表达式,后缀表达式对数字和运算符的处理相应要简单一些:

- 对于数字,进栈。
- 对于符号:

    从栈中弹出右操作数;

    从栈中弹出左操作数;

    然后根据符号进行运算,将运算结果压入栈中。

- 遍历结束,栈中唯一的数字就是运算结果。

以“1＋3＊(2＋5)”转换后的表达式“1325＋＊＋”为例,分析其运算过程:

(1) 遍历字符串,前几个字符都是数字,直接入栈,如图 3-20 所示。

(2) 接着读取下一个字符,为“＋”号,则从栈中弹出右操作数与左操作数,进行运算,如图 3-21 所示。

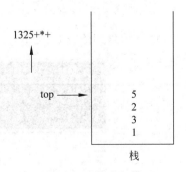

图 3-20　数字入栈

（3）将运算结果压入栈中,如图 3-22 所示。

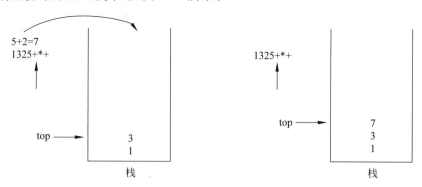

图 3-21　左右操作数进行运算　　　　　　图 3-22　运算结果 7 入栈

（4）运算结果入栈后,读取下一个字符,为"＊",弹出"＊"号的右与左两个操作数进行运算,然后将运算结果压入栈中,如图 3-23 所示。

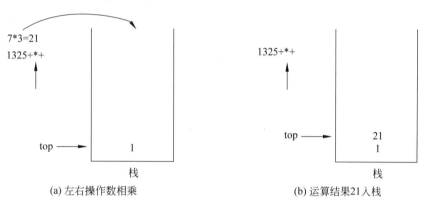

(a) 左右操作数相乘　　　　　　　　　　(b) 运算结果21入栈

图 3-23　运算结果 21 入栈

（5）运算结果 21 入栈后,再往下读取下一个字符,为"＋"运算符,则弹出其右与其左的两个操作数进行运算,然后将结果压入栈中,如图 3-24 所示。

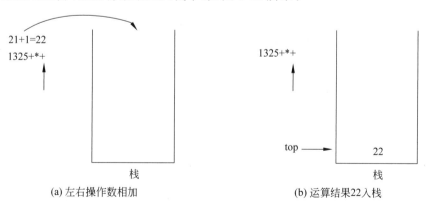

(a) 左右操作数相加　　　　　　　　　　(b) 运算结果22入栈

图 3-24　运算结果 22 入栈

（6）继续读取,发现字符串遍历结束,且此时栈中只有一个元素,那么这个元素就是表达式的值。

经过上述分析得出的结果与用中缀表达式计算出的结果是一致的,证明计算机的这种"思维方式"是正确的。与中缀转后缀时的程序相同,这里同样可以使用 3.2.2 节中已经实现好的栈,即在 Visual Studio 2013 中创建一个项目,将头文件 linkstack.h 与函数实现文件 linkstack.c 添加进来,只在 main.c 测试文件中编写程序,如例 3-4 所示。

例 3-4

main.c(测试文件):

```c
1 #include "linkstack.h"                              //将栈的头文件包含进来
2 #include <stdio.h>
3
4 //判断字符是否是数字
5 int isNumber(char ch)
6 {
7     return (ch >= '0' && ch <= '9');                 //是数字返回 1,否则返回 0
8 }
9
10 //判断字符是否是运算符
11 int isOperator(char ch)
12 {
13     return (ch == '+' || ch == '-' || ch == '*' || ch == '/');
14 }
15
16 //左右两个操作运算
17 int express(int left, int right, char op)
18 {
19     switch (op)
20     {
21     case '+':
22         return left + right;
23     case '-':
24         return left - right;
25     case '*':
26         return left * right;
27     case '/':
28         return left / right;
29     default:
30         break;
31     }
32     return -1;
33 }
34
35 //后缀表达式运算
36 int Calculate(const char * str)
37 {
38     LinkStack lstack=NULL;
39     lstack=Create();
40
41     int i=0;
42     while (str[i])                                   //遍历字符串
```

```
43    {
44        if (isNumber(str[i]))                    //如果是数字,直接入栈
45            Push(lstack, str[i] - '0');          //在存储时按字符的ASCII码存储,所以送入'0'
46        else if (isOperator(str[i]))             //如果是运算符,就弹出左右操作数
47        {
48            int left=Pop(lstack)->data;
49            int right=Pop(lstack)->data;
50            int ret=express(left, right, str[i]);  //运算
51            Push(lstack, ret);                    //运算结果入栈
52        }
53        else
54        {
55            printf("error!\n");
56            break;
57        }
58        i++;
59    }
60
61    if (str[i]=='\0' && getSize(lstack)==1)
62        return * ((char*)getTop(lstack));
63 }
64
65 int main()
66 {
67    char * str="1325+ * +";                      //正确的后缀表达式
68    int num=Calculate(str);
69    printf("%d\n", num);
70
71    system("pause");
72    return 0;
73 }
```

运行结果如图 3-25 所示。

图 3-25　例 3-4 的运行结果

由图 3-25 可知,后缀表达式"1325＋ * ＋"的运行结果为 22,是正确的。在例 3-4 中,代码 36～63 行是计算表达式结果的函数,它首先去遍历字符串,然后判断读取到的字符是数字还是运算符,如果是数字,则直接入栈,需要注意的是,因为字符在存储时是以其 ASCII 码值来存储的,例如将遍历到的字符"1"压入栈时,其实在栈中存储的值是其 ASCII 码值 49,用这个值来参与计算显然是错误的,因此若要消去相应的差值,便需减去字符"0"的 ASCII 码值。

例 3-4 和例 3-3 一样,也只能识别一位数的数据,当数据位数多于 1 位时就会出错,而且当运算式中有〔〕或{}符号时无法识别。理论上说,一个好的程序不仅能运行得出正确的结

果,也要有一定的容错性,但由于篇幅的限制,本书不再作相应的实现。

3.3.2　栈的递归应用

所谓递归就是程序调用自身的过程,它可以把一个大型的、复杂的问题层层转化为一个与原问题相似的、规模较小的问题来求解,递归策略只需少量的代码就可描述出解题过程中所需要的多次重复计算,大大地减少了程序的代码量。

一般来说,递归需要有临界条件:递归前进和递归返回段。否则递归将无限调用,永远无法结束程序,最后会造成内存崩溃。

递归作为一种算法在程序设计语言中被广泛应用,例如,在数学运算中经常遇到计算自然数和的情况,假设要计算 $1\sim n$ 之间自然数之和,就需要先计算 1 加 2 的结果,用这个结果加 3 再得到一个结果,用新得到的结果加 4,以此类推,直到用 $1\sim(n-1)$ 之间所有数的和加 n。此题就可以用递归来解决,其具体实现如例 3-5 所示。

例 3-5

```
1 #define _CRT_SECURE_NO_WARNINGS
2 #include <stdio.h>
3 #include <stdlib.h>
4
5 int getSum(int n)
6 {
7     if (n==1)
8         return 1;
9     int temp=getSum(n -1);        //调用自身
10    return temp+n;                //返回总和
11 }
12
13 int main()
14 {
15    int sum;
16    int n;
17    printf("请输入 n 的值: \n");
18    scanf("%d", &n);
19    sum=getSum(n);
20    printf("结果: %d\n",sum);
21
22    system("pause");
23    return 0;
24 }
```

运行结果如图 3-26 所示。

图 3-26　例 3-5 的运行结果

当输入 4 时,计算结果显示为 10,是 1～4 的相加结果。由于函数的递归调用过程很复杂,此处通过一个图例来分析整个调用过程,如图 3-27 所示。

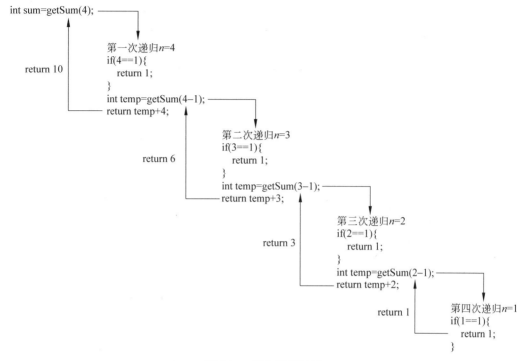

图 3-27　递归调用过程

整个递归过程中 getSum()函数被调用了 4 次,每次调用时,n 的值都会减 1。当 n 的值为 1 时,所有递归调用的函数都会以相反的顺序相继结束,所有的返回值会进行累加,最终得到的结果为 10。

这样一个只有几步的递归过程并不难理解,但读者可能会疑惑它与栈有何关系,接下来分析它在计算机中的运算过程。计算机在运行程序时都是用栈来存储程序中的变量、函数等,当定义了一个变量,变量入栈,使用完毕后就出栈。在递归运算时,函数也不断地被调用进栈,当运行完毕后再依次出栈。接下来就分析一下例 3-5 中的递归调用过程。

(1) 当传入参数 $n=4$ 时,调用 getSum()函数,getSum()函数入栈,运行函数内代码,如图 3-28 所示。

(2) 步骤(1)中再次调用 getSum()函数,参数值为 3,则 getSum()再次入栈,如图 3-29 所示。

(3) 步骤(2)中再一次调用了 getSum()函数,参数值为 2,则 getSum()函数再次入栈……以此类推,直到 $n=1$ 时,getSum()函数最后一次入栈,此时栈中的情况如图 3-30 所示。

(4) 当 $n=1$ 时,返回值为 1,返回给上次函数调用,则此次函数调用结束,函数出栈,如图 3-31 所示。

(5) 当 $n=2$,调用的函数得到出栈的函数返回的值时,就计算出了它这一步调用的结果,将结果返回后,本次调用结束,函数出栈,如图 3-32 所示。

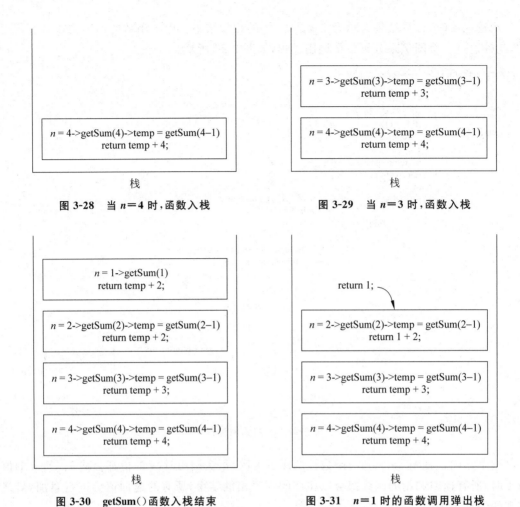

图 3-28　当 $n=4$ 时,函数入栈　　　　图 3-29　当 $n=3$ 时,函数入栈

图 3-30　getSum()函数入栈结束　　　　图 3-31　$n=1$ 时的函数调用弹出栈

（6）以此类推,直到第一次函数调用（$n=4$ 时）结束,将计算出的结果返回,然后弹栈,如图 3-33 所示。

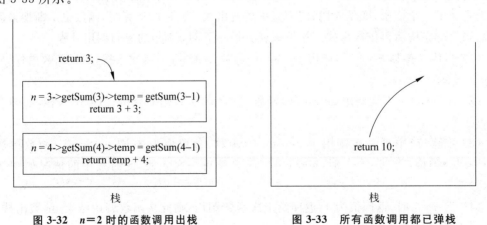

图 3-32　$n=2$ 时的函数调用出栈　　　　图 3-33　所有函数调用都已弹栈

这就是递归在栈中实现的执行和回退过程,回退过程的顺序是执行过程的逆序,下一次调用都为上一次调用提供需求,显然这很符合栈的特点,编译器就是利用这个特点来实现递

归管理的。当然,对于现在的高级语言来说,这样的递归,以及程序中变量的管理是不需要程序员自己来操作的,一切都由操作系统执行,但读者也需要理解其原理。

3.4　什么是队列

在生活中,大家肯定都有过排队买票的经历,在排队买票时,排在前面的人先买到票离开排队的队伍,然后轮到后面的人买;如果又有人来买票,就依次排到队尾。买票的过程中,队伍中的人从头到尾依次出列。

像排队这样,先来的先离开,后来的排在队尾后离开,称为"先进先出"(First In First Out,FIFO)原则。在各种数据结构中,也有一种数据结构遵循这一原则,那就是队列(queue)。

队列和栈一样,也是一种受限制的线性表,它只允许在一端进行插入操作,在另一端进行删除操作。其中允许删除的一端称为队头,允许插入的一端称为队尾。向队列中插入元素称为入队,从队列中删除元素称为出队。图 3-34 就是一个队列。

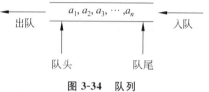

图 3-34　队列

队列中会有一个指针指向队头,这个指针称为队头指针。当有元素出队时,队头指针向后移动,指向下一个元素,下一个元素成为新的队头元素(类似于栈的栈顶指针)。

队列中也会有一个指针指向队尾,称为队尾指针,队尾指针是指向最后一个元素之后的一个空指针。当有元素需要入队时,就插入到队尾指针所指位置处,插入之后,队尾指针向后移动,指向下一个空位。

当队列已满时,元素不能再入队;同理,当队列为空,无法执行出队操作。

由于遵循"先进先出"原则,队列也叫先进先出表。

队列的常用操作如下:

- Create():创建队列。
- Push():入队。
- Out():出队。
- getLength():获取队列长度。
- getHead():获取队头元素。
- Clear():清空队列。
- Destory():销毁队列。

队列在程序设计中的使用也颇为常见。例如操作系统和客服系统,都是应用了队列这种数据结构来实现先进先出的排队功能;再比如用键盘进行各种字母和数字的输入并显示到显示器上,就是队列的典型应用。

3.5　队列的实现

队列是线性表,也有顺序实现与链式实现两种方式。同样,顺序实现是利用数组的存储原理,链式实现是利用链表的存储原理。接下来分别学习这两种实现方式。

3.5.1　顺序队列的实现

使用顺序表实现的队列称作顺序队列。顺序队列的实现和顺序表的实现相似,只是在顺序队列中只允许在一端进行插入,在另一端进行删除。定义两个变量 front 与 rear 分别标识队头与队尾,当删除队头元素时,front 后移到下一个位置;当插入新元素时,在 rear 指示的位置插入,插入后,rear 向后移动指向下一个存储位置。假设向图 3-35 中的队列插入新元素 100。

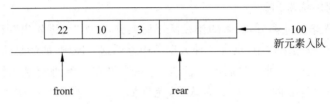

图 3-35　新元素 100 入队

首先将 100 插入到 rear 指示的位置,然后将 rear 向后移动。插入完成后的队列如图 3-36 所示。

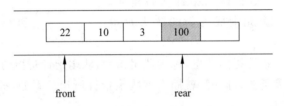

图 3-36　插入新元素 100 后

在 rear 位置插入新的元素后,rear 向后移动;当再有新的元素入队时,还是插入到 rear 指示的位置,直到队列已满。假如顺序队列的大小为 MAXSIZE,则当队尾指针指向 MAXSIZE－1 位置时(rear＝MAXSIZE－1),队列就满了。

同样,当有元素出队时,front 指针要向后移动,指向新的队头元素,其过程如图 3-37 所示。

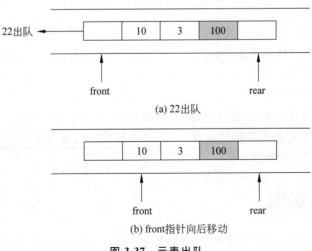

(a) 22出队

(b) front指针向后移动

图 3-37　元素出队

当队列中元素全部出队时,front 与 rear 指向同一个位置,即 front＝rear,这也是判断队列是否为空的条件。下面实现一个具备以下功能的简单顺序队列:

- 创建一个空队列。
- 获取队列大小。
- 判断队列是否为空。
- 入队,出队。
- 获取队头元素。
- 清空、销毁队列。

并且完成此队列的测试,具体代码如例 3-6 所示。

例 3-6

SeqQueue.h(头文件):

```
 1 #ifndef _SQQUEUE_H
 2 #define _SQQUEUE_H
 3
 4 #define MAXSIZE 50
 5 typedef struct Queue * SeqQueue;
 6 struct Queue
 7 {
 8     int front;                          //队头
 9     int rear;                           //队尾
10     int data[MAXSIZE];                  //数据
11 };
12
13 SeqQueue Create();                      //初始化操作,建立一个空队列 Sq
14 int getLength(SeqQueue Sq);             //返回队列 Sq 的元素个数(长度)
15 int IsEmpty(SeqQueue Sq);               //判断队列是否为空
16 void Insert(SeqQueue Sq, int val);      //入队
17 int Del(SeqQueue Sq);                   //出队
18 int GetHead(SeqQueue Sq);               //获取队头元素
19 void Clear(SeqQueue Sq);                //将队列 Sq 清空
20 void Destory(SeqQueue Sq);              //销毁队列
21
22 #endif                                  //_SQQUEUE_H
```

SeqQueue.c(函数实现文件):

```
23 #include "SeqQueue.h"
24 #include <string.h>
25 #include <stdio.h>
26 #include <stdlib.h>
27
28 SeqQueue Create()
29 {
30     SeqQueue Sq= (SeqQueue)malloc(sizeof(struct Queue));   //分配空间
31     Sq->front=Sq->rear=-1;
32     memset(Sq->data, 0, MAXSIZE * sizeof(int));
33     return Sq;
```

```
34 }
35
36 int getLength(SeqQueue Sq)
37 {
38     return Sq->rear - Sq->front;          //队列长度是队头队尾之差
39 }
40
41 int IsEmpty(SeqQueue Sq)
42 {
43     if (Sq->front=Sq->rear)               //判断队列是否为空的条件
44     {
45         return 1;
46     }
47     return 0;
48 }
49
50 //数组前边是队头，后边是队尾
51 void Insert(SeqQueue Sq, int val)
52 {
53     //队列是否已满
54     if (Sq->rear==MAXSIZE -1)
55     {
56         printf("队列已满,无法再插入元素!\n");
57         return;
58     }
59     //如果是空队列
60     if (Sq->front==Sq->rear)
61     {
62         Sq->front=Sq->rear=0;
63         Sq->data[Sq->rear]=val;
64         Sq->rear++;
65     }
66     else
67     {
68         Sq->data[Sq->rear]=val;           //保存数据
69         Sq->rear++;
70     }
71 }
72
73 int Del(SeqQueue Sq)
74 {
75     //空队列
76     if (Sq->front==Sq->rear)              //队列为空的条件
77     {
78         printf("队列为空,无元素可弹!\n");
79         return 10000;                     //返回错误标志
80     }
81     int temp=Sq->data[Sq->front];
82     Sq->front++;                          //删除队头元素后,front向后移动
83     return temp;
```

```
84 }
85
86 int GetHead(SeqQueue Sq)
87 {
88     //空队列
89     if (Sq->front==Sq->rear)
90     {
91         printf("队列为空,无元素可取!\n");
92         return 10000;
93     }
94     //获取元素
95     return Sq->data[Sq->front];
96 }
97
98 void Clear(SeqQueue Sq)
99 {
100
101     Sq->front=Sq->rear=-1;
102     printf("队列已清空!\n");
103 }
104
105 void Destory(SeqQueue Sq)
106 {
107     free(Sq);
108     printf("队列已销毁!\n");
109 }
```

main.c(测试文件):

```
110 #include <stdio.h>
111 #include <stdlib.h>
112 #include "SeqQueue.h"
113
114 int main()
115 {
116     SeqQueue Sq=Create();                    //创建队列
117     srand((unsigned)time(0));
118     for (int i=0; i<10; ++i)
119     {
120         Insert(Sq, rand()%100);              //入队列,随机产生的数
121     }
122     printf("队列长度: %d\n", getLength(Sq));
123     printf("队头元素 出队元素\n");
124     while (Sq->front !=Sq->rear)             //出队列,循环条件是队列不为空
125     {
126         int ret=GetHead(Sq);                 //获取队头元素
127         printf(" %d       ", ret);
128         ret=Del(Sq);                         //出队列
129         printf("%d\n", ret);
130     }
```

```
131    printf("队列长度: %d\n", getLength(Sq));
132    Clear(Sq);
133    Destory(Sq);
134
135    system("pause");
136    return 0;
137 }
```

运行结果如图 3-38 所示。

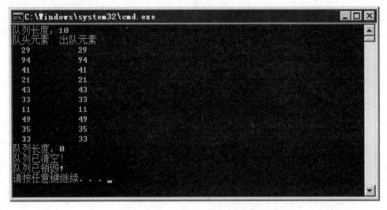

图 3-38　例 3-6 的运行结果

在例 3-6 中,代码 6~11 行定义了一个 struct,其中定义了队头队尾标志 front 与 rear,与一个 int 类型数组 data,表明此队列用来存放 int 类型数据。之后的代码中一共实现了队列的创建、获取长度、判空、入队、出队、获取队头元素、清空和销毁这 8 个基本操作。顺序队列的实现与顺序表相似,但有几点需要注意:获取长度时,队列的长度是队列中实际存储数据的个数;在判断是否为空时,其条件是 front ＝＝ rear 是否成立;在有新元素入队时,rear 要向后移动;在有元素出队时,front 要向后移动。

💣米 **脚下留心:队列的"溢出"**

在顺序队列的存储过程中,可能出现"溢出"现象,队列的"溢出"有两种情况,一种为真"溢出",另一种为假"溢出"。

所谓真"溢出"是指当队列分配的空间已满,此时再往里存储元素则会出现"溢出",这种"溢出"是真的再无空间来存储元素,是真"溢出"。

而假"溢出"是指队列尚有空间而出现的"溢出"情况。当 front 端有元素出队时,front 向后移动;当 rear 端有元素入队时,rear 向后移动,若 rear 已指到队列中下标最大的位置,此时虽然 front 前面有空间,但再有元素入队也会出现"溢出",这种"溢出"叫作"假溢出"。

3.5.2　链式队列的实现

用链表来实现的队列也称为链式队列,在链式队列中也用指针 front 与 rear 分别指示队头与队尾,在队头 front 处删除元素,在队尾 rear 处插入元素。与顺序队列不同,链式队列的 rear 指针指向最后一个元素,如图 3-39 所示。

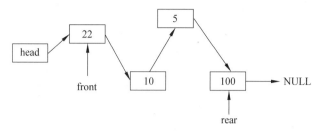

图 3-39　链式队列

其具体实现如例 3-7 所示。

例 3-7

LinkQueue. h（头文件）：

```
1 #ifndef _LINKQUEUE_H
2 #define _LINKQUEUE_H
3
4 typedef struct Node * pNode;
5 typedef struct Queue * LQueue;          //相当于定义头结点 pHead
6 struct Node
7 {
8     int data;                           //数据域
9     pNode next;                         //指针域
10 };
11
12 struct Queue                           //头结点
13 {
14     pNode front;                       //指向头结点,相当于链表中头结点里的 next 指针
15     pNode rear;                        //指向尾结点
16     int length;                        //队列长度
17 };
18
19 LQueue Create();                       //创建队列
20 int getLength(LQueue Lq);              //获取长度
21 int IsEmpty(LQueue Lq);                //判断是否为空
22 void Insert(LQueue Lq, int val);       //val 元素入队
23 int GetHead(LQueue Lq);                //获取队头元素
24 int Del(LQueue Lq);                    //出队
25 void Clear(LQueue Lq);                 //将队列 Lq 清空
26 #endif //_LINKQUEUE_H
```

LinkQueue. c（函数实现文件）：

```
27 #include "LinkQueue.h"
28 #include <stdio.h>
29 #include <stdlib.h>
30
31 LQueue Create()                                      //创建队列
32 {
33     LQueue Lq=(LQueue)malloc(sizeof(struct Queue));  //为头结点分配空间
```

```
34      Lq->front=NULL;
35      Lq->rear=NULL;
36      Lq->length=0;
37 }
38
39 int getLength(LQueue Lq)                              //获取长度
40 {
41      return Lq->length;
42 }
43
44 int IsEmpty(LQueue Lq)                                //判断是否为空
45 {
46      if (Lq->length==0)
47          return 1;
48      return 0;
49 }
50
51 void Insert(LQueue Lq, int val)                       //入队
52 {
53      pNode pn=(pNode)malloc(sizeof(struct Node));     //为val值分配结点
54      pn->data=val;
55      pn->next=NULL;
56          //如果队列为空,则将pn结点插入到头结点后
57      if (IsEmpty(Lq))
58      {
59                                                       //Lq->next=pn;
60          Lq->front=pn;                                //front指向pn结点
61          Lq->rear=pn;                                 //rear指向pn结点
62      }
63      else                                             //如果队列不为空
64      {
65          Lq->rear->next=pn;                           //插入到rear指针后
66          Lq->rear=pn;                                 //pn结点插入到rear位置处
67      }
68      Lq->length++;
69 }
70
71 int GetHead(LQueue Lq)                                //获取队头元素
72 {
73      if (IsEmpty(Lq))
74      {
75          printf("队列为空,无元素可取!\n");
76          return 10000;
77      }
78      return Lq->front->data;
79 }
80
81 int Del(LQueue Lq)                                    //出队
82 {
83      int tmp;
84      if (IsEmpty(Lq))
```

```
85      {
86          printf("队列为空,删除错误!\n");
87          return -10000;
88      }
89      pNode pTmp=Lq->front;
90      Lq->front=pTmp->next;
91      Lq->length--;
92      tmp=pTmp->data;
93      free(pTmp);
94      return tmp;
95 }
96
97 void Clear(LQueue Lq)                              //将队列 Lq 清空
98 {
99      //回到初始状态
100     Lq->front=NULL;
101     Lq->rear=NULL;
102     Lq->length=0;
103     printf("队列已经清空!\n");
104 }
```

main.c(测试文件):

```
105 #include <stdio.h>
106 #include <stdlib.h>
107 #include "LinkQueue.h"
108
109 int main()
110 {
111     LQueue Lq=Create();
112     srand((unsigned)time(0));
113     for (int i=0; i<10; i++)
114         Insert(Lq, rand()%100);
115     printf("队列长度: %d\n", getLength(Lq));
116     printf("队头元素: %d\n", GetHead(Lq));
117     printf("队头元素　出队元素 \n");
118     while (getLength(Lq)>0)                        //出队列,循环条件是队列不为空
119     {
120         int ret=GetHead(Lq);                       //获取队头元素
121         printf("%d        ", ret);
122         ret=Del(Lq);                               //出队列
123         printf("%d\n", ret);
124     }
125
126     Clear(Lq);                                     //清空队列
127     system("pause");
128     return 0;
129 }
```

运行结果如图 3-40 所示。

在例 3-7 中,定义了一个 struct Queue,它相当于链表中的头结点。

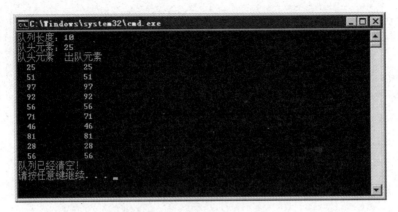

图 3-40　例 3-7 的运行结果

在 Queue 中定义了两个 pNode 类型的指针：front 和 rear。front 指向队头结点，相当于链表中头结点里的 next 指针；rear 指向队列尾部的结点，这一点与顺序队列不同，在顺序队列中，rear 指向最后一个元素后面的空位，而在本例链式队列的实现中，将 rear 指向了最后一个元素结点。

在 LinkQueue.c 文件中，当向队列中插入元素时，先判断队列是否为空。如果为空，则把元素结点插入到头结点后，front 与 rear 都指向这个新结点；如果不为空，则将新元素结点插入到 rear 之后，然后将 rear 指向新结点。

当删除元素时，将 front 指向被删除结点后面的一个结点，因为只从头删除，所以简单两步即可。

3.5.3　循环队列

为了解决顺序队列中的假"溢出"现象，充分利用数组的存储空间，可以将顺序队列的头尾相连，构成一个循环队列，循环队列一般都是用数组来实现的。将循环队列假想为一个环状的空间，如图 3-41 所示。

在循环队列中，front 与 rear 都是可以循环移动的，当队空时，front ＝ rear 成立；当队满时，front ＝ rear 也成立。因此显然不能只凭 front ＝ rear 来判断队空还是队满。

为了解决这个问题，在循环队列中有一个约定：少用一个元素空间，当队尾标识的 rear 在队头标识 front 的上一个位置时，队列为满。此时，判断队空和队满的条件分别如下：

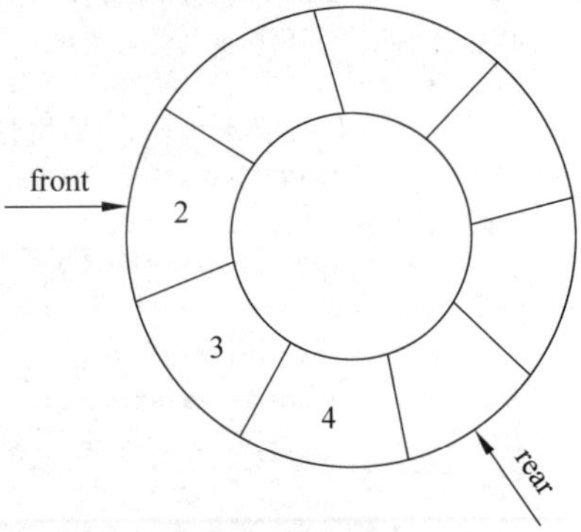

队空时：front＝＝rear 为真。

队满时：(rear＋1)％MAXSIZE＝＝front 为真。

图 3-41　循环队列

其中，MAXSIZE 是队列容量的大小，两种情况下队列中指针的状态如图 3-42 所示。

循环队列中 front 和 rear 的移动不再是简单的加 1，因为是循环的，可能原本指在末尾，前进一个单位就是又一个循环的开始，所以每次移动都要对队列容量 MAXSIZE 取模：

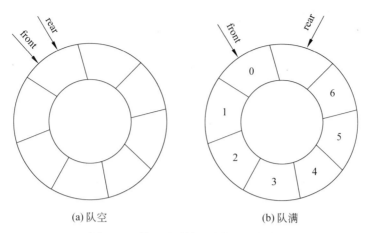

(a)队空   (b)队满

图 3-42　循环队列的队空与队满状态

$front=(front+1)\%MAXSIZE,rear=(rear+1)\%MAXSIZE$。

　　在循环队列中,求队列的长度也不仅仅是 rear 与 front 相减这么简单,因为,rear 的值有可能比 front 小,这样的相减结果是负值,显然不对。在求循环队列的长度时,都是用 rear 加上队列容量,减去 front 的值后,再对容量取模:$(rear+MAXSIZE-front)\%MAXSIZE$。

　　循环队列与顺序队列的实现相似,除了队空和队满的判断以及队列长度求算与顺序队列稍有区别外,其他并无不同。下面不再对循环队列的基本操作一一实现,只实现入队、出队两个核心操作。

　　入队代码如下:

```
void Insert(CirQueue Cq, int val)                    //入队
{
    if ((Cq->rear+1) %MAXSIZE==Cq->front)            //判断队满的条件
    {
        printf("队列已满,无法再插入元素!\n");
        return;
    }
    if (IsEmpty(Cq))                                 //如果队列为空
    {
        Cq->front=Cq->rear=0;
        Cq->data[Cq->rear]=val;
        Cq->rear++;
    }
    else
    {
        Cq->data[Cq->rear]=val;
        Cq->rear=(Cq->rear+1) %MAXSIZE;
    }
}
```

　　在入队时,与顺序队列相同,先判断队列是否已满。如果已满,则无法再插入元素。如果队列未满,判断队列是否是空的。如果为空,front 与 rear 都置于 0,在 0 位置插入元素,rear 向后移动;如果不为空,将元素插入到 rear 的位置,rear 向后移动。注意:rear 移动是

(Cq->rear ＋ 1）％ MAXSIZE。

出队代码如下：

```
int Del(CirQueue Cq)                //出队
{
    if (IsEmpty(Cq))
    {
        printf("队列为空,无元素可出队!\n");
        return 0;
    }
    int temp=Cq->data[Cq->front];
    Cq->front=(Cq->front+1)%MAXSIZE;
    return temp;
}
```

元素出队时,也和顺序队列相同,先判断队列是否为空。如果为空,则无元素可出；如果不为空,则将front位置的元素弹出,然后front向后移动,下一个元素成为新的队头元素。注意：front移动的距离也是(Cq->front ＋ 1）％ MAXSIZE。

限于篇幅,其他操作不再给出具体实现,读者可以在理解了循环队列的基础上,参照顺序队列来实现其余操作,然后完成测试,也可以到博学谷网站下载完整代码以供参考。

📖 **多学一招：优先队列**

在某些情况下,简单的先进先出原则是无法满足使用需求的。例如,在邮局办理业务时,残疾人要比普通人有一定的优先权,当有业务员空闲时,会优先给残疾人办理业务；在红灯时,救护车、警车也可不用排队等待而优先通过。此类情况下,就需要使用优先队列（priority queue）。

所谓优先队列,就是根据元素的优先级以及在队列中的当前位置决定元素出队的顺序。优先队列是0个或多个元素的集合,每个元素都有一个优先权值,元素的优先权越高,则会越早出队（被操作）。

优先队列的操作与顺序队列、链式队列的操作并无区别,只是在出队时是按某一优先权来确定哪个元素出队,这个优先权可以是系统指定的,也可以是自定义的。

优先队列可以用顺序表、链表实现,还可以用堆来实现,比如二叉堆、左式堆等,这些堆在底层是以二叉树的形式来实现的,它常常与排序算法等结合起来。关于二叉树及堆的排序将分别在第6章和第9章进行讲解。

3.6　本章小结

本章讲解了计算机中常用的两种数据结构：栈和队列。首先讲解了栈的概念、结构特点及常用操作,然后分别用顺序表及链表来实现栈；之后讲解了栈的两个应用,如何用栈来实现四则运算及递归应用；最后讲解了队列,包含队列的概念、结构特点及常用操作,并分别实现了顺序队列及链式队列；另外,为了解决队列"假溢出"的问题,又讲解了循环队列。

学习完本章后,读者应对数据结构的理解更加清晰。栈和队列在计算机内部与编程应用中都经常被使用,学好本章,将对读者大有裨益。

【思考题】

1. 分别简述栈和队列的操作特点。

2. 思考循环队列是如何解决顺序队列的"溢出"问题的。

第 **4** 章

串

学习目标

- 理解串的概念。
- 掌握串的顺序存储及实现。
- 了解串的链式存储。
- 理解串的模式匹配算法。

计算机在被发明之初,主要是做一些科学和工程的计算工作,但随着技术的发展,计算机做的非数值处理工作越来越多,使得人们不得不引入对字符的处理,于是就有了字符串的概念。随着字符串应用的普及,字符串作为一种变量类型出现在越来越多的编程语言当中。本章就来学习什么是字符串。

4.1 什么是串

字符串(string)又简称串,它是由 0 个或多个字符组成的有限序列,由一对双引号"""括起来。一般定义为 $s = "a_1a_2a_3 \cdots a_n"(n \geqslant 0)$,需要注意的是,双引号不属于串的内容。例如,定义一个串 $s = "abcde"$,则串 s 的内容为 a、b、c、d、e 五个字符,其长度为 5,并不包括一对双引号。

如果一个串长度为 0,则称为空串,串中没有字符。s="" 。如果一个字符串是由空格组成的,则称为空格串,如 s=" ",它是由有限个空格组成的串,是有内容的,与空串的概念不一样。

串中任意个连续字符组成的序列称为该串的子串,包含子串的串称为主串。例如,定义一个串 $s = "chuanzhiboke"$,则从其中随意抽出任意个连续字符,如果 $s_1 = "zhi"$,则 s_1 称为串 s 的一个子串,而 s 称为主串。

子串在主串中的位置是子串第一个字符在主串中的序号,例如子串 s_1 在主串 s 中的位置就是 5(从 0 开始编号)。

注意:空串是任何串的子串。

串也像其他数据结构一样,可以进行各种操作,串常用的基本操作如下:

- strAssign():给串赋值。
- strLength():求串的长度。
- strCopy():复制串。
- strEqual():判断两个串是否相等。判断两个串是否相等,是指判断两个串的长度和内容是否完全一样,例如"abc"串与"ABC"串,其长度相同,但内容不同,因为串中的字符是区分大小写的,所以这两个串并不相同。

- strConnect():连接两个串。将两个串头尾连接起来,例如将串"abc"与"cde"串连接起来就是一个长串"abccde"。
- strCompete():比较两个串的大小。两个串比较大小,是按字符的 ASCII 码值来比较的,并不是哪个串长哪个串就大,例如串"dch"要比串"agheg"大,因为第一个字符'd'比字符'a'大。
- Insert():插入操作;在串的某个位置插入一个串。例如在串"chuanzhiboke"的 5 号位置(字符'z'前)插入串"abc",就变为了"chuanabczhiboke"串。
- Delete():删除操作,将串中从某一个位置起的一个子串删除。例如在串"chuanzhiboke"中,将第 5 个位置后长度为 3 的串删去,则删除的是串"zhi",删除后的主串为"chuanboke"。

关于串的操作有很多,本章涉及的都是一些基本操作。在不同的高级语言中,关于串的操作都会有很多,且其名称都不会不太一样,但实质上,其实现方法都是一致的。

4.2 串的存储结构

与线性表一样,串也有顺序存储与链式存储两种方式,顺序存储的串称为顺序串,链式存储的串称为链串。下面来学习串的这两种存储结构。

4.2.1 串的顺序存储

在串的顺序存储结构中,用一组地址连续的空间,即数组来存储串中的字符,串中的每一个字符占据一个空间,如图 4-1 所示。

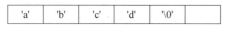

| 'a' | 'b' | 'c' | 'd' | '\0' | |

图 4-1 串的顺序存储结构

像高级语言中的串一样,这里同样使用字符'\0'来标识串的结尾。

用顺序结构来实现串,需要先定义一个结构体来保存串的一些信息,代码如下:

```
typedef struct string
{
    char * str;          //指向串的指针
    int length;          //串的长度
}String;
```

在此结构中,str 是指向串的指针,它在分配空间时,利用 malloc()/free()来操作堆上的内存空间。接下来实现串的顺序存储的一些基本操作。

1. 赋值

在为串赋值时,需要先求出待赋值的串的长度,然后利用 malloc()函数在堆上开辟相应大小的存储空间,再将要赋值的串复制到新开辟的空间中。其代码实现如下:

```
void strAssign(String* s, char* p)                           //赋值
{
    //先计算 p 串的长度,然后按照这个长度为 s 中的 str 开辟空间
    int i=0;
    while (p[i] !='\0')
        i++;
    s->str=(char*)malloc((i+1) * sizeof(char));
    memset(s->str, '\0', i +1);
    //然后将 p 串赋值给 s 串
    int j=0;
    for (j=0; j <=i; j++)
        s->str[j]=p[j];
    s->str[j+1]='\0';                                        //末尾赋值\0
    s->length=i;                                             //串长度记录
}
```

赋值完成后,需要在串末尾添加字符'\0'用来标识串的结束,然后将串的长度保存在 struct 中的 length 变量中。

2. 求串的长度

求串的长度非常简单,只需要获取 struct 中的 length 变量即可,代码如下:

```
int strLength(String* s)                                     //求串的长度
{
    return s->length;
}
```

3. 复制

将一个串 t 复制到串 s 中,需要将串 s 的空间释放,再重新为其分配与串 t 大小相等的空间,然后将串 t 的内容复制到串 s 中。代码实现如下:

```
void strCopy(String* s, String* t)                           //将串 t 复制到串 s 中
{
    //重新为串 s 分配内存,大小等于串 t
    s->str=(char*)malloc((t->length) * sizeof(char));
    memset(s->str, '\0', t->length+1);
    for (int i=0; i <=t->length; i++)
        s->str[i]=t->str[i];
}
```

4. 判断两个串是否相等

判断两个串是否相等的标准是,判断它们的长度与内容是否均相等,即只有两个串对应位置上的字符都相等时,这两个串才是相等的。例如,串"abcd"与串"abcd"相等,但与串"abdc"不相等,因为两个串的后两位并不相等。串的比较区分大小写。

比较两个串是否相等,首先要判断其长度是否相等,在长度相等的前提下,再比对串的

每一个字符是否相同。其代码实现如下：

```c
int strEqual(String * s, String * t)                    //判断两串是否相等
{
    char * stmp =s->str;
    char * ttmp =t->str;
    int ret =strcmp(stmp, ttmp);                        //比较两个字符串是否相等
    if (ret ==0)
    {
        printf("两个串相等!\n");
        return 1;
    }
    else
    {
        printf("两个串不相等!\n");
        return 0;
    }
}
```

在 strEqual() 函数中，如果两个串相等则返回 1，否则返回 0。

5. 连接两个串

连接两个串，如将串 s 与串 t 连接起来，先用 malloc() 函数分配一段内存空间，其大小为串 s 与串 t 的长度之和；然后依次将串 s 与串 t 复制到新分配的空间，将串 s 指向这一段新分配的空间。代码实现如下：

```c
void strConnect(String * s, String * t)                            //连接两个串
{
    int len=s->length+t->length;
    char * temp= (char * )malloc((s->length+t->length+1) * sizeof(char));  //申请缓存
    memset(temp, '\0', s->length);
    int i,j;
    for (i=0; i <=s->length; i++)                          //将串 s 先存入缓存中
        temp[i]=s->str[i];
    for (j=0; j <=t->length; j++, i++)                     //再将串 t 存入缓存中
        temp[i]=t->str[j];
    temp[i]='\0';
    s->str=temp;                                          //将串 s 指向 temp
    s->length=s->length+t->length;
}
```

注意：在连接完成后，要修改 struct 中的 length 变量值，其大小为串 s 与串 t 的长度之和。

6. 比较两个串的大小

比较两个串的大小，并不是比较其长度，而是比较串中字符的大小，例如比较串 s 与串 t

的大小,需要从两个串的第一个字符开始往后比较,哪个串中字符的 ASCII 码值大,哪个串就大。其代码实现如下:

```
int strCompete(String* s, String* t)              //比较串大小
{
    char* stmp =s->str;
    char* ttmp =t->str;
    int ret =strcmp(stmp, ttmp);                  //比较两个字符串是否相等
    return ret;
}
```

在比较过程中,一个串到了末尾还未分出大小,那么长的那个串必定是大的,另一个是它的一个子串。当然,也可以调用已经实现的 strEqual()函数来辅助完成该函数的实现,即先判断两个串是否相等,如果不相等再比较大小。

7. 插入

如果向串 *s* 中插入串 *t*,则要先求出串 *t* 的长度,然后调用 malloc()函数分配一块内存,大小为串 *s* 与串 *t* 的长度之和。如果串 *t* 要插入到串 *s* 的 pos 位置,则将串 *s* 的 pos 位置前的字符复制到新开辟的内存中,然后将串 *t* 顺延复制过来,最后再将串 *s* 中 pos 位置后的字符复制进来。代码实现如下:

```
void Insert(String* s, int pos, char* p)              //插入串
{
    if (pos <0 || pos >s->length)
        return;
    //先求出串 p 的长度
    int plen=0;
    while (p[plen] !='\0')
    {
        plen++;
    }
    //循环结束后,plen 就记录了串 p 的长度
    //分配一个临时缓存,将串 s 与串 p 存入
    char* temp=(char* )malloc((plen+s->length) * sizeof(char));
    int i;
    for (i=0; i <pos; i++)                            //将串 s 的 pos 位置前的存入
    {
        temp[i]=s->str[i];
    }
    //然后将串 p 存入到 pos 位置后
    int j=0;
    while (p[j] !='\0')
    {
        temp[i]=p[j];
        i++, j++;
```

```
    }
    //将串 p 插入后,接着将剩下的串 s 补到后面
    for (; pos <s->length; pos++)
    {
        temp[i]=s->str[pos];
        i++;
    }
    temp[i]='\0';
    s->str=temp;
    s->length=s->length+plen;
    printf("插入之后:%s\n",temp);
}
```

在实现此函数时,直接在函数中输出了插入后的串,当然也可以将插入后的串返回留作他用。

8. 删除

删除串的某一个子串,例如删除串 s 中的某一个子串,则分配一块内存,大小为串 s 长度减去子串长度。要被删除的子串把串 s 分为前后两部分,先将前半部分复制到新开辟的内存空间中,然后再将后半部分复制进来,这样在新空间里的串就是串 s 删除后的串。代码如下:

```
void Delete(String* s, int pos, int len)                //删除某一个子串
{
    //如果删除位置错误,或者删除的字符串超出了原字符串范围,就给出提示信息,直接返回
    if (pos <0 || pos >s->length || len >s->length -pos)
    {
        printf("删除信息错误\n");
        return;
    }

    //先创建一个缓存,大小为 s->length -len
    char* temp =(char * )malloc((s->length -len +1) * sizeof(char));
    int i;
    for (i =0; i <pos; i++)                              //将 s 串中 pos 位置前的串复制到 temp 缓存中
    {
        temp[i] =s->str[i];
    }

    int j =pos +len;
    for (; j <s->length; j++)                            //将去掉子串后面剩余的串复制到 temp 中
    {
        temp[i] =s->str[j];
        i++;
```

```
    }
    temp[i] ='\0';
    s->str =temp;
    s->length =s->length -len;
    printf("删除子串后: %s\n", temp);
    printf("删除子串后,s 的长度: %d\n", s->length);
}
```

与插入操作的实现相同,delete()函数也没有返回删除后的串,而是直接在函数内部输出。读者在自己完成时可以将处理的串返回,用于其他调用。

9. 输出串

串的输出还是调用 printf()函数,但为了使代码结构清晰,这里实现一个串输出函数,代码如下:

```
void print(String* s)
{
    if (s)
        printf("%s\n", s->str);
}
```

顺序串的基本操作都已经实现了,接下来编写测试程序来测试串的这些基本操作,同样,函数的实现上面已经给出,下面只编写头文件与测试文件,具体如例 4-1 所示。

例 4-1

string. h(头文件):

```
1 #ifndef _STRING_H_
2 #define _STRING_H_
3
4 typedef struct string
5 {
6     char * str;
7     int length;
8 }String;
9
10 void strAssign(String * s, char * p);          //将串 p 的值赋值给 s
11 int strLength(String * s);                     //求串的长度
12 int strEqual(String * s, String * t);          //判断两个串是否相等
13 int strCompete (String * s, String * t);       //比较两串大小 14 void strConnect
(String* s, String* t);                         //连接两个字符串
15 void strCopy(String * s, String * t);          //将串 t 复制到串 s 中
16 void Insert(String * s, int pos, char * p);    //在 pos 位置插入串 p
```

```
17 void Delete(String * s, int pos, int len);                    //删除 pos 位置及后面长度为 len 的串
18
19 void print(String * s);                                       //打印串
20
21 #endif
```

main.c（测试文件）：

```
22 #define _CRT_SECURE_NO_WARNINGS
23 #include "string.h"
24 #include <stdio.h>
25 #include <stdlib.h>
26 #include <memory.h>
27
28 int main()
29 {
30     String s;
31     char arr[1024];
32     printf("请输入要赋值给 s 的串：\n");
33     scanf("%s", arr);
34     strAssign(&s, arr);
35
36     printf("s:");
37     print(&s);
38
39     printf("长度：%d\n", strLength(&s));
40
41     //再创建一个串 t,来比较两个串的大小
42     String t;
43     printf("请输入要赋值给 t 的串：\n");
44     scanf("%s", arr);
45     strAssign(&t, arr);
46     printf("t:");
47     print(&t);
48     printf("长度：%d\n", strLength(&t));
49
50     printf("判断两个串是否相等：");
51     strEqual(&s, &t);
52
53     printf("比较两个串大小：");
54     int ret=strCompete(&s, &t);              //比较大小
55     if (ret<0)
56         printf("串 t 较大!\n");
57     if (ret==0)
58         printf("两个串一样大!\n");
59     if (ret>0)
60         printf("串 s 较大!\n");
```

```
61
62    //将两个串连接起来
63    printf("将串 s 与 t 连接起来: ");
64    strConnect(&s, &t);                          //返回值为 char * 类型
65    print(&s);
66    printf("连接两个串后,s 的长度: %d\n", strLength(&s));
67    //将串 s 复制到串 t 中
68    //strCopy(&s, &t);                           //将串 t 复制到串 s 中
69    //printf("将串 t 复制到串 s,则串 s 的值: ");
70    //print(&s);
71
72    //在串 s 中插入一个串
73    printf("请输入要插入的子串: \n");
74    scanf("%s", arr);
75    Insert(&s, 3, arr);
76    printf("插入串后,s 的长度: %d\n", strLength(&s));
77
78    //删除串 s 中的某一个子串
79    Delete(&s, 3, 5);
80
81    system("pause");
82    return 0;
83 }
```

运行结果如图 4-2 所示。

图 4-2 例 4-1 的运行结果

例 4-1 中分别为 s 与 t 两个串赋值,串 s 的值为"chuanzhiboke",长度为 12;串 t 的值为
"heimachengxuyuan",长度为 16。

代码 51 行判断两个串是否相等,从图 4-2 中的运行结果可知,两个串不相等。

代码 53~60 行比较两个串的大小,由图 4-2 中的运行结果可知,串 t 较大。

代码 63~65 行,将两个串连接起来,由图 4-2 中的运行结果可知,连接后串的内容为
"chuanzhibokeheimachengxuyuan",其长度为两串之和 28。

代码 68～70 行是将串 t 复制到串 s 中,为了不影响后面的调用,将这几行代码注释,读者在运行时可以取消注释,观察复制后的运行结果。

代码 73～76 行是向串 s 中下标为 3 的位置插入一个串,由图 4-2 中输入的字符串可知,要插入的串为"TTT",插入之后,串 s 的值变为"chuTTTanzhibokeheimachengxuyuan",长度变为 31,说明插入成功。

代码 79、80 行,从串 s 中下标为 3 的位置开始,删除一个长度为 5 的子串,这个子串为"TTTan",由图 4-2 中的运行结果可知,删除之后,串 s 的值为"chuzhibokeheimachengxuyuan",其长度变为了 26,删除成功。

在例 4-1 中,串的基本操作都经过了测试,当然,读者在实现时也可用不同的方法来实现,例如,在 struct 结构体中,用 char 类型数组来存放串。无论怎样实现,顺序串的操作核心思想都不变。

4.2.2　串的链式存储

串的链式存储又叫作链串,它也是用链表来实现的,串中的每一个字符都用一个结点来存储,如图 4-3 所示。

图 4-3　链串

这样每个结点存储一个字符,其结点大小(密度)为 1。这种存储方式有利于串的插入和删除操作,但它的空间利用率太低。为了提高存储密度,提高空间利用率,可以在每个结点中存储多个字符,例如可以在每个结点中存储 3 个字符,如图 4-4 所示。

图 4-4　结点密度为 3 的链串

在图 4-4 中,每个结点可以存储 3 个字符,大大提高了空间利用率,但是在做插入、删除运算时,可能会像顺序串一样引起大量字符的移动,给运算带来不便。

另外还需要注意的是:当结点的存储密度大于 1 时,串的长度如果不是结点数的整数倍,最后一个结点可能会出现空闲,此时用特殊字符填充来标识串的结束,如图 4-4 中,最后一个结点的空闲空间用'\0'来填充。

使用链式存储时,链中结点大小的选择很重要,它直接影响着串的处理效率,在实际处理过程中,串的处理要纷繁复杂得多,例如微信聊天、书籍翻译、文献检索等都会涉及大量串的操作处理,这就要考虑在存储串时的密度选择。显然,存储密度小(例如一个结点存储一个字符),运算方便,但它会占用大量空间从而降低空间利用率,总的来说,运算效率可能还是会很低;存储密度大,则空间利用率提高,但运算效率会降低,因此也未必合适。

因此,如何选择串的存储方式还要根据实际情况来定。从整体上看,串的链式存储除了在连接串时有一定方便之处,其他都不如顺序存储灵活,性能也不如顺序存储结构好,因此在处理简单串时,大多都是选择顺序存储结构。

4.3　串的模式匹配算法

在对串的处理过程中,经常会有定位操作,如在串 s 中查找是否存在某一个子串 t,如果存在则返回串 t 在串 s 中第一次出现的位置。串 s 为主串,子串 t 称为模式串,因此这个过程也称为模式匹配。模式匹配是一个比较复杂的串操作,也有很多效率不同的算法,本节由浅入深地讲解两种较为常用的算法:朴素的模式匹配算法和 KMP 算法。

4.3.1　朴素的模式匹配

朴素的模式匹配算法(Brute-Force 算法)又称为古典的、有回溯的匹配算法,它的基本思路是:

- 从主串 s 的第一个字符开始与 t 的第一个字符作比较。
- 如果相等,继续逐个比较后续的字符。
- 如果不相等,使主串的第二个字符与 t 的第一个字符比较。
- 如果相等,继续逐个比较后续的字符。
- 如果不相等,使主串的第三个字符与 t 的第一个字符比较。

……

以此类推,直到主串 s 的一个连续子串序列与模式 t 相等,返回子串序列在串 s 中的位置;否则匹配不成功,返回 -1。

单凭文字叙述理解起来可能会有些晦涩,为了更好地理解这个算法,下面用一系列图解来展示这个算法的思想过程。假如有主串 $s=$ "abcdef",模式 $t=$ "cde",则第一趟匹配如图 4-5 所示。

串 s 的第一个字符'a'与串 t 的第一个字符'c'相比较,两者不相等,则模式 t 向后滑动,使串 s 的第二个字符与串 t 的第一个字符相比较,如图 4-6 所示。

图 4-5　串 s 的第一个字符与串 t 的　　　　图 4-6　串 s 的第二个字符与串 t 的
　　　　第一个字符比较　　　　　　　　　　　　　　第一个字符比较

串 s 的第二个字符'b'与串 t 的第一个字符'c'作比较,两者不相等,则模式 t 向后滑动,使串 s 的第三个字符与串 t 的第一个字符相比较,如图 4-7 所示。

当比对到串 s 的第三个字符时,发现该字符与串 t 的第一个字符相等,继续比对后面的字符,发现后面连续的字符序列与串 t 都能匹配,如图 4-8 所示。

当模式串 t 与主串 s 的第三个字符比对时,两个字符相等,继续比对后面的字符,都匹配成功,则模式串 t 在串 s 中第一次出现的位置为 2(字符'c'的位置)。

在匹配过程中,用 i 来标记主串 s 的位置变化,用 j 来标记模式串 t 的位置的变化,用 k 来标记比较次数,即串 s 中从第 k 个字符开始与串 t 从头比较,注意 i 与 k 的关系 始终是 $i=k-1$,因为 i 是角标,从 0 开始;k 是比较次数,从 1 开始。那么由上述的匹配过程可知:

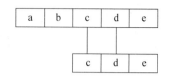

(a) 串 s 第四个字符与串 t 第二个字符匹配

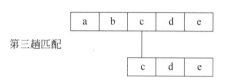

第三趟匹配

图 4-7 串 s 的第三个字符与串 t 的第一个字符比较

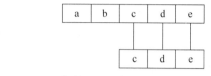

(b) 串 s 第五个字符与串 t 第三个字符匹配

图 4-8 串 s 与串 t 匹配成功

（1）如果每次都是双方第一个字符匹配不成功，则串 s 每次比较都是前进 1 个单位，i 的回溯就是 $i=i+1$。

（2）如果在中间有不匹配的字符，$s_i\,!=t_j$，那么先求出本次比较时主串 s 是从哪一个字符开始的，由于 j 每次从串 t 的开头开始，因此 j 的值也代表匹配过的长度，想要求得第 k 次比较时主串开始字符的角标，只需 i 减去匹配的长度即可，即 $i=i-j$；下一次匹配是从下一个字符开始，因此 i 需要加 1，即 $i=i-j+1$（回溯）。

这也符合第一种情况的 $i=i+1$ 的公式，因为从第一个字符就不匹配，j 的值为 0。

根据上述算法思想来实现朴素模式匹配的代码，为了方便，这次使用基本数组来存储字符串，具体如例 4-2 所示。

例 4-2

```
1 #define _CRT_SECURE_NO_WARNINGS
2 #include <stdio.h>
3 #include <stdlib.h>
4 #include <string.h>
5
6 int find(char* s, char* t)              //模式匹配算法
7 {
8     int i=0, j=0;
9     while (i < strlen(s) && j < strlen(t))
10    {
11        if (s[i]==t[j])                 //如果两个字符相等，则比对后续字符
12        {
13            i++;
14            j++;
15        }
16        else                            //如果两个字符不相等
17        {
18            i=i-j+1;                     //主串从下一个位置开始
19            j=0;                         //模式串 t 从头开始
20        }
21    }
```

```
22      //循环结束后,要查看 i 与 j 的位置
23      if (j==strlen(t))                   //如果 j 的值等于模式 t 的长度,则说明 t 已完全匹配
24          return i - strlen(t);
25      else
26          return -1;
27  }
28
29
30  int main()
31  {
32      char s[1024], t[100];
33      printf("请输入主串 s: \n");
34      scanf("%s", s);
35      printf("请输入模式 t:\n");
36      scanf("%s", t);
37      printf("s 长度: %d\n", strlen(s));
38      printf("t 长度: %d\n", strlen(t));
39
40      int ret=find(s, t);
41      if (ret==-1)
42          printf("匹配失败!\n");
43      else
44          printf("匹配成功,串 t 在串 s 中第一次出现的位置是%d\n", ret);
45
46      system("pause");
47      return 0;
48  }
```

运行结果如图 4-9 所示。

图 4-9 例 4-2 的运行结果

在例 4-2 中,find()函数是朴素模式匹配算法的实现,当串 *s* 与串 *t* 第一个字符相等时则继续匹配后面的字符(代码 13、14 行,i++,j++);当字符不相等时,串 *s* 从下一个字符开始,串 *t* 从头开始(代码 18、19 行,i=i−j+1,j=0);匹配结束后,查看 *i* 与 *j* 的值,如果 *j* 的值等于串 *t* 的长度,说明串 *t* 匹配到了结尾,即在串 *s* 中找到了这个子串,此时就要查找子串出现的位置,这个位置角标就是 *i* 值减去串 *t* 的长度。

假如主串 *s* 的长度为 *n*,模式 *t* 的长度为 *m*,对朴素模式匹配算法进行分析。最好的情况是:一匹配就命中,只比较了 *m* 次;最坏的情况是:主串前面 *n*−*m* 个位置都是在匹配到串 *t* 的最后一个字符时发现匹配不成功,即这 *n*−*m* 个字符都比较了 *m* 次,总共的比较次数为(*n*−*m*)*m*,又因为串 *t* 中的最后一个字符也比较了 *m* 次,所以还要加上 *m*。综上,比较总

次数为$(n-m)m+m=(n-m+1)m$，算法复杂度为$O(n\times m)$。

4.3.2 KMP 算法（无回溯的模式匹配）

4.3.1 节分析了朴素模式匹配算法，最好的情况下只匹配 m 次，最坏情况下算法复杂度为 $O(n\times m)$，但在实际串的处理操作中，很难一次匹配成功，特别在计算机内部，所有的串都是转换成二进制的 0 和 1 来进行处理，这些大量的 0 和 1 串字符重复率又较高，如果每一次匹配失败都从主串下一个字符开始，可想而知，效率非常低。

例如有主串 $s=$"abcabxahey"，模式 $t=$"abcabd"，两者相匹配，如图 4-10 所示。

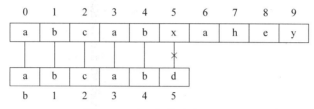

图 4-10 串 s 与模式串 t 匹配

在这次模式匹配过程中，$s[5]!=t[5]$，匹配失败。如果按朴素模式匹配算法，接下来从串 s 的第二个字符 $s[1]$ 开始与 t 逐一匹配；如果不成功，再从第三个字符开始匹配……这样效率非常低，但通过以下比较推导：

$$t[0]=s[0],\ t[1]=s[1],\ t[0]!=t[1]\Rightarrow t[0]!=s[1]$$
$$t[0]=s[0],\ t[2]=s[2],\ t[0]!=t[2]\Rightarrow t[0]!=s[2]$$
$$t[0]=s[0],\ t[3]=s[3],\ t[0]=t[3]\Rightarrow t[0]=s[3]$$
$$t[1]=s[1],\ t[4]=s[4],\ t[1]=t[4]\Rightarrow t[1]=s[4]$$

可以发现，$t[0]$ 与 $s[1]$、$s[2]$ 都是不相等的，而 $t[0]$ 与 $s[3]$、$t[1]$ 与 $s[4]$ 这两对是相等的，这是通过间接比较得出的，如果按朴素模式匹配算法再从主串 s 的字符一个接一个地比较下去，显然是多余的。

那么有没有办法可以使算法不重复进行这种多余的比较，即消除主串的这种回溯，让 $t[0]$ 直接跳过 $s[1]$、$s[2]$ 这两个字符的比较呢？为了解决这个问题，人们提出了很多不同的算法，其中 D. E. Knuth、J. H. Morris 和 V. R. Pratt 共同提出的无回溯算法最为经典，简称 KMP 算法。该算法的主要思想就是利用已得到的部分匹配信息来进行后面的匹配过程，消除主串的回溯，从而提高匹配的效率。

利用已经匹配到的信息，可以得知 $t[0]=s[3]$，$t[1]=s[4]$，但是从这些关系中无法推算出 $t[2]$ 与 $s[5]$ 是否相等，因此下一次比较就比对 $s[5]$ 与 $t[2]$ 是否相等，如图 4-11 所示。

图 4-11 $t[2]$ 与 $s[5]$ 比对

它们是否相等暂且不论。从 $s[0]$ 直接跳到 $s[5]$，没有主串的回溯，中间省去了多余的比较，效率会提高很多。

对于简单的串来说，这样推算也比较容易，但是对于复杂的串来说，这样一步步推导几乎是不可能的，KMP 算法经过分析模式串 t 而得出一个结论：对于串 t 的每个字符 $t[j]$（$0 \leqslant j \leqslant m-1$），若存在一个整数 k（$k<j$），使得模式串 t 中 k 所指字符前的 k 个字符（$t_0t_1 \cdots t_{k-1}$）依次与 t_j 的前面 k 个字符（$t_{j-k}t_{j-k+1} \cdots t_{j-1}$）相同，并与主串 s 中 i 所指字符之前的 k 个字符相同，那么利用这种匹配信息就可以避免不必要的回溯了。

像上面所讲的模式匹配中，$i=5$，$j=5$ 时匹配失败，经过分析，在 $j=5$ 之前的字符串，以 $k=2$ 为分隔，前两个字符 $t[0]t[1]$ 与 $j=5$ 前的两个字符 $t[3]t[4]$ 相同，则下一次就比较 $t[k]$ 与 $s[i]$，即 $t[2]$ 与 $s[5]$。

在匹配之前，用一个数组 next 来存放模式串 t 中字符的匹配信息，通过分析 t 中的字符，得出匹配完当前字符后，下一次要匹配哪一个字符，将该字符信息存入 next 数组。例如上述匹配中，$s[5]$ 与 $t[5]$ 匹配失败，经过分析，下一次是 $s[5]$ 与 $t[2]$ 匹配，那就把 2（$j=2$）存入 next 数组下标为 1 的位置中，称为 next 值，即这一次匹配后，下一次要从 $j=2$ 开始与主串匹配。有的书中也称这个值为模式函数值、模式值。

next 值是经过分析推导得出的，它的求算也有一定规则：

（1）next[0]$=-1$：任何串中第一个字符的模式值规定为 -1。

（2）next[j]$=-1$：模式串 t 中下标为 j 的字符与首字符相同，且 j 之前的 k 个字符与开头的 k 个字符不等（或者相等但 $t[k]=t[j]$）（$1 \leqslant k<j$）。

例如：$t=$"abcabcad"，当 $k=3$ 时，以 $t[3]$ 字符为分隔，t 串开头三个字符与 $t[6]$ 前面的三个字符相等，$t[3]=t[6]$，所以 next[6]$=-1$。

（3）next[j]$=k$：如果模式串 t 中下标为 j 的字符之前 k 个字符与 t 开头的 k 个字符相等，且 $t[j]!=t[k]$（$1 \leqslant k<j$），则 next[j]$=k$。

例如：$t=$"abcabdad"，当 $k=2$ 时，以 $t[2]$ 为分隔，开头的两个字符 $t[0]t[1]$ 与 $t[5]$ 前面的两个字符 $t[3]t[4]$ 相等，且 $t[5]!=t[2]$，所以 next[5]$=2$。

（4）next[j]$=0$：除（1）、（2）、（3）之外的其他情况 next[j] 都为 0。

根据上面的 next 值求算规则，现将 $s=$"abcabxahey"，$t=$"abcabd" 中模式串 t 的 next 值求算出来，如表 4-1 所示。

表 4-1　模式串 t 的 next 值

j	0	1	2	3	4	5
$t[j]$	a	b	c	a	b	d
next[j]	-1	0	0	-1	0	2

此模式 next 值的求算过程如下所示：

（1）由（1）可得 next[0]$=-1$。

（2）由（4）可得，next[1]$=0$。因为规则（3）中有约束条件 $1 \leqslant k<j$，当 $j=1$ 时，$k<j$ 显然不能成立。

（3）由（4）可得 next[2]$=0$。因为 $t[2]!=t[0]$，排除（2）；因为前三个字符中没有使规则(3)成立的 k 值,所以排除规则(3)。这种情况只能归属到规则(4),next[2]=0。

(4) 由(2)可得 next[3]=−1。

(5) 由(4)可得 next[4]=0。$t[4]$ 前的一个字符'a'虽然与开头的字符'a'相等,但 $t[4]=t[1]$,因此不符合(3),只能归属于(4)。

(6) 由(3)可得 next[5]=2。

经过上述学习分析过程,求模式串的 next 值的算法实现如下:

```c
void get_Next(char * t, int * next)
{
    //求模式串 t 的 next 值并存入数组 next 中
    int i=0, j=-1;
    next[0]=-1;
    while (t[i] !='\0')              //循环条件
    {
        if (j==-1 || t[i]==t[j])
        {
            i++, j++;
            if (t[i] !=t[j])
                next[i]=j;
            else
                next[i]=next[j];
        }
        else
            j=next[j];
    }

    //将 next 值打印显示
    for (int n=0; n<i; n++)
        printf("%d", next[n]);
    printf("\n");
}
```

确定了模式串的 next 值,接下来要根据 next 值的变化来进行 s 与 t 的匹配,在匹配过程中,主串 s 在哪个位置匹配失败,s 中的哨兵 i 就停在哪个位置,只根据 next 值来调整串 t 的位置。其算法实现如下:

```c
int KMP(char * s, char * t, int next[])
{
    if (s==NULL || t==NULL)
        return -1;
    //先求算出主串 s 与模式串 t 的长度
    int len=0;
    char * temp=t;
    while (* temp++!='\0')                   //求 t 的长度
        len++;
    //开始模式匹配
    int i=0, j=0;
    while (s[i] !='\0' && t[j] !='\0')       //循环条件
```

```
    {
        if (j==-1 || s[i]==t[j])                //如果 j=-1 或者两个字符相等
                                                //就比对后面的字符

            i++, j++;
        else
            j=next[j];                          //i 不变,j 改变,消除了主串的回溯

        //如果 j 的值等于模式 t 的大小,则证明 t 已经匹配到末尾
        if (j==len)
            return i - len;
    }

    return -1;
}
```

　　两个算法都已经实现,接下来就用测试代码来验证此算法的正确性,因为两个算法函数上面已经实现,在案例中就不再重复,只写出测试程序对两个函数的调用。具体如例 4-3所示。

　　例 4-3

```
 1 #define _CRT_SECURE_NO_WARNINGS
 2 #include <stdio.h>
 3 #include <stdlib.h>
 4 int main()
 5 {
 6     char s[1024], t[100];
 7     int next[100];                      //存储串 t 的模式值
 8     printf("请输入主串 s: \n");
 9     scanf("%s", s);
10     printf("请输入模式 t:\n");
11     scanf("%s", t);
12     printf("s 长度:%d\n", strlen(s));
13     printf("t 长度:%d\n", strlen(t));
14
15     printf("模式串 t 的 next 值: ");
16     get_Next(t, next);
17
18     int ret=KMP(s, t, next);
19     if (ret==-1)
20         printf("匹配失败!\n");
21     else
22         printf("匹配成功,串 t 在串 s 中第一次出现的位置是%d\n", ret);
23
24     system("pause");
25     return 0;
26 }
```

　　运行结果如图 4-12 所示。

　　由图 4-12 可知,相同的两个串 s 与 t,其结果与例 4-2 中朴素模式匹配算法求出的结果相同。本例求出了串 t 的 next 值,分别为:-1,0,0。

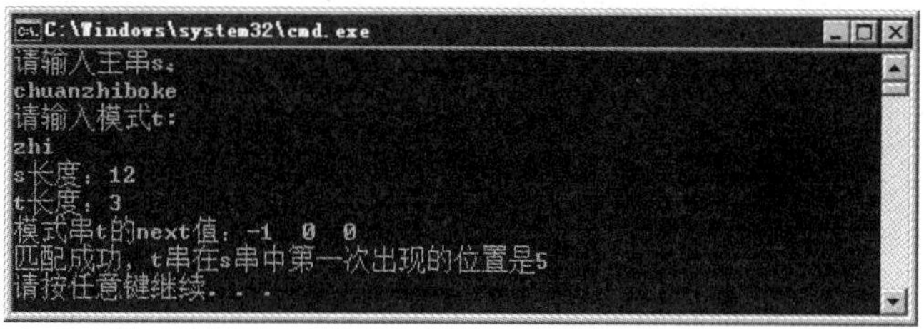

图 4-12　例 4-3 的运行结果

KMP 算法分析：假设主串 s 的长度为 n，模式串 t 的长度为 m，则求算 t 的 next 值时，算法复杂度为 $O(m)$；在后面的匹配过程中，因为主串 s 的下标 i 不减，即不回溯，所以比较次数为 n，KMP 算法的复杂度为 $O(n+m)$。相比于有回溯的算法，该算法在求解时效率有明显提升。

4.4　本章小结

本章主要讲解了串的相关知识，包括串的概念、串的存储结构以及串常用的模式匹配算法。读者在学习计算机编程语言时也经常会接触串，对这一概念并不陌生。本章从数据结构的角度出发，对串的存储与实现进行讲解，使读者站在一个更高的层面，更好地理解串的基层结构。

【思考题】

简述串的 KMP 算法思想。

第 5 章
数组和广义表

学习目标
- 掌握数组的存储原理。
- 了解特殊矩阵的存储原理。
- 掌握稀疏矩阵的压缩存储。
- 掌握广义表的存储结构。
- 了解广义表的递归运算。

5.1　数组

　　C 语言中明确给出了数组的定义与实现,其中也有很多针对数组的应用和操作,学习过 C 语言的读者应该已经熟练掌握了数组这种数据类型,因此本节只讨论数组的逻辑结构定义及其在内存中的存储方式。

　　数组是具有相同数据元素的有序集合,与线性表相似,数组中元素的个数就是数组的长度。假设现在有一个二维数组 Array,那么这个数组的逻辑结构可以表示为:

$$Array = (Ele, Row\_Col)$$

其中:

　　Ele 代表数组中的一个数据,$Ele = \{a_{ij} \mid i = m, m+1, \cdots, n, j = p, p+1, \cdots, q, a_{ij} \in Ele_0\}$;

　　Row_Col 代表数组元素行列关系,$Row\_Col = \{Row, Col\}$;

　　Row 代表数组元素的行间关系,$Row = \{< a_{ij}, a_{i,j+1} > \mid m \leqslant i \leqslant p, n \leqslant j \leqslant q-1, a_{ij}, a_{i,j+1} \in Ele\}$;

　　Col 代表数组元素的列间关系,$Col = \{< a_{ij}, a_{i+1,j} > \mid m \leqslant i \leqslant p-1, n \leqslant j \leqslant q, a_{ij}, a_{i+1,j} \in Ele\}$;

　　Ele_0 为某个数据对象,m、n、p、q 均为整数。

　　二维数组中有 $(p-m+1)(q-n+1)$ 个数据元素。数组中的元素分别受行列关系的约束,在行关系约束中,$a_{i,j+1}$ 是 a_{ij} 的直接后继元素,$a_{i,j-1}$ 是 a_{ij} 的直接前驱元素;在列关系中,$a_{i+1,j}$ 是 a_{ij} 的直接后继元素,$a_{i-1,j}$ 是 a_{ij} 的直接前驱元素。如图 5-1 所示。

　　图 5-1 中为一个 3×3 的二维数组之间的逻辑存储关系,图中水平方向和竖直方向的箭

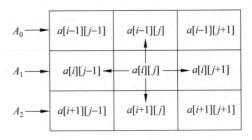

图 5-1　二维数组的逻辑存储

头所指的数据分别为行关系和列关系中 a_{ij} 的前驱和后继。

数组元素的数据类型必须相同,每个数据元素应该对应于唯一的一组下标(i,j)。(m,n) 和 (p,q) 分别是下标 i 和 j 的下界和上界。

图 5-1 中 3×3 的二维数组,也可以看作是一个一维数组,只不过这个一维数组的元素也是一维数组。图 5-1 中序号 A_0、A_1、A_2 所指的一行分别为这个一维数组的一个元素,如图 5-2 所示。

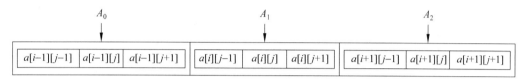

图 5-2 视为一维数组的二维数组

同样地,三维数组可以看作是元素为二维数组的一维数组,或者是元素为一维数组的二维数组。由此推广,可以得到以下结论:

N 维数组可以看作是元素为 m 维数组的 $N-m$ 维数组$(m>0,N>0,m,N\in \mathbf{N}^+)$。

在学习与开发中,如果需要使用数组,一般都是一维数组和二维数组。维数较高的数组操作复杂,容易出错,使用频率相对来说低很多,读者只需要了解即可。

对于数组,通常只有两种操作:

(1) 将一组类型相同的元素放入一个数组,根据下标进行访问。

(2) 给定一个数组,根据其下标对相应位置的数据元素进行修改。

虽然从逻辑上,二维数组似乎排列成了一个“面”,但在物理存储中,二维数组的存储方式跟一维数组没有差别,都呈“线”型排列。

一般来说,对数据的操作有 4 种,即增加、删除、修改、查询。而数组中常用的操作只有修改和查询两种,这是因为,数组是一种地址连续的数据结构,当往其中增加一个元素或者删除一个元素时,可能要同时对其余多数甚至全部的元素进行移位操作,耗时耗力,所以使用数组保存的数据,一般不进行增删操作。又因为数组的这种特性,数组一旦建立,数据间的相对位置随即确定,所以,一般使用顺序存储结构来存储数组。

数组的存取效率是很高的,在定义的时候系统就为其分配内存,这要求数组在定义的同时显式或隐式地确定所需内存的大小,同时确定数据的存储结构。

存储结构有两种:行序优先存储和列序优先存储。

所谓行序优先,就是按行号递增的顺序一行一行地存取数据;同样地,列序优先就是按列号递增的顺序一列一列地存取数据。在下面的学习内容中会以行序优先举例,其内部存储可以参考图 5-4。

存储结构是由语言的内部规则确定的:FORTRAN 和 Matlab 语言中的多维数组存储方式为列优先原则;C 语言中的多维数组存储方式为行优先原则(本书为 C 语言版,其后所讲内容,若无强调,均采用行优先原则)。

数组的大小由用户来规定。用户可以根据需要使用显式规则确定数组大小:

数据类型 数组名[行][列];

或者使用隐式规则确定数组的大小：

```
数据类型 数组名[][列]={数组数据};
```

在使用隐式规则确定数组大小时，行大小可以省略，但列大小不能省略。

数据在内存中所占内存空间的大小与数据类型有关（相同的数据类型在不同的操作系统上会有所差异）。如果已知数组的首地址或者其中某个元素的地址，那么可以根据其数据类型，快速地计算出其他各个元素在内存中存储的位置。

假设已知数组 $ARR[P][Q]$ 中单个元素所占存储单元大小为 len，数组中元素 ARR_{ij} 的存储位置为 $LOC[i,j]$，那么 $ARR_{i+m,j+n}$ 的存储位置计算公式如下：

$$LOC[i+m,j+n]=LOC[i,j]+(m\times Q+n)\times len$$

其中，$0\leqslant i<P, 0\leqslant j<Q, 0\leqslant(i+m)<P, 0\leqslant(j+n)<Q, i,j,P,Q\in\mathbf{N}^+, m,n\in\mathbf{N}$。

当数组下标的界偶（上界和下界）确定时，计算各元素在内存中存储位置的时间仅取决于作乘法运算的时间，因此，数组中任一元素的存取所用时间都相等。我们称具有这一特点的存储结构为随机存储结构。

下面通过一个简单的例子对数组在内存中的存储做出说明。

首先创建一个数组，并逐一输出数组元素的内存地址。具体实现如例 5-1 所示。

例 5-1

```
1 #include <stdio.h>
2 int main()
3 {
4     //定义一个数组并初始化
5     int a[2][3]={ 0, 1, 2, 3, 4, 5 };
6     //地址输出
7     int i=0, j=0;
8     for (i; i < 2; i++)
9     for (j; j < 3; j++)
10        printf("%x\n", &a[i][j]);
11    return 0;
12 }
```

例 5-1 的运行结果如图 5-3 所示。

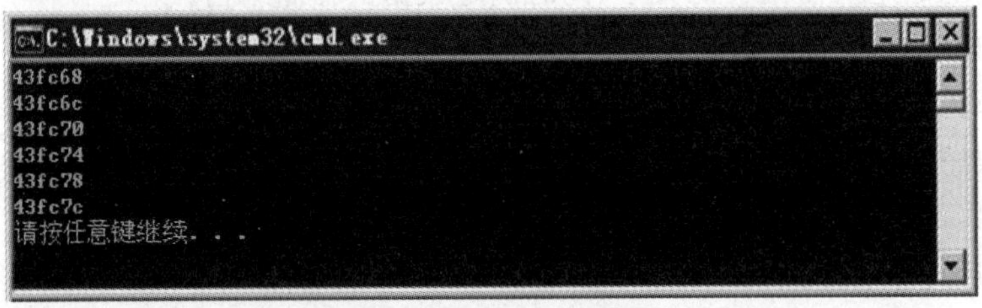

图 5-3　例 5-1 的运行结果

由代码可以看出，这是一个 2×3 的二维数组。数组行号的取值范围为 $\{0,1\}$，列号的取值范围为 $\{0,1,2\}$，数据元素的个数为 $2\times3=6$ 个。从图 5-3 的运行结果可以看出，内存为数组分配的首地址为 0x43fc68，以行序优先的方式存储。该数组的内存地址取值范围为

0x43fc68～0x43fc7f,大小为一个 int 类型数据所占内存的 6 倍,数组元素在内存中存储的方式如图 5-4 所示。

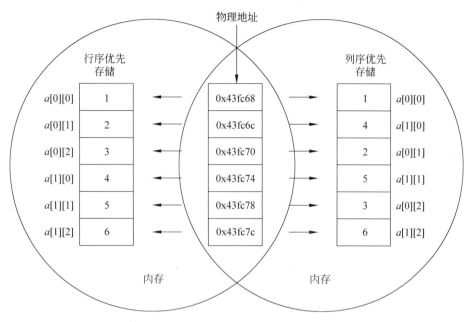

图 5-4 二维数组的物理存储

5.2 矩阵的压缩存储

矩阵在诸多科学领域中都有广泛应用。在计算机领域,矩阵研究的意义不在矩阵本身,而在于研究如何存储矩阵,才能让计算机程序运算的效率更高。

计算机程序中,通常使用二维数组来存储矩阵。但是当矩阵阶数很高,并且矩阵中还有大量重复元素或 0 元素时,再使用二维数组来存储矩阵,就会造成很大的内存浪费。此时可对矩阵进行压缩存储。

根据矩阵中非零元分布的规律,可把矩阵分为特殊矩阵和稀疏矩阵。

5.2.1 特殊矩阵

特殊矩阵的元素分布有一定规律,常见的特殊矩阵分为对称矩阵、三角矩阵和对角矩阵。图 5-5 中给出了这些矩阵的样例。

$$A=\begin{bmatrix} a & p & b & c & h \\ p & x & e & q & k \\ b & e & d & g & l \\ c & q & g & y & n \\ h & k & l & n & z \end{bmatrix} \quad B=\begin{bmatrix} a & & & & \\ p & x & & & \\ b & e & d & & \\ c & q & g & y & \\ h & k & l & n & z \end{bmatrix} \quad C=\begin{bmatrix} a & p & b & & \\ p & x & e & q & \\ b & e & d & g & l \\ & q & g & y & n \\ & & l & n & z \end{bmatrix}$$

(a) 对称矩阵   (b) 下三角矩阵   (c) 对角矩阵

图 5-5 特殊矩阵举例

特殊矩阵中一般存在着大量的重复元素或者 0 元素,针对这类元素采取的一般方法是:为数据相同的多个元素分配同一块存储空间,不为 0 元素分配存储空间。

1. 对称矩阵

若 n 阶方阵中的元素满足:$a_{ij}=a_{ji}$,$1\leqslant i,j\leqslant n$。则称其为对称矩阵。

对于对称矩阵,为每一对对称元素(如 a_{12} 和 a_{21})分配一个存储空间,这样可以将 n^2 个元素压缩存储到 $n(n+1)/2$ 个元素的空间中。

如果按照行序优先存储的存储方式,将 n 阶对称矩阵 M 下三角中的元素($i>j$)或者上三角中的元素($i<j$)存储到一维数组 $A[0]\sim A[n(n+1)/2]$ 中($A[0]$ 不存储数据),那么 $A[k]$ 与矩阵元素 a_{ij} 之间存在着如下的一一对应关系:

$$k=\begin{cases} \dfrac{i(i-1)}{2}+j & i\geqslant j \\[2mm] \dfrac{j(j-1)}{2}+i & i<j \end{cases}$$

对于任意给定的一组下标 (i,j),均可在 A 中找到矩阵元素 a_{ij},反之,对所有的 $k=1$,$2,\cdots,n(n+1)/2$,都能确定 $A[k]$ 中的矩阵元素在矩阵中的位置 (i,j)。由此,称 $A[1]\sim A[n(n+1)/2]$ 为 n 阶对称矩阵 A_n 的压缩存储。

数据压缩到数组中之后在数组中对应的存储位置如图 5-6 所示。

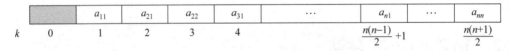

	a_{11}	a_{21}	a_{22}	a_{31}	$\cdots$	a_{n1}	$\cdots$	a_{nn}
k 　0	1	2	3	4		$\dfrac{n(n-1)}{2}+1$		$\dfrac{n(n+1)}{2}$

图 5-6　对称矩阵的压缩存储

这个存储规律对于三角矩阵同样适用,只需再添加一个存储空间用于存储常数 c 即可。

2. 对角矩阵

若 n 阶方阵的元素满足:方阵中所有的非零元素都集中在以主对角线为中心的带状区域中,则称之为 n 阶对角矩阵。若方阵主对角线上下方各有 b 条次对角线,则称 b 为矩阵半带宽,$(2b+1)$ 为矩阵带宽。如图 5-7 就是一个对角矩阵,其主对角线上下各有 1 条次对角线,这个矩阵的半带宽就是 1。

半带宽为 $b(0\leqslant b\leqslant(n-1)/2)$ 的对角矩阵,满足 $|i-j|\leqslant b$ 的元素 a_{ij} 不为零,其余元素为零。对于这种矩阵,也可按照某个原则将其压缩存储到一维数组上,方式与对称矩阵类似,读者可以自行推演。

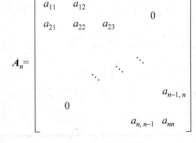

图 5-7　对角矩阵

以上讨论的特殊矩阵的压缩存储都有一定规律,在需要使用时,只需在算法中按公式映射即可实现矩阵元素的随机存储。

5.2.2　稀疏矩阵的定义

除了特殊矩阵,实际应用中还会遇到这样一种矩阵:它的非零元素较零元素少,且分布没有规律,通常称这样的矩阵为稀疏矩阵。

稀疏矩阵的存储要比特殊矩阵复杂。对于稀疏矩阵并没有明确的定义,只是普遍认为:当矩阵中的非零元素的个数 s 远远少于零元素的个数 $t(s \ll t)$,并且非零元素的分布没有规律时,就称这样的矩阵为稀疏矩阵。例如图 5-8 中的矩阵 M 和矩阵 N 就是稀疏矩阵。

$$M = \begin{bmatrix} 0 & 11 & 21 & 0 & 0 & 0 & 0 \\ 0 & 0 & 0 & 2 & 0 & 0 & 0 \\ 92 & 0 & 0 & 0 & 0 & 85 & 0 \\ 0 & 0 & 12 & 0 & 0 & 0 & 0 \\ 0 & 26 & 0 & 0 & 0 & 0 & 0 \\ 0 & 0 & 0 & 0 & 10 & 0 & 0 \end{bmatrix} \quad N = \begin{bmatrix} 0 & 0 & 92 & 0 & 0 & 0 \\ 11 & 0 & 0 & 0 & 26 & 0 \\ 21 & 0 & 0 & 12 & 0 & 0 \\ 0 & 2 & 0 & 0 & 0 & 0 \\ 0 & 0 & 0 & 0 & 0 & 10 \\ 0 & 0 & 85 & 0 & 10 & 0 \end{bmatrix}$$

图 5-8 稀疏矩阵

稀疏矩阵的压缩存储与特殊矩阵的压缩存储不同:第一,其数据元素分布没有规律,无法根据下标直接获得数组中某个位置对应的元素,所以无法实现随机存储。第二,它只存储非零元素,因此,除了存储非零元素的数值(value)之外,还要存储非零元素在矩阵中的行列数据(row,col),所以需要可以唯一确定矩阵中一个非零元素的三元组(row,col,value)。例如图 5-8 中矩阵 M 第一行第二列的元素 11,其三元组表示形式为(1,2,11),表示存储的是位于一行二列,值为 11 的元素。

一个三元组可以唯一确定矩阵中的一个非零元素,表示非零元素的三元组集合及矩阵的行列数可以唯一确定一个矩阵。例如图 5-8 中的稀疏矩阵 M 可以由一个线性表

((1,2,11),(1,3,21),(2,4,2),(3,1,92),(3,6,85),(4,3,12),(5,2,26),(6,5,10))

加上(6,7)这一对行、列值来描述。

为了对稀疏矩阵进行操作,首先要了解它在计算机中的表示形式。

构造一个数组 data 来保存稀疏矩阵中每个存储非零元素的三元组,这些三元组是一种用户自定义结构体,其中的元素以 int 型为例。其定义如下:

```
typedef struct
{
    int row;                    //矩阵元素所在行
    int col;                    //矩阵元素所在列
    int value;                  //矩阵元素保存的数据值
}Triples;
```

为了便于矩阵运算,把稀疏矩阵的三元组数据按行序优先的顺序存储结构存储,可以得到稀疏矩阵的一种压缩存储方式,称其为三元组顺序表示法。其定义如下:

```
#define ROWS <稀疏矩阵的行数>
#define COLS <稀疏矩阵的列数>
#define MAX_SIZE <稀疏矩阵中非零元素的最大个数>
typedef struct
{
    int rows;                   //矩阵的行数
    int cols;                   //矩阵的列数
```

```
    int nums;                                  //矩阵中非零元素的数量
    Triples data[MAX_SIZE+1];                  //存放三元组的数组,data[0]不用
}TSMatrix;                                     //三元组顺序表定义
```

5.2.3　稀疏矩阵的创建

了解了稀疏矩阵的定义和数据结构类型,下面创建一个稀疏矩阵。创建稀疏矩阵与线性表或者堆栈的思路大同小异:

(1) 定义一个 struct 来存储结点信息。

(2) 创建头结点,初始化稀疏矩阵容量。

(3) 将头结点地址返回。

在 5.2.2 节稀疏矩阵的定义中已经给出了稀疏矩阵的结构体定义,这里就不再给出。创建稀疏矩阵的代码如下:

```
TSMatrix NewMatrix(int m,int n){
    //新建一个三元组表示的稀疏矩阵
    TSMatrix M;
    M.rows=m;
    M.cols=n;
    M.nums=0;
    return M;
}
```

这是一个只有容量信息的空矩阵,其非零元素个数为 0,需要往其中插入数据。

在这里使用顺序数组存储数据,这要求在数组中为新插入的数据寻找一个合适的位置。依据行序优先存储的方式来存储数据,设当前矩阵为 M,要插入的三元组数据分别为 row、col、value,设保存当前进度的变量为 p。

为了判断插入元素的位置,根据行序优先的原则,首先将当前元素的行值 M->data[p].row 与三元组数组的 row 进行比较,比较可能出现以下三种结果:

(1) 若 row>M->data[p].row,变量 p+1,让 new 与下一个元素比较。

(2) 若 row<M->data[p].row,将数组元素依次往后挪一个位置,将新元素放在当前位置。

(3) 若 row=M->data[p].row,比较其列值 M->data[p].col。

同样,在比较列值时也可能出现三种结果:

(1) 若 col<M->data[p].col,将数组元素依次后挪一个位置,将新元素放在当前位置。

(2) 若 col>M->data[p].col,变量 p+1,让 new 与下一个元素比较。

(3) 若 col=M->data[p].col,则修改当前元素的数值 value。

不同的比较结果流向不同的分支。综上所述,给出元素的插入流程,如图 5-9 所示。

学习了数据插入的流程,下面使用 C 语言代码来实现插入函数。

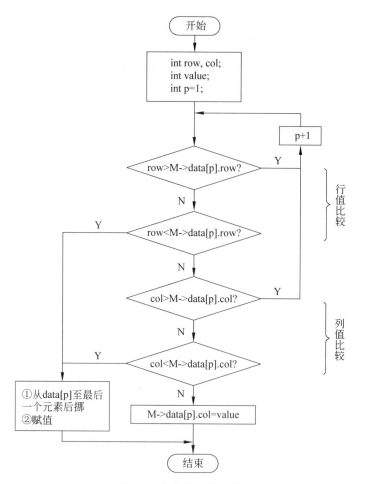

图 5-9　元素插入流程图

```
int InsertElem(TSMatrix * M,int row,int col,int value){
    //在三元组表示的稀疏矩阵 M 第 row 行、第 col 列位置插入元素 value
    //插入成功,返回 0,否则返回-1
    int i,t,p;
    if(M->nums>=MAXSIZE){                //当前三元组表已满
        printf("\nError:There is no space in the matrix;\n");
        return 0;
    }
    //数组越界
    if(row>M->rows||col>M->cols||row<1||col<1){
        printf("\nError:Insert position is beyond the arrange.\n");
        return -1;
    }
    p=1;                                 //标志新元素应该插入的位置
    if(M->nums==0){                      //插入前矩阵 M 没有非零元素
        M->data[p].row=row;
        M->data[p].col=col;
        M->data[p].value=value;
```

```
            M->nums++;
            return 0;
        }
        for (t=1; t <=M->nums; t++)                    //寻找合适的插入位置
    {
            //行比当前行大,p++
            if (row >M->data[t].row)
                p++;
            //行相等但是列比当前列大,p++
            if ((row==M->data[t].row) && (col >M->data[t].col))
                p++;
    }
        //插入前,该位置已有数据,则更新数值
        if(row==M->data[t-1].row && col==M->data[t-1].col){
            M->data[t-1].value=value;
            return 0;
        }
        for(i=M->nums;i>=p;i--){                        //移动 p 之后的元素
            M->data[i+1].row=M->data[i].row;
            M->data[i+1].col=M->data[i].col;
            M->data[i+1].value=M->data[i].value;
        }
        //插入新元素
        M->data[p].row=row;
        M->data[p].col=col;
        M->data[p].value=value;
        M->nums++;
        return 0;
    }
```

数据结构的存储是为其应用服务的。以行序为主序进行矩阵存储,有利于进行矩阵的运算。下面将讨论矩阵的运算。在以下的讨论中,读者可以清楚地体会到顺序存储的优点。

5.2.4　稀疏矩阵的转置

设 M 为 $m \times n$ 阶矩阵(即 m 行 n 列),第 i 行 j 列的元素是 a_{ij},即 $M = (a_{ij})_{m \times n}$。则定义 M 的转置为这样一个 $n \times m$ 阶的矩阵 N,满足 $N = (a_{ji})$(N 的第 i 行第 j 列元素是 M 的第 j 行第 i 列元素)。记作 $M^T = N$。例如图 5-8 中,矩阵 M 转置之后,就得到了矩阵 N。

直观看来,矩阵 M 转置之后,M 中第 i 行的元素变为 N 中第 i 列的元素,原矩阵 M 中的数据元素 $a[i][j]$ 在转置后位于矩阵 N 中的 $b[j][i]$ 处。

在创建三元组数组时,按照行序优先存储的方式将矩阵的三元组数据存储到数组 A 中,数组中的数据元素表示如图 5-10(a)所示。

按照矩阵转置的规则将矩阵转置,并将三元组数据存入数组 B 中,数组 B 中的元素表示如图 5-10(b)所示。

分析图 5-10,可以看出:基于三元组数组 A,经过一系列变化,可获得行列下标互换的、有序的三元组数组 B。

结合新的三元组数组 B,再将原矩阵 M 的行列值数据互换,赋值给转置矩阵 N,就获得

数组元素	Row	Col	Value
$a[0]$	1	2	11
$a[1]$	1	3	21
$a[2]$	2	4	2
$a[3]$	3	1	92
$a[4]$	3	6	85
$a[5]$	4	3	12
$a[6]$	5	2	26
$a[7]$	6	5	10

(a) 数组A

数组元素	Row	Col	Value
$b[0]$	1	3	92
$b[1]$	2	1	11
$b[2]$	2	5	26
$b[3]$	3	1	21
$b[4]$	3	4	12
$b[5]$	4	2	2
$b[6]$	5	6	10
$b[7]$	6	3	85

(b) 数组B

图 5-10　稀疏矩阵及其转置矩阵的三元组存储

了转置后的矩阵。

表 5-1 中给出了转置过程中数据交叉赋值的主要步骤。步骤①和②是简单的赋值过程，都不难理解，重要的是怎么实现三元组数组的有序，从而实现矩阵的转置。在这里，通常有两种方案。

表 5-1　矩阵转置

步骤	矩阵 M	步　　骤	矩阵 N
①	三元组 A	N. B[i]. row＝M. A[i]. col N. B[i]. col＝M. A[i]. row N. B[i]. value＝M. A[i]. value	三元组 B
②	行列值 row_M、col_M	N. row_N＝M. col_M N. col_N＝M. row_M	行列值 row_N、col_N

1. 方案一

按照图 5-10(b)中三元组的次序，依次在图 5-10(a)中找到相应的三元组进行转置，也就是根据矩阵 M 中的列序进行转置。每查找 M 中的一列，都要完整地扫描其三元组数组 A。因为 A 中存储的数据行列是有序的，所以得到的 B 也是有序的。

假设此时开始扫描矩阵 M 的第二列，并将其存放到 N 中。那么实际的操作是：根据 col 值扫描数组 A，每扫描到一个列号为 2 的元素，就依次放到数组 B 中。扫描结果如图 5-11 所示。

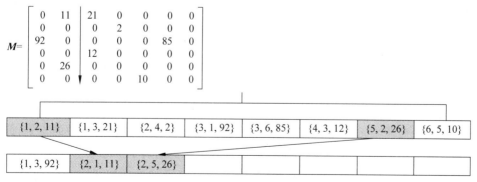

图 5-11　方案一图示

接下来使用 C 语言代码来实现这种方案：

```c
//矩阵转置
int sMatrixTranspose(const TSMatrix * M, TSMatrix * N)
{
    //采用三元组表示法存储表示,求稀疏矩阵 M 的转置矩阵 N
    int col,p,q;
    N->rows=M->cols;        //将 M 的行值赋给 N 作为列值
    N->cols=M->rows;        //将 M 的列值赋给 N 作为行值
    N->nums=M->nums;        //将 M 的非零元素个数赋给 N
    //如果 N 中非零元素个数不为 0,就进行图 5-11 中的转置
    if(N->nums){
        q=1;
        for(col=1;col<=M->rows;col++)
            for(p=1;p<=M->nums;p++)
                if(M->data[p].col==col){
                    N->data[q].row=M->data[p].col;
                    N->data[q].col=M->data[p].row;
                    N->data[q].value=M->data[p].value;
                    q++;
                }
    }
    return 0;
}
```

以上矩阵转置的代码,其时间的消耗主要在双层 for 循环中。第一层循环的时间复杂度只与矩阵 **M** 的列数 rows 有关,为 $O(\text{rows})$。第二层循环的时间复杂度与矩阵中非零元的个数 nums 有关,为 $O(\text{cols} \times \text{nums})$。当非零元素个数 nums 接近矩阵的容量 rows×cols 时,其时间复杂度为 $O(\text{cols}^2 \times \text{rows})$。即便使用经典算法逐个遍历矩阵元素进行转置,时间复杂度也不过是 $O(\text{rows} \times \text{cols})$,所以当矩阵非零元素个数 nums>rows 时,这种算法的性能显然不能达到要求。

有没有什么方法在节省空间的同时又能节约时间呢? 在方案一中,转置每列数据都要扫描整个数组,转置的过程中,许多数据被重复扫描了数次。假如能知道转置后的三元组在数组 B 中的位置,那么就可以直接将数据放进数组,如此数据重复扫描带来的时间消耗就可以被避免。

2. 方案二

为了确定 B 中元素的位置,需要事先知道 **M** 中每一列非零元素的个数,进而求得每一列的第一个元素在数组 B 中的位置,然后按照数组 A 中数据元素的顺序进行转置,将数据放到 B 中合适的位置。

为了记录每列非零元素的个数和每一列中第一个非零元素在数组 B 中的位置,此处设置了辅助变量数组 num[] 和 cpot[],对个数和位置分别进行存储。num[col] 表示第 col 列中非零元素的个数,cpot[col] 表示第 col 列中第一个非零元素在数组 B 中的位置。对于图 5-8 中的矩阵 **M**,这两组辅助变量的值如表 5-2 所示。

表 5-2 辅助变量

col	1	2	3	4	5	6	7
num	1	2	2	1	1	1	0
cpot	1	2	4	6	7	8	9

方案二中表述的方法通常被称为快速转置。下面使用 C 语言代码来实现方案二：

```c
//快速转置
#define COLS 7
int sMatrixFastTranspose(const TSMatrix * M, TSMatrix * N)
{
    //矩阵 N 的成员初始化
    N->rows=M->cols;
    N->cols=M->rows;
    N->nums=M->nums;
    if (N->nums)                        //如果矩阵中有非零元素
    {
        int col;                        //辅助数组的下标
        int nums[COLS]={ 0 }, cpot[COLS]={ 0 };
        int t;
        for (t=1; t <=M->cols; t++)
            nums[M->data[t].col]++;     //求矩阵 M 中每一列非零元素个数
        cpot[1]=1;
        for (col=2; col <=M->nums; col++)
            cpot[col]=cpot[col -1]+nums[col -1];
        int p, q;
        for (p=1; p <=M->nums; p++)
        {
            col=M->data[p].col;
            q=cpot[col];
            N->data[q].row=M->data[p].col;
            N->data[q].col=M->data[p].row;
            N->data[q].value=M->data[p].value;
            cpot[col]++;
        }
    }
    return 0;
}
```

与方案一相比，本方案多了两个辅助变量。从时间上看，这段代码包含 3 个单层 for 循环，循环次数为 cols 和 nums，因此其时间复杂度为 $O(\text{cols}+\text{nums})$。当矩阵中非零元素个数 nums 接近矩阵的容量 rows × cols 时，其时间复杂度与经典算法相同，为 $O(\text{cols} \times \text{rows})$。

稀疏矩阵的创建和稀疏矩阵转置的两种方法已经分析完毕。为了方便学习，下面给出完整的测试代码，具体如例 5-2 所示。

例 5-2

```
1 #include <stdio.h>
2 #include <stdlib.h>
3 #define ROWS 6
4 #define COLS 7
5 #define MAX_SIZE 100
6 int main()
7 {
8     //创建矩阵
9     TSMatrix M=NewMatrix(ROWS,COLS);
10    TSMatrix N;
11    //向矩阵中插入数据
12    InsertElem(&M, 1, 2, 11);
13    InsertElem(&M, 1, 3, 21);
14    InsertElem(&M, 2, 4, 2);
15    InsertElem(&M, 3, 1, 92);
16    InsertElem(&M, 3, 6, 85);
17    InsertElem(&M, 4, 3, 12);
18    InsertElem(&M, 5, 2, 26);
19    InsertElem(&M, 6, 5, 10);
20    //打印矩阵
21    printf("\nM:");
22    sMatrixPrint(&M);
23    //打印使用方案 a 转置的矩阵
24    sMatrixTranspose(&M, &N);
25    printf("\nN(Transpose of M)——a:");
26    sMatrixPrint(&N);
27    //打印使用方案 b 转置的矩阵
28    sMatrixFastTranspose(&M, &N);
29    printf("\nN(Transpose of M)——b:");
30    sMatrixPrint(&N);
31    return 0;
32 }
```

测试代码的运行结果如图 5-12 所示。

例 5-2 中的代码实现了矩阵的创建和矩阵元素的插入。两种转置方法的代码在前面已经给出,这里只进行函数调用。

5.2.5　稀疏矩阵的十字链表表示

矩阵进行加、减、乘运算,会获得一个新矩阵。但由于新矩阵中元素数量会在很大的范围内变动,元素数量不确定,其存储空间也不确定,因此如果使用顺序结构存储三元组数据,在进行增加和删除时,会有大量的数据移动,效率非常低。学习线性表时也遇到过这种情况。在线性表中使用链式存储结构来解决这个问题,同样,在这里也可以使用链式存储结构来存储矩阵。

但是,矩阵与线性表有所不同。在线性表中只需存储数据域和一个指针域,而在矩阵中,首先需要一个三元组来存储数据,同时还需要有行列指针分别连接一行的数据和一列的

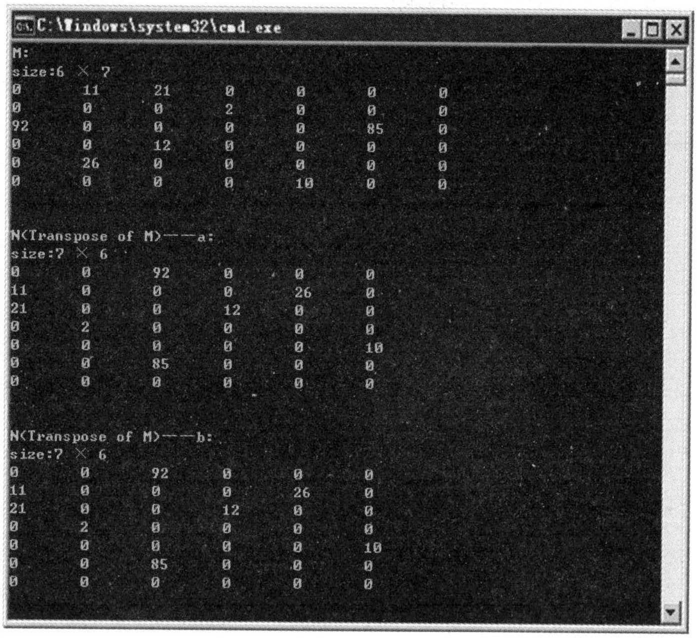

图 5-12　例 5-2 的运行结果

数据。设这两个指针分别为 right 和 down，每一行的数据通过 right 指针与其右数据加上表头指针连接成带有表头结点的循环链表，每一列的元素通过 down 指针与其下数据加上表头指针连接成带有表头结点的循环链表。这样一来，数据既存在于某一行链表，又存在于某一列链表，数据好像处于一个十字路口，所以这样的链表称为十字链表。这个用于存储数据信息的结构称为结点结构，其表示如图 5-13(a)所示。

row	col	value
down		right

(a)结点结构

row	col	link
down		right

(b)头结点结构

图 5-13　十字链表结点结构

将数据连接成循环链表时需要表头指针，所以，除了数据，还需要为矩阵定义表头指针，指向每一行和每一列的头部，同时需要一个矩阵头指针，指向行列指针的头部，即指向整个矩阵的头部。这就还需要额外的一种结构，即头结点结构。为了与结点结构统一，保留其中的 row 与 col，只是将值设为 0。表头指针通过结点中的 link 域连成链表。其表示如图 5-13(b)所示。

假设现有一个矩阵：

$$\boldsymbol{M} = \begin{bmatrix} 1 & 0 & 0 & 2 \\ 0 & 0 & 1 & 0 \\ 0 & 0 & 0 & 1 \end{bmatrix}$$

其十字链表结构如图 5-14 所示。

图 5-14 中，矩阵的行列指针实际上是同一组，为了构图清晰，把行列指针拆分开来。从

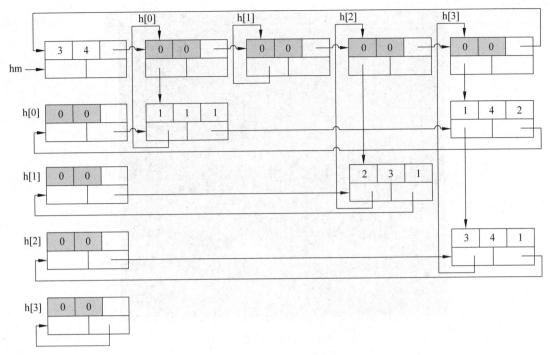

图 5-14   矩阵的十字链表图示

图中可以看出：头指针 h[0]～h[3]通过头结点结构的 link 域链接起来；在行指针链表中，row 域和 col 域值都为 0，使用了 right 域按行与矩阵数据组成多个循环链表；在列指针链表中，row 域和 col 域同样为 0，使用了 down 域按列与矩阵数据组成多个循环链表；头结点指针的数量为行列中的较大值。所以在结构体中使用一组链表来表示矩阵行列链表的头指针。在指向头结点链表的头结点 hm 中，存储了矩阵的行列数值，这样一个完整的十字链表就完成了，此时只需要知道矩阵结点链表的头指针 hm，就可以方便地访问矩阵的数据了。

下面给出十字链表结点结构与头结点的数据类型定义，其中的元素类型以 int 型为例。

```
#define ROWS <稀疏矩阵的行数>
#define COLS <稀疏矩阵的列数>
#define Max ((ROWS)>(COLS)? (ROWS):(COLS))    //矩阵行列较大者
typedef struct mtxn
{
    int row;                                 //行号
    int col;                                 //列号
    struct mtxn * right, * down;             //向右和向下的指针
    union
    {
        int value;
        struct mtxn * link;
    } tag;
} MatNode;                                   //十字链表类型定义
```

因为结点结构与头结点结构只有一个域（value 和 link）不同，所以将它们合并到一起，使用联合 union 来表示这个域。

如同前面学习到的链式结构一样,要构造一个矩阵的十字链表,首先应该创建一个头指针,即图 5-14 中的 hm 指针。其次确定其中的数据,可以在初始化的时候传入一组数据,根据其行列号,依次插入十字链表中。

```
//创建一个十字链表,并使用数组 a 初始化
void cmatCreate(MatNode * &hm, int a[ROWS][COLS])
{
    int i, j;
    //头结点指针
    MatNode * h[Max], * p, * q, * r;
    hm= (MatNode * )malloc(sizeof(MatNode));         //矩阵指针 hm
    hm->row=ROW;                                      //初始化行
    hm->col=COL;                                      //初始化列
    r=hm;
    for (i=0; i <Max; i++)
    {
        h[i]= (MatNode * )malloc(sizeof(MatNode));
        h[i]->right=h[i];                            //构成循环
        h[i]->down=h[i];
        r->tag.link=h[i];                            //将头指针链接起来
        r=h[i];
    }
    r->tag.link=hm;                                  //将指针重新指向矩阵头结点
    for (i=0; i <ROWS; i++)
    {
        for (j=0; j <COLS; j++)
        {
            if (a[i][j] !=0)                         //赋值初始化
            {
                p= (MatNode * )malloc(sizeof(MatNode));
                p->row=i;
                p->col=j;
                p->tag.value=a[i][j];
                q=h[i];
                //插入行链表
                while (q->right !=h[i] && q->right->col <j)
                    q=q->right;
                p->right=q->right;
                q->right=p;
                q=h[j];
                //插入列链表
                while (q->down !=h[j] && q->down->row <i)
                q=q->down;
                p->down=q->down;
                q->down=p;
            }
        }
    }
}
```

在函数 cmatCreate 中,有一个单层 for 循环和一个三层循环。单层循环的时间复杂度为 $O(\text{Max})$;三层循环由双层 for 循环和两个并列的单层 while 循环构成,时间复杂度分别为 $O(\text{ROWS})$、$O(\text{COLS})$、$O(\text{Max})$,所以总时间复杂度为 $O(\text{ROWS} \times \text{COLS} \times \text{Max})$。假设非零元素由用户手动输入,每插入一个元素,都要寻找它在行表和列表中的插入位置,那么时间复杂度为 $O(\text{nums} \times \text{Max})$,这种算法对元素的输入顺序无要求。

以行序优先遍历矩阵,并将其输出。

```
//遍历输出函数
void cmatPrint(MatNode * hm)
{
    MatNode * p, * q;
    printf("行=%d,列=%d\n", hm->row, hm->col);
    p=hm->tag.link;
    while (p !=hm)
    {
        q=p->right;
        while (p !=q)
        {
            printf("(%d,%d,%d)\n", q->row+1, q->col+1, q->tag.value);
            q=q->right;
        }
        p=p->tag.link;
    }
}
```

下面使用函数 cmatCreate() 创建矩阵,使用函数 cmatPrint() 输出矩阵。给出测试代码,如例 5-3 所示。

例 5-3

```
1 int main()
2 {
3     ElemType a[ROW][COL]={ { 1, 0, 0, 2 }, { 0, 0, 1, 0 }, { 0, 0, 0, 1 } };
4     MatNode * mat;
5     cmatCreate(mat, a);
6     cmatPrint(mat);
7     return 0;
8 }
```

例 5-3 的运行结果如图 5-15 所示。

图 5-15 例 5-3 的运行结果

5.3 广义表

5.3.1 广义表的定义

广义表(lists,简称表)是一种非线性的数据结构,它是线性表的推广。广义表放宽了表中对原子级元素的限制,它可以存储线性表中的数据,也可以存储广义表自身的结构。广义表被广泛地应用于人工智能等领域的表处理语言 LISP 语言中。

广义表的表示与线性表相似,也是 n 个元素的有限序列。设 a_i 是广义表中的第 i 个元素,则广义表可以表示为

$$LS = (a_1, a_2, a_3, \cdots, a_n)$$

其中,$n(n \geqslant 0)$ 为广义表 LS 中的元素个数,表元素 a_i 可以是线性表中的单元素,也可以是一个子表。习惯上,用小写字母表示单元素,用大写字母表示子表。广义表可以为空。当广义表不为空时,称表中第一个元素为表头(head),称其余元素组成的表为表尾(tail)。

广义表还有如下定义:

* 广义表中的数据元素有相对次序。
* 广义表的长度为表中的元素个数,即最外层括号包含的元素个数。
* 广义表的深度为表中所含括号的重数。其中单元素的深度为 0,空表的深度为 1。
* 广义表可以共享,一个广义表可以被其他广义表共享,这种共享广义表称为再入表。
* 广义表可以是一个递归的表,即一个广义表的子表可以是它自身。递归广义表的深度无穷,长度有限。

接下来通过一些举例来了解这些性质的含义。

例 5-4

$A = ()$

$B = (p)$

$C = ((x, y, z), p)$

$D = (A, B, C)$

$E = (q, E)$

在例 5-4 中:

表 A 是一个空表,其长度为 0,深度为 1。

表 B 只含有一个单元素 p,其长度为 1,深度为 1。head$(B) = p$,tail$(B) = ()$。

表 C 包含单元素 p 和表元素 (x, y, z),其长度为 2,深度为 2。head$(C) = (x, y, z)$,tail$(C) = (p)$。

表 D 包含 A、B、C 三个子表,长度为 3,深度为 3。其展开表示为 $(( ), (p), ((x, y, z), p))$。head$(D) = A$,tail$(D) = (B, C)$。

表 E 是一个递归表,它包含了其自身,长度为 2,深度为无穷。head$(E) = q$,tail$(E) = (E)$。

需要注意的是,表头既可以是单元素,又可以是子表,而表尾是由其余元素组成的表,所以无论表尾中包含什么样的数据,表尾都只可能是一个表。

如果用圆圈表示单元素,方框表示子表,则例 5-4 中 5 个表的图形表示如图 5-16 所示。

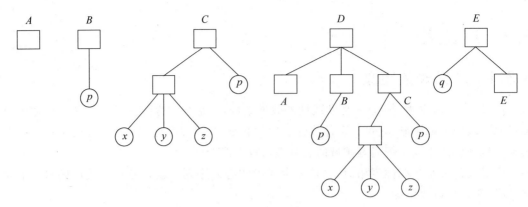

图 5-16　广义表的图形表示

5.3.2　广义表的存储结构

通常使用链式存储来存储广义表。因为广义表中既可以存储单元素,又可以存储表,其数据元素结构不固定,每个元素需要的存储空间也不尽相同,难以为其分配固定的存储空间,所以不使用顺序存储。

广义表中的元素分为单元素和表,所以在定义其数据结构时要加以区分。但是为了在结构上保持一致,使用下面的形式来定义广义表的结点。

tag	atom/Lists	link

其中 tag 域为标志位,atom/Lists 为数据域,link 域为指针域。

我们定义当 tag=0 时,表示该结点为单元素结点,atom/Lists 域存储单元素 atom;当 tag=1 时,表示该结点为子表结点,atom/Lists 域存储子表中第一个元素的地址。link 指针域用来存储与当前元素处于同一级的后继元素所在的地址。若当前元素为该级元素中的最后一个,那么其 link 域置为 NULL。

在这种存储结构中,所有的表都有一个表头指针,若该表不为空,这个表头指针总是指向列表表头(单元素结点/子表结点)。这种存储结构可以清晰地把握广义表的层次。使用 link 指针链接起来的结点都处于同一层,第一层中结点的个数即为表的长度。图 5-17 给出了图 5-16 中广义表 A、B、D、E 的存储结构示例。

综上所述,使用以下定义描述广义表结点类型,其中的数据元素以 char 型为例。

```
typedef struct LinkListsNode
{
    int tag;                            //标志位
    union
    {
        char atom;                      //单元素
        struct LinkListsNode * Lists;   //指向子表的指针
    }value;
    struct LinkListsNode * link;        //指向同一层中的后继元素
}LSNode;                                //广义表结点类型定义
```

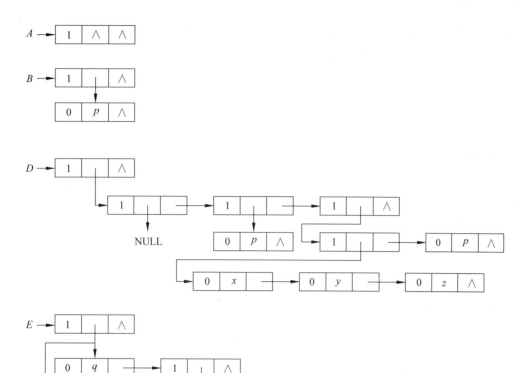

图 5-17 广义表存储结构示例

5.3.3 广义表的递归运算

1. 递归的定义

递归是一种编程技巧,具体指一个过程或函数在其定义或说明中直接或间接调用自身的一种方法。递归作为一种算法思想在程序设计语言中应用广泛。

递归只需少量代码,便可描述出求解过程所需的多次重复运算,大大减少了程序代码量,有效优化了代码结构。但一般不提倡使用递归,因为递归执行效率很低,并且在每一层递归调用中,系统都会为局部变量和返回点开辟栈用于存储数据,递归次数过多时容易造成栈溢出。所以,除非一个问题在其求解分析过程中呈现明显的递归规律,使用递归相较于栈更符合思维逻辑,否则无须追求递归。

递归可以用有限的代码定义对象的无限集合。但是没有结果的程序意义不大。算法要有零个或多个输入,至少有一个输出,递归也一样。递归必须满足以下两个条件:

(1) 子问题与原问题性质相同,且更为简单。

(2) 存在一种可以使递归退出的简单情境,即递归必须有终止条件。

在设计递归代码的时候,需要确定两点:一是递归公式,二是边界条件。递归公式是递归求解过程中的归纳项,用于处理原问题以及与原问题规律相同的子问题。边界条件即终止条件,用于终止递归。

递归一般用于解决 3 类问题:

(1) 数据本身是按递归定义的,如斐波纳契(Fibonacci)数列。

（2）问题求解过程是使用递归算法实现的，如 Hanoi 塔问题。

（3）数据的结构形式是按递归定义的，如二叉树、广义表等。

在本节中，通过学习广义表的递归运算来了解递归，掌握递归的规律。

2. 求广义表的深度

5.3.1 节中提及，广义表的深度等于其括号的重数。设有一个非空广义表：

$$LS = (a_1, a_2, a_3, \cdots, a_n)$$

其中 $a_i(i=1,2,3,\cdots,n)$ 为单元素或子表，那么 LS 的深度就是最大子表深度加 1。求广义表深度的问题可以转化为求表中 n 个数据元素深度的问题。其中单元素深度为 0，空表深度为 1。对于子表的深度，同样以上述方法求解。其求解过程明显符合递归规律。

综上所述，可以归纳出递归求广义表深度的两个重要因素：

（1）递归公式：

$$\text{Depth(LS)} = \max\{\text{Depth}(a_i)\} + 1 \quad (1 \leqslant i \leqslant n, n \geqslant 1)$$

（2）边界条件：

$$\text{Depth(LS)} = 1, \quad \text{当 LS 为空表时}$$
$$\text{Depth(LS)} = 0, \quad \text{当 LS 为单元素时}$$

根据以上分析，可以总结出求深度的基本思路：假设 ls 是一个 LSNode * 类型的变量，当 ls->tag 为 0 时，该表只有一个单元素，函数返回其深度 0。当 ls->tag 为 1 时，表明这是一个表，根据 ls->value.Lists 来判断这是否是一个空表：如果是空表，则返回其深度 1；如果不是空表，遍历表中的每一个元素，当元素为子表时，进行递归调用求出当前层中子表深度。如果元素还有后继结点，调用递归对其后继结点进行前面所述的操作。

下面用 C 语言代码来实现这个算法：

```c
//递归求广义表的深度
int LSDepth(LSNode * ls)
{
    if (ls->tag==0)                        //为单元素时返回 0
        return 0;
    int max=0, dep;
    LSNode * gls=ls->value.Lists;          //gls 指向第一个元素
    if (gls==NULL)                         //空表返回 1
        return 1;
    while (gls !=NULL)                     //不为空,遍历表中的每一个元素
    {
        if (gls->tag==1)                   //元素为子表的情况
        {
            dep=LSDepth(gls);              //递归调用求出子表的深度
            if (dep >max)                  //max 为同一层所求过的子表深度最大值
                max=dep;
        }
        gls=gls->link;                     //使 gls 指向下一个元素
    }
    return (max+1);                        //返回表的深度
}
```

算法中 while 循环内第二层的 if 语句将 dep 的值与记录中的 max 值比较,获取较大的一个;最后一条语句"gls=gls->link;"将指针指向当前元素在本层的后继。若把循环体中的递归调用当作一条普通语句,则可以将 while 循环体中求一层数据中子表深度的最大值视为求链表中元素最大值的问题。这类问题在前面已作过介绍,为了简化对递归的分析,降低学习难度,此处就不再详述。

以广义表 ls＝$(e,(a,b,c),z)$ 为例分析 LSDepth() 函数,求解过程如图 5-18 所示。

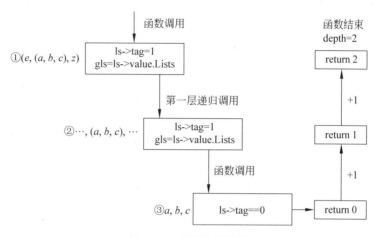

图 5-18　递归调用举例

如图 5-18 所示,从函数调用处进入函数。①对 ls 的 tag 进行检测,其 tag 为 1,进入 while 循环体;②对其中子表(a,b,c)的 tag 进行检测,其 tag 为 1,调用 LSDepth() 函数进行递归;③进入函数,对子表中的元素进行检测,发现其元素皆为单元素,tag 为 0。此时 return 0,并将结果 0 返回到步骤②;步骤②获取步骤③的结果,并执行 max＋1,将获得的结果 1 返回到步骤①;步骤①获取步骤②的结果,并执行 max＋1,将结果 2 返回给函数调用处,函数体执行完毕。

3. 输出广义表

遍历输出广义表时必然会有一对括号输出。假设要输出的广义表为 ls,那么会有以下步骤:

(1) 若 ls->tag 为 0,表示该表为单元素,直接输出元素。

(2) 若 ls->tag 为 1,表示这是一个表,输出左括号"(",然后根据 ls->value.Lists 判断:

- 若 ls->value.Lists 为 NULL,说明这是一个空表,输出右括号")"。
- 若 ls->value.Lists 不为空,进行递归调用,将 ls->value.Lists 作为变量传入函数。

(3) 在子表的结点输出完成之后,函数会回到递归调用处,然后根据 ls->link 判断当前结点在本层之中是否有后继结点:

- 若 ls->link 为 NULL,说明本层遍历结束,返回函数调用处。
- 若 ls->link 不为空,说明本层中当前元素还有后继结点,输出一个",",之后进行递归调用,将 ls->link 作为变量传入函数。

下面给出遍历输出广义表的 C 语言代码：

```
//输出广义表 ls
void LSDis(LSNode * ls)
{
    if (ls->tag==0)
        printf("%c", ls->value.atom);          //输出单元素值
    else
    {
        printf("(");
        if (ls->value.Lists==NULL)
            printf("");                          //空表什么也不输出
        else
            LSDis(ls->value.Lists);              //递归输出子表
        printf(")");
    }
    if (ls->link !=NULL)
    {
        printf(",");
        LSDis(ls->link);
    }
}
```

4. 广义表的创建

假设广义表中的元素类型为 char，每个单元素的值为除了左右括号之外的其他字符，广义表中每层数据使用","分隔，广义表的元素包含在一对小括号之中，单元素表中只有一个字符，空表中不含任何字符。如 $(e,(a,b,c),z)$ 表示一个非空广义表。

显然创建广义表也是一个递归的过程：在创建表时，需要逐个地创建其中的单元素和子表；在创建子表时，重复前面的步骤，只是将要创建的表的参数变为子表。假设要创建的广义表为 ls，算法执行时，根据定义的格式，从键盘输入一个字符串，之后算法会从头到尾扫描字符串中的每一个字符。字符可以分为 4 种：

（1）"("。当遇到左括号，表示遇到了一个表，需要申请一个结点空间存放数据，并将结点中的 tag 置为 1，然后进行递归调用，将结点的 ls->value. Lists 指针地址作为参数传入函数。

（2）")"。当遇到右括号时，表示前面的字符串已经处理完毕，应将当前传入的参数指针置空。这个传入的参数指针可能为 ls->value. Lists 指针地址，或 ls->link 指针地址。

（3）","。当遇到逗号时，表示当前的结点处理完毕，应该处理后继结点，此时进行递归调用，传入 ls->link 指针地址。

（4）其他字符。遇到其他字符，表示的是结点中存储的数据，将 ls->tag 置为 0，将当前字符赋值给 ls->value. atom。

创建的广义表大体上可以分为 3 类：单元素表、空表、非空多元素广义表。其中单元素

表和空表是递归的边界条件;在创建非空广义表时递归创建子表是其条件归纳。

下面给出创建广义表的 C 语言代码:

```
//广义表的递归创建
void LSCreate(LSNode * * ls)
{
    char ch;
    ch=getchar();
    if (ch==')')
        * ls=NULL;
    else if (ch=='(')                        //当前字符为左括号时
    {
        * ls= (LSNode * )malloc(sizeof(LSNode));   //创建一个新结点
        (* ls)->tag=1;                       //新结点作为表头结点
        LSCreate(&((* ls)->value.Lists));    //递归构造子表并链接到表头结点
    }
    else
    {
        * ls= (LSNode * )malloc(sizeof(LSNode));   //创建一个新结点
        (* ls)->tag=0;                       //是单元素
        (* ls)->value.atom=ch;               //新结点作为单元素结点
    }
    ch=getchar();                            //取下一个字符
    if ((* ls)==NULL);                       //串未结束,继续构造兄弟结点
    else if (ch==',')                        //当前字符为","
        LSCreate(&((* ls)->link));           //递归构造兄弟结点
    else                                     //没有兄弟了,将兄弟指针置为 NULL
        (* ls)->link=NULL;
    return;                                  //返回
}
```

LSCreate()函数在创建表时,如果是单元素,则代码自顶向下执行一遍;如果是子表,在代码执行过程中发生一次递归调用。求广义表长度的运算是对广义表的第一层进行操作,不涉及递归,这里直接给出代码,以展示运算结果,作为与广义表深度的对比学习。

完整的测试代码见例 5-5。

例 5-5

```
1 //求广义表的长度
2 int LSLength(LSNode * ls)
3 {
4     int n=0;
5     if (ls->tag==0)              //为单元素时返回 0
6         return 1;
7     ls=ls->value.Lists;         //ls 指向广义表的第一个元素
8     while (ls !=NULL)
9     {
```

```
10          n++;                        //累加元素个数
11          ls=ls->link;
12      }
13      return n;
14 }
15 //测试代码主函数
16 int main()
17 {
18      LSNode * ls;
19      printf("请输入广义表: ");
20      LSCreate(&ls);
21      LSDis(ls);
22      int len=LSLength(ls);
23      printf("\nlen=%d\n", len);
24      int dep=LSDepth(ls);
25      printf("dep=%d\n", dep);
26      return 0;
27 }
```

从键盘分别输入单元素表(a)、空表()、广义表(e,(a,b,c),z),代码执行结果如图 5-19 所示。

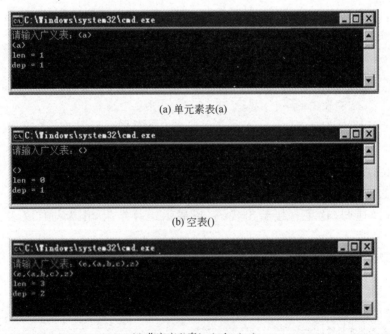

(a) 单元素表(a)

(b) 空表()

(c) 非空广义表(e, (a, b, c), z)

图 5-19   例 5-5 的执行结果

对比图 5-19 中的执行结果可以看到,相比于非空广义表,空表在输入与输出之间多一个回车符。这是因为,每调用一次 LSCreate()代码,要执行两次 getchar()函数。创建空表时输入了两个有效字符"("")"以及一个回车符共 3 个字符,所以需要再接收一个回车符才能执行下面的语句。

为了解决这个问题,可以在函数中设置一个参数 flag,用来记录当前创建的层数,也就是当前操作的深度。如果层数为 0,则不再执行后面的代码。改良后的算法在下面给出。

```
void LSCreate(LSNode * * ls,int flag)
{
    char ch;
    ch=getchar();
    if (ch==')')
        * ls=NULL;
    else if (ch=='(')                           //当前字符为左括号时
    {
        * ls=(LSNode * )malloc(sizeof(LSNode));  //创建一个新结点
        ( * ls)->tag=1;                          //新结点作为表头结点
        //递归构造子表并链接到表头结点
        LSCreate(&(( * ls)->value.Lists),flag+1);
    }
    else if (ch=='\n')
    {
        ( * ls)->link=NULL;
        return;
    }
    else
    {
        * ls=(LSNode * )malloc(sizeof(LSNode));  //创建一个新结点
        ( * ls)->tag=0;                          //是单元素
        ( * ls)->value.data=ch;                  //新结点作为单元素结点
    }
    if (flag==0)                                 //若当前层为 0
    {
        ( * ls)->link=NULL;                      //将结点 link 域置空再返回
        return;
    }
    ch=getchar();                                //取下一个字符
    if (( * ls)==NULL);                          //串未结束,继续构造后继结点
    else if (ch==',')                            //当前字符为","
        LSCreate(&(( * ls)->link),flag);         //递归构造后继结点
    else
        ( * ls)->link=NULL;                      //若无后继,将 link 指针置为 NULL
    return;                                       //返回
}
```

在主函数中调用 LSCreate(&ls,0)来创建广义表,将层数标记 flag 输出,可以看出递归调用创建广义表的特征:结点从最深层开始创建,逐层返回。代码执行结果如图 5-20所示。

(a) 空表()

(b) 单元素表(a)

(c) 非空广义表(e, (a, b, c), z)

图 5-20　LSCreate()改良结果

5.4　本章小结

本章主要介绍了几种数据结构在内存中的存储。首先介绍了数组的基本存储形式,然后介绍了特殊矩阵和稀疏矩阵的压缩存储,以及稀疏矩阵的十字链表表示方法,即链式结构存储,最后介绍了广义表的基本知识和广义表的存储结构,以及广义表的递归运算。

通过本章的学习,读者应对数据结构在内存中的存储有初步了解,并能掌握本章所讲的几种数据类型的存储方式。同时要对广义表的概念有所把握,通过广义表的递归运算,学习递归的基本使用方法。

【思考题】

1. 简述稀疏矩阵的十字链表存储结构。
2. 简述广义表的递归运算思想。

第6章

树

学习目标
- 了解树的概念和基本术语。
- 掌握二叉树的概念、性质、分类。
- 掌握二叉树的存储结构和遍历方式。
- 熟悉二叉树的创建。
- 了解线索二叉树与赫夫曼树。

在前面几章中介绍的数据结构都是线性的,它们在实际应用中发挥着巨大的作用,但就像世间没有万能药一样,线性数据结构还是远远满足不了应用需求。例如,家族图谱的表示,公司领导上下级关系等,这些都无法用线性表来表示。为了解决这些问题,需要学习一种新的非线性的数据结构——树,树的概念、特性、操作等都是本章要学习的重点。

6.1 树

6.1.1 什么是树

树是由 $n(n \geqslant 0)$ 个结点组成的一个具有层次关系的有限集合。

如果 $n=0$,它是一棵空树,这是树的特例。

如果 $n>0$,它是一棵非空树。一棵非空树的示意图如图 6-1 所示。

图 6-1 就是一棵非空树,树中的每个元素称为结点。

在任意一棵非空树中,存在且仅存在一个根结点,简称根,根结点只有后继结点而没有前驱结点,图 6-1 中的 A 结点就是根结点。

其余结点可以分为多个互不相交的有限集,每一个有限集又是符合定义的树,称为根的子树。如以 B 结点为根,是一棵树;以 J 结点为根,是一棵树。因此树也可以说是由树根和若干棵子树构成的。

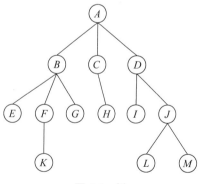

图 6-1 树

树的定义具有递归性,因为在树的定义中又用到了树的定义,这是树的固有特性,即一棵树由若干棵互不相交的子树构成,而每一棵子树又是由更小的子树构成。

学习树,就必须学习树的一些基本术语,比如根、结点、叶子等,接下来就来学习树的一些相关术语。

在一棵树中,每个结点的直接后继结点称为该结点的孩子结点(子结点)。相应地,该结点称为孩子结点的双亲结点(父结点)。具有同一父结点的结点互为兄弟结点。进一步推广,隔了代的兄弟结点称为堂兄弟结点。而在垂直关系上,它们又称为子孙结点。以图 6-1 中的树为例:

(1) A 是 B、C、D 的父结点,B、C、D 是 A 结点的孩子结点。

(2) B、C、D 是兄弟结点,E、F、G 是兄弟结点;I、J 是兄弟结点。

(3) E、H、I 是堂兄弟结点,K、L 是堂兄弟结点。

(4) 以 B、C、D 为根结点的子树上的所有结点都是 A 结点的子孙结点。

(5) A、B、F 都是 K 结点的祖先结点(具有垂直的直系关系)。

在树中,一个结点拥有的子树的数目称为结点的度,如图 6-1 中根结点 A 的度为 3,因为它有 B、C、D 三棵子树(以这 3 个结点为根结点的子树);D 结点的度为 2,因为它有 I、J 两棵子树;C 结点的度为 1,它只有以 H 为根结点的一棵子树。

树中各结点度的最大值称为树的度,通常将度为 m 的树称为 m 次树。如图 6-1 是一棵 3 次树,因为所有结点中度的最大值为 3。

在一棵树中,度不为 0 的结点称为非终端结点或分支结点,度为 0 的结点称为终端结点或叶子结点,也就是没有后继结点的结点就是叶子结点。如图 6-1 中的树,B、C、D、F 等都是分支结点,而 E、H、K、L 等都是叶子结点。对于分支结点,其分支数就是该结点的度。

树中的结点都处在某一个层次中,树的层次从根开始定义,根为第一层,根的孩子为第二层,以此类推,结点所在层次为其父结点层次加 1。而树的最大层次为树的高度或深度。图 6-1 中的树有 4 层,树的高度为 4,如图 6-2 所示。

若从树中的结点 k_i 开始,沿着结点序列 $k_i k_p \cdots k_j$,可以找到结点 k_j,则称结点序列 $k_i k_p \cdots k_j$ 是从 k_i 到 k_j 的一条路径或道路,如图 6-3 所示。

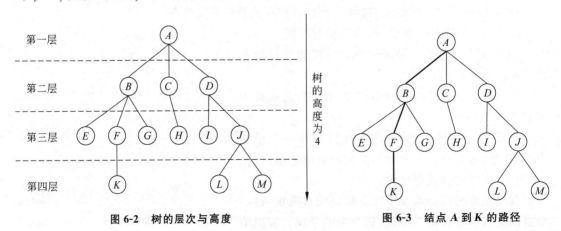

图 6-2   树的层次与高度   图 6-3   结点 A 到 K 的路径

在图 6-3 中,加粗的部分就是结点 A 到结点 K 的路径,所谓路径其实就是从一个结点到达另一个结点的路线。路径的长度是路线上所经过的边(连接两个结点的线段)的数目,等于结点个数减 1。

注意:若一个结点序列是路径,则在树的树形图表示中,该结点序列"自上而下"地通过路径上的每条边,从树的根结点到树中其余各结点均只有一条唯一路径。

多棵树可以组成一个森林,森林就是 $m(m \geqslant 0)$ 棵互不相交的树的集合。对于树来说,其子树的集合就是森林,例如图 6-2 中的树,删除根结点 A 之后,其子树就组成了一片森林。

如果一棵树中的结点从左至右是有序的,不能互换,则称这棵树为有序树,否则称为无序树。若无特别指明,一般讨论的都是有序树。在有序树中,最左边的子树称为根的第一个孩子,最右边的称为最后一个孩子。

6.1.2　树的表示法

通常树有 3 种表示方法:图形表示法、广义表表示法和左孩子右兄弟表示法。接下来分别讲解如何用这 3 种方法来表示一棵树。

1. 图形表示法

图形表示法是树结构最常用的表示方法,在树形图表示中,结点用圆圈表示,元素名称写在圆圈中,各结点之间的关系用连接线来表示。图 6-1、图 6-2 都是用图形来表示一棵树,这种表示方法直观、清晰、易于理解,最为常用,这里不再过多讲解。

2. 广义表表示法

广义表是多层次的线性结构,用它也可以来表示出树形结构。用广义表来表示树形结构时,根结点写在最外层,即表的最左边,第一层是其直接孩子结点,第二层是其孙子结点,这样逐层深入。假如有一棵表示中国省市关系的树,如图 6-4 所示。

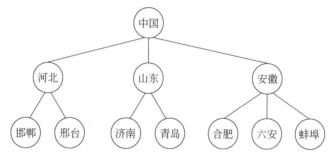

图 6-4　省市关系图

用广义表来表示这棵树,则这棵树表示为

(中国(河北(邯郸,邢台),山东(济南,青岛),安徽(合肥,六安,蚌埠)))

广义表的最外层是根结点"中国",第二层是根结点的孩子"河北""山东""安徽",再往里一层则是第二层中结点的孩子。

同样,如果用广义表来表示图 6-1 中的树,第一步先写出根结点 A 与其孩子结点,如下所示:

$$(A(B,C,D))$$

然后再写出 B、C、D 结点的孩子结点,如下所示:

$$(A(B(E,F,G),C(H),D(I,J)))$$

最后再写出第三层结点的孩子结点,如下所示:

$$(A(B(E,F(K),G),C(H),D(I,J(L,M))))$$

这就是树的广义表表示法,其实也比较简单,它一般应用于给出广义表,画出其对应的树形结构图,如例 6-1 所示。

例 6-1

有一棵广义表表达的树:(12(32(5,65(31,0)),100,54(85,664))),请根据此表画出相应的树形结构。

推导过程如下:

(1) 表第一层只有 12,可知 12 为此树的根结点。

(2) 表的第二层有 32、100、54 三个结点,这三个结点就是根结点的孩子结点,其结构如图 6-5 所示。

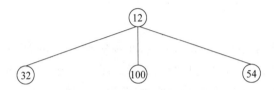

图 6-5　第一层与第二层结点

(3) 表的第三层中,结点 32 有 5 和 65 两个孩子结点,结点 100 无孩子结点,结点 54 有 85 和 664 两个孩子结点,其结构如图 6-6 所示。

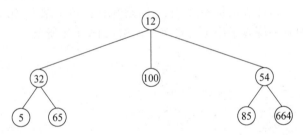

图 6-6　第一、二、三层结点

(4) 表的第四层,结点 65 有 31 和 0 两个孩子结点,其他结点无孩子,则其结构如图 6-7 所示。

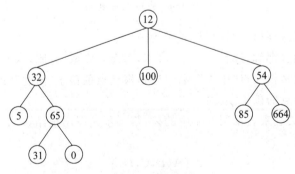

图 6-7　完整的树

再往更深层次看,各结点都再无孩子结点,则图 6-7 就是此表对应的完整的树。

3．左孩子右兄弟表示法

树的左孩子右兄弟表示法类似于中国的"长兄如父"的思想,它指的是由左边的孩子结点来接管父结点其余的孩子结点。以图 6-1 中的树为例演示左孩子右兄弟表示法。

(1) 根结点 A 有三个孩子,则将右边的孩子结点托管给左边的孩子结点 B,如图 6-8 所示。

(2) 继续调整。结点 B 有三个孩子 E、F 和 G,结点 C 有一个孩子 H,结点 D 有两个孩子 I 和 J,则分别将右边的孩子托管给左边的孩子,如图 6-9 所示。

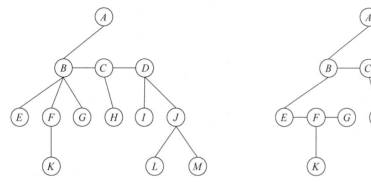

图 6-8 将结点 **A** 的孩子托管给左边的孩子结点 **B**   图 6-9 左孩子右兄弟表示法

(3) 调整更深层次,结点 G 有一个孩子结点 K,结点 J 有两个孩子结点 L 和 M,将 M 托管给 L,如图 6-10 所示。

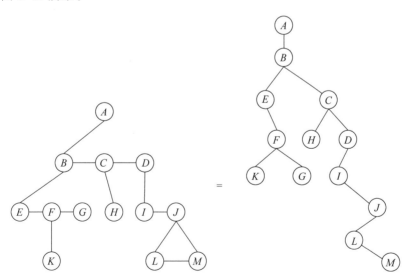

图 6-10 左孩子右兄弟表示法以及对应的二叉树

最终转换之后的结果就是图 6-10 所示的树,由此可见,左孩子右兄弟表示法可以将一棵多叉树转化为一棵二叉树。关于二叉树的概念,在 6.2 节中会详细讲解,在这里读者只要知道二叉树在进行运算时比多叉树效率要高得多,将多叉树转换成二叉树更有利于树的各种运算即可。

6.2   二叉树

二叉树是树形结构的一个重要类型。实际问题抽象出来的数据结构往往是二叉树的形式，即使是一般的树也能简单地转换为二叉树，二叉树的存储结构及其算法又都较为简单，因此二叉树就显得特别重要。本节从二叉树的概念、形态、分类和性质这几个方面来讲解二叉树。

6.2.1   什么是二叉树

二叉树是 $n(n \geqslant 0)$ 个结点的有限集合，由一个根结点及两棵互不相交的、分别称作左子树和右子树的二叉树组成。二叉树也是树的一种，只是在二叉树中，每个结点最多只能有两个孩子结点，如图 6-11 所示。

图 6-11 就是一棵二叉树，因为每个结点最多只能有两个分支，因此称之为二叉。二叉树有两个基本特征：

（1）每个结点最多只能有两个孩子结点（不存在度大于 2 的结点）。

（2）二叉树是有序树，左子树和右子树次序不能颠倒，即使树中某个结点只有一棵子树，也要区别是左子树还是右子树。

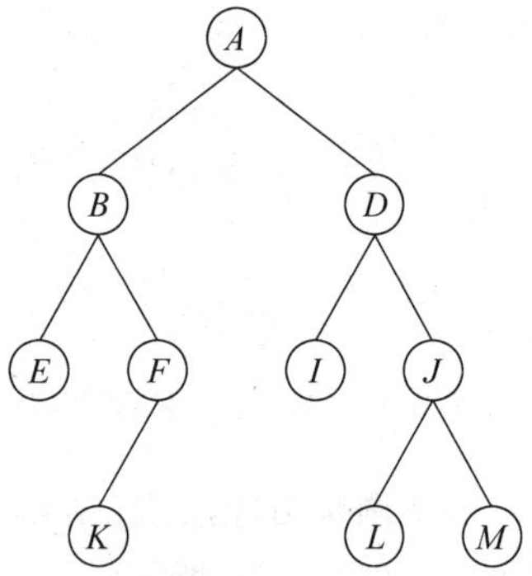

如图 6-12 所示，就是两棵不同的二叉树。

二叉树也是递归定义的，二叉树中的子树还是二叉树。

二叉树的基本形态有 5 种：

（1）空二叉树。

（2）仅有根结点的二叉树。

（3）仅有一棵左子树的二叉树。

（4）仅有一棵右子树的二叉树。

（5）有两棵子树的二叉树。

这 5 种形态的二叉树如图 6-13 所示。

图 6-11   二叉树

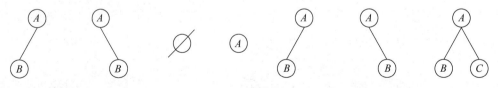

图 6-12   两棵不同的二叉树　　　　**图 6-13   二叉树的五种基本形态**

6.2.2   二叉树的分类

根据二叉树中子结点的排布，可将二叉树分为非完全二叉树、完全二叉树和满二叉树。

非完全二叉树是普通的二叉树，图 6-11 就是一棵非完全二叉树。

完全二叉树除最后一层外，每一层上的结点数均达到最大值，在最后一层上只缺少右边的若干结点,如图 6-14 所示。

图 6-14 中是一棵完全二叉树,最后一层的结点都优先填在左边。若结点 L 在结点 F 的右侧,则该树不是完全二叉树。

对于完全二叉树来说,它有以下特点:

- 叶子结点只能出现在最下两层。
- 最下层的叶子结点一定集中在左边连续位置。
- 如果结点的度为 1,那么该结点只有左孩子,不存在只有右孩子的情况。
- 同样结点数的二叉树,完全二叉树的深度最小。

满二叉树除叶子结点外,每个结点都有两个孩子结点,每一层的结点数都达到最大。图 6-15 即为一棵满二叉树。

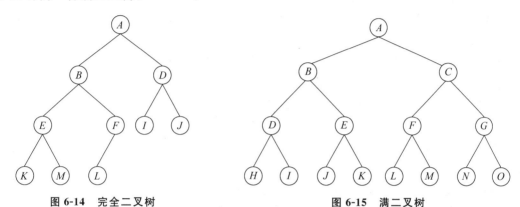

图 6-14 完全二叉树   图 6-15 满二叉树

图 6-15 中的二叉树,每一层结点数都达到最大,没有出现"缺胳膊少腿"的现象,在同样深度的二叉树中,满二叉树的结点最多。如果一棵深度为 k 的二叉树有 2^k-1 个结点,那么这就是一棵满二叉树。

满二叉树是完全二叉树的特殊情况,可以说满二叉树也是一棵完全二叉树,但不能说完全二叉树是满二叉树。

一棵只有左孩子或者只有右孩子的二叉树叫作斜树。只有左孩子的二叉树称作左斜树,只有右孩子的二叉树叫作右斜树,如图 6-16 所示。

斜树的每一层都只有一个结点,结点的个数与二叉树的深度相同。可以发现,斜树与线性表结构是相同的,其实线性表可以看成是树的一种特殊形式。

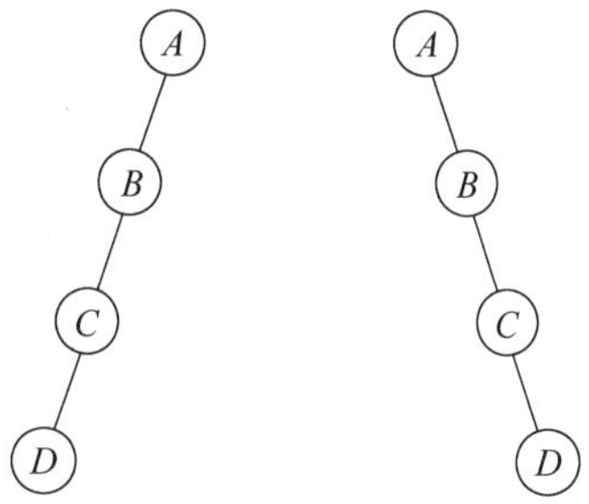

(a) 左斜树　　　(b) 右斜树

图 6-16 斜树

6.2.3 二叉树的性质

二叉树具有许多重要特性,下面将一一讲解。

性质 1:在二叉树的第 i 层上至多有 2^{i-1} 个结点($i > 0$)。

对于这个性质,利用数学归纳法很容易获得:

$i=1$,有 $2^{1-1}=1$ 个结点。

$i=2$,有 $2^{2-1}=2$ 个结点。

$i=3$，有 $2^{3-1}=4$ 个结点。

……

注意：这里指的是最多的结点。

性质 2：深度为 k 的二叉树至多有 2^k-1 个结点（$k>0$）。

性质 2 也可以用数学归纳法来证明，这个性质在讲满二叉树时也曾提及，一棵深度为 k 的二叉树，在结点数达到 2^k-1 个时，一定是一棵满二叉树。

性质 3：对于任何一棵二叉树，若度为 2 的结点数有 n_2 个，则叶子数（n_0）必定为 n_2+1（即 $n_0=n_2+1$）。

为了证明此性质，假设二叉树中度为 1 的结点个数为 n_1，则二叉树中所有结点的总数 $n=n_1+n_2+n_0$；除去根结点外，度为 1 的结点会延伸出一个孩子结点，度为 2 的结点会延伸出 2 个孩子结点，那么二叉树总的结点数也可以表示为 $n=n_1+2n_2+1$。由 $n=n_1+n_2+n_0=n_1+2n_2+1$，得出 $n_0=n_2+1$。

性质 4：具有 n 个结点的完全二叉树，它的深度必为 $\lfloor \log_2 n \rfloor+1$。

假设完全二叉树的深度为 k，结点数为 n，那么一定小于同样深度满二叉树的结点数 2^k-1，但又大于 $2^{k-1}-1$（深度为 $k-1$ 的满二叉树），即

$$2^{k-1}-1 < n \leqslant 2^k-1$$

因为 n 为正整数，上式可表述为 $2^{k-1}\leqslant n<2^k-1$。于是 $k-1\leqslant\log_2 n<k$，因为 k 是整数，所以 $k=\lfloor \log_2 n \rfloor+1$。

性质 5：若对完全二叉树中的结点从上至下、从左至右编号，则编号为 i（$1\leqslant i\leqslant n$）的结点，其左孩子编号必为 $2i$，其右孩子编号必为 $2i+1$，其双亲编号必为 $i/2$（$i=1$ 时除外）。编号规则如图 6-17 所示。

如图 6-18 所示，假如第 k 层中编号为 i 的元素在本层中位于该元素之前的元素有 x 个，在本层中位于该元素之后的元素有 y 个，如图 6-18 所示。那么其左右孩子编号为多少？

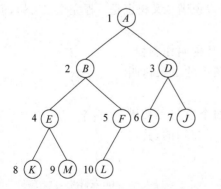

图 6-17　完全二叉树的编号规则

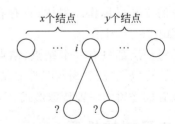

图 6-18　编号为 i 的结点

根据完全二叉树的性质可知，完全二叉树的第 $k-1$ 层有 $2^{k-1}-1$ 个元素，第 k 层有 2^k-1 个元素，则第 k 层中编号为 i 的元素在本层中位于该元素前面的元素个数为 $x=i-1-(2^{k-1}-1)=i-2^{k-1}$，在本层中位于该元素后面的元素个数为 $y=2^k-1-i$。

因为 y 为第 k 层中编号为 i 的元素之后的元素个数，x 个结点会产生 $2x$ 个子结点，所以编号为 i 的元素与其左孩子之间的元素个数为 $y+2x$。

综上,其左孩子编号为

$$i + y + 2x + 1 = i + 2^{k-1} - 1 - x + 2x + 1$$
$$= i + 2^{k-1} + x$$
$$= i + 2^{k-1} + i + 2^{k-1}$$
$$= 2i$$

则其右孩子编号是 $2i+1$。

同样,对于左右孩子,其父结点编号也必然为 $\lfloor i/2 \rfloor$。

6.3　二叉树的存储结构

二叉树虽然是非线性结构,但它的存储结构也分为顺序存储和链式存储两种方式。

6.3.1　二叉树的顺序存储

二叉树的顺序存储也是用一组连续的存储单元来存放二叉树中的结点元素。对于完全二叉树来说,分配一段相应大小的空间,对树中的结点自上而下、自左至右进行存储,如图 6-19 所示,用数组对一棵完全二叉树进行存储。

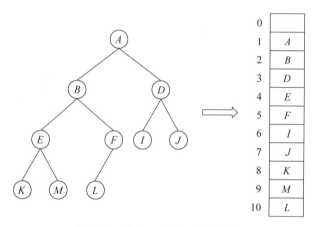

图 6-19　完全二叉树的顺序存储

在顺序存储时,角标 0 位置基本不用,从角标 1 开始存储。这样既存储了树中的结点元素,又存储了结点之间的逻辑关系。根据二叉树的性质 5,知道了某一个结点元素的角标,那么它的父结点与孩子结点就能轻易找到。例如,对于结点元素 D,其角标为 3,那么它的父结点角标为 $\lfloor 3/2 \rfloor = 1$;如果它有孩子结点,其左孩子结点角标为 $2 \times 3 = 6$,右孩子结点角标为 $2 \times 3 + 1 = 7$。

在数组中查找角标 1、6 和 7 对应的结点元素:角标 1 为 A,角标 6 为 I,角标 7 为 J,则 D 的双亲是 A,左孩子是 I,右孩子是 J。这与左边完全二叉树的逻辑关系相同,因此根据完全二叉树的这个性质,可以将顺序存储中的完全二叉树还原出来。

对于完全二叉树,顺序存储与还原都没有问题,但对于一般的二叉树,如果仍按从上到下、从左到右的顺序将树中的结点顺序存储在一维数组中,数组元素下标之间的关系并不能反映出二叉树中结点之间的逻辑关系,如图 6-20 所示。

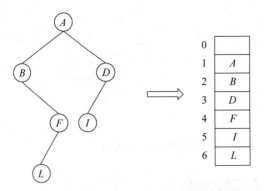

图 6-20　一般二叉树的顺序存储

图 6-20 中,对一棵普通二叉树采用顺序存储,则根据性质 5 并不能推断出结点之间的逻辑关系。

例如,同样对于角标 3 位上的元素 D,其父结点角标应为 $\lfloor 3/2 \rfloor = 1$,角标 1 元素为 A,在二叉树中是 D 结点的双亲,此逻辑关系正确;如果 D 结点有孩子,则其左孩子角标就为 $2 \times 3 = 6$,右孩子结点角标为 $2 \times 3 + 1 = 7$。在一维数组中,没有角标 7,说明 D 不存在右孩子;而角标 6 为 L,说明其左孩子为 L,但在二叉树中,D 结点的左孩子为 I,因此此逻辑关系是错误的。

所以对于一般二叉树,并不能靠顺序存储来还原出一棵正确的二叉树。为了解决这个问题,可以在二叉树空缺的部分补上空结点,使之成为一棵完全二叉树,然后再用一维数组进行存储。如图 6-21 所示,将图 6-20 中的二叉树补全为一棵完全二叉树,然后再进行存储。

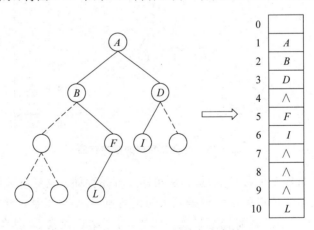

图 6-21　补全二叉树的顺序存储

将二叉树用空结点补全为完全二叉树后,再进行顺序存储,同样以角标 3 位置的 D 元素为例,其父结点角标为 $3 \times 2 = 1$(取整数);如果它有孩子结点,则左孩子结点角标为 $2 \times 3 = 6$,右孩子结点角标为 $2 \times 3 + 1 = 7$。在一维数组中查找,角标 1 元素为 A,即 A 为 D 的父结点;角标 6 元素为 I,即 I 是 D 的左孩子;角标 7 为空,说明 D 没有右孩子。这与左边的二叉树的逻辑关系相同,这样就可以将二叉树正确地还原了。

对于完全二叉树而言,顺序存储既简单又节省内存空间,实用又方便。但对于一般二叉树,这样存储二叉树势必造成大量空间的浪费,最坏的情况下是右斜树,一棵深度为 k 的右

斜树只有 k 个结点,却需要分配 2^k-1 个存储单元。当 k 很大时,这样的浪费是非常巨大的,因此一般二叉树不宜使用顺序存储。

顺序存储的二叉树在进行插入和删除操作时需要移动大量的结点,很不方便,因此在实际应用中顺序存储应用较少,但对这种存储理念读者应有所了解。

6.3.2　二叉树的链式存储

二叉树的链式存储也是利用链表来实现的,链表中的结点存储树结点中的元素和树结点之间的关系。用链表来存储二叉树有两种常用的方式:二叉链表示法、三叉链表示法。那么什么是二叉链,什么是三叉链? 接下来就来学习一下。

1. 二叉链表示法

使用二叉链表表示树,通常树中的每个结点由 3 部分组成:数据域和左、右指针域。左、右指针分别指示结点的左、右孩子,其结点结构如图 6-22 所示。

图 6-22　二叉链表的结点

结点的数据类型定义如下:

```
typedef struct BitNode
{
    DataType data;                  //数据域
    struct BitNode * lchild, * rchild;   //左右孩子指针
}BitNode;
typedef struct BitNode * BiTree;
```

其中,数据域 data 存储结点的数据信息,lchild 与 rchild 分别存储指向左孩子与右孩子的指针,当孩子结点不存在时,相应指针要指向空(NULL)。利用这样的结点结构构建出的链式二叉树被称为二叉链表。使用二叉链表示法来表示图 6-20 中的二叉树,其结构如图 6-23 所示。

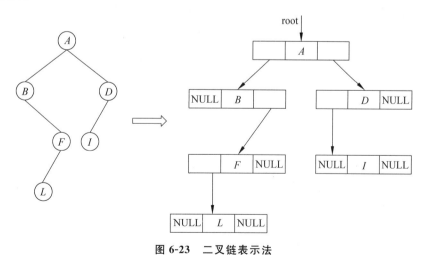

图 6-23　二叉链表示法

一个二叉链表由根指针 root 唯一确定,若二叉树为空,则 root＝NULL;若结点的某个

孩子不存在,则相应的指针也为空。

具有 n 个结点的二叉链表中共有 $2n$ 个指针域,其中只有 $n-1$ 个用来指示结点的左、右孩子,其余的 $n+1$ 个指针域为空。

使用二叉链表存储树时,树的代码实现也比较简单,假如要存储一棵二叉树,树结点中的数据类型为 int,则结点定义如下:

```
typedef struct BitNode
{
    int data;                              //数据域,数据类型改为 int
    struct BitNode * lchild, * rchild;     //左右孩子指针
}BitNode;
typedef struct BitNode * BiTree;
```

定义了结点数据类型,就可以定义结点,然后存储结点之间的逻辑关系,代码实现如下:

```
BitNode nodeA, nodeB, nodeC, nodeD, nodeE;     //创建 5 个结点
//将结点都初始化为 NULL,这样可以保证叶子结点相应指针指向 NULL
memset(&nodeA, 0, sizeof(BitNode));
memset(&nodeB, 0, sizeof(BitNode));
memset(&nodeC, 0, sizeof(BitNode));
memset(&nodeD, 0, sizeof(BitNode));
memset(&nodeE, 0, sizeof(BitNode));
nodeA.data=1;                                  //给结点 A 赋值
//依次给 B、C、D、E 结点赋值
nodeA.lchild=&nodeB;                           //A 结点的左孩子是 B
nodeA.rchild=&nodeC;                           //A 结点的右孩子是 C
nodeB.lchild=&nodeD;                           //B 结点的左孩子是 D
nodeC.lchild=&nodeE;                           //C 结点的左孩子是 E
```

2. 三叉链表示法

使用二叉链表示法虽然可以通过两个指针域便捷地寻找孩子结点,但是无法直接找到当前结点的父结点。为了能够顺利找到结点的父结点,可以以二叉链表中的结点为基础,在结点中添加一个指向父结点的指针 parent,形成一个带父指针的结点,使用这种结点构建出的二叉树称为三叉链表。三叉链表的结点结构如图 6-24 所示。

lchild	data	rchild	parent

图 6-24　三叉链表的结点结构

三叉链表中结点的数据类型定义如下:

```
typedef struct BitNode
{
    DateType data;                         //数据域
    struct BitNode * lchild, * rchild;     //左右孩子指针
    struct BitNode * parent;               //父指针
}BitNode, * BiTree;
```

用三叉链表来存储图 6-20 中的二叉树,其结构如图 6-25 所示。

为了便于区别,图 6-25 的三叉链表中用加粗的箭线来表示父指针指向。相比于二叉链

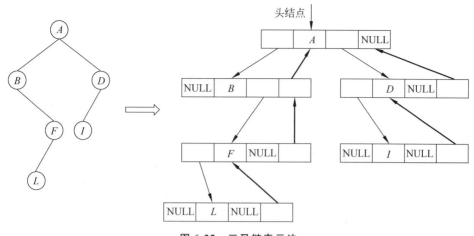

图 6-25　三叉链表示法

表的结点结构,它多了一个父指针 parent,这种存储结构既便于查找孩子结点又便于查找父结点,但是,它也增加了空间开销。在实际开发中,二叉树存储方法的选择主要取决于所要实施的各种运算的频度。

📖多学一招：双亲表示法

二叉树的双亲表示法是另一种存储方法,它利用一维数组来存储树的结点,结点结构中包含结点本身信息,也包含父结点信息,结点结构的数据类型定义如下：

```
typedef struct BPTNode
{
    DataType data;              //数据值
    int parentPosition;         //存储双亲的位置,数组的下标
    char LRTag;                 //左右孩子标志域,1表示是左孩子,2表示是右孩子
}BPTNode;
```

其中 data 域存储树结点中的数据;parentPosition 用来存储双亲的位置;LRTag 用来标识自己是左孩子还是右孩子,值为 1 表示是左孩子,值为 2 表示是右孩子。

然后定义一个头结点,并记录结点信息、结点数目和根结点,其定义如下：

```
typedef struct BPTree
{
    BPTNode nodes[100];         //存储结点,结点类型是 struct BPTNode 类型
    int num_node;               //结点数目
    int root;                   //根结点的位置,注意此域存储的是父结点在数组的下标
}BPTree;
```

有了这两个 struct,就可以将一棵二叉树存储起来,它的存储原理是：数组中每一个元素都是一个 struct BPTNode 类型的结点,它包含三部分信息：结点的数据值,父结点的位置,该结点是左孩子还是右孩子,这样对于任何一个位置的元素,都可以找出它的父结点以及它和父结点之间的逻辑关系。可以用一张图来更清晰直观地表达它的存储原理,如图 6-26 所示。

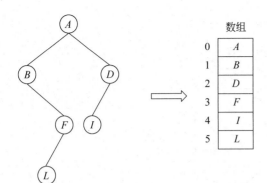

图 6-26　双亲表示法

如图 6-26 所示，二叉树的结点存储在数组中，但数组中的每个元素是一个 struct BPTNode 对象，每个元素的信息如图 6-26 中右边的表所示。

- 0 角标位置上的元素：data 值为 A，parentPosition 为 NULL，说明它没有父结点，是根结点。
- 1 角标位置上的元素：data 值为 B，parentPosition＝0，说明其父结点在 0 角标位置，为 A；LRTag＝1，说明它是父结点的左孩子。
- 2 角标位置上的元素：data 值为 D，parentPosition＝0，说明其父结点在 0 角标位置，为 A；LRTag＝2，说明它是父结点的右孩子。
- 3 角标位置上的元素：data 值为 F，parentPosition＝1，说明其父结点在 1 角标位置，为 B；LRTag＝2，说明它是父结点的右孩子。
- 4 角标位置上的元素：data 值为 I，parentPosition＝2，说明其父结点在 2 角标位置，为 D；LRTag＝1，说明它是父结点的左孩子。
- 5 角标位置上的元素：data 值为 L，parentPosition＝3，说明其父结点在 3 角标位置，为 F；LRTag＝1，说明它是父结点的左孩子。

通过这些信息还原这棵二叉树也很容易。用代码来实现这个存储结构比较简单，下面就来实现结点的存储过程，由于篇幅限制，这里只完成 A、B、D 三个结点的存储，代码如下：

```
BPTree myTree;
//存储 A 结点
myTree.root=0;                          //数组的 0 号位置是根结点
myTree.nodes[0].data='A';
//存储 B 结点
myTree.nodes[1].data='B';
myTree.nodes[1].parentPosition=0;       //B 的父结点是 0 位置
myTree.nodes[1].LRTag=1;                //B 结点是左孩子
//存储 D 结点
myTree.nodes[2].data='D';
myTree.nodes[2].parentPosition=0;       //D 的父结点是 0 位置
myTree.nodes[2].LRTag=2;                //D 结点是右孩子
```

剩余的结点存储与 B、D 结点相同，只需更改相应的值即可。

使用双亲表示法来存储二叉树是很方便的，在实际项目开发中，如果树不是太复杂，一般都会优先选用此存储方式。

6.4　二叉树的遍历

遍历一棵二叉树有多种方法。假如用 D、L、R 分别代表二叉树的根结点、左子树、右子树，那么要遍历这棵二叉树，方法就有 6 种：DLR、DRL、LDR、LRD、RDL、RLD。一般在遍历时遵循先左后右的原则，因此常用的遍历方法有三种：DLR，称为先(根)序遍历；LDR，称为中(根)序遍历；LRD，称为后(根)序遍历。本节就来学习这三种遍历的方法，以及遍历中递归思想的应用。

6.4.1　二叉树的遍历

1. 先序遍历

先序遍历是指在遍历二叉树时先访问根结点，然后访问左子树，最后访问右子树。例如图 6-26 中的二叉树，使用先序遍历访问的结果是：ABFLDI。接下来详细分析这棵二叉树的先序遍历过程。

第一步：访问根结点，输出 A。

第二步：访问左子树；左子树是以 B 为根结点的二叉树，如图 6-27 所示。

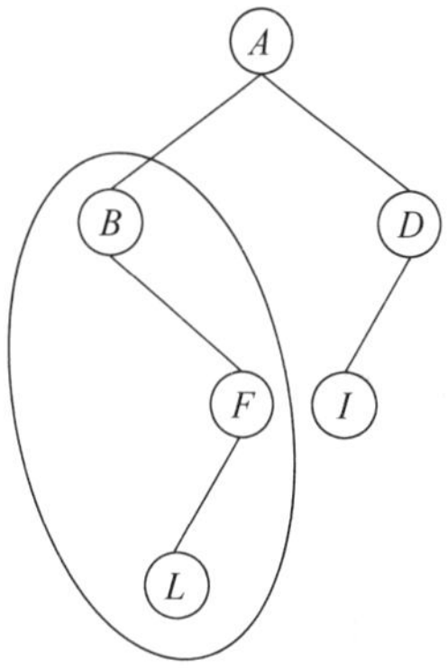

先遍历这棵左子树的根结点，输出 B。

第三步：访问 B 的左子树，发现没有左子树，则访问 B 的右子树，右子树是以 F 为根结点的二叉树，先遍历这棵树的根结点，则输出 F。

第四步：访问 F 的左子树，左子树是以 L 为根结点的二叉树，遍历这棵树的根结点，输出 L。

第五步：访问 L 的左子树，L 没有左子树，则访问 L 的右子树，L 没有右子树，以 L 为根结点的二叉树访问完毕，即 F 的左子树访问完毕。

图 6-27　以 B 为根结点的左子树

第六步：访问 F 的右子树，发现 F 没有右子树，则以 F 为根结点的二叉树访问完毕，即 B 的右子树访问完毕，那么以 B 为根结点的二叉树就访问完毕，即 A 的左子树访问完毕。

第七步：访问 A 的右子树，右子树是以 D 为根结点的二叉树，先遍历根结点，则输出 D。

第八步：遍历 D 的左子树，左子树是以 I 为根结点的二叉树，先遍历根结点，则输出 I。

第九步：访问 I 的左子树，左子树不存在，访问 I 的右子树，右子树不存在，则以 I 为根结点的二叉树访问完毕，即 D 的左子树遍历完毕。

第十步：访问 D 的右子树，D 没有右子树，则以 D 为根结点的二叉树访问完毕，即 A 的右子树遍历完毕，整棵树也遍历完毕；

这就是二叉树的先序遍历的过程，按上述分析步骤输出的结果为 ABFLDI。树是递归定义的，在遍历二叉树时也用到了递归，首先将整棵二叉树当作有三个单元的结构：根结点、左子树、右子树。遍历完根结点,开始遍历左子树时,把左子树当成一棵独立的二叉树来遍历;同样,当遍历右子树时,也将右子树当成一棵独立的二叉树来遍历,这就是递归的思想。

有了递归的思想,在实现先序遍历算法时就容易多了。很容易想到函数递归调用:将代表一棵树的根结点传入函数,遍历完根结点后,再将左子树作为一棵完整的二叉树传递给函数,等左子树遍历完成后,再将右子树作为一棵完整的二叉树传递给函数。代码如下:

```c
void preOrder(BitNode * T)
{
    //遍历根结点
    if (T==NULL)
        return;
    printf("%c", T->data);              //输出根结点的值

    //遍历左子树
    if (T->lchild !=NULL)
        preOrder(T->lchild);            //递归调用
    //遍历右子树
    if (T->rchild !=NULL)
        preOrder(T->rchild);            //递归调用
}
```

2. 中序遍历

有了先序遍历的经验,那么中序与后序遍历就好理解了,中序遍历就是先访问树的左子树,然后访问根结点,最后访问右子树,如果使用中序遍历输出图 6-26 中的二叉树,则结果为 *BLFAID*。

下面来分析中序遍历的过程:

第一步:先访问根结点 *A* 的左子树,左子树是以 *B* 为根结点的二叉树;再访问 *B* 的左子树,*B* 没有左子树;则访问根结点 *B*,输出 *B*。

第二步:访问 *B* 的右子树,右子树是以 *F* 为根结点的二叉树。

第三步:访问 *F* 的左子树,*F* 的左子树是以 *L* 为根结点的二叉树。

第四步:访问 *L* 的左子树,左子树不存在,访问根结点 *L* 并输出。

第五步:访问 *L* 的右子树,右子树不存在,则以 *L* 为根结点的二叉树访问完毕,即 *F* 的左子树访问完毕,访问根结点 *F* 并输出。

第六步:访问 *F* 的右子树,右子树不存在,则 *F* 的右子树访问完毕,以 *F* 为根结点的二叉树访问完毕,即 *B* 的右子树访问完毕,以 *B* 为根结点的二叉树访问完毕,即 *A* 的左子树访问完毕。

第七步:访问根结点 *A* 并输出。

第八步:访问 *A* 的右子树,*A* 的右子树是以 *D* 为根结点的二叉树。

第九步:访问 *D* 的左子树,*D* 的左子树是以 *I* 为根结点的二叉树。

第十步:访问 *I* 的左子树,左子树不存在,访问根结点 *I* 并输出。

第十一步：访问 I 的右子树，右子树不存在，则以 I 为根结点的二叉树访问完毕，即 D 的左子树访问完毕，访问根结点 D 并输出。

第十二步：访问 D 的右子树，右子树不存在，则以 D 为根结点的二叉树访问完毕，即 A 的右子树访问完毕。整棵树访问完毕。

分析得出的遍历结果为 $BLFAID$。中序遍历的代码实现如下：

```
void inOrder(BitNode * T)
{
    if (T==NULL)
        return;
    //遍历左子树
    if (T->lchild !=NULL)
        inOrder(T->lchild);          //递归调用
    //遍历根结点
    printf("%c", T->data);

    //遍历右子树
    if (T->rchild !=NULL)
        inOrder(T->rchild);
}
```

3. 后序遍历

后序遍历就是先访问树的左子树，然后访问树的右子树，最后访问根结点。图 6-26 中的二叉树按后序遍历输出，则输出结果为 $LFBIDA$。

前面已经详细分析了树的先序遍历与中序遍历，这里就不再给出后序遍历的详细过程，读者可根据先序和中序的遍历过程思想来分析后序遍历。后序遍历同样也是利用了递归的思想，大树之中套小树。

后序遍历算法的代码实现如下：

```
void lastOrder(BitNode * T)
{
    if (T==NULL)
        return;
    //遍历左子树
    if (T->lchild !=NULL)
        lastOrder(T->lchild);            //递归调用
    //遍历右子树
    if (T->rchild !=NULL)
        lastOrder(T->rchild);
    //遍历根结点
    printf("%c", T->data);
}
```

接下来构建图 6-26 中的二叉树，并分别用先序、中序和后序遍历来输出这棵二叉树。三种遍历算法在讲解时已经给出，在案例中直接调用即可。具体代码如例 6-2 所示。

例 6-2

```
 1 #include <stdio.h>
 2 #include <stdlib.h>
 3 typedef struct BitNode
 4 {
 5     char data;                                          //数据类型为 char
 6     struct BitNode * lchild, * rchild;
 7 }BitNode;
 8
 9 int main()
10 {
11     BitNode nodeA, nodeB, nodeD, nodeF, nodeI, nodeL;    //创建 6 个结点
12     //将结点都初始化为空,保证叶子结点相应指针指向空
13     memset(&nodeA, 0, sizeof(BitNode));
14     memset(&nodeB, 0, sizeof(BitNode));
15     memset(&nodeD, 0, sizeof(BitNode));
16     memset(&nodeF, 0, sizeof(BitNode));
17     memset(&nodeI, 0, sizeof(BitNode));
18     memset(&nodeL, 0, sizeof(BitNode));
19     //给结点赋值
20     nodeA.data='A';
21     nodeB.data='B';
22     nodeD.data='D';
23     nodeF.data='F';
24     nodeI.data='I';
25     nodeL.data='L';
26     //存储结点之间的逻辑关系
27     nodeA.lchild=&nodeB;                                 //A 结点的左孩子是 B
28     nodeA.rchild=&nodeD;                                 //A 结点的右孩子是 D
29     nodeB.rchild=&nodeF;                                 //B 结点的右孩子是 F
30     nodeF.lchild=&nodeL;                                 //F 结点的左孩子是 L
31     nodeD.lchild=&nodeI;                                 //D 结点的左孩子是 I
32
33     printf("二叉树构建成功!\n");
34
35     printf("先序遍历: ");
36     preOrder(&nodeA);
37
38     printf("\n 中序遍历: ");
39     inOrder(&nodeA);
40
41     printf("\n 后序遍历: ");
42     lastOrder(&nodeA);
43     printf("\n");
44     system("pause");
45     return 0;
46 }
```

运行结果如图 6-28 所示。

在例 6-2 中,首先构建了图 6-26 中的二叉树,然后分别用先序、中序及后序遍历来访问

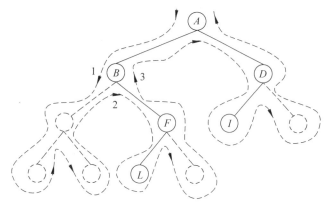

图 6-28　例 6-2 的运行结果

这棵树，对比可知，图 6-28 中先序、中序及后序遍历的输出结果与前面分析的一致。

　　二叉树遍历算法分析：从前面的三种遍历算法可知道，如果将 printf() 语句抹去，从递归的角度看，这三种算法完全相同，或者说这三种算法访问的路径是相同的，只是访问结点的时机不同而已。针对图 6-26 中构建的二叉树，以结点 B 为例，遍历结点时，它有 3 次被访问的时机，如图 6-29 所示。

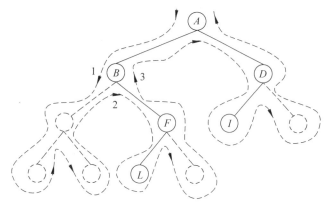

图 6-29　二叉树结点的遍历路径

　　从 A 结点出发，到回到 A 结点的遍历路径中，如图中所标识的 1、2、3 所示，一共经过结点 B 3 次。其实从虚线的出发点到终点，每个结点都有 3 次被访问的机会：

- 第一次经过时访问就是先序遍历。
- 第二次经过时访问就是中序遍历。
- 第三次经过时访问就是后序遍历。

　　访问路径相同，只是访问结点的时机不同，这是二叉树遍历的本质。

　　二叉树的遍历，从时间上来说，每个结点只被访问一次，其时间效率是 $O(n)$；从空间上来说，要按照树占用的最大辅助空间来算。例如，图 6-29 中是一棵补全的完全二叉树，在计算时要把这些辅助空间也计算在内，因此其空间效率也是 $O(n)$。

6.4.2　递归思想的应用

　　二叉树的遍历是非常重要的，特别是遍历中递归思想的应用，递归在树的学习中非常重要，它几乎在树的所有操作中都有体现，为了加强读者对树的递归思想的理解、掌握与应用，本节讲解几个关于树中递归思想应用的算法。

1．求二叉树的叶子结点的个数

　　求二叉树的叶子结点个数比较简单，用任何一种遍历算法遍历二叉树，凡是树中结点左

右指针都为空者就是叶子结点,将其统计并打印出来。其算法思想如下:

(1)二叉树的叶子结点个数是左子树叶子结点和右子树叶子结点个数之和。

(2)左子树又可视为一棵独立的二叉树,它的叶子结点个数是其左子树和右子树叶子结点数之和。

(3)右子树也可视为一棵独立的二叉树,它的叶子结点个数是其左子树和右子树叶子结点数之和。

这样不断地递归,直到二叉树遍历完毕,就可算出叶子结点的个数。其对应算法实现如下:

```
//求叶子结点个数
int sum=0;                                    //记录叶子结点个数
void getLeafNum(BitNode * T)
{
    if (T==NULL)
        return;
    if (T->lchild==NULL && T->rchild==NULL)   //左右孩子指针均为空,就是叶子结点
        sum++;                                //叶子结点个数加 1
    getLeafNum(T->lchild);                    //递归调用函数计算左子树叶子结点个数
    getLeafNum(T->rchild);                    //递归调用函数计算右子树叶子结点个数
}
```

函数 getLeafNum()中递归调用自身来计算左右子树的叶子结点个数,例 6-2 构建了一棵二叉树,读者可在例 6-2 中调用此算法求出二叉树的叶子结点个数。

2. 求二叉树的高度

在一棵二叉树中,根结点是树中的第一层,求其左子树与右子树的高度,比较左右子树的高度,取较大的值加上根结点的高度 1 就是整棵树的高度,如图 6-30 所示。

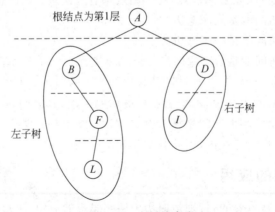

图 6-30   求树的高度

图 6-30 中的二叉树,左子树高度为 3,右子树高度为 2,则取左子树的高度与根结点的一层高度相加,3+1=4,得此树的高度为 4。

在求左子树与右子树的高度时,将左右子树分别视为一棵独立的二叉树,根结点是树的第一层高度,分别求左右子树的高度。这明显也是递归思想的应用,其代码实现如下:

```
//求树的高度
int Depth(BitNode * T)
{
    int depth=0;
    int dleft=0, dright=0;                    //分别定义左右子树高度
    if(T==NULL)
        return 0;
    dleft=Depth(T->lchild);                   //求左子树的高度
    dright=Depth(T->rchild);                  //求右子树的高度
    //取左右子树高度中较大的一个加 1 并返回
    return 1+(dleft >dright ? dleft : dright);
}
```

此算法也是函数的递归调用,读者可在例 6-2 中调用此算法来求出树的高度。

3. 复制二叉树

复制二叉树需要逐个复制树中结点,不管树有多么复杂,都可以分为三个部分:根结点、左子树、右子树。

在复制时,可以分三个步骤来完成:

(1) 为新树分配新的根结点。

(2) 先复制左子树,再复制右子树;新根结点的左孩子指针指向复制过来的左子树,右孩子指针指向复制过来的右子树。

(3) 如果左右子树是一棵树,重复步骤(1)～(3)。

此算法代码实现如下:

```
//复制二叉树
BitNode * copyTree(BitNode * T)
{
    //分配结点与指向左右子树的指针
    BitNode * newT=(BitNode * )malloc(sizeof(BitNode));  //新树根结点
    BitNode * newlchild=NULL;                            //新的左子树指针
    BitNode * newrchild=NULL;                            //新的右子树指针
    if (newT==NULL)
        return NULL;
    if (T==NULL)
        return NULL;
    newlchild=copyTree(T->lchild);                       //复制左子树
    newrchild=copyTree(T->rchild);                       //复制右子树
    //新树根结点的左孩子指针指向左子树,右孩子指针指向右子树
    newT->data=T->data;
    newT->lchild=newlchild;
    newT->rchild=newrchild;
    return newT;
}
```

读者可以在例 6-2 中调用此算法复制出一棵新的二叉树,然后调用任一种遍历算法进

行输出,判断新的二叉树是否和原来的二叉树一样。

这三个算法都是递归在二叉树应用中的体现,读者要好好理解掌握。

6.5 二叉树的非递归遍历

树是递归定义的,因此用递归的算法思想来解决树的遍历等问题比较容易理解,求解代码也比较简洁。但除了递归,树还可以通过非递归遍历。本节以中序遍历为例,讲解二叉树的非递归遍历。因为在实际开发应用中,中序遍历较前序遍历与后序遍历更为常用,所以以中序遍历为例来进行讲解。

中序非递归遍历依然是先访问左子树,然后访问根结点,最后访问右子树。以图 6-31 中的二叉树为例,对此树进行非递归中序遍历的分析如下。

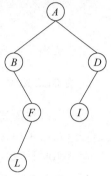

图 6-31　二叉树

此二叉树的非递归遍历同样将二叉树视为三个部分:左子树、根结点、右子树。

第一部分:根结点为 A,查看 A 是否有左子树,有,将 A 暂存,访问其左子树。

第二部分:A 的左子树是以 B 为根结点的二叉树。

(1) 查看 B 是否有左子树,无,则访问 B,输出 B。

(2) 查看 B 是否有右子树,有,则访问 B 的右子树。

(3) B 的右子树是以 F 为根结点的二叉树。

(4) 查看 F 是否有左子树,有,则将 F 暂存,访问 F 的左子树。

(5) F 的左子树是以 L 为根结点的二叉树。

(6) 查看 L 是否有左子树,无,则访问 L,输出 L。

(7) 查看 L 是否有右子树,无,则以 L 为根结点的二叉树访问完毕。

(8) 退回到 F 结点,访问 F 结点,输出 F。

(9) 查看 F 是否有右子树,无,则以 F 为根结点的二叉树访问完毕。

(10) B 的右子树访问完毕,以 B 为根结点的二叉树访问完毕,A 的左子树访问完毕。

A 的左子树访问完毕,则退回到 A 结点处,访问 A,输出 A;随后检查 A 是否有右子树,有,则访问其右子树。

第三部分:A 的右子树是以 D 为根结点的二叉树。

(1) 查看 D 是否有左子树,有,则将 D 暂存,访问其左子树。

(2) D 的左子树是以 I 为根结点的二叉树。

(3) 查看 I 是否有左子树,无,则访问 I,输出 I。

(4) 查看 I 是否有右子树,无,则以 I 为根结点的二叉树访问完毕。

(5) D 的左子树访问完毕,则退回到 D 结点处,访问 D,输出 D。

(6) 查看 D 是否有右子树,无,则以 D 为根结点的二叉树访问完毕。

(7) A 的右子树访问完毕。

在二叉树的非递归遍历过程中,需要先找到遍历的起点,如先找到根结点 A 的左子树,

如果 A 的左子树还有左子树,则会继续往下寻找,直到找到没有左子树的结点,以这个结点为起始结点开始访问。

在这个过程中,读者可能会发现,先经过的结点后访问,除非此结点没有左子树,例如 A 结点,先经过了 A 结点,但只是把 A 暂存起来,去访问其左子树,当把 A 的左子树访问完毕后才回到 A 结点来访问。而对于后访问到的结点,例如 B 结点,它也是遍历这棵树的起点,在 A 结点之后经过却是先被访问。对于暂时不输出的结点,将它们暂存起来,等访问到时再取出。基于上述遍历规律,很容易就能想到这与栈处理数据的特点相同,因此可以用栈来解决非递归中序遍历二叉树的问题。

为了让读者更好地理解其遍历过程,以图 6-26 为例,结合图解来分析树中各结点的访问及入栈出栈过程。

（1）访问根结点 A,A 有左子树,则 A 结点入栈,如图 6-32 所示。

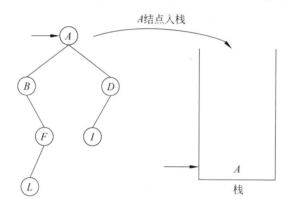

图 6-32　A 结点入栈

（2）A 结点入栈后,指针下移,访问 A 结点的左子树,其左子树是以 B 为根结点的二叉树。访问 B 结点,判断 B 是否有左子树。B 没有左子树,输出 B,如图 6-33 所示。

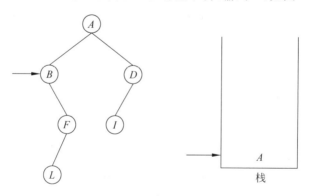

图 6-33　输出结点 B

（3）访问 B 结点后,判断 B 是否有右子树,有,使指针下移,指向 F 结点,访问 F 结点,判断 F 结点是否有左子树,有,则 F 结点入栈,如图 6-34 所示。

（4）F 结点入栈后,指针下移,遍历其左子树;其左子树是以 L 为根结点的二叉树,访问 L 结点,L 没有左子树,则访问 L,将其输出,如图 6-35 所示。

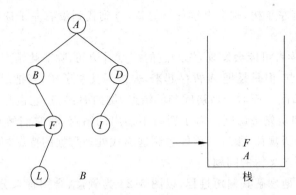

图 6-34　F 结点入栈

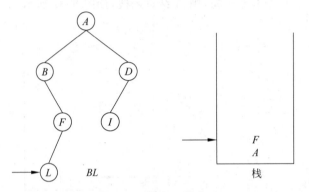

图 6-35　输出 L 结点

（5）输出 L 结点后，要访问其右子树，L 没有右子树，则表示 L 结点访问完毕；根据栈顶指针回退到 F 结点，访问 F，将其输出，如图 6-36 所示。

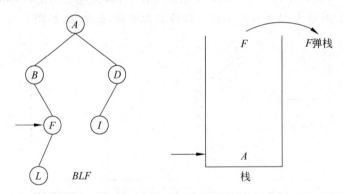

图 6-36　输出 F 结点

（6）访问完栈顶元素结点后，要访问其右子树，F 没有右子树，则根据栈顶指针指示再次回退，结果回退到 A 结点，访问 A 结点，将其输出，如图 6-37 所示。

（7）访问完栈顶元素 A 结点之后，访问其右子树，即遍历 D 结点，因为 D 结点有左子树，D 结点入栈，如图 6-38 所示。

（8）D 结点入栈后，访问其左子树，左子树是以 I 为根结点的二叉树，而 I 没有左子树，则访问 I 结点，将其输出，如图 6-39 所示。

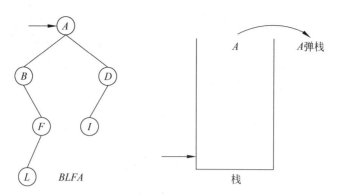

图 6-37 输出 A 结点

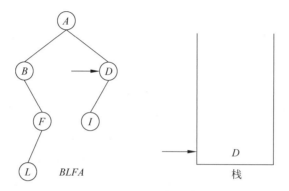

图 6-38 D 结点入栈

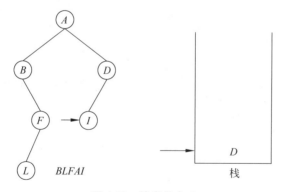

图 6-39 输出结点 I

（9）结点 I 也没有右子树，则根据栈顶指示，回退到 D 结点，访问 D 结点，将其输出，如图 6-40 所示。

（10）访问 D 结点后，访问其右子树，D 没有右子树，且此时栈已为空，表示树已经遍历完毕。那么图 6-40 中 $BLFAID$ 就是其遍历输出结果。

经过上面的讲解及图解，想必读者已经理解了非递归中序遍历的过程，那么在实现相应算法时就比较容易了。其算法代码在接下来的案例中实现，为了让案例代码更完整，这里就不再单独给出算法代码。在遍历过程中用到的栈在第 3 章中已经学习过了，此处将例 3-2 中的链式栈稍加修改，用于存储二叉树中的结点，具体如例 6-3 所示。

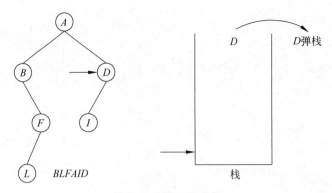

图 6-40 输出 D 结点

例 6-3

linkstack. h(头文件)：

```
1 #ifndef _LINKSTACK_H_
2 #define _LINKSTACK_H_
3
4 //二叉树的结点结构
5 typedef struct BitNode
6 {
7     char data;                          //数据类型为 char
8     struct BitNode * lchild, * rchild;
9 }BitNode;
10
11 //栈的结点结构
12 typedef struct Node * pNode;
13 typedef struct Stack * LinkStack;
14 struct Node                            //数据结点
15 {
16     BitNode * data;                    //数据,BitNode 结构体类型的指针
17     pNode next;                        //指针
18 };
19
20 struct Stack                           //此结构记录栈的大小和栈顶元素指针
21 {
22     pNode top;                         //栈顶元素指针
23     int size;                          //栈大小
24 };
25
26 LinkStack Create();                    //创建栈
27 int IsEmpty(LinkStack lstack);         //判断栈是否为空
28 int Push(LinkStack lstack, BitNode * val);  //元素入栈
29 pNode getTop(LinkStack lstack);        //获取栈顶元素
30 pNode Pop(LinkStack lstack);           //弹出栈顶元素
31
32 #endif
```

linkstack. c(算法实现)：

```
33 #include "linkstack.h"
34 #include <stdio.h>
35 #include <stdlib.h>
36
37 LinkStack Create()                                        //创建栈
38 {
39     LinkStack lstack=(LinkStack)malloc(sizeof(struct Stack));
40     if (lstack !=NULL)
41     {
42         lstack->top=NULL;
43         lstack->size=0;
44     }
45     return lstack;
46 }
47
48 int IsEmpty(LinkStack lstack)                             //判断栈是否为空
49 {
50     if (lstack->top==NULL || lstack->size==0)
51         return 1;
52     return 0;
53 }
54
55 int Push(LinkStack lstack, BitNode * val)
56 {
57     pNode node=(pNode)malloc(sizeof(struct Node));    //为元素 val 分配结点
58     if (node !=NULL)
59     {
60         node->data=val;
61         node->next=getTop(lstack);                    //新元素结点指向下一个结点,链式实现
62         lstack->top=node;                             //top 指向新结点
63         lstack->size++;
64     }
65     return 1;
66 }
67
68 pNode getTop(LinkStack lstack)                            //获取栈顶元素
69 {
70     if (lstack->size !=0)
71         return lstack->top;
72     return NULL;
73 }
74
75 pNode Pop(LinkStack lstack)                               //弹出栈顶元素
76 {
77     if (IsEmpty(lstack))
78     {
79         return NULL;
80     }
81     pNode node=lstack->top;                           //node 指向栈顶元素
82     lstack->top=lstack->top->next;                    //top 指向下一个元素
```

```
83      lstack->size--;
84      return node;
85  }
```

main. c(测试文件)：

```
86 #include <stdio.h>
87 #include <stdlib.h>
88 #include "linkstack.h"
89
90 //寻找遍历起始结点
91 BitNode* GoFarLeft(BitNode* T, LinkStack ls)
92 {
93      if (T==NULL)
94          return NULL;
95      while (T->lchild !=NULL)                    //左子树不为空,就一直往下寻找
96      {
97          Push(ls,T);
98          T=T->lchild;
99      }
100     return T;
101 }
102
103 //非递归中序遍历函数
104 void MyOrder(BitNode* T)
105 {
106     LinkStack ls=Create();                      //创建栈
107     BitNode* t=GoFarLeft(T, ls);                //寻找遍历起始结点
108     while (t !=NULL)
109     {
110         printf("%c", t->data);                  //打印起始结点的值
111         //若结点有右子树,则访问其右子树
112         if (t->rchild !=NULL)
113             t=GoFarLeft(t->rchild, ls);         //寻找右子树中的起始结点
114         else if (!IsEmpty(ls))                  //如果栈不为空
115         {
116             t=getTop(ls)->data;                 //回退到栈顶元素结点
117             Pop(ls);                            //栈顶元素弹出
118         }
119         else
120             t=NULL;
121     }
122 }
123 int main()
124 {
125     BitNode nodeA, nodeB, nodeD, nodeF, nodeI, nodeL;   //创建 6 个结点
126     //将结点都初始,这样可以保证没有孩子的结点相应指针批向空
127     memset(&nodeA, 0, sizeof(BitNode));
128     memset(&nodeB, 0, sizeof(BitNode));
129     memset(&nodeD, 0, sizeof(BitNode));
```

```
130    memset(&nodeF, 0, sizeof(BitNode));
131    memset(&nodeI, 0, sizeof(BitNode));
132    memset(&nodeL, 0, sizeof(BitNode));
133    //给结点赋值
134    nodeA.data='A';
135    nodeB.data='B';
136    nodeD.data='D';
137    nodeF.data='F';
138    nodeI.data='I';
139    nodeL.data='L';
140    //存储结点之间的逻辑关系
141    nodeA.lchild=&nodeB;                  //A 结点的左孩子是 B
142    nodeA.rchild=&nodeD;                  //A 结点的右孩子是 D
143    nodeB.rchild=&nodeF;                  //B 结点的右孩子是 F
144    nodeF.lchild=&nodeL;                  //F 结点的左孩子是 L
145    nodeD.lchild=&nodeI;                  //D 结点的左孩子是 I
146
147    printf("二叉树构建成功!\n");
148
149    printf("非递归中序遍历: ");
150    MyOrder(&nodeA);
151
152    printf("\n");
153    system("pause");
154    return 0;
155 }
```

运行结果如图 6-41 所示。

图 6-41　例 6-3 的运行结果

例 6-3 的头文件 linkstack.h 中定义了二叉树结点结构与栈的存储结点结构。注意,在栈的存储结点结构中,数据域的数据类型为 BitNode * 类型,即存储的是二叉树结点指针。在树的遍历过程中只用到栈的创建、入栈、获取栈顶元素、出栈、判断栈空的操作,因此只保留了 Create()、Push()、getTop()、Pop() 与 IsEmpty() 五个函数。

在 linkstack.c 文件中,函数的实现与第 3 章中例 3-2 中的实现相同,基本没有作任何改动,只是 Push() 函数的第二个参数变为 BitNode * 类型。

在 main.c 测试文件中,代码 104～122 行实现了非递归中序遍历算法 MyOrder()。

代码 106 行调用 Create() 函数创建了一个栈。

代码 107 行调用 GoFarLeft() 函数寻找遍历起始结点,关于 GoFarLeft() 函数见代码 91～101 行,函数实现较简单,不再细说。

代码 108～121 行是该算法的核心部分。如果起始结点不为空,则打印起始结点值。然后判断结点右子树是否为空,不为空则在右子树中寻找起始结点。如果右子树为空,则判断栈是否为空,如果栈不为空,则根据栈顶指示回退到栈顶元素结点,然后弹出栈顶元素;如果结点右子树为空且栈也为空,则表示遍历完成,令 t=NULL 即可。

本例中,大量代码在其他例子中都有出现,但为了使读者能够完整地接触到非递归遍历过程的代码,本例将树的构建、栈的实现等又重新给出,读者在学习时要认真练习并理解。

6.6　二叉树与树、森林之间的转换

一般的树中孩子多且无序,在实际开发应用中,用一般树来存储数据,其操作非常不方便,因此常常把它们转化为二叉树来进行运算操作。对于森林来说也是如此。本节就来学习二叉树与树、森林之间的转换。

6.6.1　二叉树与树之间的转换

树转换为二叉树,其实在 6.1.2 节中已经讲解过,6.1.2 节树的表示法中,第 3 种左孩子右兄弟表示其实就是讲解如何将一棵树转换为二叉树,转换的原则是由"兄长"照管"幼弟",右边的孩子交由左边的孩子照管,左边的孩子交由其更左边的孩子照管,到最后,只保留父结点与最左边长子的连线。

关于树转换为二叉树,这里不再赘述,只是要注意一点:由于树根没有兄弟,把树转化为二叉树后,二叉树根结点的右子树必为空。

树可以转换为二叉树,自然二叉树也可以还原为原来的树。并非任意一棵二叉树都能还原成一般树,此时的二叉树必须是由某一棵树(一般树)转换而来的,根结点没有右子树的二叉树。将二叉树转换为树是树转换为二叉树的逆过程,其步骤如下:

(1)加线。若某个结点 i 是其父结点的左孩子,则将结点 i 的右孩子、右孩子的右孩子……全部与 i 的父结点用虚线连接,直到连续地沿着右孩子的右链不断搜索到的所有右孩子都分别与结点 i 的父结点用虚线连接。

(2)去线。把原二叉树中所有父结点与其右孩子的连线抹去。这些右孩子实质上是其父结点的兄弟。

(3)整理。把虚线改为实线,调整层次结构。

按照上述步骤,以 6.1.2 节图 6-10 中的二叉树为例,演示还原的过程。

第一步:加线(虚线)。将树中每条右链中的所有右孩子都用虚线连接到右链链头结点的父结点上,如图 6-42 所示。

第二步:去线。将原二叉树中父结点与其右孩子的连线抹去,如图 6-43 所示。

第三步:整理。去掉原二叉树中的连接线后,将新的连接线由虚线变为实线,调整树中结点的层次结构,调整的结果如图 6-44 所示。

图 6-44 就是被还原的树,在这里有一个问题需要留意,结点 C 只有一个孩子 H,在还原后,H 是放在左边还是右边,这并不影响树的结构,因为树是无序的。

6.6.2　二叉树与森林之间的转换

二叉树与森林之间也可以相互转换,森林可以转换为二叉树,二叉树也可以还原为森林。本节就来学习它们之间如何转换。

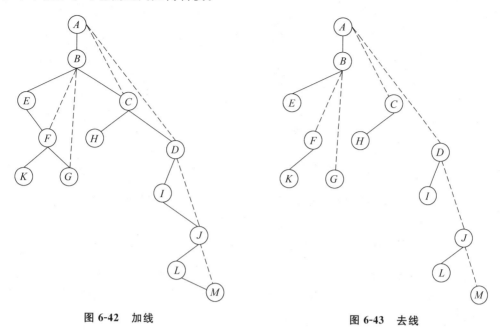

图 6-42　加线

图 6-43　去线

1. 森林转换为二叉树

森林是树的有限集合,图 6-45 是拥有三棵树的森林。

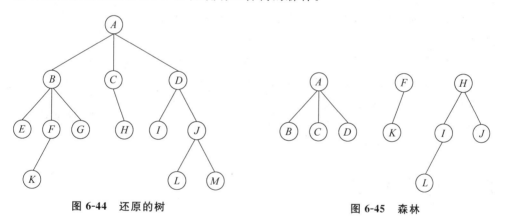

图 6-44　还原的树

图 6-45　森林

一棵树可以转换为二叉树,由二叉树转换的森林也可以还原为二叉树,将森林转换为二叉树的步骤如下:

(1)将森林中的每棵树都转换为相应的二叉树,形成有若干二叉树的森林,如图 6-46 所示。

(2)按森林中树的先后次序,依次将靠后的一棵二叉树作为当前二叉树根结点的右子树,这样整个森林就转化成了一棵二叉树,如图 6-47 所示。

图 6-47 就是一棵由拥有三棵树的森林转换成的二叉树,这棵树的根结点就是森林中第一棵树的根结点。

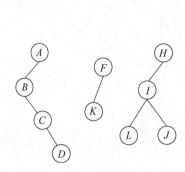

图 6-46　树转换为相应的二叉树

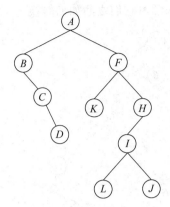

图 6-47　森林转换为二叉树

2. 二叉树转换为森林

二叉树能否转换为森林,取决于树的根结点是否有右子树。如果根结点没有右子树,则这棵二叉树只能转换为一棵树;如果根结点有右子树,则二叉树可以转换为森林。二叉树转换为森林也分为两个步骤:

(1)判断树的根结点是否有右子树,若右子树存在,则把根结点与右子树根结点的连线删除。查看分离后的二叉树,若其根结点的右孩子存在,则把连线删除……如此重复往右找,直到所有根结点与右孩子的连线都删除为止。以图 6-47中的二叉树为例,从根结点开始,一直删除结点与其右孩子之间的连线,如图 6-48 所示。

(2)将每棵二叉树转换为树。经过步骤(1),生成了图 6-48 中的三棵二叉树。将这三棵二叉树转换为相应的树,这样就形成了拥有三棵树的森林。

二叉树与树、森林之间转换的思路比较简单,理解起来也很容易,稍作练习便能掌握。

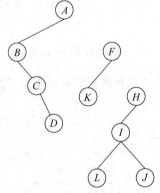

图 6-48　断开结点与右孩子之间的连线

6.7　二叉树的创建

前面学习二叉树的遍历、转换时所创建的二叉树都是静态创建的,在实际应用开发中,这种方法远远无法满足要求。除了静态创建,二叉树也可以动态创建。常用的动态创建二叉树的方法有中序先序法和♯号法。本节就来学习如何使用这两种方法创建树。

6.7.1　中序和先序创建二叉树

在学习之前,先来看一道题:现有一棵二叉树,已知该树中序遍历的结果为 *ABCDE*,请问它是否能唯一确定一棵二叉树?

经过思考之后,答案显然是否定的,只根据中序遍历得到的结果,很容易就能构建出多种二叉树的结构,如图 6-49 所示。

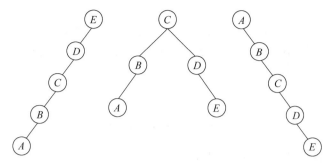

图 6-49　根据中序遍历结果 *ABCDE* 构造的二叉树

除了图 6-49 中的三棵二叉树,还可以构造出其他结构的二叉树。由这个例子可以明确得出:只通过这一种顺序的遍历结果无法唯一确定一棵树的结构。同样,通过先序或后序遍历的结果也无法唯一确定一棵二叉树的结构。

那么如何才能确定一棵树的结构呢? 想要通过遍历结果来确定一棵树,需要将两种顺序的遍历结果结合起来。结合方案有以下两种:

- 中序遍历结果和先序遍历结果一起可以确定一棵二叉树。
- 中序遍历结果和后序遍历结果一起可以确定一棵二叉树。

注意:即便结合先序遍历和后序遍历的结果也无法确定一棵二叉树的结构,因为这两种遍历结果结合只能求解出根,不能确定左子树什么时候结束,右子树什么时候开始。

根据中序遍历和先序遍历结果确定二叉树结构的基本思路如下:

(1) 通过先序遍历找到根结点,再通过根结点在中序遍历的位置找出左子树、右子树。

(2) 根据左子树在先序遍历结果的顺序,找到左子树的根结点,视左子树为一棵独立的树,转步骤(1)。

(3) 根据右子树在先序遍历结果的顺序,找到右子树的根结点,视右子树为一棵独立的树,转步骤(1)。

假如有一棵二叉树,它的先序遍历结果为 *ADEBCF*,中序遍历结果为 *DEACFB*,则确定此二叉树的步骤如下:

第一步:由先序遍历结果可知,此二叉树的根结点为 *A*;再结合中序遍历结果,可知 *A* 的左子树为 *DE*,右子树为 *CFB*,如图 6-50 所示。

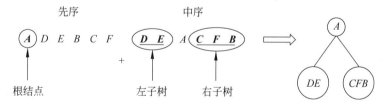

图 6-50　根结点 *A* 与其左右子树

第二步:*A* 的左子树中包含有 *D*、*E* 两个结点,由先序遍历结果可知,*D* 结点在 *E* 的前面,那么 *D* 是左子树的根结点;又因在中序遍历中,*E* 结点在根结点 *D* 之后,先遍历 *D* 后遍历 *E*,说明 *D* 是根结点,*E* 是 *D* 的右孩子。由此 *A* 的左子树可以确定,如图 6-51 所示。

第三步:由整棵树的先序遍历结果可知右子树的先序遍历结果为 *CFB*,因此 *B* 是右子

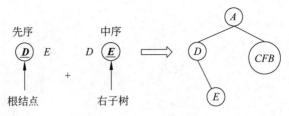

图 6-51　确定 *A* 的左子树

树的根结点；又因为在中序遍历中，*C*、*F* 都在 *B* 之前，说明 *C*、*F* 是 *B* 的左子树结点。

对以 *B* 为根结点的子树继续分析：在先序遍历中，*C* 在 *F* 的前面，说明在 *B* 的左子树中，*C* 是根结点；在中序遍历中：*F* 在 *C* 的后面，说明 *F* 是 *C* 的右孩子。由此，*A* 的右子树也确定下来，这个过程如图 6-52 所示。

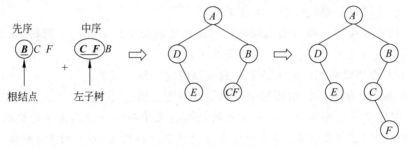

图 6-52　确定 *A* 的右子树

这三个步骤分别确定了二叉树的根结点、左子树与右子树，这样就确定了一棵二叉树。其实这个求算过程也是递归的，当根结点的左子树或右子树是一棵独立的二叉树时，便需递归调用步骤(1)至(3)来确定子树。

相比于遍历来说，二叉树的创建稍有难度，读者应在理解的基础上加以练习，以期熟练掌握本节学习内容。

6.7.2　♯号法创建树

由 6.7.1 节的学习知道，单独使用先序遍历结果无法唯一确定一棵二叉树，但如果用♯号法，先序遍历结果就可以唯一确定一棵二叉树。

什么是♯号法呢？♯号法就是让树的每一个结点都变成度数为 2 的树，度不为 2 的结点就用♯符号补齐，如图 6-53 所示，就是一棵♯号法创建的二叉树。

这样，所有结点的度数都为 2，先序遍历这棵二叉树的结果为 *AD♯E♯♯BC♯F♯♯♯*。♯号法创建二叉树有一个特点：叶子结点后面至少有两个♯号。

假设有一棵二叉树先序遍历结果为 *DFE♯*

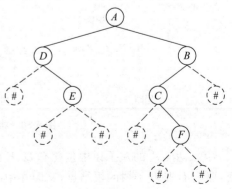

图 6-53　结点度数都为 2 的二叉树

♯♯B♯♯。下面就来分析如何使用这个结果唯一地确定一棵二叉树。

第一步：先序遍历，那么 D 就是这棵树的根结点；D 的左孩子为 F，F 的左孩子为 E，如图 6-54 所示。

第二步：E 结点后面紧跟了两个♯符号，则 E 为叶子结点，如图 6-55 所示。

图 6-54　确定 D、F、E 三个结点　　　　图 6-55　E 为叶子结点

第三步：E 后面还有第三个♯符号，则这个符号必为 F 的右孩子，如图 6-56 所示。至此，D 的左子树构造完毕。

第四步：D 的右子树为 B♯♯，B 为一个叶子结点。则整棵树如图 6-57 所示。

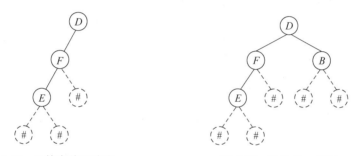

图 6-56　F 的右孩子确定　　　　　　　图 6-57　完整的二叉树

这就是用♯号法创建树的过程，比较易于理解。但是需注意：♯号法不能用于中序遍历，因为中序遍历中无法确定树的根结点，因此不能唯一地确定一棵树。

理解了♯号法构建树的原理，算法实现起来也就很容易理解了，接下来通过例子来用♯号法创建一棵树，然后用中序遍历将这棵输出，最后将这棵树释放。具体如例 6-4 所示。

例 6-4

```
1 #define _CRT_SECURE_NO_WARNINGS
2 #include <stdio.h>
3 #include <stdlib.h>
4
5 typedef struct BitNode
6 {
7     char data;
8     struct BitNode * lchild, * rchild;
9 }BitNode;
10
11 //中序遍历
12 void inOrder(BitNode * T)
```

```
13 {
14    if (T==NULL)
15        return;
16    //遍历左子树
17    if (T->lchild !=NULL)
18        inOrder(T->lchild);                    //递归调用
19
20    printf("%c", T->data);                     //遍历根结点
21
22    //遍历右子树
23    if (T->rchild !=NULL)
24        inOrder(T->rchild);
25 }
26
27 //#号法创建二叉树
28 BitNode * BitNode_Create()
29 {
30    BitNode * temp=NULL;
31    char ch;
32    scanf("%c", &ch);
33    if (ch=='#')                               //如果输入#号,则返回NULL
34    {
35        temp=NULL;
36        return temp;
37    }
38    else
39    {
40        temp= (BitNode * )malloc(sizeof(BitNode));    //为结点分配空间
41        if (temp==NULL)
42            return NULL;
43        temp->data=ch;
44        temp->lchild=NULL;
45        temp->rchild=NULL;
46        //创建结点的左右子树
47        temp->lchild=BitNode_Create();
48        temp->rchild=BitNode_Create();
49        return temp;
50    }
51 }
52
53 //释放树:先释放左子树,再释放右子树,最后释放根结点
54 void BitNode_Free(BitNode * T)
55 {
56    if (T==NULL)
57        return;
58    if (T->lchild !=NULL)
59    {
60        BitNode_Free(T->lchild);               //释放左子树
61        T->lchild=NULL;
62    }
```

```
63      if (T->rchild !=NULL)
64      {
65          BitNode_Free(T->rchild);                //释放右子树
66          T->rchild=NULL;
67      }
68      free(T);
69 }
70
71 int main()
72 {
73      BitNode * T=NULL;
74      printf("请输入树的结点元素值: \n");
75      T=BitNode_Create();                         //创建树
76
77      inOrder(T);                                 //中序遍历此树
78      printf("\n");
79      BitNode_Free(T);
80      printf("二叉树释放成功!\n");
81
82      system("pause");
83      return 0;
84 }
```

运行结果如图 6-58 所示。

图 6-58　例 6-4 的运行结果

在例 6-4 中,代码 28～51 行中用♯号法来构建二叉树,创建根结点,并从键盘输入结点元素值：如果输入的是♯符号,则根结点为 NULL;如果输入的是字符,则为根结点分配空间,并赋值,且使左右子树为 NULL。然后递归调用函数分别构建左右子树。

代码 54～69 行释放树,在释放树时,先释放树的左子树,再释放树的右子树,最后释放根结点。注意：不能先释放根结点,否则找不到左右子树,便无法对左右子树进行释放。

在运行时输入了 DFE♯♯♯B♯♯字符串,构建出了图 6-57 中的二叉树,然后中序遍历此树,由图 6-58 可知结果为 $EFDB$。

6.8　线索二叉树

6.8.1　什么是线索二叉树

通过某种遍历方式遍历一棵二叉树,根据得到的结点序列,可以很清楚地知道任意一个结点的前驱和后继。例如,以中序遍历方式遍历图 6-59 中的二叉树。

中序遍历结果为 $HDIBEAFCG$。由此可知,在中序遍历时,D 结点的前驱是 H,后继是 I;F 结点的前驱是 A,后继是 C。通过遍历之后的结果,可以很清楚地知道任意一个结点的前驱结点和后继结点。

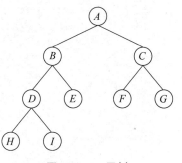

图 6-59　二叉树

但是这是建立在已知遍历结果的基础上的,如果每次需要知道某一个结点的前驱或后继都要重新遍历二叉树,将会非常浪费时间。

可能有读者会说,在二叉链表示法中,结点结构增加了两个指针:lchild 和 rchild,通过这两个指针可以很轻易地找到结点的左右孩子;而在三叉链表示法中还可以通过 parent 指针找到结点的父结点……但要注意:孩子结点与后继结点并非同一个概念,父结点与前驱结点也并非同一个概念。孩子结点、父结点与前驱结点、后继结点没有什么联系。

如果在结点结构中再增加两个指针分别指向结点的前驱与后继,那么空间利用率会降低。不过,通过分析二叉链表示法可以发现,结点结构中的指针域并未完全被利用,即有好多空指针域存在。例如,图 6-59 中的二叉树用二叉链表示时就会有许多空指针域,如图 6-60 所示。

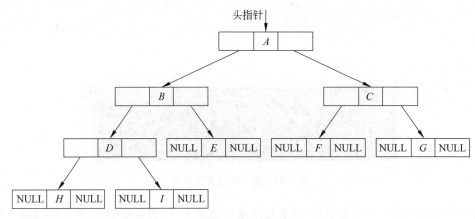

图 6-60　二叉链表存储

在这棵树的二叉链表示法中,一共有 18 个指针域,但有 10 个指针域都是空的。一个有 n 个结点的二叉链表有 $2n$ 个指针,除了根结点外,每个结点都会有一个从父结点指向该结点的指针,因此一共使用了 $n-1$ 个指针,那么空指针的个数为 $2n-(n-1)=n+1$ 个。这些存储空间没有存储任何数据。

综上所述,可以考虑利用这些空指针来存储结点在某种遍历顺序下前驱结点和后继结点的地址。例如,用 E 的空闲指针 lchild 来存储其前驱结点 B 的地址,空闲的 rchild 来存储其后继结点 A 的地址;通常把这种指向前驱和后继的指针称为线索,带有线索的二叉链表称为线索链表,相应的二叉树称为线索二叉树。

为图 6-59 中的二叉树添加线索:空指针域中的 lchild 都指向它的前驱结点,rchild 都指向它的后继结点,结果如图 6-60 所示。

在图 6-61 中,虚线箭头指向结点的前驱结点,实线箭头指向结点的后继结点,这样很容易就能找出各结点的前驱及后继结点,如 I 结点的前驱为 D,后继为 B。

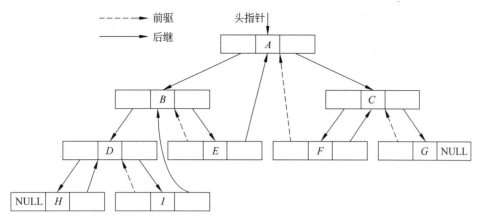

图 6-61　空指针域指向结点的前驱和后继结点

但是如何判断某一个结点的 lchild 是指向其左孩子还是指向其前驱结点？rchild 是指向其右孩子还是其后继结点呢？这里需要做一个区分标志，因此在结点结构中可以增加两个标志域：ltag 和 rtag。这两个标志域设置为取值为 0 或 1 的布尔变量，其占用内存空间要远小于再额外分配两个指针变量，C 语言中没有布尔类型，只能用 int 类型的 0 和 1 来代替，但在其他高级语言中，都有布尔变量，相对于增加两个指针来说，空间消耗较低。增加了 ltag 和 rtag 的结点结构如图 6-62 所示。

lchild	ltag	data	rtag	rchild

图 6-62　线索二叉树结点结构

当 ltag＝0 时，结点的 lchild 指向其左孩子；当 ltag＝1 时，结点的 lchild 指向其前驱结点(线索)。

当 rtag＝0 时，结点的 rchild 指向其右孩子；当 rtag＝1 时，结点的 rchild 指向其后继结点(线索)。

线索二叉树结点结构定义如下：

```
typedef struct BiThrNode                    //二叉线索存储结点结构
{
    char data;                              //结点数据
    struct BiThrNode * lchild, * rchild;    //左右孩子指针
    int LTag;
    int RTag;                               //左右标志
} BiThrNode, * BiThrTree;
```

6.8.2　二叉树的线索化

将二叉树变为线索二叉树的过程称为线索化。按某种次序将二叉树线索化的实质是：按该次序遍历二叉树，在遍历过程中用线索取代空指针。按照遍历方式，线索化也可分为先序线索化、中序线索化和后序线索化。其中先序线索化与后序线索化要比中序线索化稍难，而且在实际开发中也不如中序线索化常用，因此本节以中序线索化为例来学习线索化。

线索化的实质就是使二叉链表结点中的空指针指向该结点的前驱或后继，由于前驱和后继的信息只有在遍历该二叉树时才能得到，所以线索化就是在遍历的过程中修改空指针。

线索化与遍历的算法类似，只需要将遍历算法中访问结点的操作具体化为建立正在访

问的结点与其非空中序前驱结点间的线索即可。在该算法中应当附设一个指针 pre 始终指向刚刚访问过的结点(pre 的初值应为 NULL),再设置指针 p 指向当前正在访问的结点,结点 * pre 是结点 * p 的前驱,而 * p 是 * pre 的后继。

线索化的过程虽与遍历相似,但理解起来还是有些困难,下面以图 6-59 中的二叉树为例,分析将二叉树中序线索化的过程,具体步骤如下:

(1) 根据中序遍历原则可知,遍历的起始结点为 H,令指针 p 和 pre 都指向起始结点 H;根据结点中指针的情况设置结点的左右标志。中序遍历的起点必是叶子结点,叶子结点 H 的 lchild 与 rchild 都是 NULL,应当利用起来分别指向该结点的前驱与后继结点,因此设置其 ltag 与 rtag 都为 1,如图 6-63 所示。

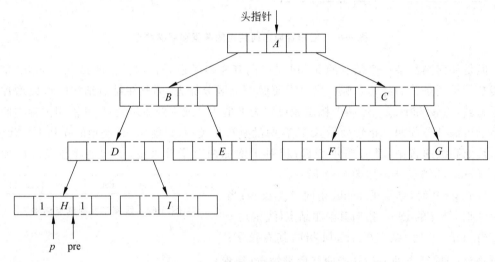

图 6-63　设置起始结点 ltag 与 rtag

(2) H 是起始结点,没有前驱,但其 rtag 值为 1,要找寻其后继结点;p 指针通过中序遍历查找其后继结点;查找到后继结点为 D,则将 H 结点的 rchild 指针指向后继结点 D;然后设置 D 结点的 ltag 与 rtag 值,如图 6-64 所示。

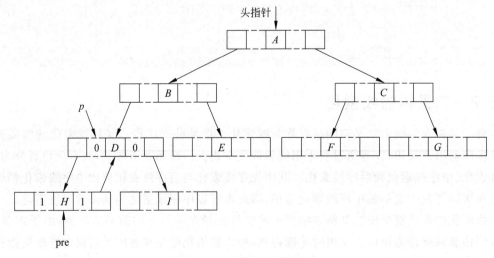

图 6-64　H 结点的后继结点 D

（3）D 结点的 ltag 与 rtag 值都为 0。将 pre 移到 D 结点处，p 接着查找中序遍历访问到的下一个结点 I，设置 I 的 ltag 和 rtag 值都为 1，将 I 结点的 lchild 指针指向 D，如图 6-65 所示。

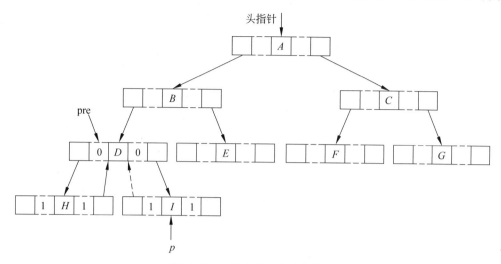

图 6-65　D 结点是 I 结点的前驱

（4）将 pre 移动到 I 结点，然后 p 找到下一个要访问的 B 结点，设置 B 结点的 ltag 和 rtag 值，都为 0；然后令 I 结点的 rchild 指针指向后继的 B 结点，如图 6-66 所示。

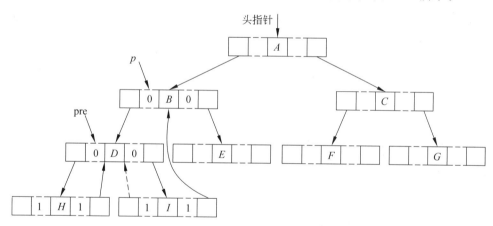

图 6-66　B 结点是结点 I 的后继

（5）使 pre 指针指向 B 结点，p 指针找到下一个要处理的 E 结点，设置 E 的 ltag 和 rtag 值，均为 1，将 E 的 lchild 指针指向 B，即 B 是 E 的前驱结点；然后使 pre 指针指向 E 结点，p 指针查找下一个要处理的 A 结点，设置 A 的 ltag 和 rtag 值，均为 0，则将 E 的 rchild 指针指向 A，即 A 是 E 的后继结点，如图 6-67 所示。

（6）使 pre 指针指向 A 结点，p 指针找到下一个要访问的 F 结点，设置 F 的 ltag 与 rtag 值，均为 1，将 F 的 lchild 指针指向 A，即 F 的前驱结点是 A；然后使 pre 指针指向 F 结点，p 指针找到下一个要访问的结点 C，设置 C 的 ltag 与 rtag 值，均为 0，然后将 F 的 rchlid 指向 C，即 F 的后继结点为 C，如图 6-68 所示。

（7）使 pre 指针指向 C 结点，p 指针找到下一个要处理的 G 结点，设置 G 的 ltag 与 rtag

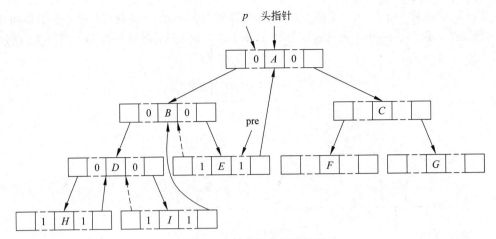

图 6-67   *E* 结点的前驱与后继

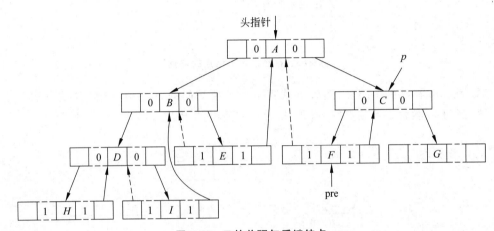

图 6-68   *F* 的前驱与后继结点

值,均为 1;然后将 *G* 的 lchild 指向 *C*,即 *C* 为 *G* 的前驱结点,如图 6-69 所示。

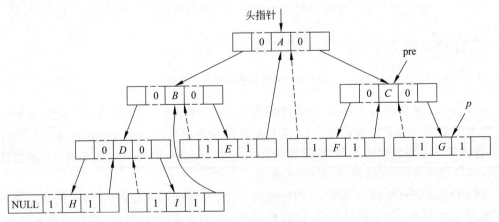

图 6-69   *G* 结点的前驱结点为 *C*

最后使 pre 指针指向最后一个结点处,将 *p* 置为空。至此,二叉树的中序线索化完成。

理解了线索化的过程,下面给出中序线索化的算法实现,其代码如下:

```
BiThrNode * pre;                        //全局变量,始终指向刚刚访问过的结点
//中序遍历进行中序线索化
void InThreading(BiThrNode * p)
{
    if (p)
    {
        InThreading(p->lchild);         //递归左子树线索化
        if (p->lchild==NULL)            //没有左孩子
        {
            p->LTag=1;      p->lchild=pre;  //前驱线索左孩子指针指向前驱
        }
        if (pre->rchild==NULL)          //前驱没有右孩子
        {
            pre->RTag=1; pre->rchild=p; //后继线索前驱右孩子指针指向后继(当前结点 p)
        }
        pre=p;                          //保持 pre 指向 p 的前驱
        InThreading(p->rchild);         //递归右子树线索化
    }
}
```

此算法代码与中序递归遍历结构相同,只是在遍历到每一个结点时,需要设置 LTag 或 RTag 的值,以及指向结点的前驱或后继的指针。

6.8.3 线索化二叉树的遍历

二叉树线索化其实质是将二叉树的操作线性化,线索化的二叉树相当于一个双向链表,有指向前驱的指针和指向后继的指针,区别在于转化为双向链表时需要对树中的头结点和尾结点作一些处理:在二叉线索树链表上添加一个头结点,令头结点的 lchild 指向二叉树的根结点,rchild 指向中序遍历访问的最后一个结点;而令中序遍历输出的第一个结点的 lchild 指针和最后一个结点的 rchild 指针指向头结点,如图 6-70 所示。

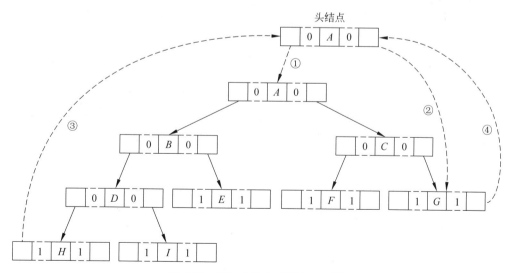

图 6-70　增加头结点的线索二叉树

　　这样就使线索二叉树成为了一个封闭的双向链表,既可以从第一个结点起沿后继进行遍历,也可以从最后一个结点起沿前驱进行遍历。

　　前面学习了二叉树的线索化,那么,增加一个头结点,生成一个带有头结点的线索二叉树也比较容易,可以利用 6.8.2 节已经实现的 InThreading()函数来实现增加头结点的二叉树的线索化,代码实现如下:

```
//中序线索化,增加头结点
BiThrNode * InOrderThreading(BiThrTree T)
{
    BiThrNode * Thrt=NULL;
    Thrt=(BiThrNode *)malloc(sizeof(BiThrNode));          //建头结点
    if (Thrt==NULL)
    {
        return NULL;
    }
    memset(Thrt, 0, sizeof(BiThrNode));
    Thrt->LTag=0;                                         //左孩子为孩子指针
    Thrt->RTag=1;                                         //右孩子为线索化的指针
    Thrt->rchild=Thrt;                                    //右指针回指,步骤②和④
    if (T==NULL)                                          //若二叉树空,则左指针回指
    {
        Thrt->lchild=Thrt;                               //步骤①和③
    }
    else
    {
        Thrt->lchild=T;                                  //步骤①
        pre=Thrt;
        InThreading(T);                                  //中序遍历进行中序线索化
        pre->rchild=Thrt;                                //步骤④
        pre->RTag=1;                                     //最后一个结点线索化
        Thrt->rchild=pre;                                //步骤②
    }
    return Thrt;
}
```

　　以上代码使用 6.8.2 节中实现的 InThreading()函数来实现二叉树的线索化,此算法传入一个普通二叉树,返回一个中序线索化的二叉树,它增加了头结点,使线索化的二叉树成为一个封闭的双向链表。图 6-69 中的步骤①～④在算法中都有体现。

　　二叉树线索化后更易于遍历,其遍历方式和遍历双向链表相同,都是通过指针顺序查找下一个结点,其代码实现如下:

```
//中序遍历二叉线索树 T(头结点)的非递归算法
int InOrderTraverse_Thr(BiThrNode * T)
{
    BiThrNode * p;
    p=T->lchild;                          //p指向根结点
    while (p !=T)
```

```
    {
        //空树或遍历结束时,p==T
        while (p->LTag==0)
            p=p->lchild;
        printf("%c ", p->data);
        //如果中序遍历的最后一个结点的右孩子==T,说明到最后一个结点,遍历结束
        while (p->RTag==1 && p->rchild !=T)
        {
            p=p->rchild;
            printf("%c ", p->data);
        }
        p=p->rchild;
    }
    return 0;
}
```

线索二叉树充分利用了指针域空间,同时保证在创建时一次遍历就可以在以后的使用中方便地获取当前结点的前驱和后继,既节省了空间,又节省了时间。在实际开发应用中,省时省空间的运算往往是最重要的,所以学习线索化二叉树的思想方法其意义要大于写代码。

6.9　赫夫曼树

6.9.1　什么是赫夫曼树

在了解赫夫曼树之前,首先来学习几个术语。

(1) 路径。6.1.1 节已经学习过路径这个概念,它是指从某一结点到另一个结点的线路。

(2) 树的路径长度。是从树根到树中每一个结点的路径长度之和。如图 6-71 所示,其路径长度为 $1+1+2+2+2+2+3+3=16$。

结点数目相同的所有二叉树中,完全二叉树的路径长度最短。

(3) 树 的 带 权 路 径 长 度 (Weighted Path Length, WPL)。

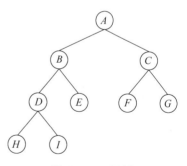

图 6-71　二叉树

结点的权是在一些应用中赋予树中结点的一个有某种意义的实数。例如,用树结点存储一些字符时,可以用字符的 ASCII 码值作为结点权值;用树结点存储学生成绩划分时,那么学习成绩就可以是权值。

结点的带权路径长度是结点到树根之间的路径长度与该结点上权值的乘积。

树的带权路径长度是树中所有叶结点的带权路径长度之和,通常记为

$$\mathrm{WPL} = \sum_{i=1}^{n} w_i l_i$$

其中，n 表示叶子结点数目；w_i 和 l_i 分别表示结点 k_i 的数值和根到结点 k_i 之间的路径长度。树的带权路径长度也称为树的代价。

在由权为 $w_1, w_2, \cdots, w_n$ 的 n 个叶子结点所构成的所有二叉树中，带权路径长度最小（即代价最小）的二叉树称为最优二叉树。因为它是数学家赫夫曼（Huffuman）提出的，所以也叫作赫夫曼树。

假设一棵有 4 个叶子结点 a、b、c、d 的二叉树，带的权分别为 7、5、2、4，构造出三棵结构不同但都有 4 个叶子结点的二叉树，如图 6-72 所示。

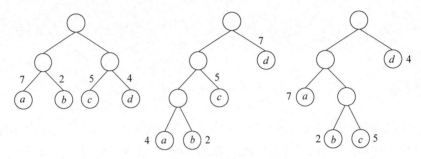

图 6-72   有 4 个结点的三种二叉树形式

它们的带权路径长度分别为

$$WPL = 7 \times 2 + 2 \times 2 + 5 \times 2 + 4 \times 2 = 36$$
$$WPL = 7 \times 1 + 5 \times 2 + 2 \times 3 + 4 \times 3 = 35$$
$$WPL = 7 \times 2 + 2 \times 3 + 5 \times 3 + 4 \times 1 = 39$$

其中第二棵二叉树是赫夫曼树，它的 WPL 最小。读者也可以再构建有 4 个结点的其他二叉树来计算树的带权路径长度，但它们都会比第二棵二叉树的值大。

当叶子结点的权值均相同时，权越大的叶子离根越近，权越小的叶子离根越远，树的代价就越小。注意，赫夫曼树的形态并不唯一。

6.9.2   赫夫曼树的构造

树的带权路径长度越小，其运算效率越高，但是如何构造出一棵赫夫曼树呢？根据赫夫曼提出的构造最优二叉树的算法思想，构造赫夫曼树的基本步骤如下：

（1）有 n 棵权值分别为 $w_1, w_2, w_3, \cdots, w_n$ 的二叉树，其左右子树都为空（可理解为是确定权值的结点）。

（2）从中选取出权值最小的两棵树组成一棵新的树。如果有结点权值相同的，可以任选两棵，为了保证新树仍是二叉树，需要增加一个新结点作为新树的根，将所选的两棵树作为新树根的左右子树，不分先后，将两个孩子的权值之和作为新树根的权值。删除已经选中的树，使新生成的树参与下一轮选择。

（3）对新树集重复步骤（2），直到集合中剩下最后一棵二叉树，这棵二叉树便是赫夫曼树。

为了让读者更好地理解赫夫曼树的构造过程，下面用图示来分析这个构造过程。

（1）有一片确定权值的二叉树森林，如图 6-73 所示。

（2）从中选出权值最小的两棵二叉树，为 c 和 d，新增加一个根结点，以两个孩子的权值之和作为新的根结点的权值，如图 6-74 所示。

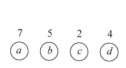

图 6-73　确定权值的森林

图 6-74　新二叉树

将 c 和 d 结点从集合中删除，将新生成的树放入集合中。

（3）再从剩下的森林中找出两棵权值最小的树，即权值为 6 与 5 的两棵树，组成一棵新二叉树，如图 6-75 所示。

将选中的两棵树从集合中删除，将新生成的二叉树放入集合。

（4）再从集合中选出两棵权值最小的树组成一棵新的二叉树，如图 6-76 所示。

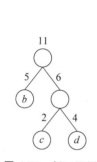

图 6-75　新二叉树

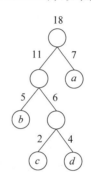

图 6-76　新二叉树

至此，森林中只剩下如图 6-76 所示的这棵二叉树，这就是一棵赫夫曼树。它的带权路径长度为 $7 \times 1 + 4 \times 3 + 2 \times 3 + 5 \times 2 = 35$。

赫夫曼树的应用非常广，在不同的应用中叶子结点的权值可以作不同的解释。赫夫曼树应用于信息编码中，权值可以看成某个符号出现的频率；应用到排序过程中，权值可以看成是已排好次序，等待合并的序列长度等。

需要注意的是：初始森林中的二叉树都是孤立的结点。n 个结点需要合并 $n-1$ 次，新增 $n-1$ 个新结点，最终求得的赫夫曼树共有 $2n-1$ 个结点。赫夫曼树是严格的二叉树，没有度数为 1 的结点。

6.9.3　赫夫曼编码

赫夫曼树主要应用于远距离通信时的信息编码，将需要传送的文字转换为由二进制字符组成的串。例如，给定一段报文 CASTCASTSATATATASA，在报文中出现的字符的集合是 {C,A,S,T}，各个字符出现的频度是 {2,7,4,5}。若将每个字符用多个等长的二进制编码表示，例如，C 编码为 00，A 编码为 01，S 编码为 10，T 编码为 11。则所发的报文将是 000110110001101110011101110111011001，共计 $(2+7+5+4) \times 2 = 36$ 个码。若按字符出现的频度给予每个字符不同长度的编码，出现频度较大的字符采用位数较少的编码，出现频度较小的字符采用位数较多的编码,则可以使报文的码数降到最小,这就是不定长编码。在上文的报文段中,字符 A 出现的次数最多,可将它的编码位数减少一位为 0;其次是字符 T,可以编码为 1;而字符 C 和 S 可以分别编码为 00、01,这样总的编码位数自然就少了。但是不定长编码在译码时可能会出现问题。例如,对方传输过来的 000,可以译为 AAA,也可以译为 AC 或 CA,这显然是不行的。

为了解决这个问题,赫夫曼在不定长编码思想的基础上利用赫夫曼树提出了一种编码方式:一般地,设需要编码的字符集为 $\{a_1, a_2, \cdots, a_n\}$,各个字符出现的频率为 $\{w_1, w_2, \cdots, w_n\}$,以字符出现的频率作为结点字符的权值来构造赫夫曼树。规定左权分支为 0,右权分支为 1,则从根结点到叶子结点经过的分支所组成的 0 和 1 串便是对应字符的编码,这就是赫夫曼编码。

赫夫曼编码遵循的基本思想是:若要设计不等长编码,则必须使任一个字符的编码都不是另一个字符编码的前缀。根据赫夫曼编码规则对上述报文按字符出现的频度进行编码,其中 A 编码为 0,T 编码为 10,S 编码为 110,C 编码为 111。则最终加密之后的报文只有 35 个码。这种编码方式既节省了传输中使用的存储单元,又不会引起编码混乱。

赫夫曼编码的算法需要三步来实现:

(1) 对于需要编码的字符进行扫描,统计每个字符出现的频次,得到一个整数数组。

(2) 根据这个频次数组构造一棵赫夫曼树,这一步是赫夫曼编码的核心内容。

(3) 再次扫描一遍待编码的字符,对每个字符,在赫夫曼树里搜索该字符,得到它的编码。

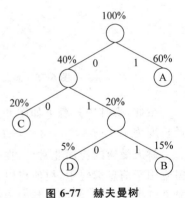

图 6-77   赫夫曼树

在编码算法中,从树根处开始查找某一个结点,如果向左走则标记为 0,向右走则标记为 1。假设要发送一段报文,报文中的字母 A、B、C、D 出现的频率分别为 60%、15%、20%、5%,以其出现频率为权值构建出一棵赫夫曼树,如图 6-77 所示。

按照左权分支为 0,右权分支为 1 的规则,A 编码为 1,B 编码为 011,C 编码为 00,D 编码为 010,如果要发送内容为"ABCD"的报文,其编码为 101100010。

在解码时,还需要用到赫夫曼树,因为发送方和接收方需要用到同一套赫夫曼编码。

6.10   本章小结

本章主要讲解了树的相关概念与算法。首先讲解了树的概念及树的一些基本术语;然后讲解了树中比较常用的二叉树,包括二叉树的概念、二叉树的存储结构、二叉树的遍历、二叉树与树、森林之间的转换、二叉树的构建;最后讲解了两种特殊的二叉树:线索二叉树和赫夫曼树。树的数据结构及许多算法思想在实际开发中应用特别广泛,希望读者通过本章的学习能够对树有一个整体的掌握。

【思考题】

1. 一棵二叉树前序遍历和中序遍历序列如下所示：

前序：DACEBHFGI

中序：DCBEHAGIF

试画出二叉结构，并简述求算过程。

2. 思考对任一棵二叉树都可以用哪种方式来存储，并简述其优劣。

第 7 章
图

学习目标
- 掌握图的定义与基本术语。
- 掌握图的存储方式。
- 掌握图的两种遍历方式。
- 掌握图的最小生成树、最短路径、拓扑排序、关键路径的生成方式与算法。

7.1 图的基本概念

图是一种比线性表和树都复杂的结构。线性表研究数据元素之间一对一的关系,树结构研究数据元素之间一对多的关系,而图结构研究数据元素之间多对多的关系。图中的结点没有明确的层级,也没有先后次序。图中结点间的关系可以是任意的:任意一个结点都可以有零个或多个前驱,也可以有零个或多个后继,也都可以作为起始结点或终结结点。因此,图的应用非常广泛,自出现至今,图已逐渐渗透到如逻辑学、物理学、化学、电信工程、计算机科学、社会学以及其他诸多的分支之中,可以说,图是应用最广泛的数学结构。

7.1.1 图的定义与基本术语

1. 图的定义

图(graph)是一种数据结构,将其简化为顶点(vertex)和边(edge)的组合,图的形式化定义如下:

$$Graph = (V, E)$$

其中 V 为顶点的有限集合,$V = \{x \mid x \in \text{dataobject}\}$,记为 $V(Graph)$;E 是边的有限集合,表示两个顶点之间的关系,$E = \{<x, y> \mid x, y \in V\}$,记为 $E(Graph)$。

2. 图的基本术语

1) 顶点、邻接点、有向图、无向图

若有 $P<x, y> \in V$ 表示在顶点 x 与顶点 y 之间的一条连线,则称 x、y 为该边的两个顶点,同时称 x 与 y 互为邻接点,即顶点 x 是顶点 y 的邻接点,顶点 y 也是顶点 x 的邻接点。称边 $P<x, y>$ 依附于顶点 x 和顶点 y,或者说边 $P<x, y>$ 与顶点 x、顶点 y 相关联。

若这条线从 x 指向 y,则称 x 为起始点(弧头),称 y 为终结点(弧尾),称这条边为弧(arc),此时的图为有向图。若当 $P<x, y> \in V$ 时必有 $P<y, x> \in V$,则 E 是对称的,结

点 x、结点 y 不分起始和终结,此时以无序对 (x,y) 来表示 x 与 y 之间的一条边,这样的图称为无向图。有向图和无向图如图 7-1 所示。

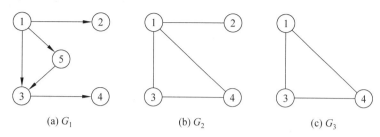

图 7-1　有向图和无向图

图 7-1(a)中的 G_1 为有向图,根据定义可表述为 $G_1 = (V_1, E_1)$,其中,V_1 为端点的集合,$V_1 = \{v_1, v_2, v_3, v_4, v_5\}$;$E_1$ 为弧的集合,$E_1 = \{<v_1, v_2>, <v_1, v_5>, <v_1, v_3>, <v_3, v_4>, <v_5, v_3>\}$。(图中 1、2、3 等序号对应的顶点即为 v_1、v_2、v_3,之后使用数字表示顶点的图遵循同样的规则)。

图 7-1(b)中的 G_2 为无向图,根据定义可表述为 $G_2 = (V_2, E_2)$,其中,V_2 为端点的集合,$V_2 = \{v_1, v_2, v_3, v_4\}$;$E_2$ 为边的集合,$E_2 = \{(v_1, v_2), (v_1, v_3), (v_1, v_4), (v_3, v_4)\}$。

2) 完全图

若一个无向图中的每两个顶点之间都存在一条边,则称这个无向图为无向完全图(如图 7-2(a)中的 G_1)。假设图中顶点的数目为 n,显然,无向完全图包含 $n(n-1)/2$ 条边。

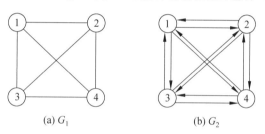

图 7-2　完全图

若一个有向图中的每两个顶点都存在方向相反的两条弧,则称该图为有向完全图(如图 7-2(b)中的 G_2)。假设图中顶点的数目为 n,显然,有向完全图包含 $n(n-1)$ 条边。

3) 顶点的度

顶点的度(degree)是指依附于某顶点 v_i 的边数,通常记为 $TD(v_i)$。

在无向图中,依附于某顶点的边的数目称为该顶点的度。如图 7-1(b)中,顶点 v_1 的度为 $TD(v_1)=3$,顶点 v_2 的度为 $TD(v_2)=1$;无向图 G_2 的度为 8。

在有向图中,度又分为出度和入度。以顶点 v_i 为弧头的边的数目称为顶点 v_i 的出度,记为 $OD(v_i)$;以顶点 v_i 为弧尾的边的数目称为顶点 v_i 的入度,记为 $ID(v_i)$。顶点 v_i 的出度与入度之和,称为顶点 v_i 的度。如图 7-1(a)中顶点 v_3 的出度为 $OD(v_3)=1$,入度为 $ID(v_3)=2$,则顶点 v_3 的度为 $TD(v_3)=3$。

假设图中顶点的数目为 n,边的数目为 e,每个顶点的度为 d_i($0 \leqslant i \leqslant n-1$),则有

$$e = \frac{1}{2} \sum_{i=0}^{n-1} d_i$$

也就是说,一个图中所有顶点度的和等于图中边的数目的两倍,这是因为图中的每条边连接两个邻接点,在计算度时分为出度和入度计算了两次。

4) 稠密图、稀疏图

若一个图的边数很多,接近完全图,称其为稠密图。反之,若一个图的边数很少($e<$ $n\log n$),称其为稀疏图。

5) 子图

假设有两个图分别为 $G=(V,E)$ 和 $G'=(V',E')$,若 V' 是 V 的子集,E' 是 E 的子集,则称图 G' 是图 G 的子集。如图 7-1(c)中 G_3 为图 7-1(b)中 G_2 的子图。

6) 边的权、网图

与边或者弧有关的数据信息称为权(weight)。在现实生活中,这些权可以表示各种各样的信息。例如,在地铁交通系统中,两个顶点之间边上的权可以表示两站之间的距离,或者两站交通花费的时间;在一个电子线路图中,边上的权值可以表示两个顶点之间的电阻、电流或者电压等。

边上带有权值的图称为网图或者网络(network)。图 7-3(a)中的 G_1 为有向网图,图 7-3 (b)中的 G_2 为无向网图。

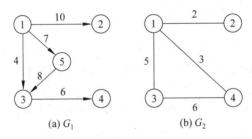

(a) G_1 (b) G_2

图 7-3 网图

7) 路径、路径长度、简单路径

存在一个图 $G=(V,E)$,从一个顶点 p 到另一个顶点 q 的路径为一个顶点序列,假设这个序列为 $(p,v_1,v_2,\cdots,v_n,q)$。若图 G 是无向图,则边 $(p,v_1),(v_1,v_2),\cdots,(v_i,v_j),\cdots,$ $(v_{n-1},v_n),(v_n,q)$ 属于 $E(G)$。若图 G 是有向图,则边 $<p,v_1>,<v_1,v_2>,\cdots,<v_i,$ $v_j>,\cdots,<v_{n-1},v_n>,<v_n,q>$ 属于 $E(G)$。

路径长度指一条路径上经过的边的数目。如图 7-3(a)G_1 中的路径 $A(v_1,v_3,v_4)$ 和路径 $B(v_1,v_5,v_3,v_4)$ 是从顶点 v_1 到 v_4 的两条路径,路径长度分别为 2 和 3。

若一条路径上除去起点和终点,其余顶点各不相同,则称此路径为简单路径。如上面的路径 A 和路径 B 都是简单路径。

8) 回路(环)、简单回路

若在一条路径上起点和终点为同一个顶点,则称这条路径为回路或者环。起点与终点相同的简单路径称为简单回路或者简单环。

9) 平行边、重数、自环、简单图

在无向图中,如果关联一对顶点的无向边多于一条,则称这些边为平行边,称平行边的条数为重数。

在有向图中,如果关联一对顶点的有向边多于一条,且方向相同,则称这些边为平行边。

自环是一条边的起点和终点为同一个顶点的边。

既不含平行边也不含自环的图称为简单图。

10) 连通、连通图、连通分量

在无向图中,若顶点 p 到顶点 q 之间有路径,则称顶点 p 和顶点 q 是连通的。若 G 中任意两个顶点都连通,则称无向图 G 为连通图。无向图 G 中的极大连通子图称为连通分量。显然,连通图中只有一个连通分量,即它本身;非连通图中有不止一个连通分量。图 7-4 中给出了非连通图 G 与它的连通分量示例。

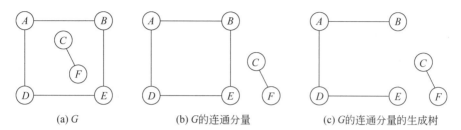

(a) G (b) G 的连通分量 (c) G 的连通分量的生成树

图 7-4 连通分量、生成树和生成森林

11) 强连通图、强连通分量

在有向图中,若任意两个顶点 p、q 之间既存在从 p 到 q 的路径又存在从 q 到 p 的路径,则称这个有向图为强连通图。有向图的极大强连通子图称为强连通分量。与连通图相同,强连通图中只有一个连通分量,即它本身;非强连通图中有不止一个连通分量。

12) 生成树

一个连通图的生成树是包含了该连通图中全部顶点的一个极小连通子图。图的生成树不唯一。从不同的顶点出发进行遍历,可以得到不同的生成树。生成树必定包含连通图中的 $n-1$ 条边,并且在这棵生成树上任意添加一条边(这条边是连通图 G 中包含的边),必定构成回路。图 7-4(c) 中给出了 G 的生成树示例。

需要注意的是,具有生成树的图一定是连通的。

13) 生成森林

在非连通图中,每个连通分量都可得到一个极小连通子图,即可以得到一棵生成树,这些连通分量的生成树就组成了一个非连通图的生成森林。如图 7-4(c) 就是非连通图 G 的生成森林。

7.1.2 图的基本操作

在本章的开篇已经提到,图中结点间的关系是任意的。线性表和树都有唯一确定的"第一个"结点,按照某种逻辑定义,可以从这个结点开始,将线性表和树中的结点作一个排序。然而根据图的逻辑定义,图中并不存在一个完全的次序,即不能按照定义像线性表和树一样给图中的数据排序。但图中也存在增加、删除、修改这些基本操作。为了使这些操作有明确的定义,需要图中的顶点在图中有位置的概念。

为了操作方便,人为地将这些结点随意编号,同时将图中某个顶点的多个邻接点随意排序。根据这种并不遵循任何规律与定理的、完全人为的排序,对于一个图,出现了第一个或第 k 个顶点;对于某一个顶点,出现了第一个或第 k 个邻接点。若对于某个顶点,出现了第

$k+1$ 个邻接点,则称第 $k+1$ 个邻接点为第 k 个邻接点的下一个邻接点;若这个顶点的邻接点的数目为 n,可认为第 n 个邻接点的下一个邻接点为空。

下面列出图的几种基本操作。

(1) 创建——CreateGraph($*G$,V,VR):创建一个新的图 G。

(2) 销毁——DestoryGraph($*G$):若图 G 存在,则销毁图 G。

(3) 顶点位置——VextexLocation(G,v):若图 G 中存在顶点 v,则返回顶点 v 在图中的位置。

(4) 获取顶点的值——GetVextex(G,v):若图 G 中存在某顶点 v,则返回该顶点存储的数据元素。

(5) 设置顶点的值——SetVextex(G,v,value):若图中存在某顶点,则将该顶点的值设置为给定值。

(6) 求邻接点——GetFirAdVex($G,*v$):返回该顶点的第一个邻接点,若该顶点不存在邻接点则返回空。

(7) 求下一个邻接点——GetNextAdVex($G,v,*w$):返回顶点 v 相对于顶点 w 的下一个邻接点,若 w 是最后一个邻接点,则返回空。

(8) 插入顶点——InsertVextex($*G,v$):在图 G 中插入新顶点 v。

(9) 删除顶点——DeleteVextex($*G,v$):删除图 G 中的顶点 v 以及相关的弧。

(10) 添加边——InsertEdge($*G,v,w$):在图 G 中添加边 $<v,w>$,若图 G 是无向图,还需添加其对称边 $<w,v>$。

(11) 删除边——DeleteEdge($*G,v,w$):在图 G 中删除边 $<v,w>$,若图 G 是无向图,还需删除其对称边 $<v,w>$。

以上是基于图本身的常用操作,其中的(3)～(7)使用比较频繁,(8)～(11)涉及对图的修改,一般不用。

7.2   图的存储结构

图是一种非线性结构,显然不能使用顺序存储方式。经过前面对广义表的十字链表表示法和树的存储结构的学习,我们很自然地想到使用链式结构去存储图。

假设使用多重链表来表示图的存储,多重链表的每个结点由数据域和指针域组成。数据域用来存储数据元素,指针域用来存储指向各个邻接点的指针,也就是边。因为图中的一个结点可能有多条边,所以图中的每一个结点可能包含多个指针。例如图 7-1 中的有向图 G_1 和无向图 G_2 的多重链表表示如图 7-5 所示。

图 7-5 中只是两个很小的简单图,但是因为图中每个结点的度有所差别,导致其存储区域大小也不都相同。如果使用结点中最大的度来定义结点大小,会造成空间浪费;如果按照每个结点自己的大小来实现,在对图操作时又有诸多不便。所以应该根据具体的图来设计适合这个图的存储结构。常用的图的存储结构有邻接矩阵、邻接表、邻接多重表和十字链表。接下来的几节将逐一讨论(在后面的内容中,若无强调,均以简单图为例)。

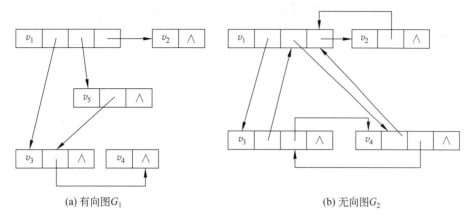

(a) 有向图 G_1 (b) 无向图 G_2

图 7-5　多重链表表示示例

7.2.1　图的邻接矩阵存储

邻接矩阵存储法使用一个线性表来存储图中顶点的信息,使用一个邻接矩阵来存储顶点的关系,也就是边。通常使用一个一维数组和一个二维数组分别存储线性表和邻接矩阵,所以邻接矩阵存储又称作数组表示法。

假设图 $G=(V,E)$ 有 n 个顶点,则 G 的邻接矩阵 A 是一个 n 阶矩阵,其性质如下。

$$A(i,j)=\begin{cases}1, & 若 <v_i,v_j> 或 (v_i,v_j) 是 E(G) 中的边 \\ 0, & 若 <v_i,v_j> 或 (v_i,v_j) 非 E(G) 中的边\end{cases}$$

其中 1 表示两个顶点之间有边,0 表示两个顶点之间没有边。以图 7-1 中的有向图 G_1 和无向图 G_2 为例,它们的邻接矩阵分别如图 7-6 中 A_1 和 A_2 所示。

$$A_1=\begin{bmatrix}0 & 1 & 1 & 0 & 1 \\ 0 & 0 & 0 & 0 & 0 \\ 0 & 0 & 0 & 1 & 0 \\ 0 & 0 & 0 & 0 & 0 \\ 0 & 0 & 1 & 0 & 0\end{bmatrix} \qquad A_2=\begin{bmatrix}0 & 1 & 1 & 1 \\ 1 & 0 & 0 & 0 \\ 1 & 0 & 0 & 1 \\ 1 & 0 & 1 & 0\end{bmatrix}$$

图 7-6　图的邻接矩阵示例

假设需要存储的是一个有 n 个顶点的网图 $G=(V,E)$,则可使用下面的方法定义矩阵:

$$A(i,j)=\begin{cases}w_{ij}, & 若 <v_i,v_j> 或 (v_i,v_j) 是 E(G) 中的边 \\ \infty, & 若 <v_i,v_j> 或 (v_i,v_j) 非 E(G) 中的边\end{cases}$$

其中 w_{ij} 表示边上的权值,∞ 表示一个计算机可以存储的大于边上所有权值的足够大的数。以图 7-3 中的有向图 G_1 和无向图 G_2 为例,它们的邻接矩阵分别如图 7-7 中 A_1 和 A_2 所示。

$$A_1=\begin{bmatrix}\infty & 10 & 4 & \infty & 7 \\ \infty & \infty & \infty & \infty & \infty \\ \infty & \infty & \infty & 6 & \infty \\ \infty & \infty & \infty & \infty & \infty \\ \infty & \infty & 8 & \infty & \infty\end{bmatrix} \qquad A_2=\begin{bmatrix}\infty & 2 & 5 & 3 \\ 2 & \infty & \infty & \infty \\ 5 & \infty & \infty & 6 \\ 3 & \infty & 6 & \infty\end{bmatrix}$$

图 7-7　网图的邻接矩阵示例

创建图的算法并不难，只要为结构中的数据——赋值，便能完成图的创建。通常使用以下定义来描述图的结构：

```c
#define MAX_VERTEX_NUM 100
typedef struct
{
    int n;                      //图中顶点数目
    int e;                      //图中边的数目
    //顶点存储
    int vexs[MAX_VERTEX_NUM];
    //边存储
    int edges[MAX_VERTEX_NUM][MAX_VERTEX_NUM];
}Graph;
```

这里顶点和边的数据类型以 int 为例，实际应用时顶点中可能存放有其他信息，读者在日后的学习中可以根据需求自行定义。

需要注意的是，在为结构体中的矩阵赋值之前，需要对其中所有元素初始化，否则矩阵中可能会存储有垃圾数据，在取值时发生错误。下面使用 C 语言来实现创建无向图的算法。

```c
//基于邻接矩阵的矩阵创建
void CreateMGraph(MGraph * G)
{
    int i, j, k, w;
    printf("请输入顶点数目和边的数目: ");
    scanf("%d%d", &G->n, &G->e);
    //初始化邻接矩阵
    for (i=0; i <G->n;i++)
    for (j=0; j <G->n; j++)
        G->edges[i][j]=INF;                 //初始化为无穷大
    printf("请输入%d 条边和对应权值(a b c): \n", G->e);
    for (k=0; k <G->e; k++)
    {
        scanf("%d%d%d", &i, &j, &w);         //输入边的信息
        G->edges[i][j]=w;
        G->edges[j][i]=w;
    }
}
```

这个算法的时间复杂度为 $O(n^2+ne)$，因为 $e<n$，所以时间复杂度为 $O(n^2)$。创建有向图的代码与之基本相同，只是在为邻接表赋值时不需要为对称边赋值。

用邻接矩阵存储法来表示图时，邻接矩阵唯一。

使用邻接矩阵来存储具有 n 个顶点的有向图时，矩阵所用空间为 n^2。对于一个具有 n 个顶点的无向图，所用空间为 $n(n-1)/2$。因为无向图的邻接矩阵一定是对称的，而且主对角线一定为零（因为是简单图），所以只存储其剔除了一条对角线的上（下）三角矩阵即可。

邻接矩阵存储法可以清晰地看出图中哪两个顶点之间有边相连，很容易获得每个顶点的度：a 对于有向图的顶点 v_i，其出度为邻接矩阵第 i 行中元素的个数，入度为邻接矩阵第 i

列中元素的个数,度为第 i 行和第 i 列元素个数之和。b 对于无向图的顶点 v_i,其度为邻接矩阵第 i 行或第 i 列中元素的个数。

经过以上分析,可以轻松地写出图的基本操作的算法。但是因为其存储方式的问题,这些操作所花费的时间代价很大,因为要确定每个顶点的度,需要按行或列遍历矩阵中的每一个元素,而在遍历的过程中,尤其是矩阵中有值的元素较少时,算法会在空值处消耗很多时间。

7.2.2 图的邻接表存储

图的邻接表存储是一种链式存储与顺序存储相结合的存储结构。邻接表存储法既能保留邻接矩阵存储法的优点,又能很好地避免矩阵存储的缺点。这是因为,这种结构为图中的每一个顶点创建一个链表,链表中的结点为这个顶点的邻接点,这个结点称作表结点或者边结点。同时为每一个顶点的链表设置一个头结点,为了实现随机访问,通常将这些头结点以顺序结构的形式存储。邻接表存储在矩阵存储的基础上实现了存储空间的有效利用。

表结点和头结点的存储结构如图 7-8 所示。

(a) 表结点(边结点)　　　　(b) 头结点

图 7-8　表结点和头结点

在表结点中,adjvex 域存储与顶点邻接点的编号,nextarc 域存储顶点下一个邻接点的地址,info 域存储顶点与该邻接点之间的边的信息(如权值等)。头结点中,vexdata 域存储当前链表顶点对应的编号或其他相关信息,firstarc 域指向当前顶点对应的第一个邻接点。

图 7-9 分别给出了图 7-3 中有向网图 G_1 和无向网图 G_2 的邻接表。为了使结构清晰,图 7-9 的邻接表示例中将存放数据的 info 域放在 adjvex 域和 nextarc 域之间,如果图中的边不带权,可以省略 info 域。

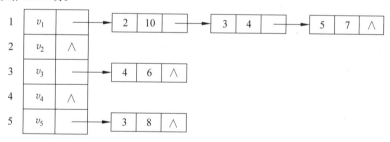

(a) 有向图 G_1 的邻接表

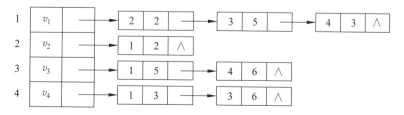

(b) 无向图 G_2 的邻接表

图 7-9　邻接表示例

邻接表存储法的结构定义如下。表中的结点编号、权值等信息仍以 int 为例。

```
//邻接表存储法相关结构定义
#define MAX_VERTEX_NUM 100
typedef struct EdgeNode
{
    int adjvex;                           //邻接点域,存储该顶点对应编号
    int weight;                           //info数据域,存储权值,非网图可省略
    struct EdgeNode * next;               //nextarc指针域
                                          //指向下一个邻接点
}EdgeNode;                                //表结点

typedef struct VertexNode
{
    int data;                             //顶点域,存储顶点信息
    EdgeNode * firstedge;                 //指针域,指向顶点链表
}VertexNode,AdjList[MAX_VERTEX_NUM];      //头结点

typedef struct
{
    AdjList adjList;
    int n;                                //图中顶点的数目
    int e;                                //图中边的数目
}GraphAdjList;                            //邻接表存储结构定义
```

根据邻接表存储方式的结构和定义,可以得出邻接表存储的以下特点:

- 邻接表存储法表示图时,邻接表不唯一。因为在每一个顶点的单链表中,邻接点的次序可以是任意的,邻接表取决于创建邻接表的算法与边输入的次序。

- 假设一个图的顶点数目为 n,边的数目为 e。若是无向图,所需的存储空间为 n 个表头结点与 $2e$ 个边结点。若是有向图,所需的存储空间为 n 个表头结点与 e 个边结点。而邻接矩阵存储的存储空间总为 n^2。由此可见,使用邻接表存储比邻接矩阵节省空间。

- 假设顶点为 v_i。对于无向图,顶点单链表中表结点的数目即为该顶点的度。对于有向图,单链表中表结点的数目是 v_i 的出度;邻接表中 adjvex 域值为 i 的表结点的数目是该顶点的入度。

以邻接表存储法为基础创建矩阵,与使用邻接矩阵存储法大致相同,都是为数据元素一一赋值,不同的是,邻接表法的结点空间需要逐一申请,在申请空间的同时进行赋值,可以省去初始化。下面使用 C 语言代码来实现创建图的算法。

```
//邻接表法创建无向图
void CreateAdjGraph(GraphAdjList * G)
{
    int i, j, k;
    EdgeNode * e;
    printf("请输入顶点与边的数目,以逗号分隔: ");
```

```
scanf("%d,%d", &G->n, &G->e);                    //输入顶点与边的数目
//①头结点(顺序表)部分
for (i=0; i <G->n; i++)
{
    scanf("%d",&G->adjList[i].data);             //输入顶点信息
    G->adjList[i].firstedge=NULL;                //将顶点链表置为空
}
//②表结点(链表)部分
for (k=0; k <G->e; k++)                          //建立边表
{
    printf("输入边: \n");
    scanf("%d,%d", &i, &j);                      //输入边
    e= (EdgeNode * )malloc(sizeof(EdgeNode));    //为表结点开辟空间
    //表结点赋值
    e->adjvex=j;                                 //邻接点序号
    e->next=G->adjList[i].firstedge;             //头插法插入结点 j
    G->adjList[i].firstedge=e;
    //头插法插入结点 i
    e= (EdgeNode * )malloc(sizeof(EdgeNode));
    e->adjvex=i;
    e->next=G->adjList[j].firstedge;
    G->adjList[j].firstedge=e;
}
}
```

CreateAdjGraph()函数基于邻接表法创建矩阵。第①部分是创建和初始化头结点,相当于创建了一个一维数组,并对数组中元素一一赋值,数组元素为顶点相关数据和指针,其时间复杂度只与结点数目有关,为 $O(n)$;第②部分是创建每个顶点的链表,以第①部分中的指针部分作为链表的头部,其时间复杂度只与边的数目有关,为 $O(e)$。所以,对一个有 n 个顶点和 e 条边的图来说,使用邻接表法表示图时,创建图的时间复杂度为 $O(n+e)$。

邻接表存储虽然解决了邻接矩阵存储中的问题,但是在获取有向图入度时,需要遍历整个邻接表。这是因为使用邻接表存储时,以弧头为主依次存储了它的邻接点,那么链表中表结点的数目即为顶点的出度。反之,若以弧尾为主,以终点作为头结点使终点相同的顶点链成链表,这样就可以很容易地获取顶点的入度。称以这种方法创建的表为逆邻接表。图 7-9 中有向图 G_1 的逆邻接表如图 7-10 所示。

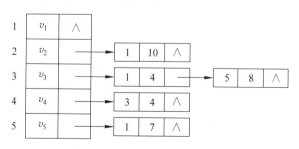

图 7-10　有向图 G_1 的逆邻接表

7.2.3　图的十字链表存储

使用邻接表可以方便地获取有向图顶点的出度,使用逆邻接表可以方便地获取有向图顶点的入度,那么有没有方法可以将这两种存储方式结合起来呢? 答案是肯定的。

邻接表的头结点中已经有了指向该结点邻接点的指针,通过这个指针链接起来的顶点的数目是该顶点的出度。为了方便获取该顶点的入度,可以借鉴逆邻接表,在头结点中新增一个域,这个域中的指针指向以该顶点为弧尾的第一个邻接点;同时在表结点中增加两个域,另一个域用来存放邻接边弧头的编号,另一个域用来存放邻接边的弧头指针。改良后的结点如图 7-11 所示,灰色部分为新增的域。

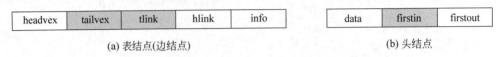

(a) 表结点(边结点)　　　　　　　　　　　(b) 头结点

图 7-11　十字链表的表结点和头结点

以顶点 v_i 为例。在头结点中,data 域仍旧存放顶点的编号;firstin 域存放一个指针,该指针指向第一个以 v_i 为弧尾的表结点;firstout 域存放一个指针,对应于邻接表中的 firstarc 域,该指针指向第一个以 v_i 为弧头的表结点。

在表结点中,headvex 域对应邻接表中的 adjvex 域,存放该顶点邻接点(弧尾结点)的编号;hlink 域对应邻接表中的 nextarc 域,将邻接点链接成一个链表;info 域依旧存放与边相关的信息;tailvex 域和 tlink 域为新增域,分别存放该边弧头结点的编号和弧尾指针,弧尾指针将所有 tailvex 域为 v_i 的表结点链接成一个链表。

图 7-12 给出了图 7-1 中有向图 G_1 的十字链表存储示例。其中以虚线①②链接成的链表是以 v_3 为弧尾的顶点与 v_3 的 firstin 指针构成的链表,这个链表中表结点的数目即 v_3 的入度。

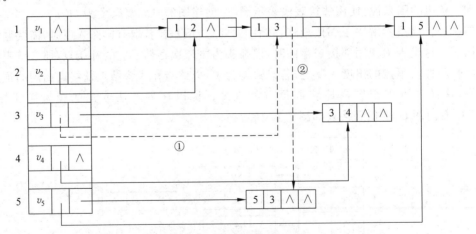

图 7-12　十字链表存储示例

这种存储方式类似于稀疏矩阵的十字链表存储,其表结点也像处于一个十字路口,称为图的十字链表存储,它是一种针对有向图的存储方式。下面给出十字链表存储的数据定义。

```
//十字链表存储的相关结构定义
#define MAX_VERTEX_NUM 100
//表结点
typedef struct EdgeNode
{
    int headvex;                          //弧头编号
    int tailvex;                          //弧尾编号
    struct EdgeNode * tlink, * hlink;     //弧头指针、弧尾指针
    int info;                             //边相关信息
}EdgeNode;
//头结点
typedef struct
{
    int data;                             //顶点相关信息
    EdgeNode * firstin, * firstout;       //向第一个邻接点和第一个逆邻接点
}VertexNode, GList[MAX_VERTEX_NUM];
//图的结构定义
typedef struct
{
    GList list;                           //十字链表
    int n;                                //顶点数目
    int e;                                //边的数目
}CGraph;
```

使用十字链表存储,获取出度和入度都很方便,因为很容易遍历以 v_i 为顶点的弧,也很容易遍历以 v_i 为终点的弧。十字链表存储结构虽然复杂,但是创建图的算法并不难,只是在邻接表的基础上多了一些定义和赋值语句。下面给出十字链表存储构建有向网图的代码。

```
//采用十字链表存储法构造有向网图 G
void CreateCGraph(CGraph * G)
{
    int i, j, k;
    int info;
    EdgeNode * p;
    VertexNode v1, v2;
    printf("请输入顶点与边的数目,以,分隔:");
    scanf("%d,%d ", &G->n, &G->e);
    //①构造头结点表
    printf("请输入%d 个顶点的值:\n", G->n, MAX_VERTEX_NUM);
    for (i=0; i<G->n; i++)
    {
        scanf("%s", &G->list[i].data);        //输入顶点值
        G->list[i].firstin=NULL;              //初始化链表指针
        G->list[i].firstout=NULL;
    }
    //②构造表结点表
    printf("请输入%d 条弧的弧尾和弧头(空格为间隔)和边信息:\n", G->e);
    for (k=0; k<G->e; k++)
    {
```

```
        scanf("%d%d%d", &i, &j, &info);
        p=(EdgeNode *)malloc(sizeof(EdgeNode));        //产生表结点
        p->tailvex=i;                                  //对表结点赋值
        p->headvex=j;
        p->info=info;
        //完成在入弧和出弧链表表头的插入
        p->hlink=G->list[j].firstin;
        p->tlink=G->list[i].firstout;
        G->list[j].firstin=G->list[i].firstout=p;
    }
}
```

十字链表存储构造图与邻接矩阵存储构造图的大致步骤相同,也分为一个顺序表的构造和一个链表的构造。在构造算法中,①部分的时间复杂度为 $O(n)$,即图中顶点的数目;②部分的时间复杂度为 $O(e)$,即图中边的数目。所以整个算法的时间复杂度为 $O(n+e)$。已知邻接表存储构造图的时间复杂度也为 $O(n+e)$,可见虽然十字链表存储结构较邻接表存储结构略复杂,但是时间消耗是相同的,所以在有些有向图的应用中,十字链表存储是一种很有用的存储方式。

7.2.4 图的邻接多重表存储

邻接多重表是一种针对无向图的存储。虽然在邻接表存储中可以方便地遍历无向图的顶点和边,但是无向图中相同的表结点存在于两个链表中。若要对无向图的边进行操作,需要对两个链表中表示同一条边的表结点进行相同的操作,这其实还是比较麻烦的。因此,引出邻接多重表来存储无向图。

邻接多重表使用一个结点存储邻接表中的两个结点,这要求它要修改表结点结构。邻接多重表应该存储一条边的两个顶点编号和两个指向不同链的指针,同时它还应该有一个标志位,标志该表结点是否已被访问。邻接多重表的表结点如图 7-13 所示。

flag	vertex1	vertex2	link1	link2

图 7-13　邻接多重表的表结点

其中 flag 域存储标志位,vertex1 域和 vertex2 域存储一条边的两个顶点的编号,link1 域和 link2 域存储链接不同链表的指针。如果需要存储边的相关数据,可以再设置一个数据域。

图 7-14 中给出了无向图 G 与 G 的邻接多重表存储示例。

在图 7-14 中,所有依附于同一个顶点的表结点串联在同一链表中。因为一条边包含两个顶点,所以每一个表结点同时存在于这两个顶点的链表中。给图中的 5 个表结点编号为 $a \sim e$,那么顶点 $v_1 \sim v_4$ 所在的链表包含的表结点分别为

$$v_1: a \rightarrow c \rightarrow d$$
$$v_2: a \rightarrow b$$
$$v_3: c \rightarrow b \rightarrow e$$
$$v_4: d \rightarrow e$$

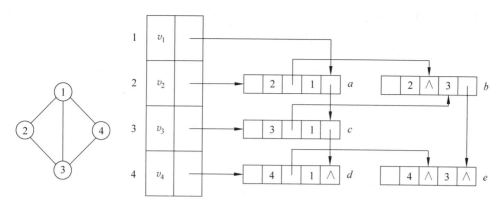

图 7-14 无向图 G 与 G 的邻接多重表存储示例

邻接多重表的顺序表部分与邻接表完全相同,在链表部分,邻接多重表将邻接表两个相同的表结点结合在一起,每个表结点只比邻接表多一个指针域和一个标志域。邻接多重表所需存储空间与邻接表大致相同,结构定义也相差无几。下面给出邻接多重表的数据结构定义。

```
//图的邻接多重表存储定义
#define MAX_VERTEX_NUM 200
//表结点
typedef struct EdgeNode
{
    union                         //标志位
    {
        int visited;
        int unvisited;
    }flag;
    int vexi;                     //边的两个端点
    int vexj;
    struct EdgeNode * ilink;      //分别指向依附这两个顶点的下一条边
    struct EdgeNode * jlink;
    int info;                     //与边相关的数据
}EdgeNode;

                                  //头结点
typedef struct VertexNode
{
    int data;                     //顶点数据
    EdgeNode * firstedge;         //指向第一条依附该顶点的边

}VertexNode;
//结构定义
typedef struct
{
    VertexNode adjmulist[MAX_VERTEX_NUM];
    int n;
    int e;
}AMLGraph;
```

邻接多重表存储时创建图的算法与其他几种存储方式创建图的算法大同小异,读者可以根据前面所学的知识,自行写出邻接多重表存储创建图的算法。

7.3　图的遍历

从图中的任一顶点出发,对图中的所有顶点进行访问,并且每个顶点只访问一次,这个过程称为图的遍历。如果给定的图是连通的,那么遍历过程一次就能完成;但图若是不连通的,就要根据需求选择多个顶点,多次执行遍历过程。

图的遍历方法有两种,分别为深度优先遍历和广度优先遍历。

7.3.1　深度优先遍历

深度优先遍历(Depth First Search,DFS)是树的先序遍历的推广,它的基本思想是:任意选定图中一个顶点 v,从顶点 v 开始访问,然后选定 v 的一个没有被访问过的邻接点 w,对顶点 w 进行深度优先遍历,直到图中与当前顶点邻接的顶点全部被访问为止。如果当前仍有顶点尚未访问,则从未访问的顶点中任选一个顶点,执行前述遍历过程。显然这个遍历过程是一个递归的过程。

在树中讲解了 4 种遍历方法,根据不同的遍历方法可以获取唯一确定的路径。但是图中顶点的顺序是任意的,到达每个顶点的路径可能有多条,并且图中可能存在回路,在遍历的过程中一个顶点可能被重复访问多次。为了避免这个问题,设置一个数组来记录每个顶点的访问状态。

以顶点 v 为首,在遍历的过程中,设置下面两个辅助变量:①状态数组 visited[]。这个数组用来记录每个顶点的状态,当顶点 i 被访问时,它的 visited[i] 状态从 0 修改为 1,表示这个顶点已经被访问。②记录当前访问位置的栈 stack[]。每访问一个顶点,就让顶点入栈。若遇到一个顶点,该顶点不存在未被访问的邻接点,则从栈中弹出一个顶点 u,检查顶点 u 的邻接点是否被访问,并访问其中未被访问的顶点。当栈为空时,代表与顶点 v 连通的所有顶点遍历完毕。这个栈存在于该程序运行时的生命周期中(从定义处到程序结束)。

如果经过上述过程,图中所有顶点均已被访问,那么遍历结束。否则,要另选一个未访问的顶点作为起点,重复上述过程,直到图中所有顶点都被访问为止。

以图 7-15 中的无向图 G 为例说明图的遍历过程。为了陈述方便,在遍历过程中,若一个顶点有多个邻接点,优先选择靠左的邻接点。

参照图 7-15(b)理解无向图的遍历。首先选定 A 作为第一个访问的顶点。在访问了顶点 A 后,选择靠左的顶点 B,检测到顶点 B 尚未被访问;其次从顶点 B 出发进行搜索。之后依次选择顶点 D、H、F 进行访问。此时,栈 stack 中存储的元素从底到顶依次为 A、B、D、H、F,如图 7-16 中的左图所示。

当 F 访问完毕时,本该去访问它的邻接点 B 和 H,但是检测到 B 和 H 在状态数组 visited[] 中的状态均为已访问,于是将栈 stack 中的 F 弹出。检测之后的栈顶元素 H,发现 H 的邻接点状态同样为已访问,于是将 H 弹出。继续检测栈顶数据,若栈顶的数据其邻接点为已访问,则弹出该元素,检查新的栈顶元素。

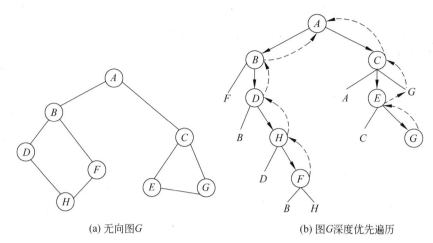

(a) 无向图 G　　　　　　　　　(b) 图 G 深度优先遍历

图 7-15　深度优先遍历示例

直到检测到栈底元素 A，发现 A 有一个邻接点 C 未被访问，于是以 C 为顶点继续遍历，遍历的次序为 C、E、G，并将这三个顶点依次入栈，此时栈中的元素为 A、C、E、G，如图 7-16 中的右图所示。

遍历到顶点 G 时，发现其邻接点均已访问，弹出 G 并检测新的栈顶。直到栈为空，与 A 连通的所有顶点均已访问。

此时检查状态数组 visited[]，其中没有状态为 0 的顶点，表明图 G 中所有顶点均已被访问，图 G 遍历完毕。

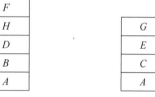

图 7-16　栈 stack

图 7-15 中的图 G 为一个连通图，若非连通图，在一轮遍历结束之后，数组 visited[] 中应仍有状态为 0 的顶点，此时只需选取这些顶点中的一个，再次执行遍历步骤即可。

下面分别给出了以邻接矩阵存储图和以邻接表存储图时的深度优先递归算法。

```
//①基于邻接矩阵存储的深度优先递归算法
int visited[MAX_VERTEX_NUM]={ 0 };          //访问状态数组,初始化为 0,表示未被访问
void DFS(Graph G, int i)
{
    int j;
    //将当前访问的顶点状态修改为 1,表示已被访问
    visited[i]=1;
    printf("%d ", G.vexs[i]);                //打印顶点(或者需要的其他操作)
    for (j=0; j<G.n; j++)
    {
        //若该路径存在且邻接点 j 未被访问,则访问顶点 j
        if (G.edges[i][j]==1 && visited[j]==0)
            DFS(G, j);
    }
}
```

```
//②基于邻接表存储的深度优先递归算法
int visited[MAX_VERTEX_NUM]={ 0 };        //访问状态数组,初始化为 0,表示未被访问
void DFS(GraphAdjList GL, int i)
{
    EdgeNode * p;
    visited[i]=1;
    printf("%d ", GL.adjList[i].data);    //打印顶点 (或需要的其他操作)
    p=GL.adjList[i].firstedge;
    while (p)
    {
        if (!visited[p->adjvex])
            DFS(GL, p->adjvex);           //对未访问的邻接点进行递归调用
        p=p->next;
    }
}
```

以上两个算法大致相同,只因图的存储结构不同,所以在取值操作时有所差异。对于一个顶点数目为 n,边数目为 e 的图:算法①中使用邻接矩阵存储图,在访问每个顶点的邻接点时,需要访问整个 n 阶邻接矩阵,所以其时间复杂度为 $O(n^2)$;算法②中使用邻接表存储图,算法的时间复杂度只与其顶点数目 n 和边的数目 e 有关,是查找邻接点的时间复杂度 $O(n)$ 与查找边的时间复杂度 $O(e)$ 之和,为 $O(n+e)$。

所以当对图进行遍历操作,且相对来说边数少于顶点数目时,使用邻接表存储可使代码运行效率提高。

7.3.2　广度优先遍历

广度优先遍历(Breadth First Search,BFS)类似于树的按层遍历。它的基本思想是:任意选定一个顶点 v 开始本次访问,在访问过 v 之后依次访问 v 的待访问(尚未被访问)邻接点,并将已访问的顶点放入队列 Q。按照 Q 中顶点的次序,依次访问这些已被访问过的顶点的邻接点。如果队头的顶点不存在待访问邻接点,让队头顶点出队,访问新队头的待访问邻接点,如此直到队列为空。

广度优先遍历同样需要一个状态数组 visited[]。执行到此处,如果图是连通图,那么图中所有的顶点此时应均已被访问;如果图非连通图,此时队列 Q 为空,但 visited[]数组中应有顶点为未被访问状态,需另选一个未被访问的顶点,对其再次执行广度优先遍历过程。

广度优先遍历算法不是一个递归的过程。当然它可以写成递归,但是没有这个必要。因为递归的过程中系统开辟栈空间作为临时变量的存储空间,但是广度优先遍历需要的是一个队列,所以这个算法不采用递归。

以图 7-15 中的无向图 G 为例。为了简化要学习的内容,对图 G 做出调整,使它看起来层次分明,更接近一棵树,当然图 G 的逻辑结构并未有任何改变。以顶点 A 作为起始点,调整后的图 G 如图 7-17 所示。

参照图 7-17(b)理解广度遍历的基本思想:首先访问顶点 A,将顶点 A 的状态修改为已访问,并让顶点 A 进入队列。然后按照从左往右的顺序依次访问 A 的邻接点(这个顺序是任意的,只是为了便于讲解才做出的规定,读者应明白图中的顶点没有层级与先后之分),也就是 B、C。在访问的过程中需要修改状态数组 visited[]中与顶点对应的状态信息,并将

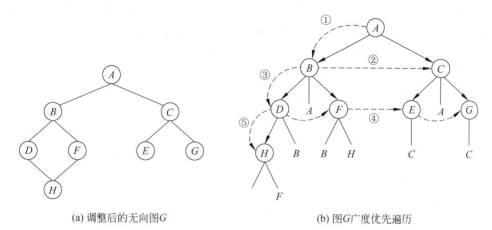

(a) 调整后的无向图 G (b) 图 G 广度优先遍历

图 7-17 广度优先遍历示例

已访问的顶点放入队列 Q。

此时队列中的元素从头到尾依次为 A、B、C,队头元素 A 的邻接点也已全部访问完毕。让队头 A 出队,之后去访问新队头 B 的待访问邻接点。B 的邻接点分别为 D 和 F,访问完毕之后,队列中的数据为 B、C、D、F。

此时队头 B 的邻接点访问完毕,按照上一步中的规则与队列中数据的顺序,继续执行"出队—访问队头邻接点"这一操作,直到队列为空,与 A 连通的所有顶点访问完毕。

因为图 G 是一个连通图,所以此时图 G 的所有顶点均已被访问,得到的顶点访问序列为 $A \to B \to C \to D \to F \to E \to G \to H$。若 G 是非连通图,此时 G 中不包含顶点 A 的其他连通分量尚未被访问,此时选取待访问顶点中的任意一个作为端点,再次执行广度优先遍历过程即可。

下面用 C 语言代码来实现广度优先遍历的算法。代码中涉及了队列的知识,这些知识在第 3 章有详细的讲述,因此这里用到的接口函数就不再重新定义。

```c
//①基于邻接矩阵的广度优先遍历
void BFS(Graph G)
{
    int i, j;
    SeqQueue Q=Create();              //创建存储顶点的队列并初始化
    for (i=0; i<G.n; i++)             //初始化状态数组
        visited[i]=0;
    for (i=0; i<G.n; i++)
    {
        if (visited[i]==0)            //若是未访问的顶点
        {
            visited[i]=1;
            printf("%d ", G.vexs[i]);
            Insert(&Q, i);            //入队
            while (!isEmpty(Q))       //若当前队列不为空
            {
                Del(Q);               //出队
                for (j=0; j<G.n; j++)
```

```
                {
                    //访问当前顶点的待访问邻接点
                    if (G.edges[i][j]==1 && visited[j]==0)
                    {
                        visited[j]=1;                //修改访问状态
                        printf("%d ", G.vexs[j]);
                        Insert(&Q, j);               //入列
                    }
                }
            }
        }
    }
}
```

```
//②基于邻接表的广度优先遍历
void BFS(GraphAdjList GL)
{
    int i;
    EdgeNode * p;
    SeqQueue Q=Create();                     //创建一个存放顶点的队列
    for (i=0; i<GL.n; i++)
        visited[i]=0;                        //初始化访问状态
    for (i=0; i<GL.n; i++)
    {
        if (!visited[i])
        {
            visited[i]=1;
            printf("%d ", GL.adjList[i].data);
            Insert(&Q, i);                   //入队
            while (!isEmpty(Q))
            {
                Del(Q);                      //出队
                //找到当前顶点边表的链表头指针
                p=GL.adjList[i].firstedge;
                while (p)
                {
                    if (visited[p->adjvex]==0)    //若此顶点未被访问
                    {
                        visited[p->adjvex]=1;
                        printf("%d ", GL.adjList[p->adjvex].data);
                        Insert(&Q, p->adjvex);    //入队
                    }
                    p=p->next;
                }
            }
        }
    }
}
```

针对广度优先遍历的两种算法之间的差异也是由于图的基础存储结构不同。它们和对

应结构的深度优先遍历算法的时间复杂度相同：采用邻接矩阵存储时，时间复杂度仍为 $O(n^2)$；采用邻接表存储时，时间复杂度仍为 $O(n+e)$。所以这两种遍历方式并无优劣之分，只是重点不同。深度优先算法倾向于查找具体而明确的目标，而广度优先算法倾向于在扩大范围的同时寻找相对最优解。

7.4　最小生成树

图的应用极其广泛，最小生成树问题是图相关问题中应用最多的分支之一，在日常生活中也常有体现，本节将讲解最小生成树的概念、应用与常用的两种构造方式。

7.4.1　什么是最小生成树

1. 图的连通性问题

在 7.1.1 节中学习过的针对无向图的连通、连通分量、连通图，针对有向图的强连通、强连通分量这些概念是本节学习的基础。

7.3 节针对遍历算法的学习中也提到了连通性问题。DFS 算法和 BFS 算法都是针对连通图的，如果是非连通图，需要根据各自连通分量的数量调用相应次数的遍历算法，假如一个非连通图有 3 个连通分量，那么需要调用 3 次遍历算法才能走遍该图中所有顶点。每调用一次，已访问的顶点与相关的边就构成图的一个连通分量。

如果第一次调用遍历算法之后状态数组 visited[] 中便不存在未被访问的顶点，那说明这个图是一个连通图；如果有，说明是一个非连通图。比如图 7-4 中的非连通无向图 G，其遍历结果为两个顶点集：$V_1(G)=\{A,B,D,E\}$，$V_2(G)=\{C,F\}$。这两个顶点集也恰好是 G 中两个连通分量的顶点集。

7.3 节中给出的是针对一个连通分量或者说是一个连通图的遍历算法，要实现非连通图的遍历，需要一个简单的函数实现对 DFS 或者 BFS 算法的调用。函数实现如下：

```
//非连通图的遍历算法实现
void connected(Graph G)
{
    int i;
    for (i=0; i<G.n; i++)            //遍历顶点数组
    {
        if (visited[i]==0)          //判断顶点 i 的访问状态
        {
            DFS(G, i);              //未访问则调用遍历算法
            printf("\n");
        }
    }
}
```

显然该函数的时间复杂度和遍历算法的时间复杂度相同。

2. 最小生成树的概念

7.1.1 节中已经讲解了生成树的概念：一个连通图的生成树，是包含了该连通图全部

顶点的一个极小连通子图。顶点数目为 n 的连通图的生成树,必定具有 n 个顶点和 $n-1$ 条边。为生成树上任意添加一条原图中存在的边,将会构成回路。不同的遍历算法会产生不同的生成树。

加权图生成树的代价是指该生成树所有边的权值之和。对于一个带权图,它的生成树可能不唯一,这些生成树的权值之和也可能不尽相同,最小生成树,就是指所有生成树中权值之和最小的那一棵(或多棵)。

所以,一棵最小生成树满足下列条件:

(1)这是一棵生成树。

(2)这棵生成树的权值之和是所有生成树中最小的。

假设现在有一个无向连通图 G,有 n 个顶点。如果 T 是无向连通图 G 的一棵最小生成树,那么它包含以下性质:

(1)包含图 G 中的所有顶点,即它必定有 n 个顶点。

(2)包含图 G 中的 $n-1$ 条边。

(3)不包含回路。若为 T 任意添加一条图 G 中存在而 T 还不包含的边,T 中将会构成回路。

(4)T 是图 G 所有生成树中权值之和最小的那棵。

3. 最小生成树的应用

以一个城市的通信线路搭建为例。假设现在有 8 个城市,政府计划在这 8 个城市之间搭建通信线路,现已估算出 8 个城市每条可行线路搭建所需花费的代价,将每个城市简化为一个顶点,将两个城市之间所需代价作为顶点之间边上的权值,以一个无向图 G 来代表城市线路规划模型,如图 7-18 所示。

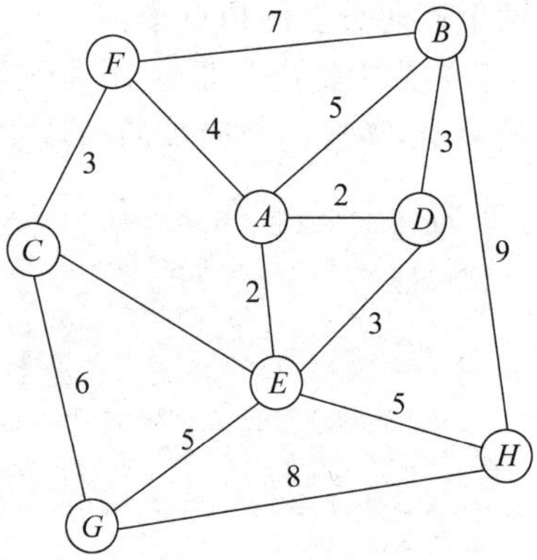

保证通信畅通是第一要素。要保证两两之间能够通信,只要保证两个顶点之间有路径即可。根据生成树的概念可知:需要在规划图 G 的所有边中选中 7 条,这7 条线路可以连接起这 8 个城市。图 7-19 中给出了一些方案,这些方案都是图 G 的生成树。

图 7-18　城市线路规划图 G

图中的边有很多,随便就能规划出几种方案,但是哪种方案才是最优的呢?通信网络的搭建伴随着财力、物力、人力等的消耗,通常最需要关注的第二个因素就是花费。根据图 7-19 中这 4 种方案各条线路上的权值,分别计算出这些方案所需的花费:

方案一:7+5+9+3+5+6+8=43

方案二:3+4+3+2+2+5+5=24

方案三:3+4+5+2+3+6+9=32

方案四:3+6+5+2+2+3+5=26

通过计算结果可以看出,方案一的花费几乎是方案二的两倍,方案四又比方案二要多消耗一些。如何才能得到既能连通所有城市,又能将花费控制在最低的线路图呢?这正是一个需要使用最小生成树思想的实例。图 7-19 中的方案二是规划图 G 的一棵最小生成树。

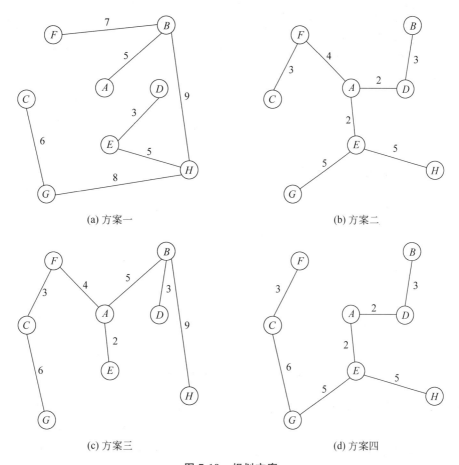

(a) 方案一	(b) 方案二
(c) 方案三	(d) 方案四

图 7-19 规划方案

那么究竟如何构造一棵最小生成树呢？通常使用 Prim(普里姆)算法和 Kruskal(克鲁斯卡尔)算法这两种算法求解。

7.4.2 Prim 算法

假设当前有一个无向连通网图 $G=(V,E)$，它的最小生成树为 $T=(U,TE)$。U 是顶点集 V 的子集，TE 是边集 E 的子集。若要求 G 的 T，需要任意选定 V 的一个顶点，初始化 $U=\{v\}(v\in V)$，以 v 到其他 $n-1$ 个顶点的所有边为候选边，重复执行以下步骤：

（1）从候选边中挑选权值最小的边加入 TE，设该边在 $V-U$ 中的顶点是 k，将 k 加入 U 中。

（2）考察当前 $V-U$ 中的所有顶点 m，修改候选边，若边 (k,m) 的权值小于原来和顶点 m 关联的候选边，则用边 (k,m) 取代后者作为候选边。

上述过程直到 $U=V$ 为止。

在这个过程中，需要两个辅助变量，记录从 U 到 $V-U$ 之间具有最小代价的边。这两个辅助变量分别为 adjvex[n] 和 lowcost[n](n 为顶点个数)，对于每个顶点 $v\in V-U$，变量 adjvex[v] 存储该边依附的、存在于 U 中的顶点，变量 lowcost[v] 域存储该边上的权值。下面以图 7-20 中的无向网图 G 为例，使用 Prim 算法构造一棵最小生成树。

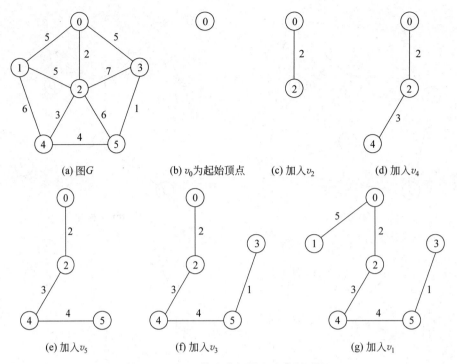

(a) 图 G　　　(b) v_0 为起始顶点　　　(c) 加入 v_2　　　(d) 加入 v_4

(e) 加入 v_5　　　(f) 加入 v_3　　　(g) 加入 v_1

图 7-20　Prim 算法求解最小生成树过程

在对图 7-20 中的图 G 求解之前需要先对辅助变量进行初始化。用 1 代表与当前顶点对应的顶点之间有边，0 代表没有边，那么 adjvex[6]＝{0,0,0,0,0,0}（初始化时将数组 adjvex[] 中元素初始化为 0，但是为了区分顶点 v_0，用 "-" 代替非顶点的 0（初始化的 0 和数值重归于 0））。选取一个足够大的值来初始化辅助变量 lowcost[]，假设这个值为 65 535，那么 lowcost[6]＝{65535,65535,65535,65535,65535,65535}，在求解过程中 lowcost[] 元素值可能出现以下情况：

（1）若 lowcost[v]＝0，则顶点 $v \in U$，表示该顶点已经被加入生成树。

（2）若 lowcost[v]＝65535，表示尚未出现依附于该顶点的边。

（3）若 0＜lowcost[v]＜65535，表明出现过依附于该顶点的边，此时若有依附于该顶点的新边出现，且边上的权值小于当前 lowcost 中记录的权值，那么应当更新 lowcost[v] 的值。

因为邻接矩阵可以清晰地看出各个顶点与其他顶点之间的关系，并能表示边上的权值，所以在这里给出邻接矩阵。当辅助数组的数据需要更新的时候，可以根据顶点编号查看对应行的邻接矩阵数据。图 G 的邻接矩阵如下：

$$\boldsymbol{G} = \begin{bmatrix} 0 & 5 & 2 & 5 & \infty & \infty \\ 5 & 0 & 5 & \infty & 6 & \infty \\ 2 & 5 & 0 & 7 & 3 & 6 \\ 5 & \infty & 7 & 0 & \infty & 1 \\ 0 & 6 & 3 & \infty & 0 & 4 \\ \infty & \infty & 6 & 1 & 4 & 0 \end{bmatrix}$$

下面给出使用 Prim 算法求解最小生成树的过程：

任意选定顶点 v_0 作为起始顶点，观察依附于 v_0 的边及其权值。对应的过程为图 7-20 (b)。此时顶点集 $U=\{v_0\}$，边集 TE 为空。在此期间需要修改辅助变量的值。顶点 v_0 与顶点 v_1、v_2、v_3 之间有边，所以将数组 adjvex[6] 对应下标为 1、2、3 的元素修改为 0，表示此处存在依附于顶点 v_0 的边。修改之后的数组为 adjvex[6]＝{-,0,0,0,-,-}；边的权值小于当前 lowcost 数组中对应值时，需要修改数组中的值，修改后的 lowcost 数据为 lowcost[6]＝{0, 5,2,5, 65535,65535}。

因为边 (v_0,v_2) 上的权值最小，所以选定边 (v_0,v_2)，将边依附的另一个顶点 v_2 加入集合 U，将边 (v_0,v_2) 加入集合 TE。此时集合的值分别为 $U=\{v_0,v_2\}$，TE＝$\{(v_0,v_2)\}$。对应的过程为图 7-20(c)。

之后为重复操作的步骤：

观察依附于 v_2（上述步骤中加入顶点集 U 的顶点）的边及其权值，并修改辅助变量的值：因为边 (v_2,v_1) 与边 (v_2,v_3) 上的权值大于边 (v_0,v_1) 与边 (v_0,v_3) 的权值，所以 adjvex 中仍然记录顶点 v_0，修改后的数组为 adjvex[6]＝{-,0,-,0,2,2}，lowcost[6]＝{0,5,0,5, 3,6}。

其中权值最小的边为 (v_2,v_4)，对应的权值为 3。将顶点 v_4 加入顶点集 U，边 (v_2,v_4) 加入边集 TE。此时集合的值分别为：$U=\{v_0,v_2,v_4\}$，TE＝$\{(v_0,v_2),(v_2,v_4)\}$。对应的过程为图 7-20(d)。

观察依附于 v_4 的边及其权值，修改辅助变量的值：adjvex[6]＝{-,0,-,0,-,4}，lowcost[6]＝{0,5, 0,5,0,4}，其中权值最小的边为 (v_4,v_5)，将顶点 v_5 加入集合 U，边 (v_4,v_5) 加入集合 TE。

其次按照算法执行与顶点 v_2、v_4 相同的步骤，依次选中顶点 v_3、v_1 和对应的边 (v_5,v_3)、(v_0,v_1)。此时顶点集 $U=V$，最小生成树构造完毕。

表 7-1 中给出了构造过程中辅助变量的变化过程以及每一步选定的数据，读者可以参考图 7-20 与上述步骤，结合表 7-1 来理解 Prim 算法的基本思想。

表 7-1 顶点选择与变量变化过程

顶点 v	lowcost[]	选中的边：权值	adjvex[]
0	lowcost[6]＝{0,4,2,5,65535,65535}	(0,2)：2	adjvex[6]＝{-,0,0,0,-,-}
2	lowcost[6]＝{0,5,0,5,3,6}	(2,4)：3	adjvex[6]＝{-,0,-,0,2,2}
4	lowcost[6]＝{0,5,0,5,0,4}	(4,5)：4	adjvex[6]＝{-,0,-,0,-,4}
5	lowcost[6]＝{0,5,0,1,0,0}	(5,3)：1	adjvex[6]＝{-,0,-,5,-,-}
3	lowcost[6]＝{0,5,0,0,0,0}	(0,1)：5	adjvex[6]＝{-,0,-,-,-,-}
1	lowcost[6]＝{0,0,0,0,0,0}		adjvex[6]＝{-,-,-,-,-,-}

在顶点 v_3 进入集合 U 之时，v_3 的邻接点已经全部进入 U，此时选择的边必定不再依附于 v_3，因此从 adjvex[] 数组获得一条边：该边依附的其中一个顶点为其对应元素下标 1，另一个顶点为 adjvex[1] 中存储的元素 0。从 lowcost[] 数组获得该边对应的权值：lowcost[] 数组中对应 adjvex[1] 的权值为 lowcost[1]＝5。所以选定的边及其权值为 (v_0,v_1)：5。

通过以上分析可知，adjvex[]数组中存储的数据与该元素对应的下标构成一条边，lowcost[]数组中存储的数据对应 adjvex[]数组中相应位置的边的权值。

结合以上讲解，下面给出用 Prim 算法求解最小生成树的算法。

```c
//Prim算法求解最小生成树
void Prim_MinTree(MGraph * G)
{
    int min, i, j, k;
    int adjvex[MAX_VERTEX_NUM];           //保存相关顶点下标
    int lowcost[MAX_VERTEX_NUM];          //保存相关顶点间边的权值
    lowcost[0]=0;                         //初始化边(0,0)权值为0，即v₀加入生成树
                                          //lowcost 的值修改为0
                                          //就表示该下标的顶点已加入生成树

    adjvex[0]=0;                          //选取顶点v₀为起始顶点
    for (i=1; i <G->n; i++)               //循环遍历除v₀外的全部顶点
    {
        lowcost[i]=G->edges[0][i];        //将v₀顶点与其邻接点边上的权值存入数组
        adjvex[i]=0;                      //adjvex[]初始化为顶点v₀的编号0
    }
    for (i=1; i <G->n; i++)
    {
        min=INF;                          //初始化最小权值为无穷大
        j=1;
        k=0;
        while (j <G->n)                   //遍历全部顶点
        {
            if (lowcost[j] !=0 && lowcost[j] <min)
            {
                //如果权值 w 满足 0<w<min
                min=lowcost[j];           //则让当前权值成为最小值
                k=j;                      //若边的权值修改，将对应顶点下标存入 k
            }
            j++;
        }
        printf("(%d,%d)", adjvex[k], k);  //打印当前顶点边中权值最小的边
        lowcost[k]=0;                     //将当前边中选中的边权值置为0
                                          //表明该下标的顶点已加入生成树

        for (j=1; j <G->n; j++)
        {
            //依附顶点 k 的边的权值小于此前尚未加入生成树的边的权值
            if (lowcost[j] !=0 && G->edges[k][j] <lowcost[j])
            {
                //则用较小的权值替换 lowcost[]中的权值
                lowcost[j]=G->edges[k][j];
                //并将 adjvex[]中对应位置的元素修改为新的依附顶点
                adjvex[j]=k;
            }
        }
    }
}
```

该算法的循环嵌套很清晰,第一个 for 循环的时间复杂度为 $O(n)$,第二个 for 循环外层时间复杂度为 $O(n)$,内层嵌套了两个并列的循环,时间复杂度都为 $O(n)$。所以这个算法的时间复杂度为 $O(n+n(n+n))$,即 $O(2n^2+n)$,也就是 $O(n^2)$。

7.4.3 Kruskal 算法

Prim 算法是以某个顶点为起点,逐条寻找依附于当前顶点的边中权值最小的边来构建最小生成树,在此过程中将用到的顶点依次加入顶点集 U 中,直到 $U=V$ 为止,其过程产物为图的一个连通子图。而 Kruskal 算法是将图的所有边依照权值排序,依次取边,直到边集 TE 中边的数目为 $n-1$ 为止,其过程产物为图的多个连通子图。

假设当前有一个无向连通网图 $G=(V,E)$,它的最小生成树为 $T=(U,TE)$。U 是顶点集 V 的子集,TE 是边集 E 的子集。构造最小生成树的步骤如下:

(1) 初始化顶点集 $U=V$,即将图中所有顶点放入顶点集 U;初始化边集 TE 为空,此时相当于图中的每一个顶点都是一个连通子图。

(2) 将图中的边按照权值递增顺序依次选取,若该边未使生成树形成环路,则加入边集 TE,否则舍弃,依次选取下一条边进行判断,直到边集 TE 中包含 $n-1$ 条边为止。

使用 Kruskal 算法求解最小生成树,需要一个存储边集的数组 $E[]$ 和记录每个顶点所在连通子图编号的数组 vset[]。

数组 $E[]$ 存储图中所有边的相关信息(顶点 u、顶点 v、权值 w),其中的元素按照权值递增排序。数组 vset[] 中存储每个顶点所在连通子图的编号,vset[i] 表示第 i 个顶点所在连通子图的编号,用于判断一条边的两个顶点加入生成树中是否会形成环路。构造开始时图中的各个顶点均不相连,每一个顶点都是一个连通子图,所以 vset[] 中的元素初始值均不相同。

由此,需要构造边的数据结构定义,其定义如下:

```
//图中边的数据结构定义
typedef struct
{
    int u;                  //起点
    int v;                  //终点
    int w;                  //权值
}Edge;
```

以图 7-20 中的无向网图 G 为例,展示使用 Kruskal 算法构建最小生成树的过程,如图 7-21 所示。

根据 Kruskal 算法求解步骤,在使用 Kruskal 算法对图 G 求解最小生成树时,首先初始化顶点集 $U=V$,初始化边集 TE$=\varnothing$。此时每个顶点相当于一个连通子图,让每个顶点的编号作为此时辅助变量 vset[] 中各个连通子图的编号,则 vset[6]$=\{0,1,2,3,4,5\}$。

假设以邻接矩阵作为图 G 的存储结构,遍历图 G 的邻接表,将其边存入数组 $E[]$ 中,并将 $E[]$ 中数据按照权值递增排序,则 $E[10]=\{(3,5,1),(0,2,2),(2,4,3),(4,5,4),(0,3,5),(2,3,5),(0,1,6),(1,2,6),(2,5,6),(1,4,7)\}$。依次取 $E[10]$ 中的边:

取 $E[0]=\{3,5,1\}$,其中(3,5)为边,1 为边上的权值。边(3,5)的顶点 v_3 和 v_5 在 vset[]

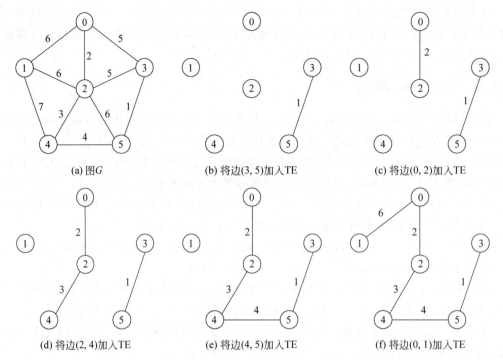

图 7-21　Kruskal 算法求解最小生成树过程

中对应的连通子图编号分别为 3 和 5,vset[3]≠vset[5],所以顶点 v_3 和 v_5 不会形成回路,将边(3,5)加入边集数组 TE 中,并将所有连通子图编号为 5 的元素数值修改为 3,这里只需修改 vset[5],使 vset[5]＝vset[3]。此时 TE＝{(3,5)},vset[6]＝{0,1,2,3,4,3}。过程产物如图 7-21(b)所示。

取 $E[1]＝\{0,2,2\}$,其中(0,2)为边,2 为边上的权值。边(0,2)的顶点 v_0 和 v_2 在 vset[] 中对应的连通子图编号分别为 0 和 2,vset[0]≠vset[2],所以顶点 v_0 和 v_2 不会形成回路,将边(0,2)加入边集数组 TE 中,并将所有连通子图编号为 2 的元素数值修改为 0,这里只需修改 vset[2],使 vset[2]＝vset[0]。此时 TE＝{(3,5),(0,2)},vset[6]＝{0,1,0,3,4,3}。过程产物如图 7-21(c)所示。

其后依次选取 $E[]$ 中元素 $E[2]$、$E[3]$,并将边(2,4)、(4,5)加入边集 TE 中。边(2,4)加入 TE 后,TE＝{(3,5),(0,2),(2,4)},vset[6]＝{0,1,0,3,0,3},过程产物如图 7-21(d)所示。边(4,5)加入边集 TE 后,TE＝{(3,5),(0,2),(2,4),(4,5)},将所有 vset[] 值为 vset[5],即 vset[] 中所有值为 3 的元素的数值修改为 0,则 vset[6]＝{0,1,0,0,0,0}。过程产物如图 7-21(e)所示。

之后按照求解步骤,本该选取 $E[4]＝\{0,3,5\}$,但是 vset[] 数组中 vset[0]＝vset[3]＝0,选择边(0,3)会构成回路,所以放弃这一条边。选择下一条边 $E[5]＝\{2,3,5\}$,同样因为 vset[2] 与 vset[3] 值相等,会构成回路,所以选择放弃。

继续往后选择 $E[]$ 中的元素,$E[6]＝\{0,1,6\}$。此时 vset[0]＝0,vset[1]＝1,vset[0] ≠vset[1],添加边(0,1)不会构成回路,所以选定此边。添加此边后边集 TE＝{(3,5),(0,2),(2,4),(4,5),(0,1)},vset[6]＝{0,0,0,0,0,0}。

到这里,边集 TE 中已有 6-1=5 条边,最小生成树构造完成,结果如图 7-21(f)所示。
结合以上讲解,下面给出求解最小生成树的 Kruskal 算法。

```
//排序算法
void Sort(Edge E[], int e)
{
    int i, j;
    for (i=0; i < e -1; i++)
    for (j=0; j < e - i -1; j++)
    {
        if (E[j].w>E[j+1].w)
        {
            Edge tmp=E[j];
            E[j]=E[j+1];
            E[j+1]=tmp;
        }
    }
}
//Kruskal算法求解最小生成树
void Kruskal_MinTree(MGraph * G)
{
    int i, j, u1, v1, sn1, sn2, k;
    int vset[MAX_VERTEX_NUM];              //存放下标对应的顶点所属的连通子图编号
    Edge E[MAX_EDGE_NUM];                  //存放图 G 中的所有边
    k=0;
    //将图转化为边集数组
    for (i=0; i <G->n; i++)
    for (j=0; j <i+1; j++)
    {
        //遍历邻接矩阵,并将存在的权值存入边集数组 E[]
        if (G->edges[i][j] && G->edges[i][j] !=INF)
        {
            E[k].u=i;
            E[k].v=j;
            E[k].w=G->edges[i][j];
            k++;
        }
    }
    //排序
    Sort(E, k);                            //排序算法:将边集 E 中的元素按权值大小升序排列
    for (i=0; i <G->n; i++)
        vset[i]=i;                         //初始化 vset[]数组,每个顶点相当于一个连通子图
    k=1;                                   //记录已加入生成树中的边的数目
    j=0;                                   //E 中边的下标,从 0 开始
    //寻找合适的边
    while (k <G->n)
    {
        u1=E[j].u;
        v1=E[j].v;
        sn1=vset[u1];                      //分别得到一条边两个顶点所属的集合编号
```

```
        sn2=vset[v1];
        if (sn1 !=sn2)
        {
            //两个顶点属于不同集合,该边可以作为最小生成树的一条边
            printf("(%d,%d):%d\n", u1, v1, E[j].w);
            k++;                    //边计数加 1
            for (i=0; i <G->n; i++)
            if (vset[i]==sn2)       //统一两个集合的编号
                vset[i]=sn1;
        }
        j++;                        //扫描下一条边
    }
}
```

Kruskal算法中涉及排序,在后面的章节会详细讲解,此时只需要知道它的作用是将边集数组 $E[]$ 中的数据按照权值的大小递增排序,它的时间复杂度为 $O(n^2)$ 即可。需要重点掌握的是该算法如何在边集数组中找到合适的边,这一部分算法包含在 while 循环中。while 循环从 e 条边中寻找 $n-1$ 条边,最坏情况执行 e 次,其中的 for 循环执行 n 次,因为 while 循环的时间复杂度为 $O(n^2+e)$,对于连通无向图,$e>(n-1)$,所以使用 Kruskal 算法构造最小生成树的时间复杂度为 $O(n^2)$。

7.5 最短路径

出行可以说是每个人都避免不了的问题。出行需要确定起点和终点,而从起点到达终点,也许会经过多个站点,也能构成多条不同的路线。

那么该如何选择呢? 相信大家也都有过类似经验。假设从 A 地到 B 地,之间由多个站点和多路汽车构成了不同的路线:耗时久,但是乘客少,无换乘,可直达,按照这种需求规划出了路线 P、Q、R;有换乘,但是不拥堵,整体耗时较短,根据这种需求规划出了路线 R、X、Y;同时可以根据其他的需求,再将规划的路线分类并排列。这些方案各有各的好处,乘客往往会根据需要选择不同的方案。

如何在一类方案中选择最适合的一个呢? 通常可以将站点视为图中的顶点,根据不同的需求,为边设置不同的权值,然后根据两个顶点之间路径的权值之和选择权值最小的路径,这样,乘车问题就转化成了图的相关问题求解,也就是本节要讨论的最短路径问题。

在 7.1 节中提到过路径长度——路径长度指一条路径上经过的边的数目。但是这个路径长度只针对非网图,因为非网图的边上没有权值,所以路径上经过的边的数目即为路径长度。对于网图,一条路径的长度,指的是该路径上经过的边的权值之和,所有路径中权值之和最小的那条为最短路径。

假设现有一个带权有向图 G,给定其中一个顶点 v,希望能获取从顶点 v 到其余各个顶点的最短路径。例如对图 7-22(a)中的有向网图 G,给定顶点 v_0,求从顶点 v_0 到其余各顶点的最短路径,求解结果如图 7-22(b)所示。

以交通系统为例,乘车方向不同,乘车时间不同,交通网络的客流量就有差异,拥堵情况不同,线路上的权值也有所差别。其他类似问题大多也如此,显然研究有向网图更具实际

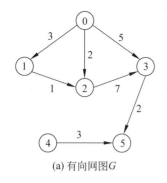

源点	终点	最短路径	路径长度
	v_1	(v_0, v_1)	3
	v_2	(v_0, v_2)	2
v_0	v_3	(v_0, v_2, v_3)	9
	v_4	无	∞
	v_5	(v_0, v_2, v_3, v_5)	11

(a) 有向网图 G　　　　　　　　　　(b) 最短路径

图 7-22　最短路径示例

意义。

通常称路径上的第一个点为源点,最后一个点为终点。非网图可以看作边上权值为 1 的网图。在本节中,主要讨论两种较为常见的最短路径问题以及求解这两种路径的算法。

7.5.1　从源点到其他顶点的最短路径

假设要从一个地点去往其他多个不同的地点。例如以家为源点,终点可能是学校,可能是商场,可能是公园,以及其他各种地方。将每个地点视为图中的一个顶点,可以这种情况抽象为研究有向网图中从源点到其他顶点最短路径的问题。

解决这类问题,通常使用 Dijkstra(迪杰斯特拉)算法。

Dijkstra 算法的基本思想是:设 $G=(V,E)$ 是一个带权有向图,把图中顶点集合 V 分为两组,一组为已求出最短路径的顶点集 S,另一组为未确定最短路径的顶点集 U。初始时 $S=\{v\}$,之后按照最短路径长度的递增次序,每求得一条最短路径 $(v,\cdots,k)$,就将 k 加入到集合 S 中,直到全部顶点都加入到 S 中,算法结束。

下面通过分析具体实例来学习 Dijkstra 算法的基本求解思路。以图 7-23 中的有向网图 G 为例。

假设给定顶点 v_0,求解从 v_0 到其余 6 个顶点 $v_1 \sim v_6$ 的最短路径。因为在求解过程中顶点是逐个遍历的,其最短路径会根据实际情况更新,所以需要设置辅助变量去记录当前找到的从源点 v 到各个终点的最短路径,设这个辅助变量为 dist []。对辅助变量 dist[] 初始化:若边 (v,v_i) 存在,则 dist[i] 为边上权值,否则 dist[i] 为 ∞。在寻找路径时,若有 dist[j] >

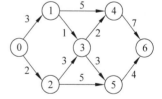

图 7-23　有向网图 G

$c_{vi}+w_{ij}$,则使 dist[j]$=c_{vi}+w_{ij}$(c_{vi} 为从源点 v 到终点 i 最短路径的长度,w_{ij} 为弧 $<i,j>$ 上的权值)。

对算法的基本数据初始化:已求出最短路径的顶点集 $S=\{v_0\}$,未确定最短路径的顶点集 $U=\{v_1,v_2,v_3,v_4,v_5,v_6\}$,辅助变量 dist[7]$=\{0,3,2,\infty,\infty,\infty,\infty\}$。其中 dist[0] 表示从顶点 v_0 到其自身的路径长度为 0,dist[3]~dist[6] 表示从源点 v_0 到顶点 v_3、v_4、v_5、v_6 尚无路径,记为 ∞。

然后重复下列操作 $n-1$ 次,便可找到到达每个顶点的最短路径:

(1) 从 dist[] 数组中找到当前值最小的 dist[j],即 dist[j]$=$Min$\{$dist[i]$|i\in E(G)\}$。

以初始状态为例，只需比较源点与其邻接点之间边上的权值。显然弧$<v_0,v_2>$的权值小于弧$<v_0,v_1>$的权值，所以选定弧$<v_0,v_2>$，此时弧$<v_0,v_2>$即为从源点v_0到终点v_2的最短路径。

（2）将新得的顶点u加入已求出最短路径的顶点集S。

第一遍操作添加v_0邻接边$<v_0,v_2>$的另一个端点v_2。此时$S=\{v_0,v_2\}$，$U=\{v_1,v_3,v_4,v_5,v_6\}$。

（3）以顶点u为新的中间点，修改顶点v到U中各顶点的距离。

因为通过顶点v_2可以访问到顶点v_3，其路径长度为$dist[2]+w_{23}=5<dist[3]$，所以修改$dist[]$中的$dist[3]$为5。同样可以访问到v_5，$dist[2]+w_{25}=7<\infty$，所以修改$dist[5]$为7。此时$dist[7]=\{0,3,2,5,\infty,7,\infty\}$。

（4）重复步骤（1）至（3）。直到集合U为空，或集合S包含所有终点为止。

在$dist[]$中依次选择源点v到集合U所有顶点中路径长度最小的顶点，比较该顶点已存储的$dist[]$值和当前获得的最短路径长度加上新出现的弧的权值，选择较小的那个作为$dist[i]$的值，即使$dist[j]=\min\{dist[j],c_{ui}+w_{ij}\}$。一般对于一个有$n$个顶点的有向网图，只需执行这些步骤$n-1$次，便可获取最短路径。

对7-23中的有向图G使用Dijkstra算法求解最短路径，过程中S、U、$dist[]$的变化情况与路径选择如表7-2所示。

表 7-2　Dijkstra 算法求解最短路径

步骤	数 据 变 化	图　　示	步 骤 说 明
①	$S=\{v_0\}$ $U=\{v_1,v_2,v_3,v_4,v_5,v_6\}$ $dist[7]=\{0,3,2,\infty,\infty,\infty,\infty\}$		初始状态： 可到达 v_1、v_2。
②	$S=\{v_0,v_2\#\}$ $U=\{v_1,v_3,v_4,v_5,v_6\}$ $dist[7]=\{0,3,2,5\#,\infty,7\#,\infty\}$		第一遍操作： a. 选中弧$<v_0,v_2>$ b. 将 v_2 添加到 S c. 修改 $dist[]$ 中的数据 d. 可到达 v_1、v_2、v_3、v_5 e. 当前最短路径为 $v_0 \rightarrow v_2$
③	$S=\{v_0,v_2,v_1\#\}$ $U=\{v_3,v_4,v_5,v_6\}$ $dist[7]=\{0,3,2,4\#,8\#,7,\infty\}$		第二遍操作： a. 选中弧$<v_0,v_1>$ b. 将 v_1 添加到 S c. 修改 $dist[]$ 中的数据 d. 可到达 v_1、v_2、v_3、v_4、v_5 e. 当前最短路径为 $v_0 \rightarrow v_2$，$v_0 \rightarrow v_1$

步骤	数据变化	图 示	步骤说明
④	$S=\{v_0,v_2,v_1,v_3 \sharp\}$ $U=\{v_4,v_5,v_6\}$ $\mathrm{dist}[7]=\{0,3,2,4,6\sharp,7,\infty\}$		第三遍操作: a. 选中弧 $<v_1,v_3>$ b. 将 v_3 添加到 S c. 修改 dist[]中的数据 d. 可到达 v_1、v_2、v_3、v_4、v_5 e. 当前最短路径为 $v_0\rightarrow v_2$，$v_0\rightarrow v_1\rightarrow v_3$
⑤	$S=\{v_0,v_2,v_1,v_3,v_4 \sharp\}$ $U=\{v_5,v_6\}$ $\mathrm{dist}[7]=\{0,3,2,4,6,7,13\sharp\}$		第四遍操作: a. 选中弧 $<v_3,v_4>$ b. 将 v_4 添加到 S c. 修改 dist[]中的数据 d. 可到达 v_1、v_2、v_3、v_4、v_5、v_6 e. 当前最短路径为 $v_0\rightarrow v_2$，$v_0\rightarrow v_1\rightarrow v_3\rightarrow v_4$
⑥	$S=\{v_0,v_2,v_1,v_3,v_4,v_5 \sharp\}$ $U=\{v_6\}$ $\mathrm{dist}[7]=\{0,3,2,4,6,7,11\sharp\}$		第五遍操作: a. 选中弧 $<v_2,v_4>$ b. 将 v_5 添加到 S c. 修改 dist[]中的数据 d. 可到达 v_1、v_2、v_3、v_4、v_5、v_6 e. 当前最短路径为 $v_0\rightarrow v_2\rightarrow v_5$，$v_0\rightarrow v_1\rightarrow v_3\rightarrow v_4$
⑦	$S=\{v_0,v_2,v_1,v_3,v_4,v_5,v_6 \sharp\}$ $U=\{\ \}$ $\mathrm{dist}[7]=\{0,3,2,4,6,7,11\}$		第六遍操作: a. 选中弧 $<v_2,v_4>$ b. 将 v_5 添加到 S c. 修改 dist[]中的数据 d. 可到达 v_1、v_2、v_3、v_4、v_5、v_6 e. 当前最短路径为 $v_0\rightarrow v_1\rightarrow v_3\rightarrow v_4$，$v_0\rightarrow v_2\rightarrow v_5\rightarrow v_6$

通过表中表述的步骤,可以发现一个规律:对于一条最短路径,前面步骤中产生的最短路径总是包含在后面产生的最短路径中,即较长的最短路径必定包含次长的最短路径。例如,对于步骤⑤中产生的从 v_0 到 v_4 的路径,该路径经过顶点 v_3,已知 v_0 到 v_3 的最短路径为 $v_0\rightarrow v_1\rightarrow v_3$(步骤④),那么 v_0 到 v_4(较长)的最短路径必然包含 v_0 到 v_3 的整个最短路径。

表 7-2 中只给出了两条最长路径,其余路径涵盖在这两条路径中。经过 6 次重复操作,获取顶点 v_0 到其余 6 个顶点($v_1 \sim v_6$)的最短距离分别为 3、2、4、6、7、11。

结合以上讲解,下面给出 Dijkstra 算法求解最短路径的算法:

```
//输出从顶点 v 出发的所有最短路径
void Dispath(MGraph * G, int dist[], int path[], int S[], int v)
{
    int i, j, k;
    int apath[MAX_VERTEX_NUM], d;           //存放一条最短路径(逆向存放)及其顶点个数
```

```c
    for (i=0; i<G->n; i++)                  //循环输出从顶点 v 到顶点 i 的路径
    {
        if (S[i]==1 && i !=v)
        {
            printf("顶点%d 到顶点%d 的路径长度:%d\t 路径:", v, i, dist[i]);
            d=0;
            apath[d]=i;                     //添加路径上的终点
            k=path[i];
            if (k==-1)                      //不存在路径
                printf("无路径\n");
            else                            //存在路径
            {
                while (k !=v)               //输出路径
                {
                    d++;
                    apath[d]=k;
                    k=path[k];
                }
                d++;
                apath[d]=v;                 //添加路径上的起点
                printf("%d", apath[d]);     //先输出起点
                for (j=d-1; j>=0; j--)
                printf(",%d", apath[j]);
                    printf("\n");
            }
        }
    }
}
//Dijkstra 算法求解最短路径
void Dijkstra(MGraph * G, int v)
{
    int dist[MAX_VERTEX_NUM], path[MAX_VERTEX_NUM];
    int S[MAX_VERTEX_NUM];
    int mindis, i, j, u;
    for (i=0; i<G->n; i++)
    {
        dist[i]=G->edges[v][i];             //初始化路径长度数组 dist[]
        S[i]=0;                             //S[]置空
        if (G->edges[v][i] <INF)            //路径初始化
            path[i]=v;                      //顶点 v 到顶点 i 有边时
                                            //置顶点 i 的前一个顶点为 v
        else
        path[i]=-1;
    }
    S[v]=1;                                 //源点 v 的编号放入 S 中
    path[v]=0;
    for (i=0; i<G->n; i++)                  //循环直到所有顶点的最短路径都求出
    {
        mindis=INF;                         //mindis 设置初值
        for (j=0; j<G->n; j++)
```

```
        if (S[j]==0 && dist[j] <mindis)
        {
            u=j;
            mindis=dist[j];
        }
        S[u]=1;                          //顶点 u 加入 S 中
        for (j=0; j <G->n; j++)
        {
            if (S[j]==0)
            {
                if (G->edges[u][j] <INF&&dist[u]+G->edges[u][j] <dist[j])
                {
                    dist[j]=dist[u]+G->edges[u][j];
                    path[j]=u;
                }
            }
        }
    }
    Dispath(G, dist, path, S, v);        //最短路径输出
}
```

算法分析时使用集合 S 来存储已求出的最短路径的顶点,算法中使用一个状态数组 $S[]$,这个数组类似遍历算法中的 visited[],当终点 v_i 求出最短路径时,将 $S[i]$ 的值设置为 1,表示终点 v_i 已加入集合 S。

在 Dijkstra 算法中调用了 Dispath() 函数,用于输出最短路径。设置了 path[] 数组,用于记录路径上每一个顶点的前一个顶点。例如 path[2]=0,表示对于顶点 v_2,它的前一个顶点是 v_0。初始时,若弧 $<v,i>$ 存在,则 path[i][j]=v,否则,path[i][j]=-1。设置了数组 apath[],逆序存储最短路径。

对于图 7-20 中的有向网图 G,它的 path[] 中每个顶点的前一个顶点记录如表 7-3 所示。

表 7-3   path[]数组

path[i]	0	0	0	1	3	2	5
顶点编号 i	0	1	2	3	4	5	6

使用 path[] 数组查找最短路径的原则是:首先获得终点,其次根据 path[] 数组中的值逐步查找前一个顶点,直到前一个顶点为源点为止。

以顶点 v_6 的最短路径输出为例:path[6]=5,即顶点 v_6 的前一个顶点为 v_5;按照规律查找 path[5],path[5]=2,即顶点 v_5 的前一个顶点为 v_2;查找 path[2]=0,找到源点,查找结束。

查找过程中将找到的值从终点到起点依次存放到数组 apath[] 中,如路径 v_0 到 v_6 存储为 path[]={v_6,v_5,v_2,v_0},这样就得到了一条逆序的最短路径,之后再对 apath[] 数组逆序输出,便可得到所求的最短路径。对于每一条路径都是如此。

下面分析给出的算法。第一个 for 循环的时间复杂度是 $O(n)$,与之并列的第二个 for

循环外层循环的时间复杂度是 $O(n)$，内层有两个并列 for 循环，时间复杂度共为 $O(2n)$，所以第二个 for 循环的时间复杂度为 $O(n^2)$。算法结束之前调用了 Dispath() 函数，该函数中有一个 for 循环，嵌套了一个 while 循环，for 循环的时间复杂度为 $O(n)$，而 while 循环内嵌于 for 循环的 if 分支中，且终止条件为 $k!=v$，其时间复杂度一定小于 $O(n)$，所以 Dispath() 函数的时间复杂度一定小于 $O(n^2)$。又因为 Dispath() 函数与算法中的两个 for 循环并列，所以 Dijkstra 算法的时间复杂度为 $O(n^2)$。

7.5.2　每对顶点的最短路径

在一些情境中，起点和终点可能都不固定。例如依然是家、学校、商场、公园等等这些地点，在不同的时间我们可能处在不同的地点，随后有可能去往其他任一地点，这样就需要对每两个地点之间的最短路径求解。同样将每个地点抽象为一个顶点，这样的问题就转化为求图中每对顶点之间最短路径的问题。

两个顶点之间的最短路径不外乎两种情况，以顶点 v_i 和顶点 v_j 之间的路径为例：一是 v_i 与 v_j 之间有边直接相连，也就是有直接路径，那么两点之间的路径长度即边 (v_i,v_j) 的权值；二是从顶点 v_i 到顶点 v_j 经过顶点 $v_k(k>1,k\in \mathbf{N}^+)$，其路径为 (v_i, v_k, v_j)。

在 7.5.1 节学习的基础上求解此问题时，很容易想到：让每个顶点作为源点，调用 Dijkstra 算法循环 n 遍，便可求出每对顶点的最短路径。使用 Dijkstra 算法求解此问题的时间复杂度为 $O(n^3)$。

本节讲解一个新的算法——Floyd(弗洛伊德)算法。

Floyd 算法的基本思想是：假设 dist[i][j] 为顶点 v_i 到顶点 v_j 的最短距离，对于每一个顶点 $v_k(0 \leqslant k \leqslant n-1)$，检查 dist[i][k]+dist[k][j]<dist[i][j] 是否成立，如果成立，说明以 v_i 为源点，经过顶点 v_k 到达 v_j 比从 v_i 直接到 v_j 的路径更短，使 dist[i][j]=dist[i][k]+dist[k][j]。这样一来，当迭代完所有顶点 $v_k(0 \leqslant k \leqslant n-1)$，dist[i][j] 中记录的便是顶点 v_i 到 v_j 的最短路径长度。Floyd 算法又形象地称为点插法，如图 7-24 所示。

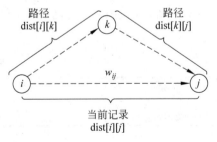

另外用二维数组 path[][] 存储最短路径，当顶点 $v_k(0 \leqslant k \leqslant n-1)$ 从 v_0 到 v_{n-1} 迭代完毕时，path[i][j] 中存储从顶点 v_i 到顶点 v_j 最短路径中顶点 v_j 的前一个顶点编号，这点与 Dijkstra 算法中 path[] 的存储方式相同。初始时，若弧 $<v_i,v_j>$ 存在，path[i][j]=i，否则，path[i][j]=−1。

图 7-24　插入点 v_k 构成新路径

以图 7-25 中的有向网图 G 为例，使用二维数组存储每对顶点间的最短路径 dist[i][j]，path[i][j] 存储当前路径上顶点 v_j 的前一个顶点。因为图 G 有 4 个顶点，所以插入 4 次即可。下面用矩阵 $\text{dist}_{0\sim3}$、$\text{path}_{0\sim3}$ 分别表示迭代时插入不同顶点后的矩阵，矩阵中显示更新后的路径长度和路径上当前顶点对应的前一个顶点。

图 7-25 中的矩阵存储了原始的 dist 和 path 数组，是图 G 中顶点与边状态的初始化。其中边 (i,i) 的路径长度设置为 0，前置顶点设置为 i。若两顶点直接相连，矩阵 dist 中的数据为边上权值，若无直接相连的边，dist 中的数据设置为一个足够大的值，图示中用无穷大表示。

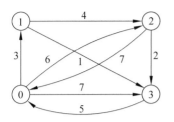

$$\text{dist}=\begin{bmatrix} 0 & 3 & 7 & 6 \\ \infty & 0 & 1 & 4 \\ 5 & \infty & 0 & \infty \\ 7 & \infty & 2 & 0 \end{bmatrix} \qquad \text{path}=\begin{bmatrix} 0 & 0 & 0 & 0 \\ -1 & 1 & 1 & 1 \\ 2 & -1 & 2 & -1 \\ 3 & -2 & 3 & 3 \end{bmatrix}$$

图 7-25　有向图 G 与初始的 dist[][]、path[][]

下面采用 Floyd 算法求解最短路径。针对每一组顶点 v_i 和 v_j，判断 dist[i][j]>dist[i][0]+dist[0][j]是否成立，若成立则修改 dist[i][j]，使 dist[i][j]＝dist[i][0]＋dist[0][j]。后面的求解过程中，更新后的 dist 与 path 分别如矩阵 dist_i 和 path_i 所示（$0\leqslant i\leqslant 3$）。dist_i 中带 * 的数据表示修改后的距离，path_i 中带 * 的数据表示新加入到最短路径上的顶点。

首先考虑顶点 v_0。加入顶点 v_0 后，dist[2][1]、dist[2][3]、dist[3][1]由原来的无路径变为有路径，修改 dist 和 path 中存储的数据，修改后的结果如矩阵 dist_0 和 path_0 所示。

$$\text{dist}_0=\begin{bmatrix} 0 & 3 & 7 & 6 \\ \infty & 0 & 1 & 4 \\ 5 & 8^* & 0 & 11^* \\ 7 & 10^* & 2 & 0 \end{bmatrix} \qquad \text{path}_0=\begin{bmatrix} 0 & 0 & 0 & 0 \\ -1 & 1 & 1 & 1 \\ 2 & 0^* & 2 & 0^* \\ 3 & 0^* & 3 & 3 \end{bmatrix}$$

其次考虑顶点 v_1，在已经更新过的最短路径长度矩阵 dist_0 和前置顶点矩阵 path_0 的基础上，插入顶点 v_1，dist[0][2]的路径变为 $v_0 -> v_1 -> v_2$，路径长度从 7 更新为 4，前置顶点 path[0][2]值修改为 1。修改后的结果如矩阵 dist_1 和 path_1 所示。

$$\text{dist}_1=\begin{bmatrix} 0 & 3 & 4^* & 6 \\ \infty & 0 & 1 & 4 \\ 5 & 8 & 0 & 11 \\ 7 & 10 & 2 & 0 \end{bmatrix} \qquad \text{path}_1=\begin{bmatrix} 0 & 0 & 1^* & 0 \\ -1 & 0 & 1 & 1 \\ 2 & 0 & 2 & 0 \\ 3 & 0 & 3 & 0 \end{bmatrix}$$

随后以最新的最短距离矩阵 dist_1 和前置顶点矩阵 path_1 为基础，考虑顶点 v_2。加入顶点 v_2 后，dist[1][0]由不存在变为 $v_1 \to v_2 \to v_0$，路径长度为 6，path[1][0]的前置顶点修改为 2。修改后的结果如矩阵 dist_2 和 path_2 所示。

$$\text{dist}_2=\begin{bmatrix} 0 & 3 & 4 & 6 \\ 6^* & 0 & 1 & 4 \\ 5 & 8 & 0 & 11 \\ 7 & 10 & 2 & 0 \end{bmatrix} \qquad \text{path}_2=\begin{bmatrix} 0 & 0 & 1 & 0 \\ 2^* & 0 & 1 & 1 \\ 2 & 0 & 0 & 0 \\ 3 & 0 & 3 & 0 \end{bmatrix}$$

最后以 dist_2 和 path_2 为基础，考虑顶点 v_3。加入顶点 v_3 后，经过比较，没有任何路径需要修改，所以 $\text{dist}_3＝\text{dist}_2$，$\text{path}_3＝\text{path}_2$。

$$\text{dist}_3=\begin{bmatrix} 0 & 3 & 4 & 6 \\ 6 & 0 & 1 & 4 \\ 5 & 8 & 0 & 11 \\ 7 & 10 & 2 & 0 \end{bmatrix} \qquad \text{path}_3=\begin{bmatrix} 0 & 0 & 1 & 0 \\ 2 & 0 & 1 & 1 \\ 2 & 0 & 0 & 0 \\ 3 & 0 & 3 & 0 \end{bmatrix}$$

此时得到最终结果，求得的最短路径长度矩阵如图 7-26 中的 dist 所示，各顶点的前置顶点矩阵如图 7-26 中的 path 所示：

Floyd 算法通常使用一个简单的三层循环来实现。外面两层循环分别确定顶点 v_i 和 v_j，第三层循环用来不断更换插入的顶点，比较路径权值并依据实际情况更新。其时间复杂度也为 $O(n^3)$。虽然与 Dijkstra 算法时间复杂度相同，但是其代码简洁优雅，易于理解。

$$
\text{dist=}
\begin{bmatrix}
0 & 3 & 4 & 6 \\
6 & 0 & 1 & 4 \\
5 & 8 & 0 & 11 \\
7 & 10 & 2 & 0
\end{bmatrix}
\qquad
\text{path=}
\begin{bmatrix}
0 & 0 & 1 & 0 \\
2 & 0 & 1 & 1 \\
2 & 0 & 0 & 0 \\
3 & 0 & 3 & 0
\end{bmatrix}
$$

图 7-26　Floyd 算法求解结果

下面给出 Floyd 算法求解最短路径的代码实现。

```c
//输出每对顶点之间的最短路径
void Dispath(MGraph * G, int dist[MAX_VERTEX_NUM][MAX_VERTEX_NUM],
    int path[MAX_VERTEX_NUM][MAX_VERTEX_NUM])
{
    int i, j, k, s;
    int apath[MAX_VERTEX_NUM], d;                //存放一条最短路径的中间顶点及其顶点个数
    for (i=0; i <G->n; i++)
    {
        for (j=0; j <G->n; j++)
        {
            if (dist[i][j] !=INF && i !=j)       //若 vi 与 vj 之间存在路径
            {
                printf("从%d到%d的路径为：",i, j);
                k=path[i][j];
                d=0;
                apath[d]=j;                      //路径上添加终点
                while (k !=-1 && k !=i)          //插入中间点 vk
                {
                    d++;
                    apath[d]=k;
                    k=path[i][k];
                }
                d++;
                apath[d]=i;                      //路径上添加起点
                printf("%d", apath[d]);          //输出起点
                for (s=d -1; s >=0; s--)         //输出路径上的中间顶点
                    printf(",%d", apath[s]);
                printf("\\t路径长度为：%d\n", dist[i][j]);
            }
        }
    }
}
//Floyd算法求解每对顶点的最短路径
void Floyd(MGraph * G)
{
    int dist[MAX_VERTEX_NUM][MAX_VERTEX_NUM];
    int path[MAX_VERTEX_NUM][MAX_VERTEX_NUM];
    int i, j, k;
    for (i=0; i <G->n; i++)
    {
```

```
        for (j=0; j <G->n; j++)
        {
            dist[i][j]=G->edges[i][j];
            if (i !=j&&G->edges[i][j] <INF)
                path[i][j]=i;                        //顶点 v₁到 v₃有边时
            else
                path[i][j]=-1;
        }
    }
    for (k=0; k <G->n; k++)
        for (i=0; i <G->n; i++)
            for (j=0; j <G->n; j++)
                if (dist[i][j]>dist[i][k]+dist[k][j])
                {
                    dist[i][j]=dist[i][k]+dist[k][j];
                    path[i][j]=path[k][j];           //修改最短路径
                }
    Dispath(G, dist, path);                          //输出最短路径
}
```

上文的代码包含输出最短路径的 Dispath()函数和 Floyd 算法。这里的 Dispath()函数与 Dijkstra 算法中调用的 Dispath()函数大同小异,因此主要来看 Floyd 算法。Floyd 算法包含两个并列 for 循环,第一个 for 循环为双层循环,主要用于初始化 dist[][]数组和 path[][]数组,时间复杂度为 $O(n^2)$;第二个 for 循环为三层循环,是 Floyd 算法的核心内容,其时间复杂度为 $O(n^3)$。综上分析,Floyd 算法的时间复杂度为 $O(n^3)$。

7.6 拓扑排序

设 $G=(V,E)$是具有 n 个顶点的有向无环图,对其进行拓扑排序,是将 G 中所有顶点排成一个线性序列,使得对于图中任意一对顶点 u 和 v,若边 $(u,v)\in E(G)$,则 u 在线性序列中出现在 v 之前。通常,这样的线性序列称为满足拓扑次序的序列,简称拓扑序列。简单地说,在一个有向无环图中找一个拓扑次序的过程称为拓扑排序。

一个有向图可以用来表示一个流程图,它可以是一个工地施工流程图、一个车辆生产流程图或者是一个数据流图,图中的每个顶点表示一个活动,每一条有向边表示两个活动之间的次序关系。

举例来说,一个计算机专业的学生必须学习一系列专业课程,像《C 语言》《高等数学》《离散数学》《数据结构》《编译原理》《操作系统》《专业英语》等。其中《高等数学》是基础课程,没有先修课程,可以随时安排;但学习《数据结构》之前通常先学习《C 语言》和《离散数学》。这些条件规定了这些课程之间的次序关系,通常用有向图表示这种关系,图中的顶点表示课程,有向边表示课程修读的先后顺序。

这种用顶点表示活动,用有向边表示活动间优先关系的有向图称为 AOV 网(Activity On Vertex Network),即顶点表示活动的网。

假设课程间的关系如表 7-4 所示。

表 7-4　课程关系

课程编号	课程名称	先修课程	课程编号	课程名称	先修课程
C1	C 语言	无	C5	编译原理	C1、C4
C2	高等数学	无	C6	操作系统	C4、C5、C7
C3	离散数学	C2	C7	专业英语	C4
C4	数据结构	C1、C3			

根据表 7-4 得出表示课程间关系的有向图 G,如图 7-27 所示。

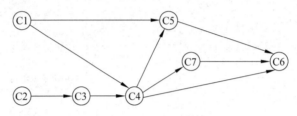

图 7-27　课程关系示意图

对这个课程关系示意图进行拓扑排序,可以得到拓扑序列:C1→C2→C3→C4→C7→C5→C6,也可以得到拓扑序列:C1→C2→C3→C4→C5→C7→C6。拓扑排序的结果并不唯一,还可以得到其他的拓扑序列,只要符合课程间的既定次序,学生可以任意选择一个序列按序学习。

拓扑排序的方法也很简单,其规则如下:

(1) 从有向图中选择一个没有前驱(入度为 0)的顶点,并将顶点输出。

(2) 从图中删除这个顶点,同时删除从该顶点出发的所有边。

(3) 重复上述两步,直到图中不再存在没有前驱的顶点为止。

对图 7-27 中有向图求解拓扑序列的步骤如下:

(1) 图中 C1 和 C2 都没有前驱,任选 C1 输出,删除有向边<C1,C4>,<C1,C5>。

(2) 没有前驱的顶点为 C2,输出 C2,删除有向边<C2,C3>。

(3) 此时没有前驱的顶点只有 C3,输出 C3,删除有向边<C3,C4>。

(4) 没有前驱的顶点只有 C4,输出 C4,删除有向边<C4,C5>,<C4,C7>,<C4,C6>。

(5) 没有前驱的顶点为 C5、C7,任选 C7 输出,删除有向边<C7,C6>。

(6) 此时没有前驱的顶点只有 C5,输出 C5,删除有向边<C5,C6>。

(7) 输出顶点 C6,顶点输出完毕,得到拓扑序列 C1→C2→C3→C4→C7→C5→C6。

求解过程中的图中尚未参与排序的顶点与边如图 7-28 所示。

图 7-27 中的课程关系图不存在环路,依据拓扑排序规则进行操作,输出图中的所有顶点,得到了一个拓扑序列。如果进行拓扑排序的图中有环路,操作结束之后,图中仍会有顶点剩余,且剩余的顶点都有前驱。

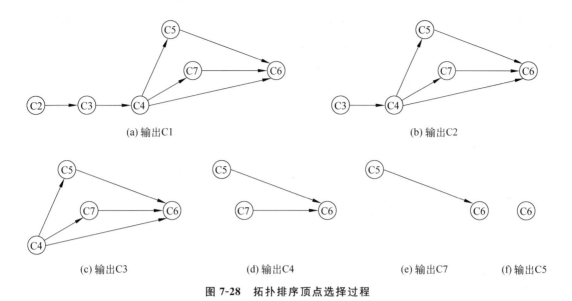

图 7-28　拓扑排序顶点选择过程

有环的图不符合拓扑排序原则,拓扑排序针对的是有向无环图。举例说明,对于
图 7-29 中的有向环路图,完成子工程 C5 需要事先完成 C4,
完成子工程 C4 需要完成 C6,完成子工程 C6 又需要完成
C5,而此时子工程 C5 正在等待 C4 执行,这样所有子工程都
处于等待状态,无法执行。

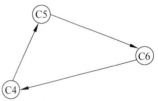

图 7-29　有向环路图

为了实现拓扑排序,对于给定的有向无环图,可以使用
邻接表作为其存储结构,并在邻接表头结点中增加一个存放
顶点入度的数据域,记作 indegree。因为拓扑排序只在意活
动之间的制约关系,所以不需要记录弧上的权值。修改后的数据结构定义如下:

```
//图的数据类型结构定义
typedef struct ArcNode                       //链表结点
{
    int adjvex;                              //该弧所指向的顶点在数组中的位置
    struct ArcNode * next;                   //指向当前起点的下一条弧的指针
}ArcNode;                                    //弧结点
typedef struct VertexNode
{
    int indegree;                            //存放入度个数
    int data;                                //顶点域,存储顶点信息
    ArcNode * firstedge;                     //指针域,指向顶点链表
}VertexNode,AdjList[MAX_VERTEX_NUM];         //头结点
typedef struct
{
    AdjList adjList;                         //邻接表头结点数组
    int n, e;                                //图的顶点数和弧数
}GraphAdjList;                               //邻接表存储结构定义
```

入度为 0 的顶点即为没有前驱的顶点,当顶点的入度为 0 时,将顶点输出,同时将该顶

点所有后继顶点的入度减 1。为了避免重复检测入度为 0 的顶点，将入度为 0 的顶点串成链表，若有顶点入度减为 0，将该顶点插入链表尾部；每次需要输出入度为 0 的顶点时，输出表头的结点，并将其从链表删除。这个链表相当于一个队列链表，记为 Q。

前面的章节给出了无向图的邻接表存储，这里使用的图为有向图，并且存储结构略有变化，下面给出使用邻接表存储有向图时的函数实现。

```c
//使用邻接表存储有向图时图的创建
int CreateGraph(GraphAdjList * G)                    //成功建立返回1,不成功则返回0
{
    int i, j, k; int v1, v2; ArcNode * newarc;
    printf("\n输入有向图顶点数和弧数 vexnum,arcnum:"); //输入顶点数和弧数
    scanf("%d,%d", &G->n, &G->n);                    //输入并判断顶点数和弧数是否正确
    if (G->n<0 || G->n<0 || G->n>G->n * (G->n - 1))
    {
        printf("\n顶点数或弧数不正确,有向图建立失败!\n"); return 0;
    }
    //①初始化顶点信息
    printf("\n输入 %d 个顶点:", G->n);                 //输入顶点名称
    for (i=0; i<G->n; i++)
    {
        scanf("%d", G->adjList[i].data);
    }
    //②初始化链表部分信息
    for (i=0; i<G->n; i++)                            //邻接表初始化
    {
        G->adjList[i].firstarc=NULL;
        G->adjList[i].indegree=0;
    }
    //③初始化弧的信息
    printf("\n\n输入 %d 条边:vi vj\n", G->n);          //输入有向图的边
    for (k=0; k<G->n; k++)
    {
        scanf("%d%d", v1, v2);                       //v1是弧的起点(先决条件),v2是弧的终点
        if (i >=G->n)
        {
            printf("顶点%s 不存在,有向图建立失败!\n", v1); return 0;
        }
        if (j >=G->n)
        {
            printf("顶点%s 不存在,有向图建立失败!\n", v2); return 0;
        }
        newarc= (ArcNode * )malloc(sizeof(ArcNode));  //头插法创建顶点链表
        newarc->adjvex=j;
        if (G->adjList[i].firstarc==NULL)
        {
            newarc->next=NULL;
            G->adjList[i].firstarc=newarc;
        }
```

```
    else
    {
        newarc->next=G->adjList[i].firstarc->next;
        G->adjList[i].firstarc->next=newarc;
    }
    G->adjList[j].indegree++;            //对应顶点入度计数加 1
    }
    printf("\n 有向图建立成功!\n");
    return 1;
}
```

7.2.2 节的 Create()函数中,只初始化了邻接表的顶点信息(顺序表)部分和表结点(链表)部分的表头信息。本节的 Create()函数中,除了这两项,还初始化了图中弧的信息。

创建好了图,就可以在图的基础上进行拓扑排序。下面给出有向图的拓扑排序算法:

```
//拓扑排序,若 GL 无回路,则输出拓扑排序序列并返回 0,有回路则返回-1
int TopologicalSort(GraphAdjList * G)
{
    int i, k, count;
    int e;
    ArcNode * p;
    SeqQueue Q=Create();                 //定义队列
    for (i=0; i<G->n; i++)               //入度为 0 入队列
        if (!G->adjList[i].indegree)
            Insert(&Q, i);
    count=0;                             //初始化变量
    printf("\n 其中一个拓扑排序序列为:\n");
    while (!isEmpty(Q))
    {
        Del(&Q);                         //输出入度为 0 的点
        printf("%d   ", G->adjList[e].data);
        count++;                         //对输出的顶点计数
        //遍历当前点的邻接点
        for (p=G->adjList[e].firstarc; p; p=p->next)
        {
            k=p->adjvex;                 //邻接点位置
            //每个邻接点入度减 1 后若为 0 则入队列
            if (!(--G->adjList[k].indegree))
                Insert(&Q, k);
        }
    }
    printf("\n");
    if (count<G->n)
    {
        printf("\n 该有向图有回路,无法完成拓扑排序!\n");
        return -1;
    }
    return 0;
}
```

针对于一个有 n 个顶点、e 条边的 AOV 网图来分析拓扑排序算法：算法中第一个 for 循环将入度为 0 的顶点入栈，for 循环的时间复杂度为 $O(n)$；其后的 while 循环中，每个顶点进栈出栈各一次，入度减 1 的操作共执行 e 次，while 循环的时间复杂度为 $O(e)$。所以，整个算法的时间复杂度为 $O(n+e)$。

7.7　关键路径

拓扑排序将活动抽象为顶点，研究一个工程中多个活动之间的次序问题。但是有时候，除了关注多个活动的先后顺序，我们还关心完成整个工程所花费的时间。

1. AOE 网和关键路径

假设现有一工程，我们将其中的活动抽象为边，边上的权值表示该活动持续的时间；将其中的事件抽象为顶点，表示在此之前的活动已经完成，在此之后的活动可以开始。这样一个工程可以抽象为一个网图，称其为 AOE 网（Activity On Edge network），即用边表示的网。它对应 AOV 网，常用于表示工程流程。工程中的活动往往是有次序的，所以以下分析基于 AOE 网已经拓扑有序的前提。

以图 7-30 中的 AOE 网图为例。

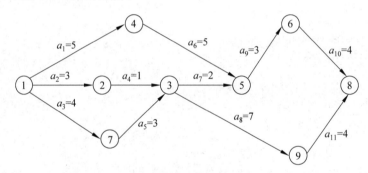

图 7-30　AOE 网示例

图 7-30 中的 AOE 网有 9 个事件 $v_1 \sim v_9$，11 个活动 $a_1 \sim a_{11}$。下面举例说明 AOE 网中事件和活动的定义：事件 v_1 表示整个工程的开始，此时可以开始执行活动 a_1、a_2、a_3；事件 v_5 表示活动 a_6 和活动 a_7 已完成，活动 a_9 可以开始；事件 v_8 表示整个工程的结束。假设边上的权值以天为单位，其中活动 a_1 持续的时间为 5 天，活动 a_2 持续的时间为 3 天，以此类推。

一个 AOE 网中只有一个入度为 0 的顶点和一个出度为 0 的顶点，分别用于指代一个工程中的开始点和完成点，通常称入度为 0 的顶点为源点，称出度为 0 的顶点为汇点。

从图中一个顶点到达另外一个顶点的路径可能不止一条，每条路径上的活动依次执行，不同路径上的活动可以并行执行。路径可以视为工程中的流水线。依照图 7-30，v_1 为源点，v_8 为汇点。在事件 v_3 触发时，活动 a_4 和活动 a_5 已完成，活动 a_7 和活动 a_8 可以开始。从源点 v_1 开始，到触发事件 v_3，需要完成的活动为 a_2、a_4 与活动 a_3、a_5。完成路径 $v_1 \rightarrow v_2 \rightarrow v_3$ 上的活动所需时间为 $3+1=4$ 天；完成路径 $v_1 \rightarrow v_7 \rightarrow v_3$ 上的活动所需时间为 $4+3=7$ 天。

AOE 网图既是用来表示工程流程的，那么图中的所有事件都必须触发，该工程才算完成。对于活动 a_k，只有它的弧头事件 v 触发了，它才可以开始执行;而对于事件 v，只有所有以它为弧尾的活动全部完成，它才会被触发。那么，从一个事件触发到另一个事件触发的工期，应该是其间每条路径上多个活动工期之和中的最大值。例如从事件 v_1 开始，到事件 v_3 触发，所花费的时间应为 7 天。

以此类推，触发事件 v_5 时花费的时间为 10 天，触发事件 v_8 时花费的时间为 18 天。

路径上各个活动所持续的时间之和称为路径长度，从源点到汇点具有最大长度的路径称为关键路径，在关键路径上的活动称为关键活动。显然在图 7-27 中，路径 $v_1 \rightarrow v_7 \rightarrow v_3 \rightarrow v_9 \rightarrow v_8$ 即为关键路径，路径长度为 18，事件 a_8 触发，代表着整个工程全部完成，所以整个工程的工期为 18 天。

若考虑加快一个工程的进度，应该缩短其关键活动花费的时间。以图 7-30 中的 AOE 网图为例，即使活动 a_2 的时间缩短为 1，对整个工程周期也毫无影响，因为通过路径 $v_1 \rightarrow v_2 \rightarrow v_3$ 到达 v_3 之后，还要等待路径 $v_1 \rightarrow v_7 \rightarrow v_3$ 中的活动全部完成，否则无法触发事件 v_3。因此，应该通过缩短活动 a_3、a_5、a_8、a_{11} 的执行时间以达到缩短工期的目的。当然，在缩短关键活动持续时间时，可能会获得新的关键路径，这时应该尽量缩短新路径中关键活动花费的时间。

2. 关键路径求解分析

从关键路径的学习中了解到，触发一个事件需要完成该事件之前的所有活动。从事件 v_i 到事件 v_j 之间的路径可能不止一条，这些路径中关键路径上的活动需要花费的时间最久。假设关键路径上的活动执行的时间为 $t_i \sim t_j$，其中 t_i 为活动事件 v_i 触发的时刻，t_j 为事件 v_j 触发的时刻。那么只要保证非关键路径上的活动在时间 $t_i \sim t_j$ 之间完成即可。

从源点 v_1 到顶点 v_i 最长路径长度(即关键路径的长度)的数值，为顶点(事件) v_i 的最早发生时间，记为 ve。根据分析，网中任一事件 v 的最早发生时间为

$$\text{ve}(v) = \text{MAX}\{c(p)\}$$

其中 $c(p)$ 表示路径 p 的长度，$c(p) = \sum_{e \in p}\{c(e)\}$，$\{c(p)\}$ 为所有路径长度的集合。以图 7-30 中的 AOE 网为例，事件 v_3 的最早发生时间是关键路径 $v_1 \rightarrow v_7 \rightarrow v_3$ 的长度 7，此时以 v_3 为弧头的活动 a_7、a_8 可以开始执行。AOE 网的工期为汇点 v 的最早发生时间，图 7-30 中 AOE 网的工期 T 为汇点 v_8 的最早发生时间，即 $T = \text{ve}(8) = 18$。

对应最早发生时间，给出最晚发生时间的定义，即:在不推迟整个工程进度的前提下，事件 v 最晚必须发生的时间，记为 $\text{vl}(v)$。假设事件 v_i 到事件 v_j 之间有路径，那么

$$\text{vl}(i) = \text{ve}(j) - \text{MAX}\{c(p)\}$$

对于图 7-30 中的 AOE 网，假设给定的工期是 20，已知它实际需要工期为 18，那么此时 $\text{vl}(i) = \text{vl}(1)$，$\text{ve}(j) = \text{ve}(8) = 20$，$\text{MAX}\{c(p)\} = 18$，其源点 v_1 的最晚发生时间为 2。

每个活动 $a_k = <v, w>$ 有个最早开始时间，即活动最早可以开始执行的时间。用 $e(k)$ 表示活动 a_k 的最早开始时间，这个时间由事件 v_i 的最早发生时间决定。假设顶点 v 为活动 a_k 所在边的弧头，那么

$$e(k) = \text{ve}(v)$$

对于图 7-30 中的 AOE 网，$\text{ve}(3) = 7$，所以事件 v_3 后活动 a_7 和活动 a_8 的最早开始时间

为 7，记为 $e(7)=7, e(8)=7$。

对应最早开始时间，用 $l(k)$ 表示活动 a_k 的最晚开始时间。$l(k)$ 指在不推迟工期的前提下，活动 a_k 最晚必须开始的时间。这个时间等于该活动弧头的最晚发生时间，假设顶点 v 为活动 a_k 所在边的弧头，那么

$$l(k)=vl(v)$$

假设关键路径上的活动安排紧凑，当前活动执行完毕，立刻开始执行其后的活动。那么关键路径上关键活动花费的时间总和即为该工程的工期。非关键路径上的活动 a_k 有一定的空闲时间，其值为 $l(k)-e(k)$，活动 a_k 可以在空闲时间允许的范围内推迟。

综上，非关键路径上的活动时间加上空闲时间等于关键路径的路径长度，关键路径的路径长度等于路径上所有关键活动的执行时间。

关键活动没有空闲时间，那么它的最早开始时间和最晚开始时间必然相同。求解关键路径中关键活动的核心思想是：比较活动的最早开始时间和最晚开始时间，如果时间相同，表示该活动是关键活动，活动之间的弧是关键路径的组成部分；否则反之。

求解关键路径，找到关键活动，对关键活动的执行时间进行控制，这也是求关键路径的意义。

在 AOE 网中，假设活动 a_i 和活动 a_j 所在的边首尾相连，$a_i=<v,w>$，$a_j=<w,y>$，那么称活动 a_j 是活动 a_i 的后继，活动 a_i 是活动 a_j 的前驱。设源点到顶点 v 的路径长度为 t_1，顶点 w 到汇点的路径长度为 t_2，源点到汇点的路径长度为 t，那么：

（1）事件 v 的最早发生时间，即活动 a_i 的最早开始时间为 $e(i)=ve(v)=t_1$。

（2）事件 w 的最早发生时间，即活动 a_j 的最早开始时间 $e(j)=ve(w)=ve(v)+\text{MAX}\{c<v,w>\}(v\neq w)$。

（3）事件 w 的最晚发生时间，即活动 a_j 的最晚开始时间为 $l(j)=vl(w)=t-t_2=vl(y)-a_j$。

（4）事件 v 的最晚发生时间，即活动 a_i 的最晚开始时间为 $e(i)=ve(v)=vl(w)-\text{MIN}\{c<v,w>\}(v\neq w)$。

根据（1）、（2）可知，求当前活动的最早开始时间，即求从源点到该活动弧头顶点的最长路径长度；求其后继活动的最早开始时间，必须知晓当前活动的最早开始时间和执行活动所需时间。所以求顶点最早开始时间是一个递推过程。设源点 a 的最早发生时间为 0，那么最早发生时间求解公式为

$$ve(w)=\begin{cases} 0, & w\text{ 为源点} \\ ve(v)+\text{MAX}\{c<v,w>\}, & w\text{ 非源点}, v\neq w \end{cases} \tag{7-1}$$

式（7-1）中之所以是 $ve(v)+\text{MAX}\{c<v,w>\}$，而非 $ve(v)+c<v,w>$，是因为在求解的过程中，顶点 v 和顶点 w 之间可能产生新的路径。如图 7-31 所示，顶点 v_1 和顶点 v_2 之间有直接路径 a_1，路径长度为 5，此时 $\text{MAX}\{c<v,w>\}$ 初始化为 5；在逐步遍历的过程中（假设先遍历完顶点 v_3 和顶点 v_4），得到新的路径 $v_1\rightarrow v_3\rightarrow v_4\rightarrow v_2$，路径长度为 6，$\text{MAX}\{c<v,w>\}$ 替换为 6；之后遍历了顶点 v_5，获得新的路径 $v_1\rightarrow v_5\rightarrow v_2$，路径长度为

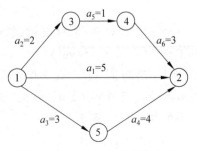

图 7-31　v_1 到 v_2 边与路径示例

7,MAX$\{c<v,w>\}$被替换为 7。要明白$<v,w>$之间的路径长度初始化为活动 a_k 的执行时间,但是在后来遍历的过程中可能会发生改变。这里假设顶点 $v_1 \sim v_5$ 的顺序序列为一个拓扑序列。

根据(3)、(4)可知,求当前活动的最晚开始时间,即求完整工期与当前活动弧头顶点到汇点长度的差值;求其前驱活动的最晚开始时间,必须知晓当前活动的最晚开始时间和执行当前活动所需花费的时间。所以求顶点最晚开始时间同样是一个递推过程。设汇点 b 的最晚发生时间为 $e(v)$,那么最晚发生时间求解公式为

$$\mathrm{vl}(v) = \begin{cases} e(v), & v \text{ 为汇点} \\ \mathrm{vl}(w) - \mathrm{MIN}\{c<v,w>\}, & v \text{ 非源点}, v \neq w \end{cases} \quad (7\text{-}2)$$

式(7-2)中的 MIN 与式(7-1)中的 MAX 同理。

综上可知,无论是最早开始时间还是最晚开始时间都由递推公式求得,所以需要按照既定的序列依次对每个顶点求解。对于最早开始时间求解,这个既定序列是 AOE 网的一个拓扑序列;对于最晚开始时间求解,这个既定序列是 AOE 网的一个逆拓扑序列。对于网中的每个活动,只要按照次序,反复运用递推公式,便可求出其最早开始时间和最晚开始时间。

3. 关键路径算法与分析

因为求关键路径时需要求 AOE 网的拓扑序列,所以使用 7.6 节中给出的图的邻接表存储定义来存储图,同时在邻接表中保留了网图的权值。求关键路径的算法中要求解网的拓扑序列,并依次求解事件的最早发生时间,因此需要对 7.6 节中的拓扑算法稍作修改,加入对事件最早发生时间的求解。

综合本小节对关键路径以及其求解方法的分析,总结出以下求 AOE 网关键活动的主要步骤:

(1) 对于源点 a,设置 $\mathrm{ve}(a) = 0$。

(2) 对 AOE 网进行拓扑排序,若发现回路,排序失败,退出程序;否则存储拓扑序列,继续执行。

(3) 按照顶点 a 的拓扑次序,反复执行递推公式(7-1),求除源点外其余顶点的 $\mathrm{ve}(v)$ 值。

(4) 对其汇点 b,设置 $\mathrm{vl}(b) = \mathrm{ve}(b)$,也就是将汇点 b 的最早发生时间作为最晚发生时间,其实际意义是工程的实际工期等于预计工期,整个工程没有空闲时间。

(5) 按照顶点 a 拓扑序列的逆序,反复执行递推公式(7-2),求除汇点外其余顶点的 $\mathrm{vl}(w)$ 值。

(6) 活动 $a_k = <v,w>$ 的最早开始时间 $e(k)$ 是其弧头顶点表示事件的最早开始时间,$e(k) = \mathrm{ve}(v)$。

(7) 活动 $a_k = <v,w>$ 的最晚开始时间 $l(k)$ 是其弧尾顶点表示事件的最晚发生时间与执行该活动所需时间的差值,即 $l(k) = \mathrm{ve}(w) - a_k$。

(8) 关键活动没有空闲时间,即 $e(k) = l(k)$,表示活动 a_k 的最早开始时间 $e(k)$ 等于其最晚开始时间 $l(k)$,该活动是关键活动。

下面首先给出修改后的拓扑排序算法。该算法涵盖了主要步骤(1)~(3)。

```
//修改后的拓扑排序算法
int * ve, * vl;                                    //记录事件最早发生时间和最晚发生时间
int * stack2;                                      //用于存储拓扑序列的栈
int top2;                                          //用于 stack2 的指针
                                                   //拓扑排序

int TopologicalSort(GraphAdjList * G)
{
    ArcNode * e;
    int i, k, gettop;
    int top=0;                                     //用于栈指针下标
    int count=0;                                   //用于统计输出顶点的个数
    int * stack;                                   //创建栈将入度为 0 的顶点入栈
    stack=(int * )malloc(G->n * sizeof(int));
    for (i=0; i <G->n; i++)
    {
        if (0==G->adjList[i].indegree)
            stack[++top]=i;
    }
    top2=0;                                        //初始化为 0
    ve=(int * )malloc(G->n * sizeof(int));         //事件最早发生时间
    for (i=0; i <G->n; i++)
    ve[i]=0;                                       //初始化为 0
    stack2=(int * )malloc(G->n * sizeof(int));     //初始化
    while (top !=0)
    {
        gettop=stack[top--];
        count++;
        stack2[++top2]=gettop;                     //将弹出的顶点序号压入拓扑序列的栈
        for (e=G->adjList[gettop].firstarc; e; e=e->next)
        {
            k=e->adjvex;
            if (!(--G->adjList[k].indegree))
                stack[++top]=k;
            //求各顶点事件最早发生时间
            if ((ve[gettop]+e->weight) >ve[k])
            ve[k]=ve[gettop]+e->weight;
        }
    }
    if (count <G->n)
    {
        printf("\n该有向图有回路,无法完成拓扑排序!\n");
        return -1;
    }
    else
        return 0;
}
```

求解关键路径的算法如下,该算法涵盖步骤(4)~(8)。

```
//求关键路径
void CriticalPath(GraphAdjList * G)
{
    ArcNode * e;
    int i, gettop, k, j;
    int e, l;                                    //声明活动最早发生时间和最晚发生时间
    TopologicalSort(&G);                         //求拓扑序列,计算数组 ve 和 stack2 的值
    vl=(int *)malloc(G->n * sizeof(int));        //事件最晚发生时间
    for (i=0; i <G->n; i++)
        vl[i]=ve[G->n -1];                       //初始化 vl
    while (top2 !=0)
    {
        gettop=stack2[top2--];                   //将拓扑序列出栈
        for (e=G->adjList[gettop].firstarc; e; e=e->next)
        {
            k=e->adjvex;
            //求各个顶点事件发生的最晚时间 vl
            if (vl[k] -e->weight <vl[gettop])
            vl[gettop]=vl[k] -e->weight;
        }
    }
    for (j=0; j <G->n; j++)
    {
        for (e=G->adjList[j].firstarc; e; e=e->next)
        {
            k=e->adjvex;
            e=ve[j];                             //活动最早发生时间
            l=vl[k] -e->weight;                  //活动最晚发生时间
            if (e==l)                            //关键活动判断
            {
                printf("<v%d,v%d>lengthL%d,",
                    G->adjList[k].data, e->weight);
            }
        }
    }
}
```

图的创建算法与 7.6 节拓扑排序中的创建算法大同小异,只是多了一个对边上权值的赋值,这里就不再给出。在拓扑排序之前,定义了几个全局变量,用来存储求解过程中用到的信息。

对关键路径求解算法进行分析:其中包含的拓扑排序算法,时间复杂度为 $O(n+e)$;其次的 for 循环,其时间复杂度为 $O(n)$;之后的 while 循环,时间复杂度同样为 $O(n+e)$;最后的双层 for 循环,时间复杂度仍为 $O(n+e)$。所以,求解关键路径的算法的时间复杂度为 $O(n+e)$。

7.8 本章小结

本章主要介绍了图的基本概念,图的存储结构和图相关概念的运算与应用。通过本章

的学习,应掌握图的基本概念,了解图在内存中的存储结构,能够以某种存储结构为基础,创建图、进行图的一些运算。当然更重要的是学习数据结构的表示与构成,加强对数据结构和算法的理解。本章的内容较为复杂,但是确实实用且应用广泛,读者应尽力学好本章内容,为以后的编程做铺垫。

【思考题】

1. 思考如何用邻接表来存储图。
2. 简述图的广度优先遍历和深度优先遍历。

第 8 章 查 找

学习目标

- 掌握线性表的查找。
- 掌握树表的查找。
- 理解哈希表的查找。

在实际生活中常常会用到查找,例如,查找某个学生的成绩、上网搜索某一个信息、根据花名册来查找某一位员工等都是查找。而计算机在处理数据时也离不开查找,如查找数组中某一个元素、查找链表中某一个元素、查找树中某一个元素等,查找用处非常广泛,本章就来讲解常用的查找算法。

8.1 查找概述

在计算机科学中,查找的定义是在一些(有序的/无序的)数据元素中通过一定的方法找出与给定关键字相同的数据元素。即根据某个给定的值,在数据元素的集合中找到某个特定的值。这个由数据元素构成的集合称为查找表。

一个数据元素由若干个数据项组成,如果数据元素中某个数据项的值能够唯一标识一个数据元素,则称之为关键字。给定一个关键字,根据这个关键字来查找表中相应的元素,若找到,则查找成功;若未找到,则查找失败。

在计算机中进行查找运算时,首先要确定数据的组织形式,即用的是哪种数据结构存储数据。不同数据结构以及数据在存储空间的排列方式对查找的效率可能有很大的影响。因此在选择排序算法时,要先了解算法所对应数据的组织形式以及数据的排列方式。在查找过程中,进行查找的数据结构称为查找表,对查找表所进行的操作主要有:查找某个元素是否存在;查找某个元素的各种属性;在查找表中插入一个元素;删除查找表中的某一个元素。

如果在查找的同时只对查找表进行前两种操作,即只是查找出某一个数据,并不对查找表进行修改,则称此类查找表为静态查找表。例如只在表中查找某个学生的学籍信息、或者只在表中查询某次航班的信息等,这样的表就是静态查找表。

如果在查找过程中还会对查找表进行其他操作,如插入不存在的数据元素,或者从查找表中删除已经存在的某个数据元素等,则称这样的查找表为动态查找表。动态查找表与静态查找表的使用都很广泛。

在查找时,通常把对关键字的最多比较次数和平均比较次数作为查找算法性能分析时的两个基本依据,前者叫作最大查找长度(Maximum Search Length,MSL),后者叫做平均查找长度(Average Search Length,ASL)。查找运算的主要操作就是关键字的比较,所以

把查找过程上对关键字需要执行的平均比较次数(平均查找长度)作为衡量查找算法性能优劣的标准。平均查找长度定义为

$$\text{ASL} = \sum_{i=1}^{n} P_i C_i$$

其中,n 是元素的个数;P_i 是查找第 i 个元素的概率,如果没有特别声明,认为每个元素的查找概率是相等的,即 $P_1 = P_2 = \cdots = P_n = 1/n$;$C_i$ 是找到第 i 个元素时与给定值已经进行过的比较次数。

8.2　顺序表的查找

顺序查找是一种最简单的查找方法,它的基本思想是:从表的一端开始,顺序扫描线性表,依次将扫描到的元素的关键字与给定的关键字 k 相比较。若当前扫描到的结点关键字与 k 相等,则查找成功;若扫描结束后仍未找到关键字与 k 相等的元素,则查找失败。

例如定义一个 int 类型数组,在此数组中查找某一个元素是否存在,那么其对应的顺序查找算法如下:

```
int sq_find(intarr[], int n, int key)        //n 为数组元素个数,key 为要查找的元素
{
    for (int i=0; i<n; i++)
    {
        if (arr[i]==key)                     //如果找到 key 值,则返回角标 i
            return i;
    }
    return -1;
}
```

观察以上算法发现,在 for 循环中,算法近乎一半时间消耗在了数组的边界检查上面,为了减少边界检查的时间消耗,可以设置一个"监视哨兵","监视哨兵"往往是数据中一个元素的关键字。如果是对整型数组中的元素进行查找,那么该变量一般是数值型变量,变量的赋值就相当于哨兵的设置,当数组中出现与哨兵相等的值时,说明此时查找成功,或者整个数组查找完毕,但没有找到符合条件的元素,查找失败。

在顺序查找中,往往把第一个或最后一个位置的元素设置为哨兵,例如将上述算法进行改进,在其中设置一个哨兵,其代码如下:

```
int sq_find(intarr[], int n, int key)        //n 为数组元素个数,key 为要查找的元素
{
    int i=n;
    arr[0]=key;                              //arr[0]设置为哨兵
    while (arr[i] != key)                    //若数组中无 key,则一定会得到 arr[0]=key
        i--;
    return i;                                //查找成功时返回角标 i,如果失败,i 为 0,返回的是 0
}
```

在这个算法中,从查找表的尾部开始查找,由于设置了 arr[0]=key 这个哨兵,arr[0]不能存入有效数据,查找时只是在 arr[1]~arr[n]这个范围内查找。每一次查找都与 arr[0]

比较,如果与之相等则查找成功,返回 i 的值;如果 arr[1]～arr[n] 之间没有 key 值,则查找失败。

在尽头放置哨兵,避免了查找过程中对查找位置是否越界的多次判断。对于少数数据的查找没有什么影响,但对于大量数据的查找来说,效率提高还是很大的。

顺序查找方法既适用于线性表的顺序存储结构,也适用于线性表的链式存储结构,既可用于无序表的查找,也可用于有序表的查找。最好的情况是第一次查找就能找到,算法时间复杂度为 $O(1)$,最坏的情况是将 n 个数据遍历一遍,算法时间复杂度为 $O(n)$,平均下来算法时间复杂度为 $O(n/2)$,因为关键字出现在任何一个位置的概率是相同的,所以算法最终的复杂度还是 $O(n)$。

8.3 有序表的查找

有序表,顾名思义是元素有序排列的查找表,它也是顺序表中的一种,但相比于无序表来说,有序表中的元素都是有序排列的,因此查找时会有一些效率更高的方法,例如二分查找法、插值查找法、斐波纳契查找等,这些查找法专门用于有序表的查找,并且非常高效。本节就来讲解这几种查找方法。

8.3.1 折半查找

折半查找又叫作二分查找,它只能应用于顺序存储的有序序列,其算法思想如下:

(1) 选择有序表中间位置的记录,比较查找关键字与中间位置元素的关键字,若两者相等,查找成功,否则从中间位置将有序表一分为二。

(2) 如果关键字大于中间位置元素,则在后一半有序表中查找,否则在前一半有序表中查找;

(3) 重复以上过程,直到找到满足条件的记录。若直到子表不存在,仍未找到要查找的元素,则要查找的元素不存在。

例如,有一个包含 7 个按升序排列的元素的 int 类型数组,如图 8-1 所示。

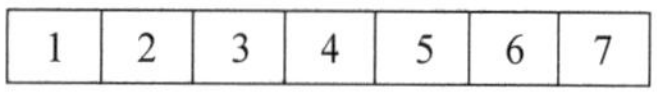

| 1 | 2 | 3 | 4 | 5 | 6 | 7 |

图 8-1 有序数组

在此有序表中查找值为 6 的元素,使用折半查找法进行查找的步骤如下:

(1) 选择有序表中间位置的元素 4,使它与给定关键字 6 比较,它与 6 不相等,则将有序表从中间位置一分为二,如图 8-2 所示。

(2) 给定的关键字 6 大于中间位置的元素 4,则在后一半序列表中查找。

(3) 在后一半序列表中,取中间位置元素 6,与 6 作比较,如图 8-3 所示。

图 8-2 取中间位置元素

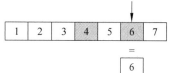

图 8-3 取后半部分有序表的中间部分

（4）其值与给定的关键字 6 相等，查找成功。

上述即为以图 8-1 中的序列为例的折半查找过程。在此次查找中，查找关键字为 6 的元素只查找了两次，而如果用顺序查找法，需要查找 6 次。折半查找的优点是比较次数少，查找速度快，平均性能好；其缺点是要求待查表必须为有序表，且插入、删除元素困难。因此，折半查找方法适用于不经常变动而查找频繁的有序列表。

学习了折半查找的算法过程，那么实现也比较简单了，其代码实现如下：

```c
//函数参数：数组、给定的值、有序表的起始位置
int BiSearch(intarr[], constintnum, int begin, int last)
{
    int mid;                              //中间位置
    if (begin > last)                     //如果起始角标大于最后一个位置的角标，则错误
    {
        return -1;
    }
    while (begin <= last)
    {
        mid= (begin+ last) / 2;           //取中间位置
        if (num==arr[mid])
        {
            return mid;                   //找到了就将元素对应角标返回
        }
        else if (arr[mid] <num)           //如果中间位置的元素小于给定值
        {
            begin=mid+1;                  //则 begin 移动到后半部分列表的开头
        }
        else if (arr[mid] >num)           //如果中间位置的元素大于给定值
        {
            last=mid -1;                  //则 last 移到前半部分列表的末尾
        }
    }
    return -1;                            //如果没找到，则返回-1
}
```

除此之外，还可以用递归来实现该算法，因为无论在前半部分有序列表还是在后半部分有序列表，都是重复取中间位置的元素来作比较，所以可递归调用函数。该算法的递归实现如下：

```c
int IterBiSearch(intarr[], constintnum, int begin, int last)
{
    int mid=-1;
    mid= (begin+ last) / 2;
    if (num==arr[mid])
    {
        return mid;
    }
    else if (num<arr[mid])·
    {
```

```
            return IterBiSearch(arr, num, begin, mid-1);
    }
    else if (num>arr[mid])
    {
            return IterBiSearch(arr, num, mid+1, last);
    }
    return -1;
}
```

对于折半查找来说,如果其消耗的时间复杂度为 $T(n)$:

当 $n=1$ 时, $T(n)=C_1$;

当 $n>1$ 时, $T(n)=T(n/2)+C_2$;

其中 $n/2$ 需要取整数,且 C_1、C_2 都是常数。

对于正整数 n,有如下推导式:

$$T(n) = T(n/2) + C_2 = T(n/4) + 2*C_2 = T(n/8) + 4*C_2 = \cdots$$
$$= T(n/2^k) + k*C_2$$

一直推导下去,直到 $n/2^k$ 等于 1,也就是 $k=\log_2 n$,此时等式变为 $T(n)=T(1)+kC_2=C1+\log_2 n*C_2$,去除常数项,于是时间复杂度为 $\log_2 n$。折半查找的算法复杂度为 $O(\log_2 n)$,比顺序查找的效率 $O(n)$ 要高很多。

8.3.2　插值查找

插值查找是对折半查找的一种优化,但是它的适用场景也比折半查找更狭窄,要求查找表不仅是已经排好序的,而且呈均匀分布。例,如,英文字母表的排序就是递增均匀分布的,如果我们想要查找某一个单词,如"zero",那么会下意识地在字典的后半部分翻找。因为字母表是递增均匀分布的,而 z 字母在字母表中靠后的位置出现。

已知单词会在字典后半部分出现,因此不必再先从中间折半。在此基础上,对折半查找进行了优化,诞生了插值查找,也叫按比例查找。该查找是按照一定比例去修改每次分割的值,所以只需在折半查找的基础上,修改 mid 的值。

在折半查找中,mid=(begin+last)/2,而在插值查找中,如果要查找的关键字为 key,则 mid=begin+(key−arr[begin])×(last−begin)/(arr[last]−arr[begin]);而其他代码实现与折半查找相同。它在查找之前首先使关键字 key 与查找表中最大最小记录的关键字比较。

从时间复杂度来看,它也是 $O(\log_2 n)$,但对于较大而且关键字分布又比较均匀的表,插值查找算法的平均性能比折半查找要好得多。注意,如果查找表数据不是均匀分布,用插值查找未必合适。

8.3.3　斐波纳契查找

斐波纳契查找也是对折半查找的一种优化。在折半查找中,无论要查找的数据是偏大还是偏小,一组数据总是从中间一分为二,这样未必合理。插值查找对它做了优化,但只适用于数据分布均匀的查找表,限制性较强。本节再来学习一种针对有序表的查找算法——斐波纳契查找,该算法利用了黄金分割的原理。

在斐波纳契数列中,有一个特性,对于任一角标 $k(k\geqslant 2)$,$F[k]=F[k-1]+F[k-2]$,

即后边每一个数都是前两个数的和。而且随着数列的递增,前后两个数的比值会越来越接近黄金分割数 0.618,利用这个特性,就可以将黄金比例运用到查找技术中。现在有一组斐波纳契数列 F,如图 8-4 所示。

图 8-4　斐波纳契数列

但是首先要明确一点:如果一个有序表的元素个数为 n,并且 n 正好是某个斐波纳契数减 1,即满足 $n=F[k]-1$ 时,才能使用斐波纳契查找。如果元素个数 n 不满足这个关系,那么需要将查找表扩展,直到 n 满足这个关系。假如现在有一组数据组成的查找表 arr,如图 8-5 所示。

图 8-5　查找表 arr

数组 arr 有 10 个元素,即 $n=10$,在斐波纳契数列 F 中,没有数据满足 $n=F[k]-1$,最近的是数据 $13-1=12$,那么就把数据 arr 由 10 个元素扩展到 12 个,用最后一个元素来扩展另外两个空间。扩展后的数组 arr 如图 8-6 所示。

0	3	12	22	29	56	88	90	102	130	130	130	…
0	1	2	3	4	5	6	7	8	9	10	11	

图 8-6　扩展后的查找表 arr

扩展元素的代码实现如下:

```
for (int i=n; i<F[k] -1; i++)
    arr[i]=arr[n-1];
```

在这个案例中,n 的值为 10,k 的值应为 7,$F[k]=F[7]=13$。查找表 arr 被扩充为 $F[7]-1=12$ 个元素。

查找表 arr 的长度其实也很好估算,假如定义了 $n=7$ 个元素的数组,那么在斐波纳契数列中,$8-1=7$,8 对应的角标为 6,即 $7=F[6]-1$,满足 $n=F[k]-1$ 的关系,不必扩展;如果定义的查找中有 $n=25$ 个元素,那么 $F[9]-1=34-1=33$,那么要把 arr 从 25 个元素扩展到 33 个。这就是刚开始说的 n 与 $F[k]-1$ 的关系。

在二分查找中,分割点 $\text{mid}=(\text{begin}+\text{last})/2$,而在斐波纳契查找中分割点 $\text{mid}=\text{begin}+F[k-1]-1$。通过上面的学习可知,查找表 arr 现在的元素个数为 $F[k]-1$,mid 将查找表分成了两部分,左边的长度为 $F[k-1]-1$,则右边的长度为 $F[k]-1-(F[k-1]-1)=F[k-2]-1$,如图 8-7 所示。

接下来就通过斐波纳契查找法来查找 arr 中是否存在元素 102,其过程如下:

(1) 通过上述分析得知,arr 由 10 个元素扩充到 12 个,此时 $k=7$,则 $\text{mid}=\text{begin}+F[k]-1=0+F[7-1]-1=7$,也就是 arr 从角标 7 处一分为二,如图 8-8 所示。

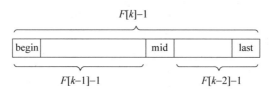

图 8-7 查找表 arr 元素分布

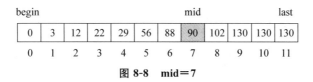

图 8-8 mid＝7

（2）求得 mid＝7，如果 arr[mid]值比 key＝102 小，则 begin 往后移：

```
begin=mid+1;k=k-2;
```

如果 arr[mid]值比 key＝102 大，则 last 往前移：

```
last=mid-1;k=k-1;
```

而此时 arr[mid]＝arr[7]＝90，它要比 key 值小，则重新为 begin 和 key 赋值，begin＝mid＋1＝7＋1＝8，$k＝k-2＝7-2＝5$，则再次求得 mid＝begin＋$F[k-1]$－1＝8＋$F[5-1]$－1＝8＋3－1＝10（原先 arr 已经由 10 个元素扩展到 12 个），即从角标 10 处将 arr 一分为二，如图 8-9 所示。

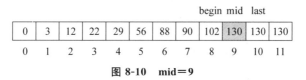

图 8-9 mid＝10

（3）mid＝10，则 arr[mid]＝130，比 key 值大，则 last 往前移，last＝mid－1＝10－1＝9，$k＝k-1＝5-1＝4$，再次求得 mid＝begin＋$F[k-1]$－1＝8＋$F[4-1]$－1＝8＋2－1＝9，则从角标为 9 处将 arr 一分为二，如图 8-10 所示。

图 8-10 mid＝9

（4）mid＝9，则 arr[mid]＝130，大于 key 值，则 last 往前移，last＝mid－1＝9－1＝8，$k＝k-1＝4-1＝3$，再次求得 mid＝begin＋$F[k-1]$－1＝8＋$F[3-1]$－1＝8＋1－1＝8，则从角标 8 处将 arr 一分为二，如图 8-11 所示。

此时，arr[mid]＝arr[8]＝102，元素查找成功。

通过上面的分析，斐波纳契查找的算法实现也简单了，其代码如下：

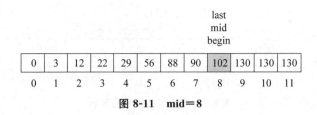

图 8-11 mid＝8

```
int F[]={0,1,1,2,3,5,8,13,21,34,55,89};          //当然也可以构造别的斐波纳契数列
int Fibonacci_Search(int * arr, int n, int key)
{
    int begin=0;
    int last=n-1;

    int k=0;
    while (n>F[k]-1)                              //计算 n 位于斐波纳契数列的位置
        ++k;
    for (int i=n; i<F[k]-1; i++)                  //扩展赋值
        arr[i]=arr[n-1];

    while (begin<=last)
    {
        int mid=begin+F[k-1]-1;
        if (key<arr[mid])
        {
            last=mid-1;
            k-=1;
        }
        else if (key>arr[mid])
        {
            begin=mid+1;
            k-=2;
        }
        else
        {
            if (mid<n)
                return mid;                       //若相等则说明 mid 即为查找到的位置
            else
                return n-1;                       //若 mid>=n 则说明是扩展的数值,返回 n-1
        }
    }
    return -1;
}
```

    关于斐波纳契查找，如果要查找的记录在右侧，则左侧的数据都不再判断，不断反复进行下去，对处于当中的大部分数据，其工作效率要高一些。所以尽管斐波纳契查找的时间复杂度也为 $O(\log n)$，但就平均性能来说，斐波纳契查找要优于折半查找。可惜如果是最坏的情况，例如这里 key＝1，那么始终都处于左侧在查找，则查找效率低于折半查找。

还有关键一点,折半查找是进行加法与除法运算的(mid＝(low＋high)/2),插值查找则进行更复杂的四则运算(mid＝low＋(high－low) * ((key－a[low])/(a[high]－a[low]))),而斐波纳契查找只进行最简单的加减法运算(mid＝low＋F[k－1]－1),在海量数据的查找过程中,这种细微的差别可能会影响最终的效率。

8.4 索引顺序查找

索引顺序查找又叫分块查找,它是介于顺序查找和折半查找之间的一种查找方法。折半查找虽然具有很好的性能,但其前提条件是线性表顺序存储而且按照关键字排序,这一前提条件在结点数很大且表元素动态变化时难以满足。而顺序查找虽然可以解决表元素动态变化的要求,但查找效率很低。如果既要保持查找效率,又要能够满足表元素动态变化的需求,则可采用索引顺序查找的方法。

在此查找方法中,除查找表外还需要为查找表建立一个"索引表",索引表是分段有序的。将查找表分为若干个子表,为每一个子表建立一个索引项存储在索引表中,索引项包括两项内容:关键字项和指针项。例如,现有一个查找表,为其建立一个索引表,如图 8-12 所示。

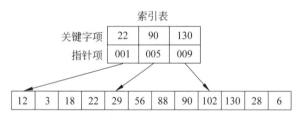

图 8-12 查找表及其索引表

在索引表中关键字项存储的是子表中的最大值,指针项存储的是子表的地址。索引顺序查找的基本思想就是:

(1) 根据给定的关键字 key,在索引表中查找以确定 key 所在的子表。

(2) 再在子表中查找关键字为 key 的元素,如果找到,则查找成功;否则查找失败。

索引表是有序表,则既可进行顺序查找也可进行折半查找,以确定待查元素所在子表;而子表可能是无序的,因此只能用顺序查找。

例如给定 key＝59,则索引表中查找得出结果:22＜key＜90,因为 22 是第一个子表中的最大值,所以 59 应该是在第二个子表中。在索引项中得知,第二个子表是从地址 005 开始,则从此处开始顺序查找此子表,直到找到值为 59 的元素。查找之后发现,此子表中没有值为 59 的元素,则查找失败。

索引顺序查找的实现比前面所学的几种查找算法要难一些,但理解了其查找原理,实现起来也相对容易,为了让读者更好地体会查找过程,接下来通过一个例子来展示索引顺序查找,具体如例 8-1 所示。

例 8-1

```
1 #define _CRT_SECURE_NO_WARNINGS
2 #include <stdio.h>
```

```
 3 #include <stdlib.h>
 4 //索引顺序查找(分块查找)
 5 struct indexBlock                              //定义块的结构
 6 {
 7     int max;
 8     int start;
 9     int end;
10 }indexBlock[4];                                //定义索引表,里面有 4 个 struct 对象
11
12 int blockSearch(int key, int a[])
13 {
14     int i=0;
15     int j;
16
17     while (i<3 && key>indexBlock[i].max)        //确定在哪个子表中
18         i++;
19
20     if (i>=3)                                  //大于分的块数,则返回-1,找不到该数
21         return -1;
22
23     j=indexBlock[i].start;                      //j 等于块范围的起始值
24
25     while (j <=indexBlock[i].end && a[j] !=key)  //在确定的块内进行查找
26         j++;
27
28     if (j >indexBlock[i].end)    //如果大于块范围的结束值,则说明没有要查找的数,j置为-1
29         j=-1;
30
31     return j;
32 }
33
34 int main()
35 {
36     int j=-1;
37     int a[]={0, 1, 2, 3, 4, 5, 6, 7, 8, 9, 10, 11, 12, 13, 14, 15 };     //查找表
38     printf("已知查找表:\n");
39     for (inti=0; i<15; i++)
40         printf("%d ", a[i]);
41
42     printf("\n");
43
44     for (int i=0; i<3; i++)
45     {
46         indexBlock[i].start=j+1;                  //确定每个块范围的起始值
47         j=j+1;
48
49         indexBlock[i].end=j+3;                    //确定每个块范围的结束值
50         j=j+3;
```

```
51
52          indexBlock[i].max=a[j];              //确定每个块范围中元素的最大值
53      }
54
55      printf("请输入你要查找的数：\n");
56      int key;
57      scanf("%d", &key);
58      int index=blockSearch(key, a);
59
60      if (index >=0) {
61          printf("查找成功!你要查找的数查找表中的位置是: %d\n", index);
62      }
63      else{
64
65          printf("查找失败!你要查找的数不在查找表中。\n");
66      }
67
68      system("pause");
69      return 0;
70  }
```

运行结果如图 8-13 所示。

图 8-13 例 8-1 的运行结果

在例 8-1 中,代码 5~10 行定义了一个索引表。代码 44~53 行确定了索引表对应的每个子表的大小及每个子表中的最大值。代码 12~32 行的函数就是实现的索引顺序查找的算法,其中代码 17、18 行确定要查找的关键字在哪个子表中,确定了子表后,代码第 25、26 行在子表中查找,如果查找到就返回其角标,如果没找到则查找失败。

8.5　二叉排序树

在前面几节中学习的都是线性表的查找。除了线性表之外,在非线性的树、图等数据结构中也会经常用到查找算法。经常参与查找的树结构有二叉排序树、平衡二叉树、B 树、B＋树、键树等,它们统称为树表,本节就来学习这些查找树。首先学习针对二叉排序树的查找。

二叉排序树(Binary Sort Tree,BST)又称为二叉查找树、二叉搜索树,它或者是一棵空树,或者是具有下列性质的二叉树:

(1) 如果左子树不为空,则左子树上所有结点的值均小于根结点的值。

（2）如果右子树不为空，则右子树上所有结点的值均大于根结点的值。

（3）左、右子树也分别为二叉排序树。

（4）树中没有值相同的结点。

图 8-14 就是一棵二叉排序树。

如果用中序遍历来遍历二叉排序树，则遍历结果是一个递增的序列，例如，中序遍历图 8-14 中的二叉排序树结果为 1 3 4 6 7 8 10 13 14，是一个递增序列，这也是二叉排序树的一个性质特点。二叉排序树通常用二叉链表存储，其结点结构定义如下：

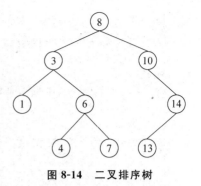

图 8-14　二叉排序树

```
typedef struct BitNode
{
    DataType data;                          //数据域
    struct BitNode * lchild, * rchild, * parent;    //左右孩子指针与父结点指针
}BitNode;
```

一般二叉排序树都是用二叉链表示法存储，但是二叉树的插入、删除操作中会用到其父结点指针，因此在其存储结构中增加一个父结点指针 parent。

在了解了什么是二叉排序树后，下面来学习二叉排序树上的一些常用操作：查找、插入、删除。

1. 查找

二叉排序树最主要的功能就是查找，在二叉排序树中进行查找的基本思路如下：

（1）将给定值 key 与根结点值相比较，如果相等，则查找成功。

（2）如果不相等，则比较 key 与根结点值的大小：

- key 大于根结点的值，则在右子树中查找。
- key 小于根结点的值，则在左子树中查找。

（3）在左/右子树中查找 key 时，重复上述两个步骤。

二叉排序树的查找是递归的，递归思想在二叉树中的应用非常重要。在实现二叉排序树的查找算法时也用递归来实现，其代码如下：

```
//查找,参数：f指向T的双亲,若查找成功,则p指向该数据元素结点,返回1
//否则,指针p指向查找路径上访问的最后一个结点,返回-1
BiTree searchBST(BiTree T, int key, BiTree f, BiTree* p)
{
    if (!T)                                 //树为空
    {
        * p=f;
        return NULL;
    }
    else if (T->data==key)                  //查找成功
    {
```

```
        * p=T;
        return T;
    }
    else if (T->data>key)                //在左子树中查找
        return searchBST(T->lchild, key, T, p);
    else                                 //在右子树中查找
        return searchBST(T->rchild, key, T, p);
}
```

在二叉排序树中进行查找和折半查找有些类似,也是一个逐步缩小查找范围的过程。若查找成功,则是一条由根结点到待查结点的路径;若查找失败,则是一条由根结点到某个叶子结点的路径。由此可知,查找过程中和关键字比较的次数不超过树的深度。

二叉排序树的平均查找长度与树的形态有关。最好的情况是二叉排序树形态比较对称,此时它与折半查找相似,此时算法的时间复杂度大约为 $O(\log_2 n)$;最坏的情况是二叉排序树是一棵单支树(只有左子树或只有右子树),那么它的查找算法复杂度为 $O(n)$。

2. 插入

二叉排序树在生成时,常常需要逐个插入结点,在二叉排序树中插入新的结点,要保证插入后的二叉树仍符合二叉排序树的定义。

(1) 如果二叉排序树 T 为空,则为待插入的结点 key 申请一个新结点,并使其为根。

(2) 如果二叉排序树 T 不为空,则将 key 与根结点值作比较:

- 如果两者相等,则说明树中已有此关键字,无须再插入。
- 如果 $key < T\text{->}key$,则将 key 插入到根的左子树中。
- 如果 $key > T\text{->}key$,则将它插入根的右子树中。

(3) 子树中的插入与上述过程一样,如此递归下去,直到将 key 作为一个新的叶子结点插入到二叉排序树中或者直到发现树中已有此关键字为止。

插入算法在实现的时候可以调用已经实现的查找算法,先在二叉排序树中查找是否存在值为 key 的结点,如果存在,则直接返回,不必再插入;如果不存在,则比较 key 与根结点的值,判断是插入左子树中还是右子树中,其代码如下:

```
//在二叉排序树 T 中插入值 key
int InsertBST(BitNode * T, int key)
{
    BitNode * p, * s;
    if (!searchBST(T, key, NULL, &p))         //查找不成功,即树中没有值为 key 的结点
    {
        s=(BitNode * )malloc(sizeof(BitNode));    //为 key 分配空间
        s->data=key;
        s->lchild=s->rchild=NULL;
        if (!p)
            T=s;                                //插入 s 作为新的根结点
        else if (key <p->data)
            p->lchild=s;                        //s 为左孩子
        else
```

```
        p->rchild=s;        //s为右孩子
    return 1;
    }
    else
        return 0;
}
```

有了插入算法,就可以生成一棵二叉排序树,每插入一个结点数据,就调用一次插入算法将它插入到当前已生成的二叉排序树中。

二叉排序树在生成时,其实质是对数据序列进行排序,使其变为有序序列。但这种排序的时间复杂度为 $O(n\log n)$。对于相同的输入实例,它的排序时间是堆排序时间的 2~3 倍,因此在一般情况下,构造二叉排序树的目的并非为了排序,而是用它来加速查找,因为在有序集合上的查找要比无序集合上的查找更快。

3. 删除

在二叉排序树中删除一个结点,也要保证删除结点后的二叉排序树具有原来所有的性质,如果只是删除叶子结点,那么对二叉排序来说不会有什么影响,但若是要删除有孩子的结点,那么情况就比较复杂。基于此,在二叉排序树中删除结点要分三种情况进行讨论。

第一种情况:若结点为叶子结点,即左右子树均为空,由于删除叶子结点不破坏整棵树的结构,则只修改其父结点的指针即可。例如图 8-14 中的二叉排序树,要删除结点 4,则只需将结点 6 的 lchild 指向空即可,二叉排序树还是保持原来的性质不变。

第二种情况:若结点只有左子树或只有右子树,则只需要让其左/右子树代替父结点的位置,这也不会破坏二叉排序树的特性。例如要删除图 8-14 中的结点 14,则将结点 14 的左孩子结点 13 放在结点 14 的位置上即可。

第三种情况:若结点左右子树都不为空,则在删除时会比较麻烦,假如要删除的结点为 p,一种方法是找到其中序遍历的前驱结点 pre,用 pre 替代结点 p(即将 pre 结点的值复制到 p 结点),然后将 pre 删除。例如要删除图 8-14 中的结点 6,则先找到其中序前驱结点 4,然后用 4 替换 6,再将结点 4 删除,如图 8-15 所示。这样二叉排序树还是保持原来的性质不变。

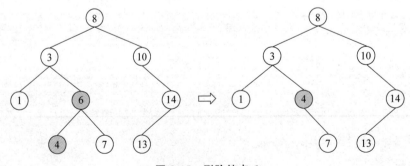

图 8-15   删除结点 6

另一种方法是找到结点 p 的中序后继结点 next,则用 next 替换 p,再将 next 删除,也能保持原来的二叉排序树性质不变。同样是删除图 8-14 中的结点 6,则其中序后继结点为

7,用结点 7 替换结点 4,然后将结点 7 删除,如图 8-16 所示。

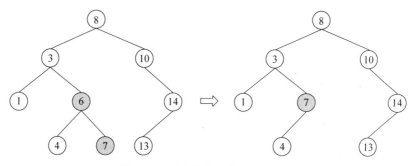

图 8-16　删除结点 6 的另一种方法

在删除二叉排序树的某一个结点时,这三种情况都要考虑,实现时,利用上面已经有的查找算法,先在二叉排序树中查找是否存在要删除的结点,如果有则需要分三种情况考虑,算法代码如下:

```
void DeleteBST(BitNode * T, int key)
{
    //先在树中查找是否存在值为 key 的结点
    BitNode * q, * s;
    BitNode * node=searchBST(T, key, NULL, &s);          //查找这个结点
    if (node==NULL)
    {
        printf("\n 树中没有此结点!\n");
        return;
    }
    else                                                 //如果树中存在值为 key 的结点
    {
        if (node->lchild==NULL && node->rchild==NULL)    //如果是叶子结点,则删除
        {
            printf("此结点是一个叶子结点,删除!\n");
            node->parent->lchild=node->parent->rchild=NULL;
            free(node);
        }
        else if (node->rchild==NULL)                     //如果右子树为空,只需要重新连接它的左子树
        {
            printf("此结点只有左子树,删除!\n");
            q=node;                                      //q 指针指向 node 结点,即要删除的结点
            node=node->lchild;                           //node 移到其左孩子结点处
            //父结点与孙子结点连接
            if (q==q->parent->rchild)                    //如果 q 是其父结点的右孩子
                q->parent->rchild=node;
            else
                q->parent->lchild=node;

            free(q);
        }
        else if (node->lchild==NULL)                     //如果左子树为空,只需要重新连接它的右子树
```

```
        {
            printf("此结点只有右子树,删除!\n");
            q=node;
            node=node->rchild;
            if (q==q->parent->rchild)      //如果 q 是其父结点的右孩子
                q->parent->rchild=node;    //则将其右孩子挂在父结点的右侧
            else
                q->parent->lchild=node;
            free(q);
        }
        else                               //如果结点左右子树均不为空
        {
            q=node;
            s=node->lchild;                //s 指向其左子树
            //寻找其中序前驱,其中序前驱在其左子树的右下角
            while (s->rchild)              //在左子树中往右边找
            {
                q=s;
                s=s->rchild;
            }
            //循环结束,s 就指向要删除结点的中序前驱
            node->data=s->data;           //将 s 结点的数据复制到 node 结点
            if (q !=node)
                q->rchild=s->lchild;
            else
                q->lchild=s->lchild;
            free(s);
        }
    }
}
```

　　二叉排序树是以链式方式进行存储,它保持了链式存储在执行插入、删除时只修改指针,不移动元素的优点。至此,二叉排序树查找、插入、删除操作原理、相应算法的实现及算法复杂度的分析已经学习完毕。当然,每种算法也可有不同的实现,读者可以尝试自己来实现二叉排序树的相关算法。

8.6　平衡二叉树

8.6.1　平衡二叉树的概念

　　在学习二叉排序树的查找时,通过分析查找算法的效率可知,不同结构的二叉排序树查找效率有很大不同,单支树的查找效率相当于顺序查找,而越趋于平衡的二叉排序树查找效率越高。因此,在二叉排序树的基础上引入了平衡树二叉树(balance binary tree)。

　　所谓平衡二叉树是指它除了具备二叉排序树的基本特征之外,还具有一个非常重要的特点:它的左子树与右子树的深度之差(平衡因子)的绝对值不超过1,且都是平衡二叉树。二叉树结点的左子树深度减去右子树深度的值称为平衡因子(Balance Factor,BF)。那么平衡二叉树上的所有结点的平衡因子只可能是−1、0、1。只要二叉树上一个结点的平衡因子的绝对值大于1,那么该二叉树就不是平衡二叉树。

平衡二叉树是二叉排序树的一个进化体,也是第一个引入平衡概念的二叉树,它是由
G. M. Adelson-Velsky 和 E. M. Landis 提出的,所以它又被叫作 AVL 树。

在图 8-17 中有三棵树,但只有左边的树是平衡二叉树。在中间的树中,根结点 100 的
左子树高度为 2,而右子树高度为 0,其差值为 2,因此不是平衡二叉树。在右边的树中,根
结点 100 的右子树中有小于 100 的结点,它不是一棵二叉排序树,因此更不是平衡二叉树。

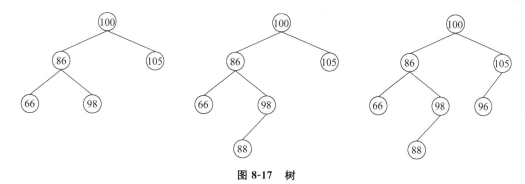

图 8-17　树

平衡二叉树也可以进行查找、插入等操作,在进行查找操作时与二叉排序树相同且效率
比二叉排序树高,如果平衡二叉树平衡度很高,则相当于是顺序表中的折半查找。

但在执行插入操作时,要随时注意保持树的平衡性,在插入结点时,如果距离插入位置
最近且平衡因子绝对值大于 1 的结点,以此为根结点的子树称为最小不平衡子树。例如有
一棵平衡二叉树,如图 8-18 中左侧的二叉树所示,现在往此树中插入一个新结点,如图 8-18
中右侧的二叉树所示。

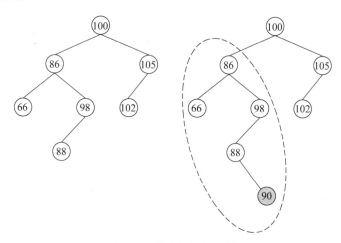

图 8-18　最小不平衡子树

图 8-18 中左侧的二叉树是一棵平衡二叉树,向树中插入一个值为 90 的结点,这样就打破
了树的平衡性,离插入位置最近且平衡因子绝对值大于 1 的结点是 86,则以 86 为根结点的子
树就是最小不平衡子树,图 8-18 右侧二叉树中虚线框内的子树就是此树中的最小不平衡子树。

8.6.2　平衡二叉树的插入

在平衡二叉树中插入结点要随时保证插入后整棵二叉树还是平衡的,但是由 8.6.1 节

的学习可知在插入结点时往往会破坏二叉树的平衡性,如图 8-18 所示,会产生最小不平衡子树。因此为了保证插入结点后二叉树仍是平衡的,就需要找出插入新结点后失去平衡的最小子树根结点。然后再调整这棵子树中有关结点之间的链接关系,使之成为新的平衡子树。当失去平衡的最小子树被调整为平衡子树后,其他所有不平衡子树无需调整,整个二叉排序树就又成为一棵平衡二叉树。调整结点之间的链接关系的基本方法就是旋转,也有书籍称之为结点交换。

旋转的方式有右旋转、左旋转、左右旋转、右左旋转,接下来用一组数据构建一棵平衡二叉树,在构建过程中讲解如何用旋转来调整二叉树的平衡。

假设有一组数据 int arr[10] = {90,66,65,98,100,88,105,102,110,103 };现在要用这组数据来构建一棵平衡二叉树,以 90 为根结点,下一个数据 66 小于 90,则为它的左孩子,此时两个结点构成的二叉树是一棵平衡二叉树;然后插入结点 65,65 小于 66,则为 66 的左孩子,如图 8-19 所示。

结点左边是每个结点的平衡因子,当插入结点 65 后,结点 90 的平衡因子变为 2,此树不再是平衡二叉树,那么为了保持树的平衡性就要对树进行调整,即进行旋转。在进行旋转时也有一定的规则:在产生的最小不平衡子树的根结点及其左孩子平衡因子都为正,即在最小不平衡子树根结点的左孩子的左孩子处插入结点,则以根结点的左孩子为支点进行右旋转。图 8-19 中,66 为根结点 90 的左孩子,而结点 65 就是插入到了结点 66 的左孩子处,根结点 90 与左孩子结点 66 的平衡因子都同为正,因此要调整二叉树的平衡就以 66 为支点进行右旋转,如图 8-20 所示。

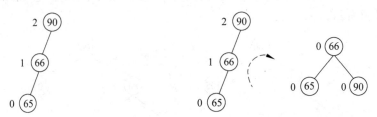

图 8-19　前三个结点　　　　　　　　　　　图 8-20　右旋转

旋转之后二叉树变为以 66 为根结点,65 和 90 分别为左右孩子的平衡二叉树。

接着再插入结点 98,则 98 会成为结点 90 的右孩子,如图 8-21 所示。

插入结点 98 之后并没有打破二叉树的平衡性,因此不需要调整。接下来再插入结点100,则 100 为 98 的右孩子,如图 8-22 所示。

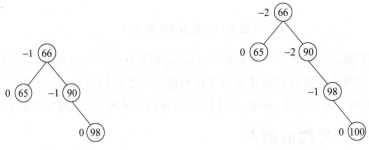

图 8-21　插入结点 98　　　　　　　　　　图 8-22　插入结点 100

　　插入结点 100 后打破了二叉树的平衡性,产生的最小不平衡子树以 90 为根结点。此时要调整树的平衡性,但是此次插入结点是在 90 右孩子的右孩子 98 处插入,结点 90 及其右孩子平衡因子都为负,因此需要左旋转。左旋转规则为:在产生的最小不平衡子树根结点右孩子的右孩子处插入结点,即最小不平衡子树的根结点及其右孩子的平衡因子都为负,则以根结点的右孩子为支点进行左旋转,根结点变为支点的左孩子。对于图 8-22 中的二叉树,以结点 98 为支点左旋转,将结点 90 变为其左孩子,如图 8-23 所示。

　　左旋转之后,结点 98 变为了 66 的右孩子,结点 90 变为了结点 98 的左孩子,整棵树又恢复了平衡。需要注意的是,如果插入结点不是 98 的右孩子而是其左孩子,例如插入的结点值为 97,如图 8-24 所示。这样如果直接进行简单的左旋转,则 97 会成为 98 的右孩子,就不符合二叉排序树的性质,因此不能简单地直接左旋转。

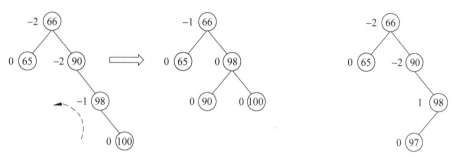

　　图 8-23　左旋转　　　　　　　　　　　图 8-24　结点 100 换成 97

　　仔细观察会发现结点 90 与结点 98 的平衡因子符号不同,因此不能简单旋转。在旋转之前可以先将两者符号统一,先对结点 98 与 97 进行右旋转,使 98 成为 97 的右孩子,如图 8-25 所示。

　　这样就与图 8-23 所示二叉树平衡性一样,此时可以直接进行左旋转,如图 8-26 所示。

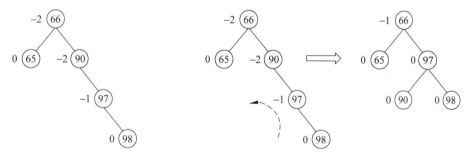

　　图 8-25　旋转结点 98 与 97　　　　　　　图 8-26　左旋转

　　此处为将 100 用 97 替换所出现的情况,如果在插入过程中出现平衡因子符号不同的情况,读者也要知道如何处理。

　　接下来插入结点 88,则 88 会成为 90 的左孩子,如图 8-27 所示。

　　插入结点 88 之后,也打破了树的平衡性,产生的最小不平衡子树以 66 为根结点。66 的平衡因子为负,其右孩子 98 的平衡因子为正,两者符号不同,因此旋转方式也会改变。先要取消平衡因子符号的差异,当产生的最小不平衡子树中,从根结点的插入路径为右→左→左时,先要以此根结点的右孩子的左孩子为支点进行右旋转,然后再进行左旋转。在

图 8-24 中,产生的最小不平衡子树以 66 为根结点,则从 66 到插入的结点 88 的路径就是右→左→左,那么就先绕结点 90(它为根结点 66 右孩子的左孩子)进行右旋转,如图 8-28 所示。

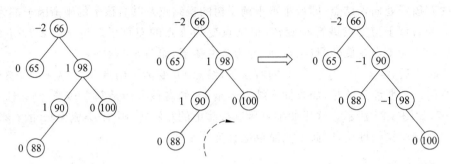

图 8-27　插入结点 88　　　　　　　　　　图 8-28　右旋转后

经过右旋转之后,结点 66 与结点 90 的平衡因子符号相同,此二叉树的平衡情况与图 8-22 有些类似,最小不平衡子树的根结点与其右孩子的平衡因子都为负,按照规则绕结点 90 进行左旋转,结点 66 变为 90 的左孩子,结点 88 变为 66 的右孩子,如图 8-29 所示。

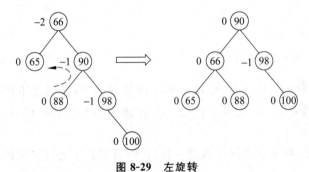

图 8-29　左旋转

插入结点 88,根据插入的位置及平衡因子先进行右旋转再进行左旋转,调整树的平衡。

接下来插入结点 105,105 为 100 的右孩子,生成的最小不平衡子树以 98 为根结点,根结点与其右孩子平衡因子同为负,则绕结点 100 进行左旋转来调整二叉树的平衡性,如图 8-30 所示。

接下来插入结点 102,102 为 105 的左孩子,如图 8-31 所示。

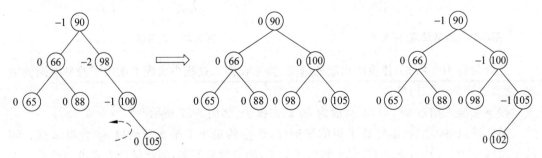

图 8-30　插入结点 105 后进行左旋转　　　　图 8-31　插入结点 102

插入结点 102 后并没有破坏二叉树的平衡性。继续插入结点 110,110 为 105 的右孩子,如图 8-32 所示。

插入结点 110 也没有破坏树的平衡性,因此不必调整。接下来插入结点 103,则 103 为 102 的右孩子,如图 8-33 所示。

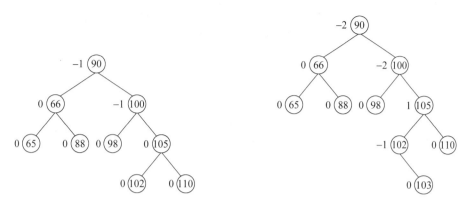

图 8-32　插入结点 110　　　　　　　　图 8-33　插入结点 103

插入结点 103 后,产生的最小不平衡子树以 100 为根结点,结点 100 的平衡因子为 −2,结点 105 的平衡因子为 1,平衡因子符号不统一,与图 8-24 到图 8-26 的情形有些类似。那么首先要消除平衡因子间符号的差异,绕结点 102 右旋转,如图 8-34 所示。

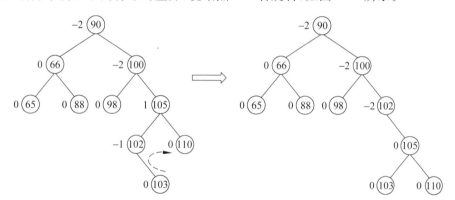

图 8-34　绕结点 102 右旋转

此时再绕结点 102 左旋转来调整树的平衡性,如图 8-35 所示。

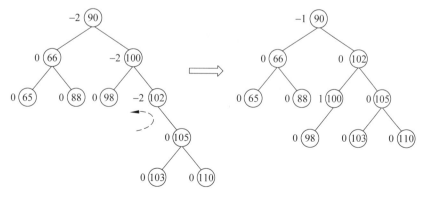

图 8-35　绕结点 102 左旋转

经过左旋转之后,得到右边的二叉树,它已经是平衡的,至此用这一组数据构建一棵平衡二叉树完成。

在构建的过程中插入结点时要随时保持树的平衡性,通过上面的学习可知,构建平衡二叉树大体就是分三种情况:插入结点后,如果最小不平衡子树根结点与其孩子平衡因子同为正,则直接右旋转;如果最小不平衡子树根结点与其孩子平衡因子同为负,则直接左旋转;如果最小不平衡子树根结点与其孩子平衡因子符号不同,则先对孩子结点进行旋转,使平衡因子符号无差异,再进行反向旋转。

8.6.3 平衡二叉树的删除

平衡二叉树的删除也涉及删除后的连接问题。其删除一般分为 4 种情况:

- 删除叶子结点。
- 删除左子树为空、右子树不为空的结点。
- 删除左子树不为空、右子树为空的结点。
- 删除左右子树都不为空的结点。

删除叶子结点很简单,直接删除即可,此处不再赘述。接下来分别学习其他三种删除情况。

1. 左子树为空,右子树不为空

以图 8-36 中的平衡二叉树为例。

现在要删除结点 105,结点 105 有右子树,没有左子树,则删除后,只需要将其父结点与其右子树连接即可,如图 8-37 所示。

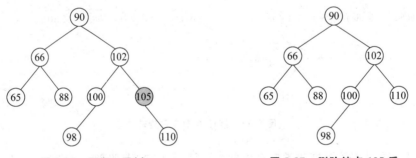

图 8-36　平衡二叉树　　　　　图 8-37　删除结点 105 后

删除结点会使相应子树的高度减小,可能会导致树失去平衡,如果删除结点后使树失去了平衡,要调整最小不平衡子树使整棵树达到平衡。删除与插入一样,在删除的过程中要时刻保持树的平衡性。

2. 左子树不为空,右子树为空

要删除一个结点,结点有左子树没有右子树,这种情况与上一种情况相似,只需要将其父结点与其左子树连接即可,例如要删除图 8-37 中的结点 100,其删除过程如图 8-38 所示。

3. 左右子树均不为空

如果要删除的结点既有左子树又有右子树,则要分情况进行讨论。

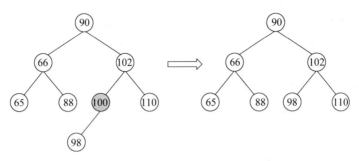

图 8-38　删除结点 100

（1）如果该结点 x 的平衡因子是 0 或者 1，找到其左子树中具有最大值的结点 max，将 max 的内容与 x 的元素值进行交换，则 max 即为要删除的结点。由于树是有序的，因此找到的 max 结点只可能是一个叶子结点或者一个没有右子树的结点。

例如现在有一棵平衡二叉树，如图 8-39 所示。

现在要删除结点 20，结点 20 的平衡因子是 1，则在其左子树中找到最大结点 15，将两个结点的数据值互换，如图 8-40 所示。

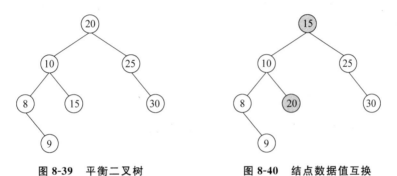

图 8-39　平衡二叉树　　　　　　　　**图 8-40　结点数据值互换**

然后删除结点 20，如图 8-41 所示。

在删除结点 20 之后，平衡二叉树失去了平衡，结点 10 的平衡因子为 2，则需要对此最小不平衡子树进行调整，此次调整类似于插入，先进行一次左旋转再进行一次右旋转即可，调整后的结果如图 8-42 所示。

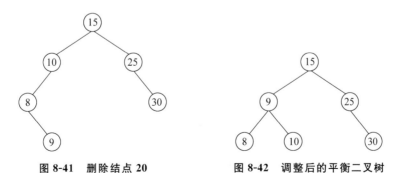

图 8-41　删除结点 20　　　　　　　　**图 8-42　调整后的平衡二叉树**

（2）如果要删除的结点其平衡因子为 -1，则找到其右结点中具有最小值的结点 min，将 min 与 x 的数据值进行互换，则 min 即为新的要删除的结点，将结点删除后，如果树失去了平衡，则需要重新调整。由于平衡二叉树是有序的，因此这样找到的结点只可能是一个叶子结点，或者是一个没有左子树的结点。

至此，关于平衡二叉树的基本操作已经讲解完毕。平衡二叉树的查找过程与二叉排序树查找过程完全相同，因此，在平衡二叉树上进行查找时关键字的比较次数不会超过平衡二叉树的深度。平衡二叉树的查找复杂度为 $O(\log_2 n)$。

8.7　B 树

8.7.1　B 树的概念

在具体讲解之前，读者先要弄清楚一个概念，B 树即为 B－树，因为 B 树的英文名称为 B－tree，在直译过来时就是 B－树，这就让很多人产生了误解，以为 B 树是一种树而 B－树是另一种树，其实两者是同一个概念。

B 树是为磁盘或其他外存设备而设计的一种多叉平衡查找树，因此它也叫多路平衡查找树，在读取外存文件时，许多数据库系统都使用 B 树或者 B 树的各种变形结构，如 B＋树、B＊树。

一棵 m 阶的 B 树（注意 m 阶的树并不是简单地有 m 个叉的树）或者是一棵空树，或者在定义中要满足以下要求：

（1）树中每个结点最多有 m 棵子树（$m \geqslant 2$）。

（2）根结点至少有两个子结点。唯一的例外是 B 树是一棵空树，根结点就是叶子结点。

（3）除根结点外，结点中关键字的个数取值范围为 $\lceil m/2 \rceil - 1$ 到 $m-1$（$m/2$ 向上取整）。

（4）所有叶子结点都在同一层。

（5）除根结点和叶子结点外，如果结点有 $k-1$ 个关键字，那么这个结点就有 k 个子结点，关键字按递增次序排列。

单纯的定义理解起来会有些困难，因此以图 8-43 所示的 B 树为例讲解这些定义项的含义。

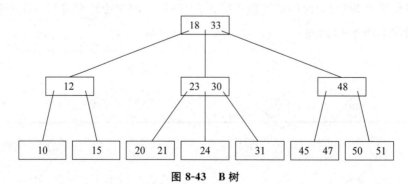

图 8-43　B 树

图 8-43 中的树是一棵 B 树（为了更清晰地表示关键字之间的间隔，用方框来代替圆表示结点），而且是一棵阶为 3（$m=3$）的 B 树，即一个结点最多可以有 3 棵子树，在此 B 树中，

每个结点中关键字的个数取值范围为 $[\lceil m/2 \rceil - 1, m-1]$，即 $[1,2]$，即每个结点中最少有一个关键字，最多有两个关键字，有两个关键字就有三个孩子，有的教材也把它特殊化为 2-3 树。

除了根结点和叶子结点外，树中每个结点至少有 $2(m/2 = 3/2$，向上取整为 $2)$ 个子结点；所有叶子结点都在同一高度。在 B 树中，每一个结点可以存储若干个（最多为 $m-1$）关键字，当一个结点中存储有 k 个关键字时，那么它会有 $k+1$ 个子结点，例如根结点有 18 和 33 两个关键字，则根结点有 3 个子结点，这些子结点中的关键字是递增排列的，而且关键字 18 左边的指针指向的孩子结点中的关键字都小于 18，18 和 33 之间的指针指向的子结点中关键字处于 18 和 33 之间，33 右边的指针指向的子结点中关键字的值都大于 33。

B 树适用于外存文件设备的动态索引查找，它把相关记录都放在同一个磁盘页中，从而利用了访问局部性原理。在 B 树的结点中没有重复的关键字，父结点中的关键字是其子结点的分界，例如根结点中的 18 和 33 两个关键字将其孩子分为三段，18 和 33 是这三个段的界线。而且 B 树保证树中至少有一定比例的结点是满的。B 树的这些性质能够改进空间的利用率，减少检索和更新操作的磁盘读取次数。

B 树的结点结构如下：

```
struct BitNode
{
    int keyNum;                 //实际关键字个数
    struct BitNode * parent;    //指向父结点的指针,可有可无
    struct BitNode * ptr;       //指向子树的指针
    KeyType * key;              //关键字向量: key[0]、key[1]、…、key[keyNum -1]
};
```

关于 B 树的结点结构读者了解即可，本书并不实现它，主要是学习它的查找、插入、删除等操作原理。

在 B 树中查找数据时主要分为两步：

(1) 把根结点读出来，在根结点所包含的关键字 k_1、k_2、…、k_j 中查找给定的关键字值（当结点包含的关键字值不多时，可用顺序查找；当结点包含的关键字数目较多时，可用折半查找），找到关键字值则查找成功。

(2) 否则，确定要查找的关键字值的大小范围，根据指针指向的子结点，在子结点中继续查找。如果查找到叶子结点仍未找到关键字值，表示查找失败。

例如，在图 8-43 所示的 B 树中查找值 31，则先读取根结点，在根结点中有 18 和 33 两个关键字，没有值 31，但可以确定 31 在 18 和 33 之间，因此根据指针指示读取 18~33 范围之间的子结点，如图 8-44 所示。

在此子结点中查找是否存在 31，结果不存在；但是确定 31 大于此子结点中的最大关键字 30，因此接下来读取此子结点最右边的子结点，如图 8-45 所示。

在这个子结点中只有一个关键字 31，与待查找关键字相等，查找成功。本次查找的路径如图 8-45 所示，在本次查找中一共读取了三次，这个读取次数在外存访问中是非常重要的，往往就是它反映访问外存设备的速度。

读者也许会疑惑：这些查找与外存有什么关系？结点中的关键字（文件名）自身也带有

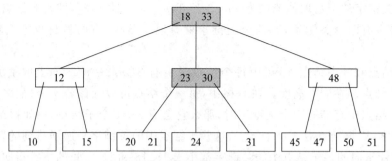

图 8-44　由根结点读取子结点

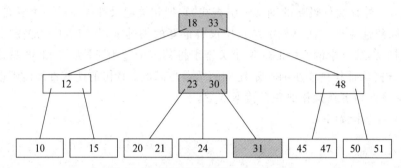

图 8-45　由子结点读取下一个子结点

指针,指向磁盘中的某一个盘块,盘块中记录着文件的大小、位置等相关信息,然后计算机可依据这些信息将外存文件读入到内存。关于外存文件的查找读取,读者可阅读微机原理、计算机硬件等相关书籍,在这里只讲解 B 树用到的数据组织形式的查找原理。

在判断 B 树的查找效率之前,可以先推测一棵深度为 H 的 B 树中含有多少个结点:

第 1 层:1 个。

第 2 层:2 个。

第 3 层:$2 \times \lceil m/2 \rceil$ 个。

第 4 层:$2 \times \lceil m/2 \rceil^2$ 个。

$\vdots$

第 $H+1$ 层:$2 \times \lceil m/2 \rceil^{H-1}$ 个。

假设 m 阶 B 树的深度为 $H+1$,由于第 $H+1$ 层为叶子结点,如果当前树中含有 N 个关键字,则叶子结点必为 $N+1$ 个,由此可推导出下列结果:

$$N+1 \geqslant 2 \times \lceil m/2 \rceil^{H-1}$$
$$H-1 \leqslant \log_{\lceil m/2 \rceil}((N+1)/2)$$
$$H \leqslant \log_{\lceil m/2 \rceil}((N+1)/2)+1$$

因此,在含有 N 个关键字的 B 树上进行一次查找时,需要访问的结点个数不超过 $\log_{\lceil m/2 \rceil}((N+1)/2)+1$ 个。

8.7.2　B 树的插入

在 B 树中插入元素时,首先要确定此元素在 B 树中是否存在,如果不存在,则在合适位置插入,否则不能插入,因为 B 树中不允许有重复值。

在插入时,如果要插入的结点空间足够,即结点中的关键字数量没有达到最大,则可顺利插入;如果要插入的结点空间不足,则将结点进行"分裂",将一半数量的关键字分裂到新的相邻右结点中,中间关键字则上移到父结点中(如果父结点空间也不足,需要继续"分裂"),同时若结点中关键字向右移动,相关的指针也需要向右移动。

以图 8-43 中的 B 树为例进行讲解。假设向此树中插入元素 11,则首先在树中查找是否存在元素 11,经查找不存在。那么读取根结点,通过比较发现 11 小于根结点中的最小元素 18,则读取最左边的子结点,如图 8-46 所示。

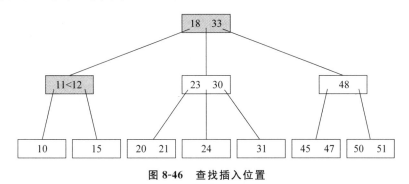

图 8-46　查找插入位置

在子结点中,通过比较发现 11＜12 且结点有足够的空间,则将关键字 12 向右移动将 11 插入进来,如图 8-47 所示。

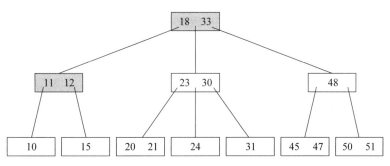

图 8-47　元素 11 插入成功

在本次插入过程中,一共读取两次,分别是读取根结点和读取子结点;同时向所插入位置的结点中写入一次。像这样结点有足够的空间则插入较为简便,但如果要插入的结点空间不足,就需要将结点"分裂"。

例如,在树中插入元素 54,经过查找分析则需要将元素插入到右下角的叶子结点中,如图 8-48 所示。

这是一棵 3 阶树,每个结点只允许有 1 或 2 个关键字,显然插入元素 54 的结点空间不足,那么就需要将结点"分裂"。"分裂"的原则是:以中间关键字为界将结点一分为二,产生一个新结点,并把中间关键字插入到父结点中。在此次插入中,三个关键字的排序为 50＜51＜54,则 51 为中间关键字,将 51 作为两者的分界上移插入到父结点中,而原来的结点一分为二,将新元素 54 插入到新分裂出的结点中,如图 8-49 所示。

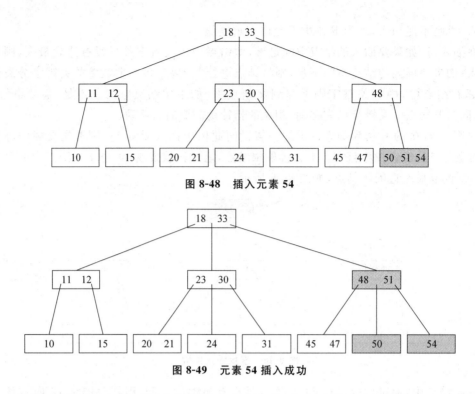

图 8-48　插入元素 54

图 8-49　元素 54 插入成功

　　这就是 B 树元素插入的"分裂"过程,这个"分裂"过程可能传递到根结点,此时根结点"分裂",则树会增高一层。在本次插入中,读取次数为三次,写入次数也为三次,底层分裂需要写两次,又将中间关键字写入到父结点中,因此一共写入三次。插入操作如果有"分裂",最少写入次数就是三次。

8.7.3　B 树的删除

　　在删除元素时同样需要先查找树中是否有此元素,如有则可以删除。在删除时要考虑待删除元素的结点是否是叶子结点,删除之后结点中的关键字的个数是否满足要求,如果不满足要求,要作何处理。接下来举例展示如何删除一棵 B 树中的元素。现有一棵 5 阶 B 树,如图 8-50 所示。

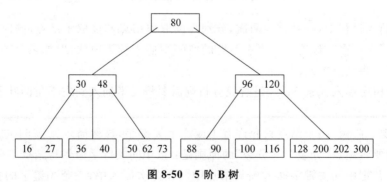

图 8-50　5 阶 B 树

　　这是一棵 5 阶 B 树,每个结点中关键字的个数要求是 2~4 个,在删除时要保证结点中的关键字个数不能少于 2。接下来依次删除这棵 B 树中的关键字 50、120、100、36。

(1) 删除 50。经过查找得知 50 在一个叶子结点中,而且该结点中关键字个数为 3,当删除 50 后,结点中关键字个数还满足要求,那么此时操作很简单,直接删除 50 即可,删除后的 B 树如图 8-51 所示。

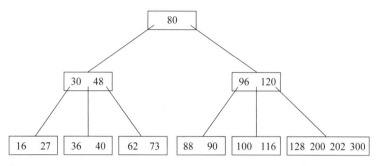

图 8-51　删除 50 后的 B 树

(2) 删除 120。120 所在的结点非叶子结点,它有左右孩子,而且删除 120 之后,结点中只剩下 96 一个关键字,陷入了"贫困"(5 阶 B 树要求除了根结点外,每个结点中至少要有 2 个关键字)。此时的解决办法是借用孩子结点中的关键字,可以将左孩子中最右边的关键字(116)上移到 120 的位置,补上 120 的空缺;或者是将右孩子中最左边的关键字(128)上移到 120 的位置,补上 120 的空缺。

若用 116 来补 120 的空缺,那么 116 原来所在结点只剩下一个关键字,又陷入"贫困"。而用 128 上移来补 120 的空缺,原来的结点中还有 3 个关键字,符合要求,因此可以用 128 来补 120 的空缺,删除后的 B 树如图 8-52 所示。

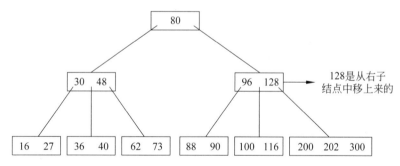

图 8-52　删除 120 后的 B 树

(3) 删除 100。100 所在结点为叶子结点,且结点中关键字个数为 2,删除后只剩一个关键字,已经小于所要求的最小数目。对于这种情况,如果其相邻兄弟(注意是相邻,隔结点的不算)结点中有比较"富裕"的,则可以向父结点借用一个关键字,然后将"富裕"兄弟结点中的一个关键字上移到父结点中。

因为在删除 100 时,其右边相邻的兄弟结点比较"富裕",所以可以向父结点借用 128,然后将右边结点中的 200 上移到父结点中,删除 100 后的 B 树如图 8-53 所示。

(4) 删除 36。删除 36 会导致很多问题,因为 36 所在结点只有两个关键字,其父结点及相邻兄弟结点也都是刚刚"脱贫",并不"富裕",无法借用。这种情况下就需要将结点与相邻的兄弟结点进行合并,首先将父结点中的关键字(此关键字是需要合并的两个结点的分界)

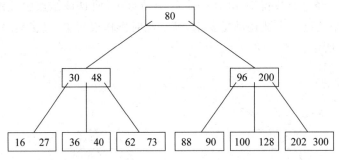

图 8-53   删除 100 后的 B 树

下移到被删除的结点中,然后将两个结点进行合并。

综上,在删除 36 时,考虑将它与左边的兄弟结点合并,则将父结点中的 30 下移到 36 的位置,然后将两个结点合并,如图 8-54 所示。

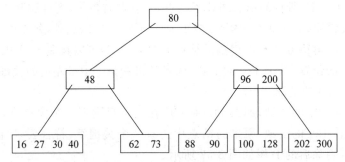

图 8-54   相邻结点合并

但此时删除操作并没有完成,因为父结点中只剩下一个关键字,不符合标准。而此时父结点的兄弟结点也不"富裕",无法借元素给它。这种情况下只能继续与兄弟结点合并。将更上一层的父结点中的关键字(80)下移到 48 所在的结点,然后与兄弟结点合并,如图 8-55 所示。

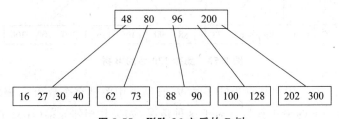

图 8-55   删除 36 之后的 B 树

此时才算完成 36 的删除操作,持续地合并结点需要不断向父结点借用关键字,最终树的高度减少一层。

至此,B 树的删除操作也已经讲解完毕,总的来说,删除的操作要领是:如果"富裕"就直接删除,如果不"富裕"就先父子之间转借,如果还不够再兄弟之间转借合并。

📖 多学一招:B＋树和 B＊树

B＋树是 B 树的一种变形,一棵 m 阶的 B＋树与一棵 m 阶的 B 树的差异如下:

（1）有 k 个子结点的 B＋树中含有 k 个关键字，非叶子结点中的每个关键字不保存数据，只用来索引，所有数据都保存在叶子结点中。

（2）所有的叶子结点中包含了全部关键字信息及指向含有这些关键字记录的指针，且叶子结点本身是依关键字递增的链表。

（3）所有的非终端结点可以视为索引，结点中仅含其子树根结点中最大（或最小）关键字。

一棵 2 阶 B＋树如图 8-56 所示。

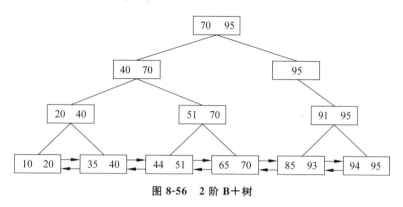

图 8-56　2 阶 B＋树

相比于 B 树，B＋树更适合文件索引系统。

B＋树的查找与 B 树基本相同，区别是 B＋树只有到达叶子结点才是查找成功（而 B 树可以在非叶子结点中查找成功），其性能等价于在关键字全集中做一次二分查找。

B＊树是 B＋树的变形。在 B＋树的基础上，B＊树为非根结点和非叶子结点增加了指向兄弟结点的指针。B＊树定义了非叶子结点的关键字个数至少为 $2m/3$，即块的最低使用率为 $2/3$（B＋树的使用率为 $1/2$）。

B＋树在分裂时，若一个结点已满，就分配一个新的结点，并将原结点中 $1/2$ 的数据复制到新结点，最后在父结点中增加指向新结点的指针。B＋树的分裂只影响原结点和父结点，而不会影响兄弟结点。

B＊树在分裂时，若一个结点已满，且它的下一个兄弟结点未满，那么将一部分数据移动到兄弟结点中，再在原结点中插入关键字，最后修改父结点中兄弟结点的关键字（因为兄弟结点的关键字范围发生改变）；如果兄弟结点也满了，则在原结点与兄弟结点之间增加新结点，并各复制 $1/3$ 的数据到新结点，最后在父结点增加指向新结点的指针。

综上可知，B＊树分配新结点的概率比 B＋树要低，空间利用率更高。

8.8　键树

键树又称为数字查找树（digital search tree）或字符树，它是一棵度大于 2 的树，其结构受启发于一部大型字典的"书边标目"，字典中首先标出词语中首字母分别是 A，B，C，…，Z 的单词所在页，再对各部分标出词语中第二字母分别为 A，B，C，…，Z 的单词所在的页，以此类推。

键树是一种特殊的查找树，它的结点不是包含一个或多个关键字，而是只包含组成关键字的一部分（字符或数字）。假设关键字是一个数值，则结点中只包含这个数值的某一位；如果关键字是单词,则结点中只包含一个字母字符。

图 8-57 就是一棵键树,从根结点到叶子结点这条路径中的所有字符组成的字符串表示一个关键字,这棵树表示的关键字集合为{HAD,HAS,HAVE,HE,HEE,HIGH,HIS},叶子结点中的特殊符号"$"表示字符串的结束。

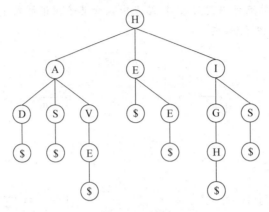

图 8-57　键树

键树有以下三个性质:

(1) 关键字中的各个符号分布在从根结点到叶子结点的路径上,键树的深度和关键字集合的大小无关,它取决于关键字中字符或数位的个数。

(2) 键树被约定为一棵有序树,即同一层中兄弟结点之间是依所含符号自左至右有序,并约定结束符"$"小于任何其他符号。

(3) 键树中每个结点的最大度 d 和关键字的"基"有关。例如,若关键字是单词,英文字母一共有 26 个,则 $d=27$;若关键字是数值,数字有 0~9 共 10 个,则 $d=11$。

通常键树有两种存储结构:双链树和多重链树。接下来分别学习这两种存储方式。

1. 双链树存储结构

双链树是以树的孩子兄弟链表来表示键树,每个分支结点包括三个域:

symbol 域:存储关键字的一个字符。

first 域:存储指向第一棵子树根结点的指针。

next 域:存储指向右兄弟的指针。

其中叶子结点不含有 first 域,但有一个 infoptr 域,用来存储指向该结点中关键字记录的指针。分支结点和叶子结点的结构如图 8-58 所示。

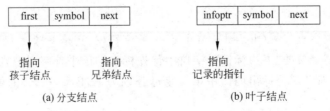

图 8-58　双链树的分支结点与叶子结点结构

在设置双链树的结点时,可以设置一个枚举变量来表示结点的类型——分支结点和叶子结点。双链树的分支结点和叶子结点都有 symbol 域和 next 域,但叶子结点包含 infoptr 指向记录,而分支结点是 first 域指向其第一棵子树,这两个不同的域可以用联合体表示。双链树的结构定义如下:

```
typedef enum{BRANCH, LEAF} NodeKind;          //枚举类型
typedef struct DLTNode
{
    char symbol;
    struct DLTNode * next;                    //指向兄弟结点的指针
    NodeKind kind;
    union
    {
        Record * infoptr;                     //叶子结点内的记录指针
        struct DLTNode * first;               //分支结点内的孩子链指针
    };
}DLTNode, * DLTree;                            //双链树的类型
```

使用双链树表示图 8-57 中的键树如图 8-59 所示。

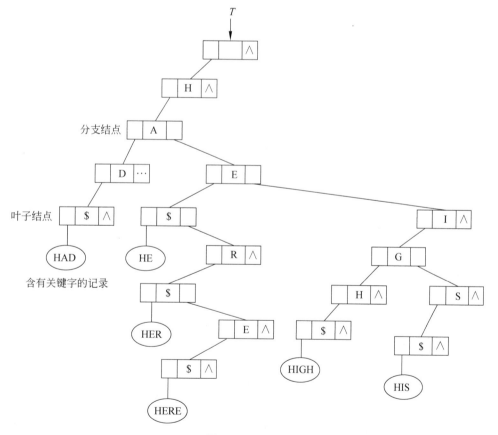

图 8-59　双链树

在分支结点中,左侧指针指向子树根结点,右侧指针指向其右兄弟。每一条路径中所记录的关键字如图中椭圆所示。

在双链树中进行查找,假设 T 为指向双链树根结点的指针,给定值为 $K.\text{ch}[0]$ 至 $K.\text{ch}[\text{num}]$,其中 $K.\text{ch}[0]$ 至 $K.\text{ch}[\text{num}-1]$ 表示待查找关键字中的 num 个字符,$K.\text{ch}[\text{num}]$ 为结束符 $。从双链树的根结点出发,顺 first 指针找到第一棵子树的根结点,使 $K.\text{ch}[0]$ 和此结点的 symbol 域比较,若相等,则顺 first 域再比较下一字符;否则沿 next 域顺序查找。若直到关键字指针空仍未相等,则查找不成功。

2. 多重链树存储结构

如果用树的多重链表表示键树,则树的每个结点中应含有 d 个指针域,此时的键树又称为 Trie(音同 try)树,Trie 是从检索的英文单词 retrieve 中取中间 4 个字符。若从键树中某个结点到叶子结点的路径上每个结点都只有一个孩子,则可将该路径上所有结点压缩成一个"叶子结点",且在该叶子结点中存储关键字及指向记录的指针等信息。

在 Trie 树中也有两种结点:

(1) 分支结点:含有 d 个指针域和一个指示该结点中非空指针个数的域。在分支结点中不设数据域,每个分支结点所表示的字符均由其父结点中指向该结点的指针所在位置决定。

(2) 叶子结点:含有关键字域和指向记录的指针域。

两种结点的结构如图 8-60 所示。

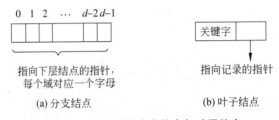

(a) 分支结点   (b) 叶子结点

图 8-60　Trie 树的分支结点与叶子结点

则 Trie 树对应的结点存储结构代码如下:

```c
typedef enum{BRANCH, LEAF}NodeKind;
typedef struct TrieNode
{
    NodeKind kind;
    union
    {
        struct                      //叶子结点
        {
            KeyType K;              //关键字
            Record * infoptr;       //指向记录的指针
        }lf;
        struct                      //分支结点
        {
            TrieNode * ptr[NUM];    //指向下一层结点的指针
            int num;                //非空指针个数
        }bh;
    };
}TrieNode, * TrieTree;              //键树类型
```

用 Trie 树来表示键树如图 8-61 所示。

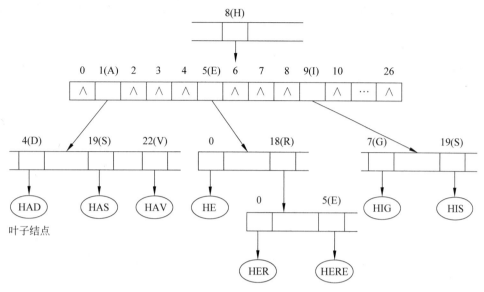

图 8-61　Trie 树表示的键树

这棵 Trie 树以 26 个字母为基。在每一层中,由字母的指针域指向下一个结点,这样一路标识下去,直到叶子结点,叶子结点中就记录了这一条路径上的字符组成的关键字(如图 8-61 中的椭圆标记),而且在叶子结点中都有一个指向记录的指针。

在 Trie 树中查找关键字,沿给定值相应的指针逐层向下,直到叶子结点,若叶子结点中的关键字和给定值相等,则查找成功;若分支结点中和给定值相应的指针为空,或叶子结点中的关键字和给定值不相等,则查找不成功。

8.9　哈希表

在前面所学习的线性表和树中,记录在结构中的相对位置是随机的,即存储位置和记录之间不存在确定的关系。因此,在结构中查找某一个记录需要进行一系列和关键字的比较,这一类查找方法建立在比较的基础上,查找的效率取决于查找过程中所进行的比较次数。而理想的情况是,需要查找某一个元素记录时,能够根据关键字和存储位置之间的某一种确定关系直接找到这个存储位置,不需要通过比较,快速高效。这就是本节要学习的哈希表。

8.9.1　什么是哈希表

哈希表(hash table)也叫散列表,它是一种可以根据关键字直接进行访问的数据结构。哈希表通过某种关系把关键字映射到表中一个位置,这样存储位置与关键字之间有一个对应的关系 f,使得每个关键字 key 对应一个存储位置 f(key)。这样在查找时,根据给定的关键字 key,通过 f(key)这一对应关系可快速确定包含 key 的记录在存储空间中的位置。

这个映射的函数 f 叫作哈希函数,又称为散列函数,按这个思想存储记录的连续空间称为散列表或哈希表。关键字对应的存储地址称为哈希地址或散列地址。

哈希表在存储时，以数据中每个元素的关键字 key 为自变量，通过哈希函数 $f(\text{key})$ 计算出函数数值，以该函数值作为一块连续存储空间的索引，将该元素存储到函数值指引的单元中。

例如，在建立花名册时以学生姓名为关键字，使得根据姓名来存储查找相应记录，可以把 a～z 这 26 个字母从 1～26 进行编号，字母表如表 8-1 所示。

表 8-1 字母表

1	2	3	4	5	6	7	8	9	10	11	12	13
a	b	c	d	e	f	g	h	i	j	k	l	m
14	15	16	17	18	19	20	21	22	23	24	25	26
n	o	p	q	r	s	t	u	v	w	x	y	z

在存储学生姓名时，提取各姓名的首字母，将首字母相加得出的和作为姓名存储的地址值。例如李辰，两个字的首字母为 lc，则相加为 $12+3=15$，将李辰存储在 15 的位置，如表 8-2 所示。

表 8-2 哈希表

地址值	姓名	首字母缩写	成绩	地址值	姓名	首字母缩写	成绩
…	…	…	…	42	吴三	ws	96
15	李辰	lc	86	…	…	…	…
…	…	…	…	46	王五	ww	82
31	李四	ls	79	…	…	…	…
32	陈小二	cxe	90	51	张阳	zy	92
…	…	…	…				

表 8-2 中，每一条记录的存储地址都是通过哈希函数计算出来的，然后将记录存储到计算结果对应的地址中。而在查找时，根据姓名这个关键字计算出其存储地址，直接就找到关键字的存储地址，因此哈希算法既是一种存储方法也是一种查找方法。

哈希表存储的是键值对，其查找的时间复杂度与元素数量无关，在查找元素时是通过计算哈希码值来定位元素的位置从而直接访问元素的，因此，哈希表查找的时间复杂度为 $O(1)$。哈希表的这种数据结构使得它可以提供快速的查找、插入和删除操作，无论哈希表中有多少数据，查找、插入和删除的时间复杂度都是 $O(1)$，运算速度非常快，如果需要在一秒内查找上千条记录，通常使用哈希表(例如拼写检查器)。哈希表的速度明显比树快，树的操作通常需要 $O(n)$ 的时间级。哈希表不仅速度快，编程实现也相对容易。

当然，哈希表也有一些缺点，它的存储是基于数组的，数组创建后难于扩展，当基本被填满时，性能将会大幅下降，所以程序员必须清楚表中将要存储多少数据(或者准备好定期地把数据转移到更大的哈希表中，这是个费时的过程)，而且它无法提供有序的遍历，不能进行某一范围的查找。

除此之外，哈希表还有一个冲突问题，在理想情况下，每一个关键字通过哈希函数计算出来的地址都是不一样的,可现实中,时常会碰到两个关键字 key1! ＝key2,但是却有 $f(key1)＝f(key2)$,这种现象称为冲突(collision),并把 key1 和 key2 称为这个哈希函数的同义词(synonym)。例如,当往表 8-2 中插入关键字"吴邪",其首字母缩写为 wy,相应的哈希计算出的结果为 46,应该插入 46 的位置,但这个地址已有记录,这就非常糟糕,它会造成数据查找错误。在哈希存储中,冲突是很难避免的,除非设计的哈希函数是线性函数。如果哈希函数选得比较差,则发生冲突的可能性就大,至于有了冲突如何处理,将在 8.9.3 节进行讲解。

8.9.2　哈希函数的构造方法

哈希函数能使对一个数据序列的访问过程更加迅速有效,通过哈希函数,数据元素将更快被定位,在构造哈希函数时,要使哈希地址尽可能均匀地分布在散列空间上,同时使计算尽可能简单,冲突次数减少。常用的哈希函数构造方法有以下几种: 直接定址法、数字分析法、平方取中法、折叠法、随机数法、除留余数法。接下来学习这几种构造方法。

1. 直接定址法

取关键字或关键字的某个线性函数值作为哈希地址,即 $f(key)＝key$ 或 $f(key)＝a×key+b(a,b$ 均为常数),这种哈希函数也叫作自身函数,如果 $f(key)$ 的哈希地址上已经有值,则往下一个位置查找,直到找到的 $f(key)$ 的位置没有值,就把元素存放进去。

例如,在一场会议中要选拔礼仪人员,在 1500 名志愿者中要统计身高 165～175cm 的人数(假设都是整数身高),其中身高作为关键字,哈希值取关键字本身,则哈希表如表 8-3 所示。

表 8-3　直接定址法构造哈希函数

关键字	哈希值	人数	关键字	哈希值	人数	关键字	哈希值	人数
165	165	120	169	169	220	173	173	152
166	166	90	170	170	80	174	174	80
167	167	130	171	171	100	175	175	52
168	168	360	172	172	96			

当不同的会场需要不同身高的礼仪人员时,如 7 号会场需要 170cm 身高的礼仪人员 20 名,则可快速通过此哈希表来查找 170cm 身高的人数有多少。

直接定址这种计算方法比较简单,并且不会发生冲突,但当关键字分布不连续时,会出现很多空闲单元,造成大量存储单元的浪费,在实际应用中,这种方法的适用性并不强。

2. 数字分析法

数字分析法是取数据元素关键字中某些取值较均匀的数字位作为哈希地址的方法,即当关键字的位数很多时,可以通过对关键字的各位进行分析,丢掉分布不均匀的位,作为哈希值。

例如,某公司的员工登记表以员工编号作为关键字,员工编号一共有 9 位,例如 010110001,前三位表示哪个分校,如 010 表示北京分校,第四位表示哪个部门,第五位表示在该部门担任的职位,最后四位则表示员工的具体编号,如 0100 表示公司第 100 位入职的员工。针对这种情况,可以取员工编号的后四位作为哈希地址,如表 8-4 所示。

表 8-4　数字分析法构造哈希函数

关键字	哈希值	员工信息	关键字	哈希值	员工信息
…	…	…	010130095	0095	…
010020093	0093	…	010250096	0096	…
010020094	0094	…	…	…	…

在此哈希表中,取关键字的后四位作为哈希地址,在查找某一编号的员工信息时,就可以直接跳到后四位数字所标识的地址空间,查找起来比较高效。

数字分析法比较简单、直观,但通常适用于关键字已知且关键字的位数比较大的情况,这就限制了它的使用范围。

3. 平方取中法

这是一种比较常用的哈希函数构造方法,这个方法是先取关键字的平方,然后再根据可使用空间的大小,选取平方数的中间几位作为哈希地址。它的原理是通过取平方扩大差别,平方值的中间几位和这个数的每一位都相关,则对不同的关键字得到的哈希函数值不易产生冲突,由此产生的哈希地址也较为均匀,取的位数由表长决定。

假设哈希表长为 1000,则可取关键字平方的中间三位,如表 8-5 所示。

表 8-5　平方取中法构造哈希函数

关键字	关键字的平方	哈希函数值	关键字	关键字的平方	哈希函数值
1234	1522756	227	4132	17073424	734
2143	4592449	924	3214	10329796	297

平方取中法是最接近于"随机化"的构造方法,它一般适用于不了解关键字分布而关键字位数又不是很多的情况。

4. 折叠法

所谓折叠法是将关键字分割成位数相同的几部分(最后一部分的位数可以不同),然后取这几位的叠加和(舍去进位)作为哈希地址。这种方法适用于关键字位数较多,而且关键字中每一位上数字分布大致均匀的情况。

折叠法中的数位折叠又分为两种:移位叠加和边界叠加。移位叠加是将分割后每一部分的最低位对齐,然后相加;边界叠加是从一端向另一端沿分割界来回折叠,然后对齐相加。

例如,当哈希步长为 1000 时,关键字 key = 110108331119891,允许的地址空间为三位十进制数,则这两种叠加情况如图 8-62 所示。

```
  移位叠加        边界叠加

    8 9 1         8 9 1
    1 1 9         9 1 1
    3 3 1         3 3 1
    1 0 8         8 0 1
  + 1 1 0       + 1 1 0
  ─────────     ─────────
    5 5 9         0 4 4
```

图 8-62　用折叠法求哈希地址

用移位叠加求得的哈希地址是 559,而用边界叠加所得到的哈希地址是 44,如果关键字不是数值而是字符串,则可先利用 ASCII 码将其转化为数值。折叠法不需要事先知道关键字的分布,适合关键字位数较多的情况。

5. 除留余数法

假设哈希表的表长为 m,则某一个小于等于 m 的数 p 作为关键字的除数,所得的余数作为哈希地址,即 $f(key)=key\%p(p\leqslant m)$,除数 p 称为模,这是一种最简单也最常用的哈希函数构造方法。

除留余数法不仅可以对关键字直接取模,也可以在折叠、平方取中等运算后取模。在使用除留余数法时,模 p 的选择很重要,如果选值不当,容易产生同义词。例如,若 p 含有质因子 x,则所有含 x 因子的关键字其哈希地址均为 x 的倍数。一般情况下,p 值可以为质数,或者不包含 20 以下质因数的合数。理论研究表明,除留余数法的模 p 取不大于表长且最接近表长 m 的质数为最好。

6. 随机数法

随机数法就是用随机函数获取一个随机值作为哈希地址,即 $f(key)=random(key)$,random() 是产生随机数的函数。当关键字长度不等时可以采用此方法来构造哈希函数。

实际应用时,需要根据不同的情况采用不同的哈希函数。主要考虑的因素有:计算哈希函数所需要的时间、关键字的长度、哈希表的大小、关键字的分布情况、记录查找频率等。此外,构造哈希函数时必须尽量减少冲突的情况,由于实际应用的复杂多样性,冲突往往不可避免。因此在构造哈希函数时除了要考虑以上的几个因素外,还要尽量做到让关键字的地址均匀分布在哈希表中,以减少冲突现象。其次要尽量选择计算简单的哈希函数,以提高地址的计算速度。总之,一个好的哈希函数应当均匀以减少冲突,简单以提高计算速度。

8.9.3 处理哈希冲突

哈希表好用,但也会有一些问题困扰,其中前面所讲的哈希冲突就是必须处理的一个问题。

通过构造性能良好的哈希函数可以减少冲突,但一般不可能完全避免冲突,因此处理哈希冲突就成为了使用哈希表必须面对的问题。在处理哈希冲突时,常用的方法有四种:开放定址法、再哈希法、拉链法、创建公共溢出区。接下来就分别学习这几种处理冲突的方法。

1. 开放定址法

开放定址法的基本思想是:当关键字 key 的哈希地址 $p=f(key)$ 出现冲突时,则以 p 为基础再产生另外一个哈希值 $p_1=f(p)$,如果 p_1 仍然冲突,再以 p_1 为基础产生 p_2,如此操作直到产生一个不冲突的哈希地址 p_i,然后将相应元素存入其中。这种方法哈希函数如下所示:

$$f_i(key)=(f(key)+d_i)\%m \ (d_i=1,2,3,\cdots,n)$$

其中,m 是哈希表长,d_i 为增量序列,增量序列的取值不同,相应的定址方式也不同。

例如,现在有一组数据{107,8,13,22,16,30,103,76,220,94},则要建立的哈希表长为 10,哈希函数为 $f(key)=key\%10$。则这一组数据的哈希地址如下所示:

$$f(107)=107\%10=7$$

$$f(8)=8\%10=8$$

$$f(13)=13\%10=3$$

$$f(22)=22\%10=2$$

$$f(16)=16\%10=6$$

$$f(30)=30\%10=0$$

$$f(103)=103\%10=3$$

$$f(76)=76\%10=6$$

$$f(220)=220\%10=0$$

$$f(94)=94\%10=4$$

将这组数据存储到哈希表中,前 6 个数据都没有问题,如表 8-6 所示。

表 8-6　定址法创建哈希表

下标	0	1	2	3	4	5	6	7	8	9
关键字	30		22	13			16	107	8	

但是当存储 103 时,103 哈希值为 3,而下标 3 处已经存储了数据 13,这就产生了冲突,那么利用上面的公式对 103 进行再散列,$f_2(103)=(f(103)+1)\%10=4$,于是将 103 存入下标为 4 的位置,如表 8-7 所示。

表 8-7　存储 103

下标	0	1	2	3	4	5	6	7	8	9
关键字	30		22	13	103		16	107	8	

接下来存储元素 76,76 的哈希值为 6,而下标 6 处已经存储了数据 16,则对 76 进行再散列,$f_2(76)=(f(76)+1)\%10=7$;但是下标 7 的位置也有数据 107,因此第三次对 76 进行散列,$f_3(76)=(f_2(76)+2)\%10=8$;下标 8 处也有数据,那么对 76 进行第四次散列,$f_4(76)=(f_3(76)+3)\%10=9$,下标 9 处没有数据,则将 76 存入下标 9 处,如表 8-8 所示。

表 8-8　存储 76

下标	0	1	2	3	4	5	6	7	8	9
关键字	30		22	13	103		16	107	8	76

接下来存储元素 220,则 $f(220)=220\%10=0$,因为下标 0 处已经有数据,则对 220 进行再散列,$f_2(220)=(f(220)+1)\%10=1$;下标 1 处没有数据,则将 220 存入下标 1 的位置处,如表 8-9 所示。

表 8-9　存储 220

下标	0	1	2	3	4	5	6	7	8	9
关键字	30	220	22	13	103		16	107	8	76

接下来存储元素 94,$f(94)=94\%10=4$,下标 4 处有数据元素,则对 94 进行再散列,

$f_2(94)=f(f(94)+1)\%10=5$；下标 5 处没有元素，则将 94 存入，如表 8-10 所示。

表 8-10　存储 94

下标	0	1	2	3	4	5	6	7	8	9
关键字	30	220	22	13	103	94	16	107	8	76

至此，把这一组数据都存储到了哈希表中，这种解决冲突的方法就是开放定址法，因为 d_i 是线性增长的，所以也称为线性探测法。用线性探测法处理冲突，思路清晰，算法简单，但也有一些缺点，如处理溢出需要另外编写程序，删除工作比较困难等。

线性探测法很容易产生堆积现象，例如在存储元素 76 时，76 和 16、107、8 这几个数据本来不是同义词，现在却需要争夺同一个地址，这种现象称为堆积。显然，堆积现象的出现需要不断地处理更多的冲突，这使哈希表的存储和查找效率大大降低。

仔细观察会发现，在存储 76 时，虽然下标 6 和后面的位置被占用，但前面的 5 是空闲的，那么是不是可以将 76 存储到 5 的位置呢，虽然经过不断地散列可以在后面找到空余位置，但效率太差。因此可以改进增量序列 d_i 的值，令 $d_i=1^2,-1^2,2^2,-2^2,\cdots,q^2,-q^2,(q\leqslant m/2)$，增加的平方运算是为了不让关键字聚集在某一块区域。这样就等于是可以在更大的范围内双向寻找可能的空位，例如用这种方法存储 76 时，取到 -1^2 时就找到了空闲位置 5。

这种方法称为二次探测法，其哈希函数如下：

$$f_i(\text{key})=(f(\text{key})+d_i)\ \%\ m\quad (d_i=1^2,-1^2,2^2,-2^2,\cdots,q^2,-q^2,(q\leqslant m/2))$$

相比于线性探测法，它减少了堆积现象的发生，而且不像线性探测法那样探测一个顺序的地址序列（相当于顺序查找），而是使探测序列跳跃式地分布在整个哈希表中。

除了上述两种探测方法外，还可以将探测步长从常数改为随机数，即令 d_i 的值取一个随机数，其对应的哈希函数如下所示：

$$f_i(\text{key})=(f(\text{key})+\text{RN})\ \%\ m\quad (\text{RN 是一个随机数})$$

在实际应用中，可以预先用随机数发生器产生一个随机序列，将此序列作为依次探测的步长，这样就能使不同的关键字具有不同的探测次序，从而避免或减少堆积。在查找时，使用同样的随机数发生器来查找关键字的存储位置。

在开放定址法的这三种处理方法中，如果要从哈希表中删除一个元素，不能仅仅将元素删除，将相应位置置空，还要加上已被删除的标记，否则会影响元素的查找。

2. 再哈希法

所谓的再哈希法就是构造不同的哈希函数来求不同关键字的哈希地址，例如第一个数据元素用直接定址法来求哈希地址，第二个数据元素计算出来的哈希地址与第一个冲突了，那么就用平方取中法构造一个哈希函数来求其哈希地址。这样每当有地址冲突时，就改用不同的哈希函数计算，最后总能解决冲突。这种方法能够使得关键字不产生堆积，但是相应地也增加了计算时间。

3. 拉链法

拉链法解决冲突的做法是：将所有关键字为同义词的结点链接在同一个单链表中，若选定的哈希表长度为 m，则可将哈希表定义为一个由 m 个头指针组成的指针数组 $T[0,m-$

1]，凡是哈希地址为 $i(0{\leqslant}i{\leqslant}m-1)$ 的结点，均插入到以 $T[i]$ 为头指针的单链表中。T 中各分量的初值均应为空指针。

　　例如在开放定址法中所用的一组数据$\{107,8,13,22,16,30,103,76,220,94\}$，按照哈希函数 $f(\text{key})=\text{key}\%10$，得出这一组数据的哈希地址为$\{7,8,3,2,6,0,3,6,0,4\}$，则根据拉链法所创建的哈希表如图 8-63 所示。

　　在此哈希表中，互为同义词的数据元素都放在同一个单链表中，链表的地址存储在数组中，这就是链表地址法的来源，通常称它为拉链法。

　　拉链法处理冲突简单且无堆积现象，即非同义词绝不会发生冲突，因此平均查找长度较短。由于链表上的结点空间是动态申请的，故它更适合在创建哈希表前不知道表长的情况。用拉链法创建哈希表，在表中删除结点的操作更易于实现，只要简单地删除链表上的相应结点即可。

　　当然它也有不足之处，指针需要额外的空间，故当结点规模较小时，拉链法并不是很好的一个选择，而且在查找时需要遍历单链表，有一定的性能损耗。

4. 创建公共溢出区

　　创建公共溢出区也比较好理解，就是另外创建一个表专门用来存储产生冲突的数据元素，假如一个关键字计算出的哈希地址中已经有数据，那么就将这个关键字存储到溢出表中。例如图 8-56 中的一组数据，数据 220、103、76 都是与前面的元素有冲突的，那么就将它们存储到溢出区，如图 8-64 所示。

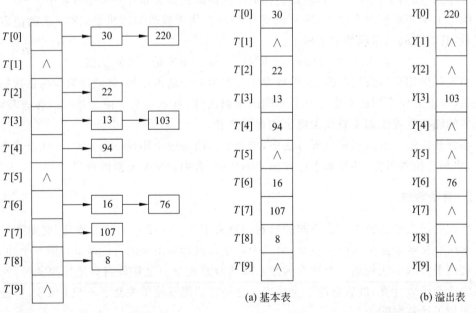

图 8-63　拉链法创建的哈希表　　　　图 8-64　建立公共溢出区

（a）基本表　　　　（b）溢出表

　　在查找时，对给定值通过哈希函数计算出哈希地址，先与基本的相应位置进行比对，如果相等则查找成功；如果不相等，则到溢出表中进行顺序查找，如果找到，则查找成功，否则查找失败。相对于基本表而言，在有冲突的数据很少的情况下，公共溢出区的结构对查找性能来说还是很高的。

8.9.4 哈希表的查找实现

构建哈希表时,可以使用多种方法来构造哈希函数,而且在处理冲突时也有多种方法可供选择,在实际应用中可根据具体情况选择不同的方法。接下来通过一个简单的例子来实现哈希表的创建查找。创建一个哈希表来存储一组数据{107,8,13,22,16,30,103,76,220,94},具体如例 8-2 所示。

例 8-2

```
1 #define _CRT_SECURE_NO_WARNINGS
2 #include <stdio.h>
3 #include <stdlib.h>
4
5 #define HASHSIZE 10                      //哈希表长度
6
7 typedef struct
8 {
9     int * elem;                         //数组,动态分配
10    int count;                          //当前元素个数
11 }HashTable;
12
13 int m =0;                              //哈希表长,全局变量
14
15
16 //哈希表初始化
17 void InitHashTable(HashTable * h)
18 {
19    int i;
20    m =HASHSIZE;
21    h->count =m;
22    h->elem = (int * )malloc(m * sizeof(int));
23    for (i =0; i<m; i++)
24    h->elem[i] =NULL;
25    return;
26 }
27
28 //构造哈希函数
29 int Hash(int key)
30 {
31    return key%m;                       //除留余数法
32 }
33
34 //插入操作
35 void InsertHash(HashTable * h, int key)
36 {
37    int addr =Hash(key);                //求哈希地址
38    while (h->elem[addr] ! =NULL)
39        addr = (addr +1) %m;            //线性探测法处理冲突
```

```
40        h->elem[addr] =key;
41    }
42
43    //查找
44    int SearchHash(HashTable h, int key, int * addr)
45    {
46        * addr =Hash(key);                              //求哈希地址
47        while (h.elem[* addr] ! =key)
48        {
49            * addr = (* addr +1) %m;                    //开放定址的线性探测
50            if (h.elem[* addr] ==NULL || * addr ==Hash(key))  //如果循环回到原点
51                return 0;                              //说明关键字不存在
52        }
53        return 1;
54    }
55
56    int main()
57    {
58        HashTableht;
59        InitHashTable(&ht);
60        intarr[10] ={ 107, 8, 13, 22, 16, 30, 103, 76, 220, 94 };
61        for (int i =0; i<10; i++)
62            InsertHash(&ht, arr[i]);
63
64        int num;                                       //要查找的数据
65        printf("请输入要查找的数据:\n");
66        scanf("%d", &num);
67
68        int addr =Hash(num);
69        int ret =SearchHash(ht, num, &addr);
70        if (ret)
71            printf("查找成功!\n");
72        else
73            printf("查找失败!\n");
74
75        system("pause");
76        return 0;
77    }
```

运行结果如图 8-65 所示。

图 8-65　例 8-2 的运行结果

例 8-2 中,在构造哈希函数时,利用除留余数法计算哈希地址;在插入数据元素和查找元素时,利用开放定址法中的线性探测法来解决冲突。代码 61、62 行成功在哈希表中插入一组数据,代码 69 行调用 SearchHash( )函数来查找数据,从键盘输入 103 时,由图 8-65 可知查找成功。

当然,在创建哈希表时也可以选择用其他的方法来构造哈希函数,处理哈希冲突。如果没有冲突,哈希查找的复杂度为 $O(1)$,速度是非常快的,但在实际应用中冲突是不可避免的。当然,即便是需要解决冲突,选对了方法,则其查找效率还是要远远高于其他数据结构的查找效率。这只是一个小的哈希表,如果在某些大数据中,如人口统计、文献检索,它可以在数以亿计的数据中快速地查找定位要找的信息,应用优势非常大。

 多学一招:哈希表的装填因子

哈希表的装填因子 α 标志着哈希表装满的程度,其计算公式如下所示:

$$α＝填入表中的记录个数/哈希表长度$$

α 越小,表明哈希表中存储的记录数越少,发生冲突的可能性越小;哈希表的平均查找长度取决于装填因子,而不是取决于查找集合中的记录个数。

不管哈希表长是多大,总能选择一个合适的装填因子以便将平均查找长度限定在一个范围内,此时哈希表查找的时间复杂度就是 $O(1)$,为此,通常将哈希表设置得比查找集合大,虽然浪费了空间,但查找效率却大大提高了。

8.10　本章小结

本章主要讲解了各种数据结构的查找算法。首先讲解了线性表的查找,包括顺序表、有序表和索引顺序表的查找;然后讲解了树表的查找,包括二叉排序树、平衡二叉树、B 树、键树;最后讲解了哈希表的查找。数据结构的查找在实际应用中非常多,而每种查找都有其优点和不足,在选择使用时读者可针对具体情况选用不同的查找方法。

【思考题】

1. 简述索引顺序查找的算法思想。
2. 思考如何处理哈希冲突。

第 9 章
内 部 排 序

学习目标

- 理解各种排序算法原理,能够实现简单的排序算法。
- 了解各种算法的实现方式,掌握算法的性能优劣与适用条件。
- 学会分析问题,获取解决问题、完成算法的能力。

9.1 排序的概念与分类

排序在人们的生活中随处可见。在列队时,按照个子高矮依次排序;在发布考试成绩时,按照总成绩递减的顺序排列;在制作点名册时,根据姓氏与名字在字母表中的顺序排列。排序是为了方便查找。试想若在一个班级的点名册中查找"赵明",如果该点名册是无序的,那么需要逐条查阅记录,直到找到"赵明"为止;而若点名册是按照姓名在字母表中的顺序排列的,根据其姓名拼音 zhaoming 中的字母逐层查找,查找的效率就会大大提升。所以,数据排序很有实际意义。

1. 排序的定义

对于计算机中存储的数据来说,排序就是将一组"无序"的记录通过一定的方式,按照某种关键字顺序排列调整为有序的记录,从而提高数据查找的效率。

排序的具体定义如下:

假设一组含有 n 个记录的序列为

$$\{a_1, a_2, \cdots, a_n\}$$

每一个记录中相应的关键字分别为

$$\{k_1, k_2, \cdots, k_n\}$$

需确定其下标 $1, 2, \cdots, n$ 的一种排列 $p_1, p_2, \cdots, p_n$,使其相应的关键字满足如下非递减(或非递增)关系

$$k_{p_1} \leqslant k_{p_2} \leqslant \cdots \leqslant k_{p_n}$$

即,使序列 $\{a_1, a_2, \cdots, a_n\}$ 成为一个按关键字有序的序列 $\{r_{p_1}, r_{p_2}, \cdots, r_{p_n}\}$,这样的操作称为排序。

2. 关键字

上述定义中的关键字,可以是记录序列的关键字,也可以是记录序列的次关键字,或者是关键字的组合序列。

例如,有一个学生成绩表,如表 9-1 所示。

表 9-1 成绩表记录示例

姓名	语文	数学	总分	名次
陈诚	95	93	188	5
赵越	94	94	188	5

一般成绩表都以总分为关键字进行排序,但此时这两位同学的总分相同,所以以姓名的拼音为次关键字,按照拼音字母在字母表中的顺序来排列。对于 chencheng 和 zhaoyue,"c"在字母表中排在"z"之前,所以在成绩表中将陈诚的成绩记录放在赵越的成绩记录前面。

当然也可以将主关键字和次关键字组合成一个关键字,比如上面的两条记录,将总分和姓名的拼音组合成关键字 188chencheng 和 188zhaoyue,很容易得到陈诚的 188chencheng小于赵越的 188zhaoyue,因此将陈诚排在赵越之前。

3. 稳定性

若在原始记录序列中,a_i 和 a_j 的关键字相同,a_i 出现在 a_j 之前,经过某种方法排序后,a_i的位置仍在 a_j 之前,则称这种排序方法是稳定的;反之,若经过该方法排序后,a_i 的位置在 a_j之后,即相同关键字记录的先后关系发生变化,则称这种排序方法是不稳定的。

假设表 9-2 中的数据为一个完整的记录序列。

表 9-2 记录序列

姓名	语文	数学	总分
储休	95	93	188
林奇	94	94	188
章程	97	99	196
傅娟	90	96	186

以总分为关键字,按照某种排序方法,若排序之后的结果为"章程,林奇,储休,傅娟",那么该排序算法一定是不稳定的;若排序之后的结果为"章程,储休,林奇,傅娟",那么该排序算法可能是稳定的。

若要证明一种排序算法是不稳定的,只需举出一个反例说明;若要证明一种算法是稳定的,必须从算法本身的求解步骤进行分析。

4. 排序的分类

根据数据存储位置的不同,排序可分为内部排序和外部排序。若所有需要排序的数据都存放在内存中,在内存中调整数据的存储顺序,这样的排序称为内部排序;反之,若待排序记录数据量较大,排序时只有部分数据被调入内存,排序过程中存在多次内、外存之间的交换,这样的排序称为外部排序。

内部排序是排序的基础,根据不同的排序原则,内部排序可分为交换排序、插入排序、选择排序、归并排序和基数排序五大类。根据算法时间复杂度的差异,这些排序方式又可以有不同的划分。

　　一般提到的排序算法都是内排序,但是当数据量较大时,内存不能满足排序要求,此时可以选择使用外部排序。外部排序中最常用的算法是多路归并排序,这种算法将源文件分解成多个能够一次性装入内存的子文件,每次把一个或几个子文件调入内存完成排序,最后对已经排序的子文件进行归并排序。

　　排序算法的实现离不开数据交换,在学习各类算法之前,先来实现一个简单的数据交换函数。

```
//简单数据交换函数
void swap(int * a, int * b)
{
    int tmp= * a;
    * a= * b;
    * b=tmp;
}
```

下面逐一学习这些排序算法。

9.2　交换排序

　　交换排序(swap sorting)的核心思想是,根据序列中两条记录键值的比较结果,判断是否需要交换记录在序列中的位置。其特点是将键值较大(或较小)的记录向序列的前端移动,将键值较小(或较大)的记录向序列的后端移动。

　　根据这种思想,最容易想到的排序方法是逐个选取序列中的数据,比较当前选取的数据与其后数据的键值,若符合判断条件,就进行数据交换,这样每轮排序都会将待排序部分中的最大值移到已排序部分的尾部。

　　下面以 int 型数组 arr[10]={ 2 , 0 , 9 , 8 , 1 , 4 , 6 , 3 , 7 , 5 }为例,以获取一个降序序列为目标,演示第一轮交换排序的基本步骤。

　　在第一轮排序中,选择下标为 0 的元素,依次与其后元素 arr[1]～arr[9]比较,如图 9-1 所示。

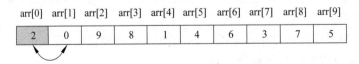

图 9-1　arr[0]与之后元素逐项比较

　　初始时 arr[0]的值为 2,比较 arr[0]与 arr[1],因为 arr[0]<arr[1]不成立,所以不必交换数据的位置。继续选取之后的数据,比较 arr[0]与 arr[2],arr[0]<arr[2]成立,交换 arr[0]和 arr[2]存储的数据,此时 arr[0]=9,arr[2]=2。当前序列如图 9-2 所示。

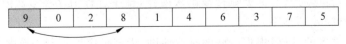

图 9-2　arr[0]继续与之后元素逐项比较

使用更新后的 arr[0]继续与 arr[3]比较,arr[0]<arr[3]不成立,不必交换数据的位置。之后在 arr[0]与 arr[4]~arr[9]比较的过程中,arr[0]<arr[i]都不成立,所以没有再发生位置交换。

第一轮排序结束,排序结果为 arr[10]={9,0,2,8,1,4,6,3,7,5 }。经过第一轮排序,原序列中的最大值已经排在了第一个位置。

第二轮排序从下标为 1 的元素开始,也就是第二个元素,本轮排序将会使 arr[1]~arr[9]中键值最大的数据排到第二个位置。

使用这种方法,经过 $n-1$ 轮排序,即可得到一个有序序列。下面给出这种算法的代码实现。

```
//基本排序算法实现
void Sort(int arr[], int n)
{
    int i, j;
    int k;
    for (i=0; i<n-1 ; i++)                  //n-1轮循环
    {
        for (j=i+1; j <n; j++)
        {
            if (arr[i] <arr[j])             //比较判断
            {
                swap(&arr[i], &arr[j]);     //位置交换
            }
        }
    }
}
```

这种基本的排序算法是,从记录中依次取出变量 $a[i]$,让 $a[i]$ 与记录中处于它之后的所有变量 $a[k]$ 依次比较,若 $a[i]<a[k]$,则交换 $a[i]$ 和 $a[k]$。

以此为基础,下面来学习常用的交换排序算法:冒泡排序和快速排序。

9.2.1　冒泡排序

1. 简单的冒泡排序

经过冒泡排序(bubble sort)得到的序列,较大(或较小)的数据会"浮"到序列的顶端(或底部)。冒泡排序的基本原则是:比较两两相邻的记录的关键字,使不满足序列要求的记录交换位置,直到 $n-1$ 轮循环操作结束。

使用冒泡排序获得降序序列的基本操作如下:

(1) 从头部开始,比较相邻的两个元素 arr[i]和 arr[$i+1$],如果第二个元素比第一个元素大,进行数据交换。

(2) 指针向后移动,即使 $i=i+1$,再次比较元素 arr[i]和 arr[$i+1$],判断是否需要交换数据。

(3) 针对序列中每一对两两相邻的数据重复以上步骤,直到指针指向最后一个位置。

(4) 在每一轮循环中重复步骤(1)~(3),直到 $n-1$ 轮循环执行完毕。

至此,得到了一个经冒泡排序有序的序列。冒泡排序和本节开篇讲述的基本排序算法相似:在每一轮排序结束之后都会将待排序序列中的最大值放置在序列的一端;但不同的是:冒泡排序的每一轮指针都在不停移动,做比较的为指针指向的数据和与该数据相邻的数据。而基本排序每一轮的指针固定在一个位置,指针指向的数据逐项与其之后的所有数据比较。

下面以数组 int arr[10]={9,0,2,8,1,4,6,3,7,5}为例,演示使用冒泡排序获得降序序列的过程。假设在排序过程中指针指向的位置下标为 i。

第一轮排序如图 9-3 所示(图中单箭头指向的为指针的位置,双向箭头指向的两个数据为参与比较的数据):排序开始时 $i=0$。首先比较 arr[0]和 arr[1],因为 arr[0]=2,arr[1]=0,arr[0]<arr[1]不成立,所以两个数据位置不变;之后 $i=i+1$,指针指向 arr[1],比较 arr[1]和 arr[2],因为 arr[1]=0,arr[2]=9,arr[1]<arr[2],交换两个数据的位置,此时获得序列 arr[10]={2,9,0,8,1,4,6,3,7,5},如图 9-3 中①所示。

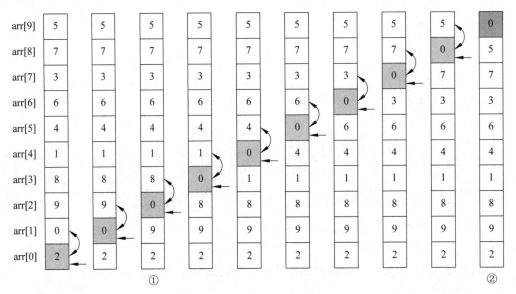

图 9-3　arr[]数组第一轮冒泡排序

重复上述步骤,每次比较之后指针后移一位,即 i 值加 1,继续与相邻数据比较。第一轮经过 $n-1$ 也就是 9 次比较之后,得到图 9-3 中②所示的结果,在本轮排序中,指针变化范围为 arr[0]~arr[8]。可以看出,第一轮冒泡结束后,序列中最小的数据 0 已经"浮"到了尾部的位置。

之后进行第二轮排序,此时指针重新指向 arr[0],因为第一轮冒泡之后最小的数据已经有序,所以本次不参与比较,第二轮比较的次数为 $n-2$,指针移动的范围为 arr[0]~arr[7]。排序过程如图 9-4 所示。

在图 9-4 中,①中指针重新指回 arr[0],再次使 arr[0]和 arr[1]进行比较。②中参与比较的是 arr[2]和 arr[3],因为 arr[2]=2,arr[3]=1,arr[2]<arr[3]不成立,所以数据位置不交换,只有指针继续加 1 移动。③中指针指向 arr[3],记录的数据为 1。④中进行第二轮排序的最后一次比较,arr[7]=1,arr[8]=5,arr[7]<arr[8]成立,交换 arr[7]和 arr[8]。⑤中得到第二轮冒泡排序结果。此时 arr[8]和 arr[9]已经降序有序。

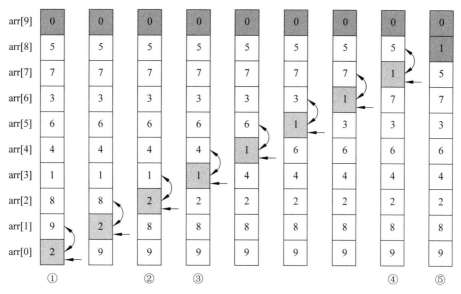

图 9-4　arr[]数组第二轮冒泡排序

之后按照前两轮排序规则,继续对剩下的 8 个数据 arr[0]~arr[7]进行排序。在经过 7
轮排序之后,获得最终的结果。第三到第九轮排序结果展示在图 9-5 中,其中带下划线的部
分为每轮结果中排列有序的数据。

第三轮	9	8	4	6	3	7	5	**2**	**1**	**0**
第四轮	9	8	6	4	7	5	**3**	**2**	**1**	**0**
第五轮	9	8	6	7	5	**4**	**3**	**2**	**1**	**0**
第六轮	9	8	7	6	**5**	**4**	**3**	**2**	**1**	**0**
第七轮	9	8	7	**6**	**5**	**4**	**3**	**2**	**1**	**0**
第八轮	9	8	**7**	**6**	**5**	**4**	**3**	**2**	**1**	**0**
第九轮	9	**8**	**7**	**6**	**5**	**4**	**3**	**2**	**1**	**0**
排序结果	**9**	**8**	**7**	**6**	**5**	**4**	**3**	**2**	**1**	**0**

图 9-5　arr[]数组第三到第九轮排序结果

根据以上分析可知,执行冒泡排序时,需要控制每轮指针移动和比较的次数,在这里使
用双层循环再自然不过。下面根据冒泡排序的基本原则和操作,给出冒泡排序的算法实现。

```
//冒泡排序算法实现
void BubbleSort(intarr[],int n)
{
    int i, j;
    for (i=0; i<n-1; i++)              //从 i=0开始,共进行 n-1轮排序
```

```
    {
        for (j=0; j<n-i-1; j++)          //每轮排序都使一个较大的值到达较大的位置
        {                                //每轮两两比较的数据逐层递减
            if (arr[j]<arr[j+1])
            swap(&arr[j], &arr[j+1]);    //符合条件则交换
        }
    }
}
```

下面分析冒泡排序算法。在该算法中使用了双层 for 循环，第一层循环的时间复杂度为 $O(n-1)$，第二层 for 循环的时间复杂度为 $O(n-i-1)$，所以整个算法的时间复杂度为 $O(n^2)$。

假设序列中有两个相同的数据，对算法进行分析，其中的判断条件为 $arr[j]<arr[j+1]$，满足此条件时才会发生位置交换，而相等时并不发生位置交换，所以，若在排序之前数据 $arr[i]$ 在 $arr[j]$ 之前，排序之后位置的先后次序仍不变，因此冒泡排序算法是稳定的。

2. 冒泡排序优化

分析图 9-3 和图 9-4 中每轮排序的过程，可以发现，冒泡排序在每轮排序中，除了将最小的数据放在靠后的位置之外，还使较小的数据逐渐靠近合适的位置。比如图 9-4 中，数据 2 本来处于 0 号位置，而数据 2 在最终结果中应放置在 8 号位置，经过 2 轮排序后，数据 2 到达了 2 号位置。在图 9-3 中，数据 9 和 8 以及其他所有数据与原来相比，也都更靠近其最终需要到达的位置。这也是冒泡排序优于基础交换排序的地方。

分析图 9-5 中后面几轮排序的结果，显然在第 6 轮排序结束之后就获得了降序有序的序列，但循环还在继续，第 6 轮之后的排序都是无用功。那么如何避免这些时间的消耗呢？只需在算法中设置一个简单的标志位即可。优化后的算法如下：

```
//冒泡排序算法优化
void BubbleSort_B(intarr[], int n)
{
    int i, j;
    int flag=1;                          //设置标志位
        //需要同时满足 i<n-1 和标志位不为 0 才能继续循环
    for (i=0; i<n-1&&flag; i++)
    {
        flag=0;                          //若本轮没有进入 if 判断语句的执行语句,标志位就为 0
        for (j=0; j<n-i-1; j++)
        {
            if (arr[j]<arr[j+1])
            {
                flag=1;                  //若本轮进入循环,则修改标志位
                swap(&arr[j], &arr[j+1]); //符合条件则交换
            }
        }
    }
}
```

对于前面给出的数组 arr[10]，使用该排序算法，明显能降低时间损耗。而在空间上只是多用了一个 int 型的变量 flag，空间复杂度仍为一个常数。

对于优化过的冒泡排序算法，最好的情况是初始序列已经满足要求的排序顺序，此时时间复杂度为 $O(n)$，最坏的情况是初始序列刚好为要求顺序的逆序，此时时间复杂度为 $O(n^2)$，与基础冒泡排序算法时间复杂度相同。另外，优化后的冒泡排序不会改变两个键值相同记录的先后关系，仍是一个稳定的算法。

9.2.2　快速排序

快速排序(quick sort)是对冒泡排序的改进，该算法由 C. A. R. Hoare 在 1962 年提出。快速排序的基本思想是：通过一趟排序，将序列中的数据分割为两部分，其中一部分的所有数值都比另一部分的小；然后按照此种方法，对两部分数据分别进行快速排序，直到参与排序的两部分都有序为止。

使用快速排序算法进行排序时，为了将序列划分为如上所述的两部分，需要在一开始的时候设置一个参考值，通过与参考值的比较来划分数据，通常选用序列中第一个记录的键值作为参考。

对于一个包含 n 条记录的序列 arr[]，使用快速排序使序列调整为升序序列的基本操作如下：

（1）设置变量 i 和变量 j，分别记录序列中第一条记录和最后一条($n-1$)记录对应的下标，使用变量 key 记录序列中第一条记录的键值（为了降低学习难度，这里的键值即为一条记录），即使 key=arr[0]。

（2）若 $i<j$ 成立，

- 比较 arr[j]和 key，若 key>arr[j]，使 arr[i]=arr[j]；否则从后往前移动 j，即使 $j--$。
- 比较 arr[i]和 key，若 key<arr[i]，使 arr[j]=arr[i]；否则从前往后移动 i，即使 $i++$。

（3）重复上述步骤(2)，直到 $i<j$ 不成立为止，此时使 arr[i]=key。

经过上面的三步操作，初始序列被分为两个子序列：在参考值 key 所在记录之前的记录，其键值小于 key；在参考值 key 所在记录之后的记录，其键值大于 key。

完整的快速排序就是对上述三步的递归调用，当 left≥right 成立时，递归结束，排序完成，此时序列被调整为一个升序序列。

下面以序列 arr[10]={5,0,9,8,1,4,6,3,7,5}为例，演示使用快速排序算法获得一个升序序列的过程。

初始状态下，使用 key 记录 arr[0]的值作为本层比较中的参考值，使用 i 和 j 记录第一个元素的下标和最后一个元素的下标，如图 9-6 所示。

本层的 key 值等于 arr[0]，也就是 5，arr[0]对应的位置可视为空值。

首先使 arr[j]与 key 比较，因为 arr[j]=key，所以使 j 减 1；$i<j$，再次比较 arr[j]和 key，同上，j 继续减 1；此时 $j=7$，$i<j$，arr[j]=3，arr[j]<arr[0]，将 arr[7]中存储的数据放到 arr[i]。此时 arr[j]对应的位置可视为空值。本次操作的过程如图 9-7 中的①所示，操作结果如图 9-7 中的②所示。

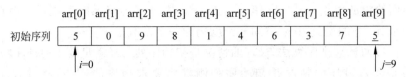

图 9-6　初始状态示意图

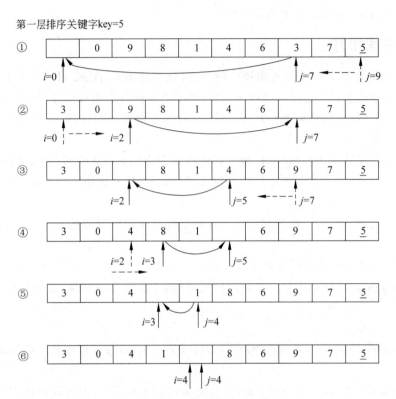

图 9-7　第一层快速排序过程图示

　　然后从前往后遍历序列,直到找到一个大于 key 的值为止。查找过程中发现,在 $i<j$ 的前提下,arr[0]=3 和 arr[1]=0 都小于 key;i 继续加 1,此时 $i=2$,数据 arr[2]>key,所以使 arr[j]=arr[i]。此时 arr[i]对应的位置可视为空值。本次操作的过程如图 9-7 中的②所示,操作结果如图 9-7 中的③所示。

　　接下来从后往前查找。使 j 减 1,往前搜索小于 key 的数据,在 $i<j$ 的情况下,找到当 $j=5$ 时,arr[j]<key,使 arr[i]=arr[j]。本次操作的过程如图 9-7 中的③所示,操作结果如图 9-7 中的④所示。

　　接下来从前往后查找。使 i 加 1,在 $i<j$ 的情况下,找到的第一个使 arr[i]>key 的值为 arr[3],使 arr[j]=arr[i]。本次操作的过程如图 9-7 中的④所示,操作结果如图 9-7 中的⑤所示。

　　接下来从后往前查找。使 j 减 1,在 $i<j$ 的情况下,找到的第一个使 arr[j]<key 的值为 arr[4],使 arr[i]=arr[j]。本次操作的过程如图 9-7 中的⑤所示,操作结果如图 9-7 中的⑥所示。

　　接下来从前往后查找。使 i 加 1,因为此时 $i=j$,所以本层排序结束。原始序列被数据

5 分为两个子序列。排序结果如图 9-8 所示。

| 3 | 0 | 4 | 1 | 5 | 8 | 6 | 9 | 7 | 5 |

图 9-8　第一层排序结果

之后通过递归调用对两个子序列进行操作,并对子序列划分出的序列进行排序,每一层递归操作中的位置变动如图 9-9 所示。

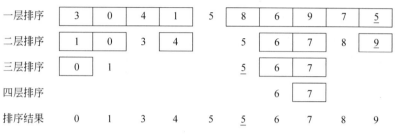

图 9-9　快速排序全过程

学习了快速排序的基本操作步骤,下面给出算法的代码实现。

```
//快速排序
void QuickSort(int arr[], int left,int right)
{
    if (left >=right)              //如果左边索引大于或等于右边索引,说明该组序列整理完毕
    {
        return;
    }
    int i=left;
    int j=right;
    int key=arr[i];               //使用 key 来保存作为键值的数据,将 arr[i]空出来
    //本轮排序开始,当 i=j 时本轮排序结束,将键值赋给 arr[i]
    while (i<j)
    {
        while ((i<j)&&(key <=arr[j]))
        {
            //不符合条件,继续向前寻找
            j--;
        }
        arr[i]=arr[j];            //从后往前找到一个小于当前键值的数据 arr[j],将其赋给 arr[i]
                                  //赋值之后 arr[j]相当于一个空的、待赋值的空间
        //从前往后找一个大于当前键值的数据
        while ((i<j) && (key >=arr[i]))
        {
            //不符合条件,继续向后寻找
            i++;
        }
        //找到或 i<j 不成立(即序列查找完毕时),while 循环结束,进行赋值
        arr[j]=arr[i];
    }
```

```
arr[i]=key;
//递归调用排序函数对键值两边的子序列进行排序操作
QuickSort(arr, left, i-1);
QuickSort(arr, i+1, right);
}
```

以上的算法实现,其核心是一个 while 循环,在该循环中实现下标的移动和数据的对比调整。while 循环完成之后,序列被选定的参考值划分为两个子序列,然后通过递归调用函数自身对子序列进行操作。在理想情况下,每一次序列划分都划分出两个等长的序列,那么需要划分 $\log_2 n$ 次,此时快速排序的时间复杂度为 $O(n\log_2 n)$;而最坏情况下,原始序列已经基本有序,每次划分只能减少一个元素,此时快速排序退化为冒泡排序,时间复杂度为 $O(n^2)$。因此快速排序的平均时间复杂度为 $O(n\log_2 n)$。

相比于冒泡排序,快速排序的排序效率有了质的飞跃,并且快速排序在排序的过程中只需要常数级的辅助空间,空间复杂度仅为 $O(1)$。当然使用递归算法时,每次递归调用需要开辟一定的栈空间,这个空间总大小为 $n\log_2 n$,所以快速排序的空间复杂度实际为 $O(n\log_2 n)$。因为冒泡排序存在跳跃性的位置变换,所以关键字相同的两条记录在排序之后先后次序可能发生改变,这个算法是一个不稳定的排序算法。

9.3　插入排序

插入排序(insertion sort)可以视为两步操作,一步是插入,一步是排序。插入排序的基本思想就是将一条记录插入到一组已经有序的序列中,继而得到一个有序的、数据个数加 1 的新的序列。

下面先来学习一种基础的插入排序方法——直接插入排序。

9.3.1　直接插入排序

直接插入排序(straight insertion sort)把待排序序列视为两部分:一部分为有序序列,通常在排序开始之时将序列中的第一个数据视为一个有序序列;另一部分为待排序序列,有序序列之后的数据视为待排序序列。

如图 9-10 中展示的序列 arr[],其中 arr[0]~arr[3]视为一个有序序列,arr[4]~arr[9]视为一个待排序序列。

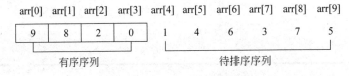

图 9-10　序列 arr[]的数据划分

在排序开始之时,从序列头部到尾部逐个选取数据,与有序序列中的数据按照从尾部到头部的顺序逐个比较(如图 9-11 所示),直到找到合适的位置,将数据插入其中。

在比较的过程中,需要一个用来记录待插入数据数值的中间变量,记作 tmp;另外为了使叙述清晰,讲述方便,使用一个变量来记录当前比较的数据对应的下标,记作 k。以

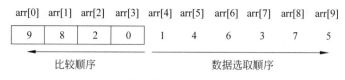

图 9-11　插入数据选取和比较顺序示意图

图 9-10 中展示的序列为例,此时需要进行的操作是将待排序序列头部的数据 arr[4]=1 插入有序序列中。具体操作步骤如下:

(1) 用 tmp 记录元素 arr[4],即使 tmp=arr[4]。以 k 记录有序序列中当前参与比较的数据对应的下标,即使 $k=3$。

(2) 使记录着待插入数据的中间变量 tmp 与有序序列尾部数据 arr[k] 进行比较,tmp>arr[k] 成立,将 arr[k] 记录的数据往后移动一个位置,即使 arr[4]=arr[k],同时使 $k=k-1$。

(3) 使 tmp 与 arr[k] 比较。因为 tmp>arr[2] 不成立,所以比较结束,1 应该插入的位置为 idx=$k+1$,将 arr[idx] 赋为 1。

本轮插入排序结束,排序结果如图 9-12 所示。

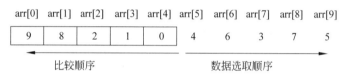

图 9-12　图 9-5 中的序列的一轮排序结果

下一轮比较中,tmp 记录 arr[5] 的值,k 初始化为 4,首先使 tmp 与 arr[4] 进行比较。

综上所述,假设要对序列 arr[n] 进行排序,使其按降序有序,序列中有序序列的下标范围为 [0,i),无序序列的下标范围为 [i,n),执行直接插入排序时,需要进行的基本操作如下:

(1) 设置中间变量 tmp,记录当前无序序列的头部数据,即使 tmp=arr[i],记录有序序列尾部数据下标,即使 $k=i-1$。

(2) 比较无序序列的表头 arr[i] 与有序序列的表尾 arr[k]:

- 若 arr[i]>arr[k],移动 arr[k] 到下标为 i 的位置,即使 arr[i]=arr[k];同时使 $k=k-1$,使 tmp 记录的无序表表头数据再次与 arr[k] 相比较。
- 若 arr[i]<arr[k],说明无序表的表头刚好处于合适位置,此时保持当前序列 arr[] 不变,使指向待排序序列的指针后移,即使 $i=i+1$。

循环执行步骤(1)、(2),直到有序表表头指针指向原序列 arr[] 的尾部位置或者循环执行 $n-1$ 遍为止,原序列成为一个降序有序的序列。

下面以 int 型数组 arr[10]={2,0,9,8,1,4,6,3,7,5} 为例,展示使用直接插入排序算法,使 arr[10] 成为一个降序序列的过程中每一步排序的结果。如图 9-13 所示。

根据以上分析,直接插入排序需要进行多轮比较,在每轮排序中都可能要逐个地移动指针,所以在该算法中也应该使用双层循环。在排序过程中需要使用中间变量来记录过程数据,其中 tmp 是必须使用的,记录下标的数据 k 总是与内层循环记录的变量相同或者差 1,这里就不再使用。

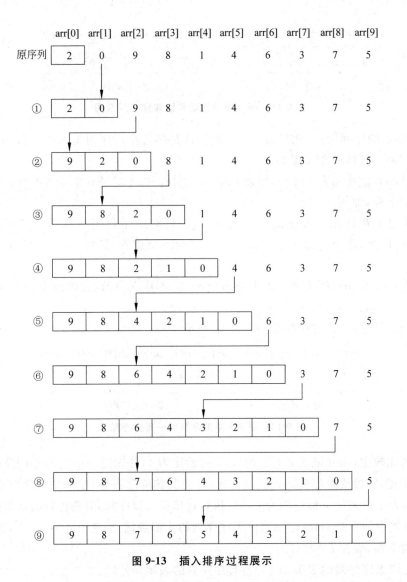

图 9-13   插入排序过程展示

下面给出使用直接插入排序算法将待排序序列转化为降序序列的代码实现。

```
//直接插入排序
void InsertSort(int arr[], int n)
{
    int i, j;
    for (i=1; i<n; i++)
    {
        //将数据插入有序表
        int tmp=arr[i];                  //设置哨兵
        if (tmp>arr[i -1])
        {
            //将比当前数据大的元素依次后移
            for (j=i -1; j >=0 &&tmp>arr[j]; j--)
```

```
            arr[j+1]=arr[j];
        arr[j]=tmp;
        }
    }
}
```

分析以上代码。代码中使用了双层 for 循环,第一层循环执行的次数为 $O(n)$,所以其时间复杂度为 $O(n)$。在第二层 for 循环之前有个判断语句,该语句决定第二层循环是否需要执行,最好的情况是待排序序列刚好是一个降序序列,如此第二轮循环不会执行;最差的情况是待排序序列是一个升序序列,如此第二轮循环执行的次数为 $i-1$,其时间复杂度为 $O(n)$。所以直接插入排序算法的时间复杂度为 $O(n^2)$。

关于该算法的稳定性,因为在判断语句中,使用 $tmp>arr[i-1]$ 进行判断,明显不会改变两个关键值大小相同的记录在序列中的顺序,所以该算法是一个稳定的算法。

9.3.2　折半插入排序

折半插入排序(binary insertion sort)是对直接插入排序的改进。在直接插入排序中,主要的时间消耗在数据的比较和移动上。那么有没有方法降低数据比较的次数呢? 由于前半部分的序列已经有序,在为新数据寻找插入点时,可以采用折半查找的方法来提高寻找速度。

以数组 arr[] 为例,在将 arr[] 排列为一个降序序列的过程中,寻找插入点的具体操作如下:

(1) 分别使用 low 记录有序序列首位元素下标,high 记录有序序列末尾元素下标,tmp 记录待插入元素的数据。

(2) 若 low≤high,将 arr[tmp] 与 arr[m] 作比较,其中 $m=(low+high)/2$:

• 若 $tmp<arr[m]$,使 $low=m+1$。
• 若 $tmp≥arr[m]$,使 $high=m-1$。

(3) 重复步骤(2),直到 low≤high 不成立,此时找到插入点,其下标为 high+1。

该过程与查找中的折半查找相同。以图 9-14 中的序列为例,演示折半查找的查找过程。其中 arr[0]~arr[7] 为有序序列,arr[8]~arr[9] 为待排序序列。

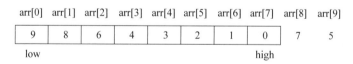

图 9-14　折半查找

(1) 使 low=0,high=7,则 $m=(low+high)/2=3$,使用 tmp 记录 arr[8],tmp=7。

(2) 比较 tmp 与 arr[m],tmp>arr[m]=4 成立,使 high=4-1=3,则 $m=(0+3)/2=1$。

(3) low≤high 成立,再次比较 tmp 与 arr[m]=8,tmp<arr[m],使 low=m+1=2。

(4) low≤high 依然成立,$m=(low+high)/2=2$,比较 tmp 与 arr[m],tmp>arr[m],使 high=2-1=1。

（5）此时 low>high，所以插入点为下标为 2 的位置。

使用折半查找为本次插入寻找合适的插入点时，共进行了 3 次比较。若是使用直接插入排序，在本轮排序中，tmp 需要依次与 arr[7]～arr[0]的数据比较，7 次比较过后，才找到合适的插入点。所以折半插入排序有效加快了寻找插入点的效率。但折半查找并非绝对提高寻找插入点的效率，对于一个本身有序的序列，反而是直接插入排序效率更高。

折半插入中的核心是插入点的查找，若插入点为 k，找到插入点后，将有序序列中插入点之后的数据依次后移一位，将新数据插入下标为 k 处。

使用折半插入排序的算法实现如下：

```c
//折半插入排序
int BinarySort(intarr[], int n)
{
    int i, j;                        //定义控制循环的变量
    int low, high, m;                //定义中间变量
    int tmp;
    for (i=1; i<n; i++)
    {
        tmp=arr[i];
        low=0;
        high=i-1;
        while (low <=high)           //寻找插入点
        {
            m=(low+high) / 2;
            if (tmp>arr[m])
                high=m-1;
            else
                low=m+1;
        }
        //移动有序序列中插入点之后的元素
        for (j=i-1; j >=high+1; j--)
            arr[j+1]=arr[j];
        arr[high+1]=tmp;             //将待排序数据插入有序序列
    }
}
```

折半插入排序节省了排序过程中比较的次数，但是移动的次数与直接插入排序相同，所以其时间复杂度仍为 $O(n^2)$。分析算法可知，在两个数据关键字相同时，不会交换数据顺序，所以该算法是一个稳定的算法。

9.3.3　希尔排序

希尔排序（Shell sort）也是插入排序算法的一种，是直接插入排序更加高效的改进版本。该算法由 D. L. Shell 于 1959 年提出。

无论是直接插入排序还是折半插入排序，都是将待排序序列视为一个分组。而希尔排序将原始序列按照下标的一定增量分为多个序列，在每个序列中执行直接插入排序。随着增量的减小，每组包含的数据越来越多，当增量减至 1 时，所有的分组重新整合为一个序列，

此时排序结束。

折半插入排序减少了数据的比较次数,但是没有提高数据移动的效率,对于几乎已经排好序的、需要少量移动的序列,直接插入排序效率较高,但是总体来说,这两种插入排序效率还是比较低的,因为插入排序在需要移动时,每次只能移动一位。希尔排序既解决了比较次数的问题,又解决了移动位数的问题。

希尔排序的基本思想是:先取定一个小于 n 的整数 d_1 作为第一个增量,把序列的全部元素分成 d_1 个组,所有相互之间距离为 d_1 整数倍的元素放在同一个组中,在各组内进行直接插入排序;然后,取第二个增量 $d_2(d_2<d_1)$,重复上述的分组和排序过程,直至所取的增量 $d_t=1(d_t<d_t-1<\cdots<d_2<d_1)$,即所有元素放在同一组中进行直接插入排序。

下面以数组 int arr[10]={ 2,0,9,8,1,4,6,3,7,5 }为例,详细展示希尔排序过程中数据的分组情况和各组数据的排序过程。

在开始分组之前,首先需要确定一个增量 d,这个增量决定了划分的组数,和初始时每组中元素下标相隔的距离。假设 $d=\lfloor n/2 \rfloor=5$,增量 d 的含义为:数组 arr[]将被分为 5组,所有相互之间距离为 5 的倍数的元素放在同一组中。

例如设下标为 idx,对于数组元素 arr[0],与它同组的元素其下标满足 $idx=0+5a(a=1,2,\cdots)$,因为 idx 的取值范围为[0,9],所以与 arr[0]同组的元素只有 arr[6]。按照这样的规律,arr[]被分为{arr[0],arr[5]},{arr[1],arr[6]},{arr[2],arr[7]},{arr[3],arr[8]},{arr[4],arr[9]}这 5 个子序列,如图 9-15 所示。

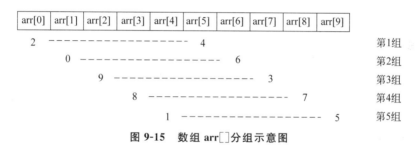

图 9-15　数组 arr[]分组示意图

对初始序列中的每个分组执行一次直接插入排序。

第一轮排序中:

(1) 对第一个子序列{arr[0],arr[5]}进行直接插入排序,排序之后的子序列为{4,…,2,…},数组 arr[]的结果为{4,0,9,8,1,2,6,3,7,5 }。

(2) 对第二个子序列{arr[1],arr[6]}进行直接插入排序,排序之后的子序列为{…,6,…,0,…},数组 arr[]的结果为{4,6,9,8,1,2,0,3,7,5}。

(3) 对第三个子序列{arr[2],arr[7]}进行直接插入排序,由于子序列中的数据 arr[2]=9,arr[7]=3,arr[2]>arr[7],已经符合降序排列,所以子序列中的数据顺序不发生变化,本轮排序数组 arr[]中的数据顺序也不发生改变。

(4) 对第四个子序列{arr[3],arr[8]}进行直接插入排序,子序列{…,8,…,7,…}也已符合降序排列,子序列顺序和数组中数据顺序均不发生改变。

(5) 对第五个子序列{arr[4],arr[9]}进行直接插入排序,排序之后的子序列为{…,5,…,1,…},数组 arr[]的结果为{4,6,9,8,5,2,0,3,7,1}。

第一轮排序结果为 arr[10]={4, 6, 9, 8,5, 2, 0, 3, 7, 1},如图 9-16 所示。

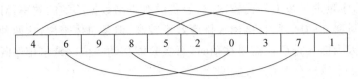

图 9-16　第一轮排序结果

随后进行第二轮排序：使增量 $d=\lfloor d/2 \rfloor$,则 $d=2$。对第一轮排序结果进行分组,其结果被分为两组,分组情况如图 9-17 所示。

arr[0]	arr[1]	arr[2]	arr[3]	arr[4]	arr[5]	arr[6]	arr[7]	arr[8]	arr[9]

4 ------ 9 ------ 5 ------ 0 ------ 7　　第1组

6 ------ 8 ------ 2 ------ 3 ------ 1　　第2组

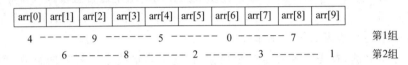

图 9-17　二轮排序分组情况

在第二轮排序中,分别对每组数据进行直接插入排序,排序后的数组为 arr[10]={9,8,7,6,5,3,4,2,0,1}。

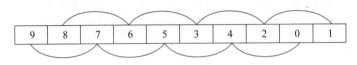

图 9-18　二轮排序结果

此时数组中的 arr[0]～arr[4]已经为降序排列,其余的数据也基本有序(在以降序序列为目标的排序中,基本有序指较大的数据基本处于序列前半段,较小的数据基本处于序列后半段,允许小范围内位置浮动。例如在图 9-18 的结果中,较小的 arr[5]排在较大的 arr[6]之前,较小的 arr[8]排在较大的 arr[9]之前。但不会出现本应该放在 arr[0]的数据 9 处于 arr[9]的位置的情况)。最后进行第三轮排序：使增量 $d=\lfloor d/2 \rfloor$,$d=1$,数据划分为 1 组,所以当前数组即为分好组后的数组,对整个数组进行一次直接插入排序,经过小幅度的位置变换,得到了一个按降序有序的数组,arr[10]={9,8,7,6,5,4,3,2,1,0}。

9	8	7	6	5	4	3	2	1	0

图 9-19　第三轮排序结果

在第三轮排序中,只有 arr[5]和 arr[8]分别移动了一次。至此使用希尔排序对数组 arr[]排序已经结束了,也已得到了一个降序有序的序列。

下面给出希尔排序的算法实现：

```
//希尔排序
void ShellSort(intarr[], int n)
{
    int i, j, d;
    int tmp;
    d=n / 2;                                    //设置增量初值
```

```
    while (d >0)
    {
        for (i=d; i<n; i++)                //对所有相隔 d 的元素组进行直接插入排序
        {
            tmp=arr[i];
            j=i -d;
            while (j >=0 &&tmp>arr[j])      //对每组中的数据进行排序
            {
                arr[j+d]=arr[j];
                j=j -d;
            }
            arr[j+d]=tmp;
        }
        d=d / 2;
    }
}
```

希尔排序的核心算法仍然为直接插入排序,但是希尔排序比直接插入排序多设置了一个步长增量,从而有效地减少了每轮排序比较的次数和比较的轮数,明显降低了时间消耗。

希尔排序的性能分析比较复杂,它的时间复杂度与设置的增量有关,然而如何取其增量尚无定论。但是无论如何选择,最后一个增量必须为 1。按照上文中取增量的方法:$d_1 = \lfloor d/2 \rfloor$,$d_i = \lfloor d_{i-1}/2 \rfloor (i \geqslant 1)$,即后一个增量为前一个增量的 $1/2$,经过 $t = \log_2(n-1)$ 次后,$d_t = 1$。希尔排序的时间复杂度难以估算,通常认为是 $O(n^{1.3})$。与前面介绍的插入排序算法相比,其时间性能的提升是可观的,希尔排序是真正在时间复杂度上有数量级缩减的算法。

另外,希尔排序是一个不稳定的算法。下面举例说明。

以图 9-20 中的序列为例,其中有两个 8,根据下标区分。

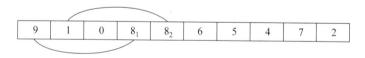

图 9-20　稳定性分析参考图示

假设初始增量 $d=3$,第一组数据为 $\{9, 8_1, \cdots\}$,第二组数据为 $\{1, 8_2, \cdots\}$,显然在排序过程中第一组的 8 相对于 9 不会移动,而第二组的 8 会被插入到当前 1 所在位置,也就是第二个 8 将会被排在第一个 8 之前。结果如图 9-21 所示。

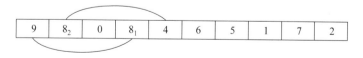

图 9-21　一次交换结果

所以,希尔排序是不稳定的。

9.4　选择排序

选择排序(selection sort)的基本思想是：从待排序的序列中选出最大值(或最小值)，交换该元素与待排序序列头部元素，直到所有待排序的数据元素排序完毕为止。

下面先来学习一种基本的选择排序——简单选择排序。

9.4.1　简单选择排序

简单选择排序是最基础的一种选择排序，这种排序方法严格贴合选择排序基本思想。与直接插入排序类似，简单选择排序也可以将序列视为两部分，只是直接插入排序初始的有序序列有一个元素，简单选择排序初始的整个序列都视为待排序序列，有序序列为空。

直接插入排序依次选择待排序序列中的元素，并将其插入有序序列的合适位置，而简单选择排序是依次为序列中的每个位置选择合适的元素。

如图 9-22 所示，图中待排序序列为 arr[2]～arr[9]，在此之前，算法已经为 0 号位置和 1 号位置依次选择了最大值 9 和次大值 8 作为其存放的元素。

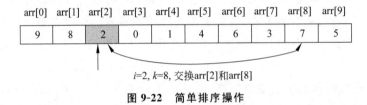

i=2, k=8, 交换arr[2]和arr[8]

图 9-22　简单排序操作

从 arr[2]～arr[9]，首部位置为 arr[2]，通过比较选择其中的最大值，也就是 arr[8]＝7，交换 arr[2]与 arr[8]，将本轮的最大元素放置在无序序列的首部，本轮排序结束。

其中的核心操作在于最值的选择。在选择的过程中，需要一个中间变量 max 来记录当前找到的最小值对应的下标。以图 9-22 中的序列为例，该序列将要进行第三轮选择排序，也就是要为 arr[2]寻找合适的元素，具体操作如下：

(1) 从 arr[2]开始寻找，初始化 max＝2。

(2) 使 arr[max]依次与其之后数据 arr[j]进行比较：

- 若 arr[max]＞arr[j]，继续往后比较。
- 若 arr[max]＜arr[j]，使 max＝j。

(3) j＝j＋1。

(4)循环执行步骤(2)、(3)，直到 j＜n 不成立为止(n 为序列中元素个数，对于 arr[]，n＝10)。此时 max 记录的值为 arr[2]～arr[9]中的最大值对应的下标。交换 arr[2]与 arr[max]。

本轮排序结束，下轮待排序序列为 arr[3]～arr[9]，将为 arr[3]寻找合适的元素。

综上所述，若要使用简单选择排序使数组 arr[n]成为一个降序序列，使用 i 记录当前需要选择最值的位置；使用 max 记录当前已参与比较的元素中最大值对应的下标，其操作过程如下：

(1) 在第 m 轮比较中，i＝m−1，使 max＝i，即记录当前需要选择最大值的位置，同时初

始化 $j = i + 1$。

（2）比较 arr[max] 与 arr[j]：

* 若 arr[max]＞arr[j]，不进行赋值操作。
* 若 arr[max]＜arr[j]，使 max=j。

（3）$j = j + 1$。

（4）循环执行步骤（2）、（3），直到 $j < n$ 不成立。此时 max 记录的值为 arr[i]～arr[$n-1$]中的最大值对应的下标，交换 arr[i]与 arr[max]。

（5）$i = i + 1$，若 $i < n - 1$ 成立，重复上述步骤（1）～（4），进入下一轮循环。

下面以图 9-23 中的 int 型数组 arr[10]={2，0，9，8，1，4，6，3，7，5}为例，演示使用简单选择排序使其转化为降序序列的过程。

arr[0]	arr[1]	arr[2]	arr[3]	arr[4]	arr[5]	arr[6]	arr[7]	arr[8]	arr[9]
2	0	9	8	1	4	6	3	7	5

图 9-23　原始 arr[]序列

（1）在第一轮排序中，$i = 1 - 1 = 0$，初始化中间变量 max 为 0，$j = i + 1$，同时使 arr[max]与 arr[0]之后的数据逐个比较：

$j = 1$，$j < 10$，arr[max]＞arr[1]成立，max 值不变，j ++。

$j = 2$，$j < 10$，arr[max]＞arr[2]不成立，max=2，j ++。

$j = 3$，$j < 10$，arr[max]＞arr[3]成立，max 值不变，j ++。

……

$j = 9$，$j < 10$，arr[max]＞arr[9]成立，max 值不变，j ++。

$j = 10$，$j < 10$ 不成立，循环结束。在本轮循环中，当 j 为 2 时，max 被更新为 2，之后的比较中 max 值均未发生改变，所以交换 arr[2]与 arr[0]。

本轮循环结束，排序结果如图 9-24 所示。

arr[0]	arr[1]	arr[2]	arr[3]	arr[4]	arr[5]	arr[6]	arr[7]	arr[8]	arr[9]
9	0	2	8	1	4	6	3	7	5

图 9-24　第一轮选择排序结果

（2）之后进行第二轮排序。$i = 2 - 1 = 1$，初始化中间变量 max 为 i，$j = i + 1 = 2$，使用 tmp 与 arr[i]之后的数据逐个比较：

$j = 2$，$j < 10$，arr[max]＞arr[2]不成立，max=2，j ++。

$j = 3$，$j < 10$，arr[max]＞arr[3]不成立，max=3，j ++。

$j = 4$，$j < 10$，arr[max]＞arr[4]成立，max 不变，j ++。

……

$j = 9$，$j < 10$，arr[max]＞arr[j]成立，max 值不变，j ++。

$j = 10$，$j < 10$ 不成立，循环结束。在本轮循环中，当 j 为 3 时，max 被更新为 3，之后的比较中 max 值均为发生改变，所以交换 arr[3]与 arr[1]。

本轮循环结束，排序结果如图 9-25 所示。

之后的排序都遵从前两轮的规律，这里就不再赘述。

arr[0]	arr[1]	arr[2]	arr[3]	arr[4]	arr[5]	arr[6]	arr[7]	arr[8]	arr[9]
9	8	2	0	1	4	6	3	7	5

图 9-25　第二轮选择排序结果

根据以上分析可得，对于一个有 n 条记录的序列，第 i 轮排序需要比较 $n-i$ 次，经过 $n-1$ 轮比较之后，可以获得一个有序序列。

下面给出简单选择排序算法的代码实现：

```
//简单选择排序
void SelectSort(intarr[], int n)
{
    int i, j, max;
    for (i=0; i<n; i++)
    {
        max=i;                        //定义当前下标为最小值下标
        for (j=i; j <n; j++)          //查找最大值,并记录其下标
        {
            if (arr[max] <arr[j])
                max=j;
        }
        //若 i 不等于 max,说明找到最大值,进行交换
        if (i !=max)
        swap(&arr[i], &arr[max]);
    }
}
```

简单选择排序算法包含一个简单的双层循环，其时间复杂度为 $O(n^2)$。该算法在进行排序的时候可能会改变两个键值相同的记录的先后次序，比如对于数据 {7,7,2}，使其成为一个升序序列，第一个 7 在一轮选择排序之后会被换到第三个位置，两个 7 的先后次序就发生了变化。所以简单选择排序算法不是一个稳定的算法。

9.4.2　树形选择排序

树形选择排序(tree selection sort)又称锦标赛排序(tournament sort)，是一种按照锦标赛思想进行选择排序的方法。

锦标赛的比赛过程很简单：首先所有参加比赛的选手两两分组，每组产生一个胜利者；其次这些胜利者再两两分组进行比赛，每组产生一个胜利者；之后重复执行上一步骤，直到最后只有一个胜者产生为止。

如图 9-26 中为一个按照锦标赛规则进行的比赛，经过三轮比赛，A 成为最后的胜利者。

图 9-26 中的结构类似一棵二叉树，以具体比赛成绩代替选手编号，对其表现形式稍作调整，调整后的图如图 9-27 所示。明显地，9-27 中的图形是一棵二叉树。

树形选择排序的目的不是选出最值，而是通过这种结构经过选择排序获取一个有序序列。二叉树中叶子结点从左至右可以视为原始序列。以锦标赛比赛规则为基础，使用树形选择排序的过程如下：

(1) 使树中 n 个叶子结点代表的记录中的关键字两两分组进行比较。

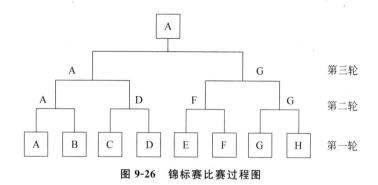

图 9-26 锦标赛比赛过程图

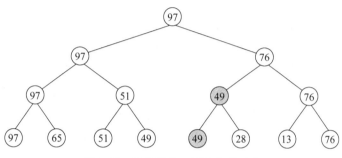

图 9-27 锦标赛的二叉树表现形式

（2）使其中⌈$n/2$⌉个较大者再次两两分组并比较。

（3）如此重复，直到选出当前序列中关键字最大的记录为止。

（4）当一轮比较结束，序列中的最大值会处在根结点的位置。输出并保存根结点，并使其余记录再次重复上述步骤（1）～（4）。

以图 9-27 中的二叉树结构为例，在第一轮选择排序之后，找到最大的数据 97，将该数据记录并输出。此时对剩下的记录进行第二轮树形选择排序，过程中树的构造如图 9-28 所示。

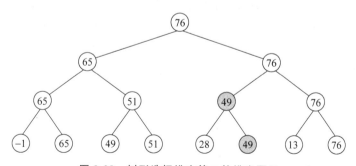

图 9-28 树形选择排序第二轮排序图示

第二轮排序时找到次大的数据 76，并将其放在根结点，本轮排序结束之后，76 被输出，进行第三轮树形选择排序。第三轮排序过程中树的构造如图 9-29 所示。

从以上的排序过程可以看出，在排序之前，树形结构的叶子结点依次存放待排序序列的数据。开始排序之后，树形结构中非叶子结点的数值等于左右孩子中较大的一个，如此逐层选择，根结点的数据就是序列中最大的数据。根结点的最大数值输出之后，在叶子结点上使

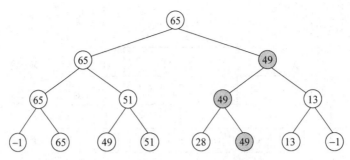

图 9-29　树形选择排序第三轮排序图示

用一个"最小值"来替换该数据(这里使用－1,因为比赛结果都是正值),再次使用锦标的比赛规则两两比较,选出剩余序列中的最大值。如此重复操作,当叶子结点全部成为最小值时,排序结束,此时获得一个降序序列。

　　由于含有 n 个子结点的完全二叉树的深度为 $\log_2 n + 1$,所以在树形选择排序中,除了最大值(最小值,这里视要获取的序列顺序而定)外,其余数据的选择都需要经过 $\log_2 n$ 次比较,因此,该算法的时间复杂度为 $O(n\log_2 n)$。但是这种算法需要借助较多的存储空间。另外即便叶子结点中只剩下一个待排数据,仍要进行多次无用的比较。为了弥补这种算法的缺点,威洛姆斯(J. Williams)在 1964 年提出了另一种形式的选择排序——堆排序。

9.4.3　堆排序

1. 堆

　　在学习堆排序之前,我们先来了解一下堆。本节用到的堆为二叉堆,是一种特殊的完全二叉树。堆的定义如下:一个含有 n 条记录的序列,当且仅当满足以下关系时,称为堆。

$$\begin{cases} k_i \leqslant k_{2i} \\ k_i \leqslant k_{2i+1} \end{cases} \quad \text{或} \quad \begin{cases} k_i \geqslant k_{2i} \\ k_i \geqslant k_{2i+1} \end{cases} \quad (i = 1, 2, \cdots, \lfloor n/2 \rfloor)$$

　　一般使用一维数组顺序存储堆中的数据。根据堆的含义,二叉堆中所有非终端结点的值均不小于(不大于)其左、右孩子的值。若根结点(亦称堆顶)关键字是堆中所有结点关键字的最大者,称为大顶堆,或称最大堆(大根堆)。小顶堆的定义与其类似。

　　二叉堆如图 9-30 所示,其中(a)为一个大顶堆,(b)为一个小顶堆。

　　使用一维数组存储,图 9-30 中的堆分别表示如下:

　　大顶堆:$\{97, 65, 74, 32, 21, 49\}$。

　　小顶堆:$\{11, 21, 14, 26, 35, 49, 51, 43\}$。

2. 如何实现堆排序

　　使用堆排序(heap sort)只需要额外的一个序列大小的辅助空间,每条待排序记录仅占一个存储空间。当堆调整为大顶堆(或小顶堆)之后,输出堆顶元素,使剩余的 $n-1$ 个元素组成的待排序序列再调整为大顶堆(或小顶堆)。如此便能得到一个降序序列(升序序列),这个排序过程称为堆排序。

　　待排序序列可以简单地使用一维数组存储,但初始的序列并不满足堆的定义;排序过程

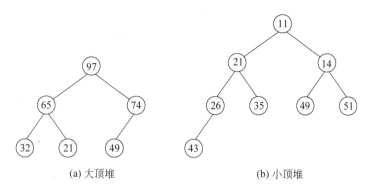

(a) 大顶堆　　　　　　　　　　　　　(b) 小顶堆

图 9-30　二叉堆举例

中输出堆顶之后,剩余的序列同样需要稍作调整,才能成为一个堆。综上,堆排序有两个关键问题:一是如何调整一个无序序列,使其成为一个堆;二是如何在堆顶输出之后调整剩余的序列,使其成为一个堆。

　　首先探讨第二个关键问题。

　　当堆顶输出之后,剩余的序列构成了原堆顶的左右子树,当前序列的堆顶应在这两棵子树中产生。根据堆的定义可知,此时的两棵子树均为一个堆,所以新的堆顶元素会在原序列的左右孩子之间产生。

　　用最后一个元素代替堆顶元素,通过使之不断地与其左右孩子比较,调整该序列重新构成一个堆。以图 9-31(a)中的大顶堆为例,其调整过程如图 9-31 所示。

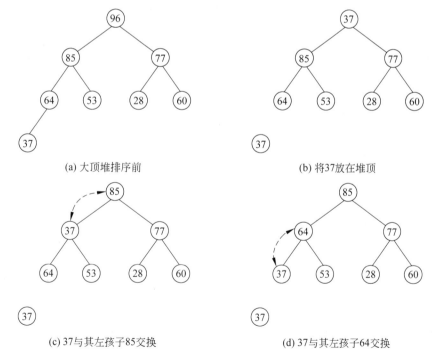

(a) 大顶堆排序前　　　　　　　　　　　　(b) 将37放在堆顶

(c) 37与其左孩子85交换　　　　　　　　　(d) 37与其左孩子64交换

图 9-31　大顶堆排序过程示意图

对于图 9-31(a)中的大顶堆,当堆顶元素 96 被输出之后,将序列末尾元素 37 放在堆顶位置,并使其左右孩子比较(图 9-31(b));比较发现左孩子 85 大于右孩子 77,使堆顶元素 37 与其左孩子 85 比较,37<85,交换 37 与 85(图 9-31(c));继续为元素 37 寻找合适的位置,此时其左右孩子分别为 64 和 53,比较左右孩子,左孩子 64 较大,37<64,使其与左孩子进行交换(图 9-31(d))。到此 37 已经是叶子结点,此时序列调整完毕,成为一个新的大顶堆,堆顶元素 85 为继 96 之后的最大值。

对以上步骤进行总结:

(1) 在堆顶被输出之后,将剩余序列的末尾元素 data[i] 放在堆顶位置。

(2) 选取该元素左右孩子中较大的一个 nChild 与之比较,若 data[i]>nChild,使 data[i] 与 nChild 进行交换;否则表示该元素已找到合适的位置,终止循环。

(3) 重复步骤(2),直到该元素成为叶子结点为止。

在之后的排序中,每当序列被调整为一个大顶堆,并且堆顶元素被输出,就执行上述步骤(1)~(3),直到该步骤执行 n−1 遍为止。

至此第二个关键问题已经分析完毕。上述操作是从一个大顶堆开始的,所以还需要分析第一个关键问题:如何调整一个无序序列,使其成为一个堆。此处以将无序序列调整为大顶堆为例。

假设有一个无序序列 arr[8]={28,64,60,85,53,77,96,37},其构成的完全二叉树 T 如图 9-32 所示。

当前的二叉树 T 为一个无序的完全二叉树,根据堆的定义,每个非终端结点中存储的数据需要大于其左、右孩子结点中存储的数据,所以从最后一个非终端的结点开始操作,使其与左、右孩子结点存储的数据比较,并进行调整。

使用 i 表示结点的下标,根据完全二叉树的定义,最后一个非终端结点在一维数组中的下标为 i=(n−1)/2,图 9-32 中的二叉树共有 8 个结点,则最后一个非终端结点为 arr[3];结点左右孩子的下标分别为 lChild=i×2+1,rChild=lChild+1,所以 arr[3] 的左、右孩子分别为 arr[7] 和 arr[8];因为 n=8,所以结点的下标范围应为 0~7,也就是说 arr[3] 不存在右孩子。

使 arr[3] 与其左孩子 arr[7] 比较,arr[3]>arr[7],所以结点的顺序不发生改变。当前序列如图 9-33 所示。

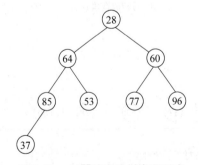

图 9-32　arr[] 的二叉树表现形式

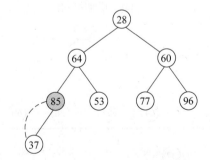

图 9-33　对结点 arr[3] 操作后的结果

排在当前非终端结点前的非终端结点,其下标为 i=i−1,也就是 arr[2];arr[2] 的左、右孩子分别为 arr[5] 和 arr[6],首先比较 arr[5] 与 arr[6],其中较大的数据为 arr[6];再使 arr[2] 与 arr[6] 比较,因为 arr[2]<arr[6],所以交换 arr[2] 和 arr[6]。交换后的二叉树如

图 9-34 所示。

重复之前的步骤,使 $i=i-1, i=1$,对结点 arr[1]进行比较操作,arr[1]小于其较大的孩子 arr[3],交换 arr[1]和 arr[3],此时的 arr[3]是非终端结点,所以需要对其左、右孩子进行判断,若 arr[3]小于其左右孩子,则与较大的孩子结点进行交换。本轮排序的结果如图 9-35 所示。

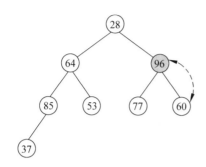

图 9-34　对结点 arr[2]操作后的结果

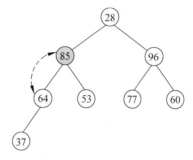

图 9-35　对结点 arr[1]操作后的结果

继续重复之前的操作,使 $i=i-1, i=0$,本轮操作为最后一次操作。arr[0]的左孩子 arr[1]小于其右孩子 arr[2],比较 arr[0]与 arr[2],arr[0]<arr[2],交换 arr[0]和 arr[2]。此时操作的结果如图 9-36(a)所示。

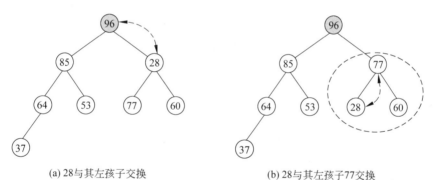

(a) 28与其左孩子交换　　　　　　(b) 28与其左孩子77交换

图 9-36　对结点 arr[0]进行的操作

可以看出此时 arr[2]小于其左、右孩子结点,所以对 arr[0]的子树,仍要重复执行上述操作。最终的排序结果如图 9-37 所示。

经过上述步骤,无序序列 arr[]被调整为一个大顶堆。

分析以上步骤发现,将一个无序序列调整为一个堆的过程,就是对完全二叉树中每个非叶子结点执行关键问题二中三个步骤的过程。也就是说,对无序序列中的每个非叶子结点执行一遍关键问题二中的操作,这个无序序列就会成为一个堆。

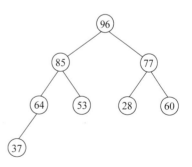

图 9-37　大顶堆创建结果

3．堆排序的算法实现

下面给出堆排序的算法实现。

```c
//调整算法
void HeapAdjust(int arr[], int i, int n)
{
    int nChild;
    int tmp;
    for (; 2 * i+1 <n; i=nChild)
    {
        //子结点的位置=2 * (父结点位置)+1
        nChild=2 * i+1;
        //得到子结点中较大的结点
        if (nChild<n -1 &&arr[nChild+1]>arr[nChild])
            ++nChild;
        //如果较大的子结点大于父结点,那么把较大的子结点往上移动,替换它的父结点
        if (arr[i]<arr[nChild])
        {
            tmp=arr[i];
            arr[i]=arr[nChild];
            arr[nChild]=tmp;
        }
        else break;                    //否则退出循环
    }
}
//堆排序算法
void HeapSort(int arr[], int n)
{
    int i;
    //对序列中的每个非叶子结点执行调整算法,使该序列成为一个堆
    for (i=(n -1)/ 2; i>=0; i--)
        HeapAdjust(arr, i, n);
    //从最后一个元素开始对序列进行调整,不断缩小调整的范围直到第一个元素
    for (i=n -1; i>0; i--)
    {
        //把第一个元素和当前的最后一个元素交换
        //保证当前最后一个位置存放的是现在这个序列中最大的元素
        arr[i]=arr[0] ^ arr[i];
        arr[0]=arr[0] ^ arr[i];
        arr[i]=arr[0] ^ arr[i];
        //不断缩小调整 heap 的范围,每一次调整完毕保证第一个元素是当前序列的最大值
        HeapAdjust(arr, 0, i);
    }
}
```

上面的算法中的调整算法 HeapAdjust()对应关键问题二中的操作步骤,每次执行都是对以一个非叶子结点为根结点的子树进行调整,使这一棵子树成为一个堆。堆排序算法中包含两个 for 循环:第一个 for 循环对每一个非叶子结点依次执行调整算法,执行完毕之

后,初始的无序序列被调整为一个堆。第二个 for 循环首先将当前序列中末尾的结点与根结点交换,此时相当于将堆顶保存到后半部分的序列中;其次以处于堆顶的元素为根结点,执行一次调整算法,使剩余待排序序列调整为堆。执行完毕之后,排序算法结束,获得一个有序序列。

从算法分析可以看出,虽然每次调整都找到了最大的元素,但是该元素被放置在末尾位置,所以对一个大顶堆求解,得到的序列是一个升序序列。

下面分析该算法的时间复杂度。堆排序算法包含构建堆的算法和堆排序的算法两部分,其主体为两个 for 循环,这两个 for 循环都用到了调整算法。调整算法的主体是一个 for 循环,调整的时间复杂度与结点所在深度有关,是一个 $\log_2 n$ 的操作,时间复杂度为 $O(\log_2 n)$。构建堆的算法从 $(n-1)/2$ 处开始,一直处理到第一个位置为止,过程中操作时间相当于每个被操作的结点所在的深度之和,即 $O(h_1)+O(h_2)+\cdots+O(h_{(n-1)/2})$,结果为 $O(n)$。堆排序的算法是利用前面两个步骤完成的,其中构建堆的步骤被调用了一次,调整堆的算法被调用了 $n-1$ 次,所以堆排序的时间复杂度为 $O(n\log_2 n)$。

9.5 归并排序

归并排序(merging sort),顾名思义,就是将两个序列合并在一起,并且使之有序。该算法是分治法的一个典型应用,其主要思想是将已有序的两个子序列合并,在过程中对其元素进行比较排序,从而得到一个完整有序的序列。也就是先保证小范围的数据有序,再使大范围的序列有序。

因此,若使用归并排序对一个序列进行排序,采用分治法思想,需要先将比较大的原始序列划分为较小的序列,使较小的序列有序。分出来的序列越小,对子序列的排序就越简单。例如对于每个序列只包含两个数据的序列,只要比较一次,就可以获得有序序列。

对于一个包含 n 个记录的序列,通常先将序列视为 n 个小序列,使相邻的两个小序列两两比较并归并,如此就有了 $\lceil n/2 \rceil$ 个次小的序列。每次排序归并都使子序列的数量减半,当子序列的数量为 2 时,再执行一次排序归并,就可以使原始序列成为一个有序序列。这种的方法称为 2 路归并排序。如图 9-38 是对序列 arr[] 进行 2 路归并排序的过程。

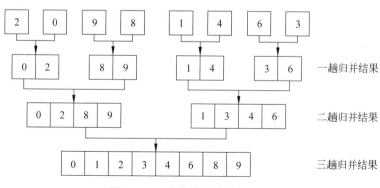

图 9-38 2 路归并排序过程示例

图 9-38 中的原始序列为一个 int 型的数组 arr[],arr[8]={ 2,0,9,8,1,4,6,3 }。

初始将数组 arr[8] 视为 8 个子序列,在第一趟归并中,将前后相邻的两个序列合并为一个有序序列,子序列的个数减少为 4 个;在第二趟归并中,执行同样的操作,子序列的个数减少为 2 个;在第三趟归并中,对上轮得到的两个子序列进行排序,序列的数量变为 1 个,该序列的归并排序过程结束,得到一个升序有序的序列。

归并排序需要一个原始序列大小的辅助空间,在排序的过程中,将本轮排序过程中的元素赋给中间变量,当排序结束之后,再从中间变量中取值赋给原始序列。若在排序的过程中,一个序列的数据已经排序完毕,另外一个序列还有数据剩余,此时可以终止比较,将序列中剩余数据逐个赋给中间变量。

假设需要归并的两个序列分别为 sub1[] 和 sub2[](这两个序列已各自有序),设其中元素的下标分别为 i 和 j,元素个数分别为 a 和 b;设置辅助空间变量 tmp[],其中元素对应下标为 k。则归并步骤如下:

(1) 初始时 $i=0$,$j=0$,$k=0$。

(2) 比较 sub1[0] 和 sub2[0]:

• 若 sub1[0]>sub2[0],使 tmp[0]=sub2[0],$i=i+1$,$k=k+1$。

• 若 sub1[0]<sub2[0],使 tmp[0]=sub1[0],$j=j+1$,$k=k+1$。

(3) 若 $i<a$ 且 $j<b$,则再次执行步骤(2),否则比较结束。

(4) 此时若其中一个序列的值全部赋值给中间数组,另一个序列中尚有元素未排序,将该序列中的值从 arr[j] 到 arr[$b-1$] 依次赋值给 tmp 数组中 k 以及之后的位置。

以序列 sub1={0,2,6,7} 和序列 sub2={1,3,4,5,8,9} 为例,演示上述归并过程。初始时创建辅助数组 tmp,大小与原始序列大小相同。sub1[]、sub2[] 和 tmp[] 的下标分别为 i、j、k,初始值均为 0,初始状态如图 9-39 所示。

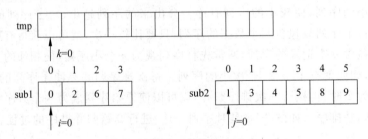

图 9-39　初始状态

首先由 sub1[0] 和 sub2[0] 进行比较。因为 sub1[0]<sub2[0],所以将 sub1[0] 的数据赋给 tmp[0],使 sub1[] 的下标 $i+1$,tmp[] 的下标 $k+1$。操作后的数组如图 9-40 所示。

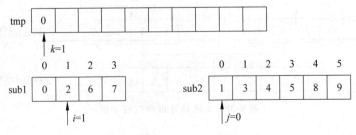

图 9-40　第一次比较赋值结果

再次比较 sub1$[i]$ 和 sub2$[j]$，此时 $i=1,j=0,k=1$。因为 sub1$[1]>$sub2$[0]$，所以将 sub2$[0]$ 赋给 tmp$[1]$，使 sub2$[]$ 的下标 $j+1$，tmp$[]$ 的下标 $k+1$。操作后的数组如图 9-41 所示。

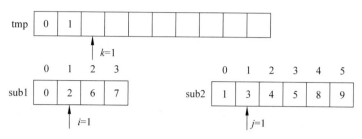

图 9-41　第二次比较赋值结果

继续比较 sub1$[i]$ 和 sub2$[j]$，此时 $i=1,j=1,k=1$。因为 sub1$[1]<$sub2$[1]$，所以将 sub1$[1]$ 赋给 tmp$[2]$，使 sub1$[]$ 的下标 $i+1$，tmp$[]$ 的下标 $k+1$。操作后的数组如图 9-42 所示。

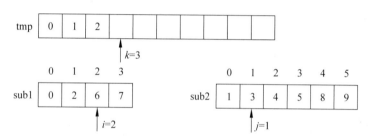

图 9-42　第三次比较赋值结果

根据原则，第四次比较之后，sub2$[1]$ 被赋值给 tmp$[3]$，$j=j+1=2,k=k+1=4$；第五次比较之后 sub2$[2]$ 被赋值给 tmp$[4]$，$j=j+1=3,k=k+1=5$；第六次比较之后，sub2$[3]$ 被赋值给 tmp$[5]$，$j=j+1=4,k=k+1=6$；第七次和第八次比较，sub1$[2]$ 和 sub1$[3]$ 分别被赋值给 tmp$[6]$ 和 tmp$[7]$，此时 $i=i+1=4$，i 已大于 sub1$[]$ 的长度，所以 sub1$[]$ 中的数据比较完毕；$k=8,j=4$，所以将 sub2$[]$ 中从 sub2$[4]$ 开始到末尾的数据依次赋给 tmp，即使 tmp$[8]=$sub2$[4]$，tmp$[9]=$sub2$[5]$。至此 tmp$[10]=\{0,1,2,3,4,5,6,7,8,9\}$，对于两个序列的归并与排序结束。

在平时使用归并算法时，往往是对一个原始序列的拆分与归并，拆分出的序列对应原序列中的下标，可能不为 0，所以要根据实际情况赋值，其他规律都与以上过程相同。

结合上述分析，给出归并两个序列的算法实现。

```
//归并两个序列的算法
void Merge(intarr[], inttmp[], int start, int mid, int end)
{
    inti=start, j=mid+1, k=start;
    //比较排序并将值赋给中间变量 tmp
    while (i !=mid+1 && j !=end+1)
    {
```

```
        if (arr[i] >=arr[j])
            tmp[k++]=arr[j++];
        else
            tmp[k++]=arr[i++];
    }
    //若一个序列指针走到最后,另一个指针为走到最后,直接复制
    while (i !=mid+1)
        tmp[k++]=arr[i++];
    while (j !=end+1)
        tmp[k++]=arr[j++];
    //将中间变量数组中存储的值赋给原始数组
    for (i=start; i<=end; i++)
        arr[i]=tmp[i];
}
```

2 路归并排序算法在每一趟归并中调用上面的归并函数,其算法是一个递归算法。下面给出 2 路归并排序算法的实现。

```
//递归调用归并算法
void MergeSort(int arr[], int tmp[], int start, int end)
{
    int mid;
    if (start <end)
    {
        //取中间值将原序列分为两组
        mid= (start+end) / 2;
        MergeSort(arr, tmp, start, mid);
        MergeSort(arr, tmp, mid+1, end);
        Merge(arr, tmp, start, mid, end);
    }
}
```

在 2 路归并排序算法中,由于需要进行递归调用,为了保证递归的顺利执行,按照一定的方法划分序列,直到子序列成为单个的元素,才开始对相邻的序列进行排序与归并。

通常根据二分思想将序列划分为两个长度基本相同的序列,设序列的最低位为 start,最高位为 end,设置一个辅助变量 mid,用来保存分组信息,通常使 mid＝(start＋end)/2,如此序列[start,end]被划分为子序列[start,mid]和[mid＋1,end]。若子序列中的元素不唯一,则继续使用此方法对每个子序列进行划分。

以序列 arr[8]＝{ 2, 0, 9, 8, 1, 4, 6, 3}为例,划分序列的过程如图 9-43 所示。

使用归并排序算法时,一趟归并需要将序列中的 n 个有序小序列进行两两归并,并且将结果存放到中间数组 tmp[]中,这个操作需要扫描序列中的所有记录,因此耗费的时间为 $O(n)$。由图 9-39 可以看出,归并排序过程中的序列分组类似于一棵树,所以归并排序需要进行 $\log_2 n$ 次。因为这两种操作是嵌套关系,所以归并排序算法的时间复杂度为 $O(n\log_2 n)$。

另外归并排序需要与原始序列同样数量的存储空间,所以其空间复杂度为 $O(n)$。Merge 函数中的 if 语句表明序列中的数据需要两两比较,不存在跳跃交换,因此该算法是一个稳定的算法。

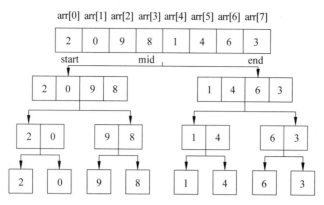

图 9-43 序列分组过程

归并排序的递归求解代码结构清晰,易于理解,但是造成了空间和时间上的浪费,其性能有一定损耗,所以在平常的求解中,通常不使用递归的归并排序算法。

9.6 基数排序

基数排序(radix sort)是计数排序和桶排序的衍生,它和前面所讲的排序算法完全不同,是一种基于分配式排序思想和多关键字排序思想的算法,其主要思想为"分配"和"收集"。之前学习的都是基于比较的排序算法,其时间复杂度最少为 $O(n\log_2 n)$,即便是最快的快速排序,也不能突破这个时间。而本节将要学习的基数排序使排序算法在时间性能上再次提升。

9.6.1 基数排序基础

学习基数排序之前,先来了解一下计数排序、桶排序和多关键字排序。

1. 计数排序

计数排序的基本思想是,当输入的元素是 n 个 $[0,k]$ 之间的整数时,设置一个中间数组 $tmp[n]$,使用 $tmp[data]$ 记录序列中元素 data 出现的次数;当序列遍历完毕之后,根据 $tmp[]$ 数组中的计数数据,输出相应次数的数据对应的下标。

以数组 $a[10]=\{2,0,5,8,2,4,3,3,7,5\}$ 为例,分析计数排序的排序过程:

(1)遍历一遍该数组,找到其中的最大值,数组 $a[]$ 的最值为 8,根据最大值创建中间变量 $tmp[8]$。

(2)再次遍历数组 $a[]$,记录元素 $a[i]$ 出现的次数:每当元素 $a[i]$ 出现时,使 $tmp[a[i]]$ 计数加 1。

(3)第二次遍历结束之后,辅助变量 $tmp[8]=\{1,0,2,2,1,1,0,1,1\}$,其中 $tmp[2]=2$ 表示元素 2 在原始序列 $a[]$ 中出现了 2 次,$tmp[4]=1$ 表示元素 4 在原始序列 $a[]$ 中出现了 1 次,$tmp[i]=k$ 表示元素 i 在原始序列 $a[]$ 中出现了 k 次。

(4)根据辅助变量 $tmp[]$ 中的计数数据,输出 $tmp[i]$ 次下标 i,每输出一次,$tmp[i]$ 计数减 1,计数数据为 0 不输出。

最后输出的结果为 0,2,2,3,3,4,5,7,8。

当输入的元素是 n 个 $[0,k]$ 之间的整数时,该算法的时间复杂度是 $O(n+k)$。当参与排序的原始序列中元素取值范围较小时,计数排序是一个很高效的线性排序算法,排序的速度快于任何基于比较的排序算法;但是当参与排序的原始序列中元素取值范围很大时,使用计数排序需要占用很大的内存,同时也要耗费很多的时间。

就稳定性而言,计数排序不存在数据比较和交换,是一个稳定的排序。但是这种排序方法只能排列简单的数字,并且无法输出序列中键值之外的信息。

例如有一个学生表序列,其中的关键字为学生的学号,已知学号的范围为 35,对学生表使用计数排序算法,只能排列出学号的顺序,因为无法使用数组的下标存储其他信息,这时若需要输出学号为 02 的学生对应的其他信息,显然无法完成。

2. 桶排序

假设序列包含 n 条记录,每条记录对应的关键字为 $k_1 \sim k_n$,首先将这个序列划分成 m 个子区间,也就是桶,每个桶都是一组 n/m 的序列,然后根据某种映射关系,对关键字进行判断,将关键字对应的序列映射到第 i 个桶中,再对每个桶中的所有元素进行比较(可以使用基于交换的任意排序方法),之后依次列举输出这 m 个桶中的数据,即可得到一个有序序列。

简而言之,桶排序就是根据一定的规则,设置满足各种条件的桶,将待排序的记录分配到其中,使每个桶中的数据有序,再依次输出的一种排序方法。这种方法解决了计数排序中不能为复杂数据排序的问题。

桶排序将一个取值范围较大的、数据元素较多的序列,划分成了多个取值范围较小的、数据元素较少的序列,大大减少了比较的次数。桶排序中的函数映射关系,其作用就相当于快速排序中的划分,将大量数据划分为了基本有序的数据块。

以数组 $a[10] = \{13,45,21,67,25,37,58,62,73,51\}$ 为例,这些数在区间 $[0,80]$ 之间,制定 7 个桶 $T[1] \sim T[7]$,设定映射规则 $f(k) = \lfloor k/10 \rfloor$,则第一条记录其关键字为 13,根据映射规则 $f(13) = \lfloor 13/10 \rfloor = 1$,分配到第 1 个桶中;第二条记录其关键字为 45,根据映射规则 $f(45) = \lfloor 45/10 \rfloor = 4$,分配到第 4 个桶中。当遍历完数组 $a[]$ 之后,其中的数据分别被分配到划分好的 7 个桶中。桶中的数据如下:

$$T[1] = \{13\} \qquad T[5] = \{58,51\}$$
$$T[2] = \{21,25\} \qquad T[6] = \{67,62\}$$
$$T[3] = \{37\} \qquad T[7] = \{73\}$$
$$T[4] = \{45\}$$

对每个桶中的数据各自排序,排序之后的数据如下:

$$T[1] = \{13\} \qquad T[5] = \{51,58\}$$
$$T[2] = \{21,25\} \qquad T[6] = \{62,67\}$$
$$T[3] = \{37\} \qquad T[7] = \{73\}$$
$$T[4] = \{45\}$$

最后统一收集这 7 个桶中的数据,按照桶的编号,将 1~7 号桶中的数据依次赋值给原始序列,原始序列就成为了一个有序序列。

综合以上分析,对包含 n 条记录的序列进行桶排序,其核心操作分为两部分:

(1) 遍历原始序列,使用映射公式对其关键字进行操作,根据映射结果将记录分配到对应的桶中,这一部分操作的时间复杂度为 $O(n)$;

(2) 使用比较排序方法对每个桶中的数据进行排序,这一部分的时间复杂度为 $\sum O(n_i \log n_i)$,其中 n_i 为第 i 个桶中的数据量。

显然第二部分的操作决定了桶排序的性能优劣。因为基于比较排序的算法最快只能达到 $O(n \log_2 n)$,所以减少每个桶中的数据量是提高效率的唯一办法,而每个桶中的数据量由映射公式和桶的数量决定,所以对于这两个因素,应尽量满足以下两点:

(1) 映射公式 $f(k)$ 能将序列中的 n 数据尽量平均地分配到 m 个桶中,这样每个桶就约有 n/m 个数据。

(2) 尽可能地增大桶的数量,对于桶而言,最好的情况是每个桶中只存放一个数据,这样就避免了比较操作。但是桶数量增加,意味着桶集合所需空间增加,空间浪费严重,所以在时间和空间两者之间应有所权衡。

3. 多关键字排序

多关键字排序,就是根据一个序列中的多个关键字排序。使用多关键字排序,是因为对于一个序列中的每条记录,没有一个唯一的关键字可以确定这个记录在序列中的位置。

以生活中常见的场景为例,假设要对一组文件进行排序,但是根据文件类型分类,这些文件可分为 A、B、C、D 四大类;同时每一种文件内部又有编号,编号从 01~10,根据文件的编号进行分类,这些文件又可以分为 10 组,每一组包含一个编号相同但类型不同的文件(如 {A01,B01,C01,D01})。

假设根据其中的文件类型 A、B、C、D 进行排序,那么对于每一组编号相同的 4 个文件,就有 4^4 种排序方法,对于整个序列,排序方法更多,如此序列的顺序就难以确定。

但是以文件类型 A、B、C、D 为主关键字,以文件编号 01~10 为次关键字,同时根据两个关键字对序列进行排序,就可以得到一个唯一确定的两个关键字都是升序的序列:

$$A01 \rightarrow A02 \rightarrow \cdots \rightarrow A10 \rightarrow$$
$$B01 \rightarrow B02 \rightarrow \cdots \rightarrow B10 \rightarrow$$
$$C01 \rightarrow C02 \rightarrow \cdots \rightarrow C10 \rightarrow$$
$$D10 \rightarrow D02 \rightarrow \cdots \rightarrow D10$$

也可以以文件编号 01~10 为主关键字,以文件类型 A、B、C、D 为次关键字,同样可以得到一个唯一确定的两个关键字都是升序的序列:

$$A01 \rightarrow B01 \rightarrow C01 \rightarrow D01 \rightarrow A02 \rightarrow \cdots \rightarrow D02 \rightarrow \cdots A10 \rightarrow D10$$

综上,假设有 n 个记录的序列

$$\{R_1, R_2, \cdots, R_n\}$$

其中的每条记录 R_i 对应的 m 个关键字为 $(K_1, K_2, \cdots, K_m)$,那么对于该序列,所谓的有序是指,对于序列中任意两个记录 R_i 和 $R_j (1 \leqslant i < j \leqslant n)$ 都满足下列有序关系:

$$(K_i^1, K_i^2, \cdots, K_i^m) < (K_j^1, K_j^2, \cdots, K_j^m)$$

其中,K^1 为最高位关键字,即主关键字;K^m 为最低位关键字,即最次关键字。对于多关键字排序,通常有两种排序方法。

第一种方法是首先对最高位关键字 K_1 进行排序,将原始序列分成若干个序列,每个序列都有相同的 K_1 值;其次对每个序列按照关键字 K_2 进行分组,使分出的更小的序列包含相同的关键字 K_2;如此重复,直到对关键字 K_{m-1} 进行排序之后得到的记录都有相同的关键字$(K_1,K_2,\cdots,K_{m-1})$,然后对子序列 K_m 进行排序,最后将所有的子序列依次连接在一起,就得到了一个有序序列。这种方法称为最高位优先(Most Significant Digit first)法,简称MSD 法。

第二种方法是首先对最低位关键字 K_m 进行排序,其次对次低关键字 K_{m-1} 进行排序,如此重复,直到对最高位关键字 K_1 进行排序之后,原始序列成为一个有序序列。这种方法称为最低位优先(Least Significant Digit first)法,简称 LSD 法。

MSD 和 LSD 只规定了按照某个关键字的某个顺序(从高到低或从低到高)来进行排序,而不要求对每个关键字进行排序时所用的方法。

根据以上叙述,使用 MSD 需要不断将序列逐层划分,然后对子序列进行排序,这个过程类似希尔排序中对序列的分组,所以这种方法是一种不稳定的排序方法;使用 LSD 法进行排序,不必划分子序列,每一次排序都是对完整的序列进行排序,这种方法要求排序过程中使用的排序算法必须是稳定的,即不能改变已排关键字的相对次序。使用这种算法可以不使用前几节中学习的以比较为基础的排序,而是利用分配式排序中的基本思想,通过多次的"分配"和"收集"来实现排序。

9.6.2 链式基数排序

基数排序借助多关键字排序和分配式排序的思想,对单关键字的序列进行排序。

所谓借助多关键字排序思想是将一个单关键字视为多个关键字。例如,对于数字 0～999,可以把每一位上的十进制数字都视为一个关键字,不足三位的两位数和一位数,在它们的高位补零,使其成为三位数,这样原本关键字为一千以内数字的序列,就可以视为有三个 10 以内数字关键字的序列;对于由多个大写字母组成的字符串,可以将每一个字母视为一个关键字,这样每一条记录都可以视为有多个关键字的序列。

若由一个多位关键字分出的多个单位关键字,每一个关键字的范围都在$[0,r]$之间,那么 r 称为基数。排序的轮数由所有序列中关键字位数最多的关键字决定,这个关键字的位数就是排序需要进行的轮数。

此时使用 LSD 进行排序,只要从最低位关键字开始,按照关键字的值将原始序列中的记录分配到多个"桶"中(这个"桶"由关键字范围确定)再依次收集,组成新的序列,然后按照次低位的关键字重新将记录分配并收集,如此重复操作,直到按照最高位关键字对序列分配收集完毕,方可获得一个按关键字有序的序列。

这种方法结合了多关键字排序和桶排序,在使用多关键字排序思想的基础上解决了桶排序中时间效益与空间效益不可兼得的矛盾。对 10 个 1000 以内的整数,使用桶排序时,若每个桶中存储的键值依次加 1,那么这 10 个数据会被分配到这 1000 个桶中,显然很多桶都为空;使用基数排序时,100 以内的整数被视为由三个 0～9 之间的数字组成的数据,关键字的范围从原来的 0～999 缩小到了 0～9,只需要根据每一位的数字,对这 10 个 1000 以内的数进行三次分配与收集,就能得到需要的序列。

下面以字符数组 arr[10]={"012","398","045","571","036", "002","653","859"," 092","126"}为例,通过图示来演示使用链式存储来进行基数排序的过程。通过 9.6.1 节桶排序的学习可以了解到,桶排序中每个桶将会存储的数据量不定,所以在这里,使用链表的方式来表示每个桶中的数据。

首先给出链表结点的结构定义,由以上分析可知,结点中需要存放结点数据,和指向下一个结点的指针,结点的关键字包含在结点数据中。为了简化学习,使结点中的关键字同时代表结点数据。因为需要对关键字的每一位进行一次排序操作,所以使用一个数组来存储关键字,记为 keys[],结点中的数据从高位到低位依次存放在数组 key[]中。

结点的结构定义如下,其中 MAXD 定义了关键字的最大位数。

```
#define MAXD 8          //关键字的最大位数
typedef struct node
{
    char keys[MAXD];    //关键字字符串
    struct node * next;
}RecType;
```

首先使用单链表存储数据,则数组 arr[]的存储结构如图 9-44 所示。

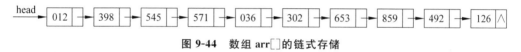

图 9-44 数组 arr[]的链式存储

因为关键字的范围为 0~9,所以创建 10 个"桶",每个桶是一个链表,分别存储分组时关键字相同的记录。为了保证排序的稳定性,在分配数据时,应将后入的数据放在桶中已有数据之后,所以在这里使用尾插法将数据添加到桶中。这要求每个桶链表既有表头指针,也有表尾指针。

下面进行第一轮排序。在第一轮排序中,首先根据关键字的个位数,也就是 key[2],对数据进行分配。一轮分配过后,每个桶链表中存储的数据如图 9-45 所示。

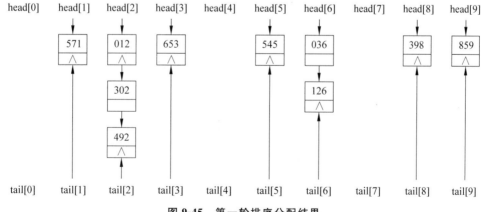

图 9-45 第一轮排序分配结果

其次对第一轮分配结果进行收集,使不为空的桶链表数据依次链接,即使当前桶链表中最后一个数据的指针指向下一个不为空的桶链表的第一个数据,如此便可得到第一轮排序的最终结果。第一轮排序结果如图 9-46 所示。

图 9-46　第一轮排序结果

然后进行第二轮排序。在第二轮排序中,首先对第一轮排序结果按照其十位上的数据,也就是 key[1],进行分配,每个桶中存储的数据如图 9-47 所示。

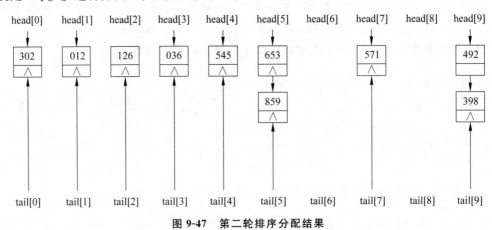

图 9-47　第二轮排序分配结果

其次对图 9-45 中第二轮排序的分配结果进行收集,产生的链表如图 9-48 所示。

图 9-48　第二轮排序结果

最后进行第三轮排序,因为数据中位数最多为 3 位,所以排序只需要进行三轮。在第三轮排序中,首先对第二轮排序结果按照其百位上的数据,也就是 key[0],进行分配,每个桶中存储的数据如图 9-49 所示。

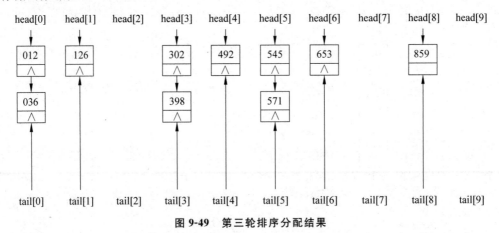

图 9-49　第三轮排序分配结果

其次对分配结果进行收集,产生的链表如图 9-50 所示,此次收集完成之后,得到一个升序有序的链表。

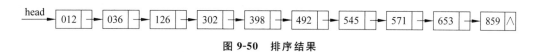

图 9-50　排序结果

至此,对数组 arr[]进行的基数排序操作已全部完成。下面给出链式基数排序算法的代码实现:

```
//基数排序
//p 为待排序序列链表的指针,r 为基数,d 为最大关键字的位数
void RadixSort(RecType * &p, int r, int d)
{
    RecType * head[MAXR], * tail[MAXR], * t;        //定义各桶链表的首尾指针
    int i, j, k;
    for (i=d-1; i>=0; i--)                          //从低位到高位依次排序
    {
        for (j=0; j<r; j++)                         //初始化桶链表的首尾指针
            head[j]=tail[j]=NULL;
        //数据分配
        while (p !=NULL)                            //对桶链表中的每个结点循环判断
        {
            k=p->keys[i] -'0';                      //找到关键字对应的桶链表
            if (head[k]==NULL)                      //采用尾插法进行分配,将结点加入桶链表
            {
                head[k]=p;
                tail[k]=p;
            }
            else
            {
                tail[k]->next=p;
                tail[k]=p;
            }
            p=p->next;                              //继续取值
        }
        p=NULL;
        //数据收集
        for (j=0; j<r; j++)
        if (head[j] !=NULL)
        {
            if (p==NULL)
            {
                p=head[j];
                t=tail[j];
            }
            else
            {
                t->next=head[j];
                t=tail[j];
            }
        }
        t->next=NULL;                               //最后一个结点的指针域置空
    }
}
```

对基数排序算法进行分析：在基数排序的过程中，共进行 d 趟分配和收集，每一趟分配和收集的时间复杂度为 $O(n+r)$，所以基数排序的总时间复杂度为 $O(d(n+r))$。

基数排序算法借助的辅助空间由桶的个数决定，每一趟排序中使用 r 个辅助空间。又因为每一趟排序的关键字相同，所以这些辅助空间可以重复使用，也就是说，基数排序算法的空间复杂度为 $O(r)$。

9.7　内部排序方法比较

9.2 节到 9.6 节学习的多种排序算法都属于内部排序算法，参与排序的数据都存储在内存中。分析排序算法的性能，一般从算法的时间复杂度、空间复杂度和稳定性三方面着手。为了方便对比分析，在表 9-3 中列出了多种算法的在时间、空间以及稳定性方面的性能。

表 9-3　内部排序性能表

分类	方法	时间复杂度			空间复杂度	稳定性
		最好	最坏	平均		
交换排序	冒泡排序	$O(n)$	$O(n^2)$	$O(n^2)$	$O(1)$	稳定
	快速排序	$O(n\log_2 n)$	$O(n^2)$	$O(n\log_2 n)$	$O(n\log_2 n)$	不稳定
插入排序	直接插入排序	$O(n)$	$O(n^2)$	$O(n^2)$	$O(1)$	稳定
	希尔排序			$O(n^{1.3})$	$O(1)$	不稳定
选择排序	简单选择排序	$O(n^2)$	$O(n^2)$	$O(n^2)$	$O(1)$	不稳定
	堆排序	$O(n\log_2 n)$	$O(n\log_2 n)$	$O(n\log_2 n)$	$O(1)$	不稳定
其他	归并排序	$O(n\log_2 n)$	$O(n\log_2 n)$	$O(n\log_2 n)$	$O(n)$	稳定
	基数排序	$O(d(r+n))$	$O(d(r+n))$	$O(d(r+n))$	$O(r)$	稳定

表 9-3 中根据排序算法的特点将排序算法划分为交换排序、插入排序、选择排序和其他排序方法。

根据算法的平均时间性能，又可以将算法分为三类：

（1）平方阶算法，平均时间性能为 $O(n^2)$。这种算法一般又称为简单排序算法，如冒泡排序、直接插入排序是典型的简单排序算法。这种算法对空间的要求不高，但是时间性能不稳定，其时间性能取决于原始序列与最终求解序列的差别。当原始序列基本有序时，这两种算法的时间性能达到最高。

（2）线性对数阶的算法，平均时间性能为 $O(n\log_2 n)$。这种算法是较复杂的排序算法，如快速排序、堆排序和归并排序。从表 9-3 中可以看出，这几种排序算法的时间性能比较稳定，除了快速排序，其他两种算法的最好和最坏情况有相同的时间复杂度。这几种排序算法对空间的要求也不同，其中堆排序所需辅助空间最少，快速排序所需辅助空间最多。

（3）线性阶的算法，平均时间性能为 $O(n)$。当参与排序的数据其位数 d 和基数 r 为常量时，基数排序就是一种线性阶的算法。

在排序算法中,冒泡排序是最早出现的排序算法,这个算法通过多轮比较,逐步调整数据在序列中的位置,在每一轮调整中,除了能使本轮的最值到达合适的位置,还能使其他数据在序列中逐渐有序。简单选择排序算法也是一种初级算法,同样要经过多轮比较,相比于冒泡排序,这个算法减少了数据交换,但是每一轮排序只对本轮的最值进行操作,对其他数据没有影响。这两种算法都是平方阶算法,时间性能都比较差。

直接插入排序算法是对冒泡排序算法的改进,这个排序算法将待排序序列中的数据逐个插入有序序列中,插入新数据后的有序序列仍保持有序。它比冒泡排序快,但是提升并不明显,仍然是一个平方阶算法。通常也不将这个算法使用在数据量较大的场合。

希尔排序通过将原始序列分组,对每个组进行直接插入排序。它的时间性能高于直接插入排序,通常认为其平均时间性能为 $O(n^{1.3})$。希尔排序算法是第一个使排序算法时间效率突破平方阶的算法。

快速排序是交换排序的一种,它是对冒泡排序的改进,快速排序再次使排序算法的时间性能有所突破。但是快速排序算法提高了对空间的要求,算法实现中使用了递归思想,不适合处理超大量数据。

归并排序采用分治法思想,先将序列逐层分解成小的序列,再对不可再分的小序列进行排序,之后将有序的小序列合并,完成对序列的排序。但是这个算法需要的内存空间比较多,并且算法中涉及递归,同样不适合处理超大量数据。

堆排序首先将所有数据构建成一个堆,将数据中的最值放置在堆顶,然后将堆顶输出,将最后一个叶子结点放在堆顶,再调用调整算法使当前的堆重新成为一个大顶堆或小顶堆,再次输出堆顶,通过不断地循环调整与输出来为所有数据排序。堆排序是最高效的选择排序算法,它的时间性能非常稳定,并且对空间要求也很低,所以堆排序非常适合处理超大量的数据。

基数排序是表 9-3 中唯一一个时间复杂度为线性阶的排序算法,其中的 d 为记录中关键字的位数,r 为每一位关键字的最大范围。只是若要使用基数排序,首先要先分析数据的存储格式,所以一般只用它处理整数或者其他数据格式明显的数据。

除去时间性能和空间性能,有些应用场景还对算法的稳定性有所要求,此时算法的性能还要取决于实际应用场景对算法各种性能的要求。

没有绝对好用的排序算法,在选择排序算法时,应结合实际情境,选择合适的排序算法。

9.8　磁盘排序

当数据量较小,所有的数据都存储在内存中时,可以在内部排序算法中选择合适的方法对数据进行排序,但是当数据量较大,一次读取不能使全部数据进入内存时,内部排序显然不再适用,此时可以使用外部排序。

根据数据存储时使用的外存设备,外部排序分为磁带排序和磁盘排序,其中磁带为顺序存取设备,磁盘为随机存取设备。

9.8.1　外部存储设备

常用的外部存储设备有磁带和磁盘。

1．磁带

磁带通常是在塑料薄膜上薄涂一层磁性材料的窄带，它出现于 20 世纪 30 年代，常用于记录声音、图像、数字或其他信号。其中盒带是较为常见的一种磁带，图 9-51 为盒带结构示意图：磁带被封装在盒子内，初始时磁带被缠绕在供带盘 a 上，当驱动器带动盘片转动时，卷带盘开始缠绕供带盘放下的磁带，在两个盘片之间有一些固定的、带有磁性的指针，用于对磁带进行读写或者消除等功能。

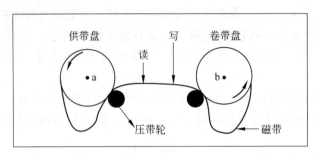

图 9-51　盒带结构示意图

存储的数据通常按照逻辑记录单元存放，而非按字符存放。由图 9-51 可以看出，磁带只能在驱动器的带动下顺时针或逆时针卷动，在卷动的过程中进行信息的读写，因此磁带只能进行顺序存取。

磁带是一种启停设备，磁带信息存取需要在磁带匀速卷动时进行，所以在磁带相邻的逻辑记录单元之间需要留有一定空白区域，这个空白区域称为间隙（Inter Record Gap，IRG），用于磁带读写之前的加速和读写之后的减速。由于相对于记录单元，间隙的长度较大，不利于磁带的充分利用，因此，将多个记录单元拼合成字符块，以此提高磁带的利用率和信息存取的效率。当然字符块并非越紧凑越好，因为字符块越大，出错概率就越高。

2．磁盘

磁盘既能进行顺序存取，又能进行随机存取。磁盘分为硬盘和软盘，与软盘相比，硬盘的存储容量要大得多，并且存取速度也很快，软盘发展至今已逐渐销声匿迹，现在常见的磁盘多数是硬盘。

如图 9-52 为磁盘的结构示意。

磁盘一般由主轴、盘片、读写磁头构成。每张盘片包含上下两个盘面，用于存储信息；多张盘片固定在同一个主轴上，主轴沿着一个方向高速旋转；每个盘面都有一个读写头，读写头固定在一个动臂上，所有读写头同时同步移动，一般把一次写入磁盘或从磁盘读出的信息称为物理块。

图 9-52 中每个盘片上的圆环称为磁道，磁道是读写头进行读写的轨迹，每个盘片上有许多磁

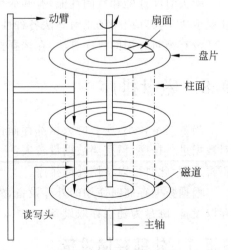

图 9-52　磁盘结构示意图

道。在每个磁道中又能分为许多扇面。每张磁盘上半径相同的磁道组成的圆柱面称为柱面,每张盘片有多少磁道,磁盘就有多少柱面。

磁盘每次写入或者读出的数据称为物理块。

确定一个具体信息在磁盘上的具体位置必须使用三个数据:柱面号、盘面号和块号。柱面号确定磁头的移动方向,块号确定信息在盘片上所在扇区。为了找到需要访问的信息,首先要使读写头移动到所找信息所在的柱面上(搜索),也就是磁道上,然后等待要访问的信息转动到磁头下(等待),再对信息进行读写。所以,影响磁盘存取时间的因素有三个。

9.8.2 磁盘排序分析

因为内存空间有限,所以每次进入内存中参与排序的只是完整文件的一部分。对于磁盘排序:在排序开始之后,首先需要根据内存空间的大小,将完整文件划分成若干个长度为 l 的子文件(子文件又称为段);然后将这些子文件依次读入内存中,使用内部排序方法为每一个子文件排序后,再重新写回外存,此时已各自有序的子文件称为归并段或者顺串;之后对这些归并段进行归并,直到所有归并段组成有序的完整文件为止。如图 9-53 所示为一次完整的磁盘排序过程。

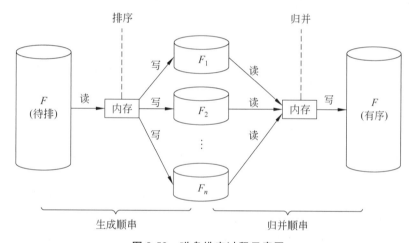

图 9-53 磁盘排序过程示意图

由图 9-53 可以看出,文件 F 首先从外存被读入内存,在内存中经内存排序处理之后,生成归并段重新写回外存,此时的每个归并段都是有序的,且归并段之间的相对次序也是确定的;之后使用某种归并方法对归并段进行归并排序,这一过程仍要借助内存来完成,其间同样有读/写操作发生。

假设现有一个待排序文件 F,F 中包含 6000 条记录。若内存 WA 依次最多能对 600 条记录进行排序,内存每次读/写包含 200 条记录的物理块。那么内存每次读入 3 个物理块,并对读入的物理块进行内排序,生成一个初始归并段。因此文件 F 被分为 10 个归并段,每个归并段中包含 600 条记录,记为 $F_1 \sim F_{10}$。若使用 2 路归并排序对这 10 个归并段进行归并,由图 9-54 可知,经过 4 次归并,这 10 个归并段被归并为一个有序文件。

在生成归并段之前,F 中的 6000 条记录先分块被扫描一遍,经过读操作进入内存。已知每个物理块包含 200 条记录,那么扫描完毕时文件 F 被读/写各 30 次,其间每读入

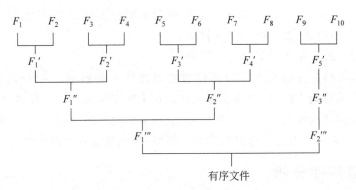

图 9-54　归并段的 2 路归并过程

一个物理块,这些数据便在内存中被排序,排序完毕的数据被重新写回外存,成为一个归并段。

之后对生成的归并段 $F_1 \sim F_{10}$ 进行归并排序。此时将内存分为 3 块,每块能容纳 200 条记录,其中两块作为输入缓冲区,用来存放读入内存的记录;另外一块作为输出缓冲区,用来存放归并过程中排好序的记录,当输出缓冲区存满时,进行一次写操作,将其中的记录写到外存。

假设生成一个初始归并段(内部排序)耗费的时间为 t_g,内存从外存读或者向外存写一个物理块耗费的时间为 t_{IO},对 u 条记录进行内部归并耗费的时间为 ut,归并的轮数为 s,归并段的数量为 m,信息读写次数为 r,那么进行一次磁盘排序所需的时间为

$$t = m \times t_g + r \times t_{IO} + s \times ut$$

相比而言,内部排序耗费的时间远小于内外存之间的读写时间,又因为生成初始归并段的时间确定(因为物理块大小确定),所以若要提高外部排序效率,应该尽量减少读写的次数 r。

那么该如何减少读写次数呢? 由以上分析可知,读写操作主要发生在归并的过程中,读写次数也就与归并排序中归并的轮数有关,归并的轮数越少,读写的次数也就越少。若归并段的数量为 m,假设使用 k 路归并排序进行归并,那么归并的轮数 $n = \lceil \log_k m \rceil$,归并轮数 n 与初始归并段数量 m 成正比,与 k 成反比,也就是说,初始归并段的数量越少,或者归并时的 k 值越大,归并的轮数就越少。

分析图 9-54 中的 2 路归并排序。第一次归并过程,所有记录都被扫描一遍,经过 30 次读操作和 30 次写操作,归并段的数量减少为 5 个;第二次归并过程中,归并段 $F_1' \sim F_4'$ 各被扫描一遍,经过 48 次读/写操作,归并段的数量减少为 3 个;第三次归并过程中,归并段 F_1'' 和 F_2'' 各被扫描一遍,经过 48 次读/写操作,归并段的数量减少为 2 个;最后一次归并过程中,当前仅有的两个归并段各被扫描一遍,经过 60 次读/写操作,这两个归并段被归并为一个有序文件。整个过程读写次数为 276 次。

若使用 4 路归并对这 10 个归并段进行归并,由图 9-55 可知,归并执行的轮数为 2。两轮归并最多将文件 F 扫描三遍,那么读写次数不超过 180 次。

若初始归并段只有 2 个,那么仅需一次归并排序即可完成外排序,归并中读写总次数为 60,但是初始归并段的数量受到内存容量的限制,所以只能在合适的范围内调整。

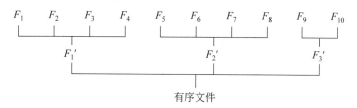

有序文件

图 9-55 归并段的 4 路归并过程

9.8.3 置换-选择排序

经过 9.8.2 节分析可知,减小初始归并段的数量可以减少归并轮数。

假设待排序的文件中共有 n 条记录,每个归并段中包含 l 条记录,按照一般的求解思路,初始归并段的数量 $m=\lceil n/l \rceil$。n 的数值显然是固定不变的,那么只能从 l 着手去减小 m 的值。按照前面对外排序的分析,l 受内存可用容量限制,若要突破这个限制增大 l,就要探索一种新方法。置换-选择排序就是符合要求的新方法。

置换-选择排序基于选择排序,在生成初始归并段时,通过关键字的比较,从若干条记录中选择一个关键字最小(或最大)的记录,同时在此过程中进行数据的输入和输出,最后可生成若干个长度不等,各自有序的子文件。

设待排序文件为 F,内存可用容量 WA 中可存储 w 条记录,归并段的编号为 i,则置换-选择排序的基本步骤如下:

(1) 从待排序文件 F 中读 w 条记录到内存中,设置归并段编号 $i=1$。

(2) 从存在于 WA 的 w 条记录中选出关键字最小的记录,记为 $R_{\min}$。

(3) 将记录 $R_{\min}$ 输出到文件 F_i 中。

(4) 若 F 不为空,从 F 中输入下一条记录到 WA 中。

(5) 从 WA 所有关键字比记录 $R_{\min}$ 关键字大的记录中,选择关键字最小的记录,使用 $R_{\min}$ 记录该条记录。

(6) 重复步骤(3)~(5),直到 WA 中不能选出新的 $R_{\min}$ 记录为止,此时初始归并段 F_i 生成完毕。

(7) 使 $i=i+1$,重复步骤(2)~(6),生成下一个归并段,直到 WA 为空,由此得到所有归并段。

举例说明置换-选择排序生成初始归并段的过程:假设当前待排序的磁盘文件 F 中共有 16 条记录,记录的关键字分别为 $\{85,11,21,92,24,12,10,26,52,27,8,15,63,49,79,17\}$,设内存可用容量 WA 最多可存储 5 条记录,则使用置换-选择排序生成初始归并段的过程如表 9-4 所示。

表 9-4 初始归并段生成过程

读入记录	WA	$R_{\min}$	i	归 并 段
85,11,21,92,24	85,11,21,92,24	11	1	$F_1:\{11\}$
12	85,12,21,92,24	12	1	$F_1:\{11,12\}$
10	85,10,21,92,24	21	1	$F_1:\{11,12,21\}$

读入记录	WA	R_{min}	i	归　并　段
26	85,10,<u>26</u>,92,24	24	1	F_1：{11,12,21,24}
52	85,10,26,92,<u>52</u>	26	1	F_1：{11,12,21,24,26}
27	85,10,<u>27</u>,92,52	27	1	F_1：{11,12,21,24,26,27}
8	85,10,<u>8</u>,92,52	52	1	F_1：{11,12,21,24,26,27,52}
15	85,10,8,92,<u>15</u>	85	1	F_1：{11,12,21,24,26,27,52,85}
63	<u>63</u>,10,8,92,15	92	1	F_1：{11,12,21,24,26,27,52,85,92}√
49	63,10,8,<u>49</u>,15	8	2	F_2：{8}
79	63,10,<u>79</u>,49,15	10	2	F_2：{8,10}
17	63,<u>17</u>,79,49,15	15	2	F_2：{8,10,15}
	63,17,79,49,	17	2	F_2：{8,10,15,17}
	63,　,79,49,	49	2	F_2：{8,10,15,17,49}
	63,　,79,　,	63	2	F_2：{8,10,15,17,49,63}
	，　,79,　,	79	2	F_2：{8,10,15,17,49,63,79}√
				F_1：{11,12,21,24,26,27,52,85,92} F_2：{8,10,15,17,49,63}

经过表 9-4 中的过程,文件 F 最终生成了两个初始归并段,分别为：F_1：{11,12,21, 24,26,27,52,85,92}；F_2：{8,10,15,17,49,63}。

在使用基本方法为文件 F 生成归并段时,归并段最多包含 5 条记录;而使用置换-选择方法时,归并段中包含的记录有效增加。那么使用置换-选择排序方法到底能使初始归并段的长度增加多少呢? 答案是：如果输入文件中的记录按其关键字随机排列,那么使用置换-选择排序方法得到的初始归并段的平均长度为内存工作区大小的 2 倍。这个问题由 E.F. Moore 在 1961 年通过将置换-选择排序与扫雪机相类比给出解答。

假设一台扫雪机在一条环形路面上匀速前进,进行扫雪工作,雪花匀速下降(即每小时落到地面上的雪量相等),并且均匀地落在扫雪机的前、后路面上。显然,在某个时刻之后,整个系统达到平衡状态,路面上的积雪总量保持不变,且在任何时刻,路面上的积雪都形成一个均匀的斜面,靠近扫雪机前端的积雪最厚,设其深度为 h；扫雪机刚刚扫过的路面积雪最薄,其深度为 0。若将环形路面伸展开来,路面积雪的状态如图 9-56 所示。假设环形路面的长度为 l,此刻路面上积雪的总体积为 m,则 $m=hl/2$,所以 $hl=2m$。由于扫雪机在任一时刻扫走的雪深度均为 h,所以扫雪机在环形路上走一圈扫掉的积雪体积为 hl,也就是 $2m$。

将在内存中进行置换-选择排序算法的情形与扫雪机类比。内存中已经有的记录数量相当于环形路面上已经存在的积雪的总量,从内存输出的记录相当于扫雪车掃掉的积雪,从输入文件读入内存中的记录相当于新落到路面上的雪。对于新读入的数据,凡是关键字比当前关键字大的记录,都要从内存中输出,输出的这一部分相当于落在扫雪车前面的雪;而关键字比当前关键字小的记录,将会在下一个归并段生成的时候输出,相当于落在扫雪车后

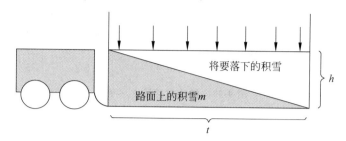

图 9-56　环形路上平衡状态下扫雪机扫雪示意图

的雪,在扫雪车下一次开到这里的时候才会被扫掉。因为文件中的记录是按其关键字随机排列的,所以假设读入记录中的关键字比当前关键字大或者小的概率相同,这相当于雪是均匀地落在扫雪车的前面或后面的路面上。一旦内存中记录的关键字均小于当前关键字,说明一个初始归并段已经生成,这相当于扫雪车已经沿着环形路走了一圈。初始归并段所包含的记录数量相当于扫雪车走一圈扫掉的雪的总量,设内存容量为 m,则初始归并段的平均长度为 $2m$。

9.8.4　多路平衡归并

由公式 $n = \lceil \log_k m \rceil$ 可知,当初始归并段的数量 m 确定时,k 值越大,归并的轮数 n 就越小,从而可以减少内外存之间磁盘读写次数。

若在进行排序时使用 k 路归并排序,在 k 个归并段的第 i 个记录之间选择最小者,也就是从 k 个记录中选择最小者,需要进行 $k-1$ 次关键字的比较。每次归并时,文件中的大部分甚至所有记录都要扫描一遍,假设文件中有 u 条记录,每次归并需要做 $(u-1) \times (k-1)$ 次关键字比较;若完成一次排序需要进行 n 轮归并,那么在归并的过程中关键字比较的次数为

$$n \times (u-1) \times (k-1) = \lceil \log_k m \rceil \times (u-1) \times (k-1)$$
$$= \lceil \log_2 m \rceil \times (u-1) \times (k-1) / \lceil \log_2 k \rceil$$

当初始归并段的数量与文件中记录的数量一定时,$\lceil \log_2 m \rceil \times (u-1)$ 值为一个常量;$(k-1) / \lceil \log_2 k \rceil$ 在 k 增大时趋向于无穷大,随之归并过程中的比较次数也趋向于无穷大。因此,若一味提高 k 值,伴随着归并次数降低而减少的磁盘读写带来的消耗会被内部归并增加的消耗抵消。也就是说,在 k 路平衡归并中,并非 k 值越大越好。

那么该如何处理这一矛盾?败者树(tree of loser)可以解决这一问题。败者树是树形选择排序的一种变形,与树形选择排序不同的是,在败者树中,父结点记录孩子结点之间关键字较大的记录(即败者)对应的段号,而将关键字较小记录(胜者)的段号往上层传递,使之继续参与比较,找到最终的胜者(所有叶子结点中关键字最小的记录)。

假设使用 5 路归并排序,现在有 5 个初始归并段 $F_0 \sim F_4$,归并段中的每条记录对应的关键字分别如图 9-57 所示。

对这 5 个归并段进行 5 路平衡归并的步骤如下:

(1) 构建败者树。败者树是一棵完全二叉树,其中的叶子结点为本次需要进行归并排序的数据,因为进行 5 路归并,所以初始败者树是一棵有 5 个叶子结点的完全二叉树。树的根结点为本轮比较的败者。为了记录比赛的结果,需要再添加一个结点记录本轮比

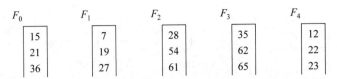

图 9-57　初始归并段 $F_0 \sim F_4$

赛的胜利者。综上,初始败者树如图 9-58 所示。树中每个非叶子结点中的"5"代表初始化结点数据为段号 5,5 号归并段 F_5 中只有一个段结束标志,是一个空段,其中的关键字记为 ∞。

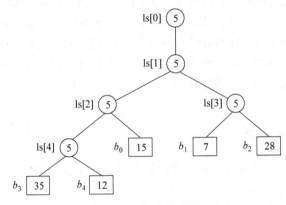

图 9-58　初始败者树

（2）进行比较,为树中各结点赋值,理论上是从最后一个叶子结点开始比较,逐个向前使之与双亲结点作比较,但是因为叶子结点的双亲结点值最终总是子结点中的败者,所以下面阐述的过程中使子结点比较后直接赋值。

① 结合图 9-58,首先比较 b_3 和 b_4,$b_3 > b_4$,b_4 胜 b_3 负,修改其父结点 ls[4] 的值为 3,将胜者 b_4 往上传递。

② 比较 b_4 和 b_0,b_4 胜 b_0 负,修改父结点 ls[2] 的值为 0,将胜者 b_4 继续上传。

③ 比较 b_1 和 b_2,b_1 胜 b_2 负,修改父结点 ls[3] 的值为 2,将胜者 b_1 往上传递。

④ 比较 b_4 和 b_1,b_1 胜 b_4 负,修改父结点,也就是根结点 ls[1] 的值为 4,并修改结点 ls[0] 的值为 1,使其记录最终的胜者 b_1。

至此败者树构造完毕,构造过程中败者树的变化状况如图 9-59 中（a）～（d）所示。

（3）将胜者 ls[0] 对应的记录写到输出归并段,若对应的归并段 F_1 不为空,则在其对应的叶子结点 b_1 处从归并段 F_1 中补充一条记录（第一次补充的为 F_1 中的第二条记录 19）,从补充的叶子结点处向上开始,根据败者树的规则进行调整;若归并段 F_1 为空,则补充一个关键字足够大的虚记录（如 ∞）。

（4）若胜者 ls[0] 中记录的关键字等于虚记录 ∞,则归并结束,这 k 个初始归并段被归并为一个归并段;否则继续执行步骤（3）。

当图 9-59 中的步骤执行完毕之后,b_1 中关键字对应的记录被输出,同时从归并段 F_1 中读取下一条记录（关键字为 19）到 b_1 中,从 b_1 处开始往上进行调整,调整后的败者树如图 9-60 所示。

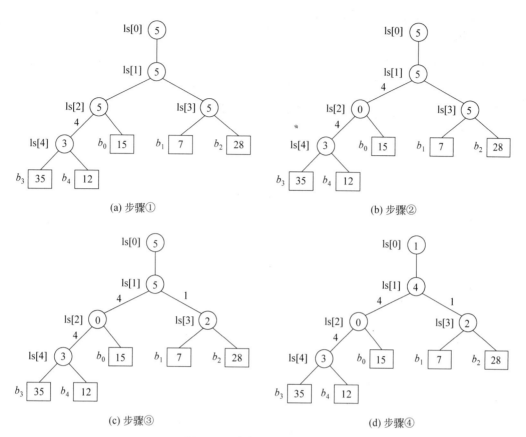

(a) 步骤①　　　　　　　　　　　　　　　　(b) 步骤②

(c) 步骤③　　　　　　　　　　　　　　　　(d) 步骤④

图 9-59　败者树赋值变化过程

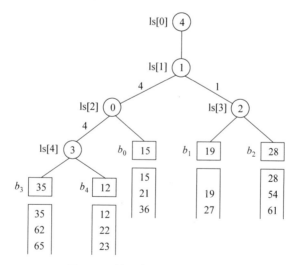

图 9-60　第二次败者树调整结果

在使用 k 路归并排序合并归并段时，重复上述步骤，直到 k 个初始归并合并成一个有序序列为止。此时文件的归并时间为 $\lceil \log_2 m \rceil \times (u-1) \times t$，与 k 值无关。

9.8.5　最佳归并树

使用置换-选择排序获得的初始归并段长度可能各不相同。若是归并段的长度不一,对于归并过程中归并段不同的组合方式,内外存之间的读/写次数也不相同。

假设当前由置换-选择排序获得的 9 个初始归并段的长度分别为 1,14,37,2,6,15,39,8,23,以 3 路归并为例,最基础的一种归并策略如图 9-61 的三叉树所示。

图 9-61 中的三叉树又叫 3 次归并树,表示 3 路归并时的归并策略。

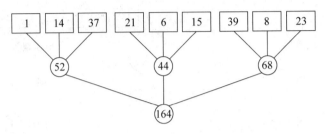

图 9-61　三次归并树

在归并树中,叶子结点(又称外结点)表示参加归并的初始归并段,叶子结点到根结点的路径长度表示该归并段在归并过程中参与读/写的次数,非叶子结点(又称内结点)表示其子结点归并生成的新归并段,根结点表示最终的归并结果。对于一棵 k 次归并树,树中只有度为 0 的叶子结点和度为 k 的非叶子结点。

以每个初始归并段的长度为权值,那么归并树的带权路径长度 WPL 即为归并过程中总的读写次数。对于图 9-61 中的三次归并树,它的带权路径长度为

$$WPL = (1+14+37+21+6+15+39+8+23) \times 2 = 328$$

也就是说,使用图 9-61 中的归并策略时,归并这 9 个初始归并段需要在内外存之间读/写各 328 次。显然使用不同的归并策略,总的读/写次数也不相同。为了提高效率,应该尽量减少读/写次数,那么该如何构造归并树,才能减少读/写次数呢?

在本书第 6 章的树中已经学习过赫夫曼树,赫夫曼树是一棵使 n 个叶子结点带权路径长度最短的二叉树。将赫夫曼树的基本思想应用到 k 次归并树中:使权值较小的结点远离根结点,即长度较短的初始归并段应尽早归并;使权值较大的结点靠近根结点,即长度越长的初始归并段越晚归并,如此就可以创建最佳的归并策略。

对于图 9-61 中的归并树,利用赫夫曼树基本思想加以调整,可以得到图 9-62 中的归并树,这棵归并树是所有归并树中带权路径长度最短的归并树,其 $WPL = (1+6+8) \times 3 + (14+15+21+23+37) \times 2 + 39 = 301$,称为最佳归并树。

构建最佳归并树的原理很简单,但是有时候为了构造出一棵真正的 k 次归并树,可能需要补入一些空的归并段。假设经过置换-选择排序后,共生成了 8 个初始归并段,其长度分别为 1,14,37,2,6,15,13,23,那么使用赫夫曼树思想构造 3 次归并树时,总有一个结点的度只能为 2,无法完成归并树的构造。

为了保证归并的读/写次数最少,正确的解决方法是:在初始归并段数目不足以构成 k 路归并树时,添加长度为 0 的“虚段”。按照赫夫曼树构造原则,权值为 0 的叶子结点离根结

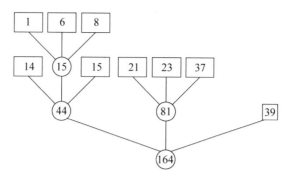

图 9-62 最佳归并树

点最远,所以长度为 0 的虚段应该最早参与归并。此时构造的赫夫曼树如图 9-63 所示。

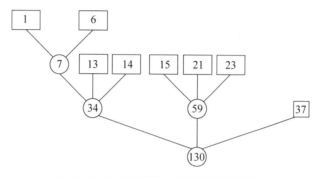

图 9-63 8 个初始归并段的最佳归并树

那么该如何确定初始归并段的数量是否充足以及在需要添加虚段时应该添加的虚段的数量呢?分析 k 叉树,树中只有度为 0 和度为 k 的结点,假设度为 0 的结点的数目为 n_0,度为 k 的结点数目为 n_k,那么 n_k 与 n_0 之间存在这样的换算关系:$n_0=(k-1)n_k+1$。变形可得:$n_k=(n_0-1)/(k-1)$。也就是说,当 $(n_0-1)/(k-1)=0$ 成立时,这 n_0 个初始归并段刚好可以构成 k 次归并树,此时内结点有 n_k 个;若 $(n_0-1)/(k-1)=u\neq0$,那么为了使这 u 个结点足以构成归并子树,需要添加一个内结点,这个内结点代替一个叶子结点,同时该内结点上有 $u+1$ 个叶子结点,所以需要添加 $k-u-1$ 个虚段去构建归并树。

对于图 9-62 中的初始归并段,$n_0=9$,$k=3$,$n_3=4$,满足 $(n_0-1)/(k-1)=0$,所以不需要添加虚段;对于图 9-63 中的初始归并段,$n_0=8$,$k=3$,$n_3=3$,$(n_0-1)/(k-1)=1$,所以需要添加 $3-1-1=1$ 个虚段。

9.9 本章小结

本章主要讲解了多种内部排序算法的原理和实现。通过本章的学习,应熟练掌握多种内部排序算法的核心思想,了解各种算法的性能优劣与计算机内部对数据顺序的处理方式,同时能为不同应用环境以性能为前提选择合适的算法。另外读者也应以本章算法为引导,学习掌握解决问题的思路以及算法实现的方式。

　　本章也涉及了外存排序中的磁盘排序,通过本章的学习,应对磁盘的大致结构与工作方式有所了解,在此基础上再去学习掌握外排序的主要排序方法。

【思考题】

简述冒泡排序的算法思想,并画出算法流程图。

第 10 章

文　件

学习目标

- 了解什么是文件。
- 熟悉顺序文件与索引文件。
- 熟悉 ISAM 和 VSAM 文件。
- 了解哈希文件和多关键字文件。

在处理数据时,常常需要将大量的数据组织成文件存储在外部设备中,如何在文件中高效地组织数据是高效使用数据的关键。本章就来学习文件的基本概念以及文件的各种存储结构。

10.1　文件概述

文件是大量性质相同的记录的集合。按照记录的类型可分为操作系统文件和数据库文件,在数据结构中要学习的文件是数据库意义上的文件。所谓的数据库文件是带有结构的记录的集合。记录可由若干个数据项构成。记录是文件中可存取的基本单位。例如,现在有一份学生信息统计表文件,如表 10-1 所示。

表 10-1　学生文件

姓名	学号	年龄	身高	籍贯
陈一	01001	20	160	河北
李耳	01002	19	158	广东
王珊	01003	21	177	江西
韩寺	01004	22	163	湖南
钱舞	01005	20	170	四川
孙留	01006	18	165	浙江
王七	01007	20	160	辽宁
胡巴	01008	21	155	甘肃
燕九	01009	19	172	青海
赵石	01010	20	178	江苏

在表 10-1 的文件中,每一条记录由 5 个数据项组成,包含着一个学生的相关信息,这一组学生相关信息就是这个文件的最基本单位。

在一份文件中,若每一条记录中含有的信息长度都相等,则称这样的记录为定长记录,相应的文件称为定长记录文件;若文件中含有的信息长度不等,则文件称为不定长记录文件。

除此之外,文件还可以按照记录中关键字的数量分为单关键字文件和多关键字文件。若文件中的记录只有一个标识记录的主关键字,则称为单关键字文件;若文件中的记录除了含有一个主关键字外,还含有若干个次关键字,则称为多关键字文件。

和其他数据结构一样,文件也包含逻辑结构、存储结构和相关操作。接下来就学习文件的结构和操作。

1. 文件的逻辑结构

文件的逻辑结构指一个文件在用户面前所呈现的结构,分为两种形式:一种是无结构的流式文件,文件内的信息不再划分单位,它是依次排列的一串字符流构成的文件;另一种是有结构的记录式文件,用户把文件内的信息按逻辑上独立的含义划分信息单位,每个单位称为一个逻辑记录(简称记录)。

2. 文件的存储结构

文件的存储结构是指文件在外存上的组织方式,是文件的物理表示和组织。文件的基本组织方式有 4 种:顺序组织、索引组织、哈希组织和链组织。文件的各种组织方式往往是这 4 种方式的结合。

文件的存储结构是非常重要的,而文件的组织方式又有很多,选择哪一种组织方式,取决于对文件记录的使用方式和频繁程度、存取要求、外存的性质和容量。

3. 文件的操作

文件上的操作主要有两类:检索和维护。

文件的检索就是在文件中查找满足给定条件的记录。文件检索主要有三种方式:顺序检索、直接检索、按关键字检索。

顺序检索:按照文件的逻辑结构依次检索文件中的记录。

直接检索:存取第 i 个逻辑记录。

按关键字检索:给定一个值,查询一个或一批关键字与给定值相关的记录。

文件维护主要是指对文件进行记录的插入、删除及修改等更新操作。此外,还要进行再组织操作、文件被破坏后的恢复操作以及文件中数据的安全保护等。

10.2　顺序文件和索引文件

10.2.1　顺序文件

顺序文件是指按记录进入文件的先后顺序存放,其逻辑顺序跟物理顺序一致的文件。

若次序相继的两个物理记录在存储介质上的存储位置是相邻的,则又称为连续文件;若物理记录之间的次序是由指针相连,则称串联文件。

顺序文件只能按顺序查找和存取,即顺序扫描文件。例如要查找第 i 个记录,则必须先查找前 $i-1$ 个记录,这种查找方法对于少量的查找是不经济的,但对于批量查找来说是非常实用的。

顺序文件的主要优点是连续存取的速度较快,即若文件中第 i 个记录刚被存取过,而下一个要存取的是第 $i+1$ 个记录,则这种存取将会很快完成。当顺序文件存放在单一存储设备(如磁带)上时,这个优点总是可以保持的;而当存放在多路存储设备(如磁盘)上时,在多道程序的情况下,由于别的用户可能驱使磁头移向其他柱面,就会削弱这一优点。因此顺序文件多用于磁带。

但是如果要在顺序文件中插入新的记录,则只能在末尾插入。此外,顺序文件不能像顺序表那样进行插入、删除和修改(若修改主关键字,则相当于先做删除后做插入),因为文件中的记录不能像向量空间的数据那样"移动",而只能通过复制整个文件的方法实现上述更新操作。这就是数据库系统总会产生很多临时文件的原因。

10.2.2　索引文件

所谓索引文件是指除了文件本身外,另建立一张指示逻辑记录和物理记录之间一一对应关系的索引表,索引表和主文件一起构成的文件就叫作索引文件。本节就来学习索引文件的分类及存储和操作等相关知识。

1. 索引文件的分类

索引表中的每一项称为索引项,一般索引项都是由主关键字和该关键字所在记录的物理地址组成的。索引表必须按主关键字有序,而主文件本身则可以按主关键字有序或无序。主文件本身按关键字有序则称为索引顺序文件,它有 ISAM 文件和 VSAM 文件两种。主文件关键字无序则称为索引非顺序文件。

在索引顺序文件中,可对一组记录建立一个索引项,这样建立的索引表称为稀疏索引。对于索引非顺序文件,必须为每一个记录建立一个索引项,这样建立的索引表称为稠密索引。对于索引非顺序文件,因为主文件无序,顺序存取将会频繁地引起磁头的移动,适合于随机存取,不适合于顺序存取。而索引顺序文件既适合于随机存取也适合于顺序存取。

注意:通常所说的索引文件是指索引非顺序文件,它也是本节要讨论的文件,在接下来的讲解中,所谓的索引文件就是指索引非顺序文件。

2. 索引文件的存储

索引文件在存储器上分为两个区:索引区和数据区。索引区存放索引表,数据区存放主文件。在建立文件的过程中,按输入记录的先后次序建立数据区和索引表,这样的索引表其关键字是无序的,待全部记录输入完毕后对索引表进行排序,排序后的索引表和主文件一起就形成了索引文件。例如,现在往文件中录入一组学生信息,以学号为关键字,如表 10-2 所示。

表 10-2　学生信息（主文件）

物理地址	学号	姓名	其他
01	0012	张三	
02	0039	李四	
03	0002	王五	
04	0016	陈六	
05	0102	李七	
06	0100	孙八	

在表 10-2 中，学生的学号与姓名是按次序录入的，按物理地址顺序存储下来，现在为主文件创建一张索引表，如表 10-3 所示。

表 10-3　索引表

物理地址	物理地址	学号
10	01	0012
11	02	0039
12	03	0002
13	04	0016
14	05	0102
15	06	0100

这个索引表所对应的主文件是未经排序的，现在对主文件以关键字排序，则排序后所对应的索引表如表 10-4 所示。

表 10-4　排序后的索引表

物理地址	物理地址	学号
10	03	0002
11	01	0012
12	04	0016
13	02	0039
14	06	0100
15	05	0102

经过排序之后，则表 10-2 与表 10-4 一起构成了一个索引文件。这就是索引文件的建立过程。

3. 索引文件的操作

索引文件上的操作主要有两种：检索与更新。

检索操作分两步进行：第一步，将外存上含有索引区的页块送入内存，查找所需记录的物理地址；第二步，将含有该记录的页块送入内存。

注意，在读取索引表时，若索引表不大，则可将索引表一次读入内存，在索引文件中检索只需两次访问外存：一次读索引，一次读记录。在查找时，由于索引表有序，对索引表的查找可用顺序查找或二分查找等方法。

索引文件的更新操作也很简单，插入时，将插入记录置于数据区的末尾，并在索引表中插入索引项；删除时，删去相应的索引项；若要修改主关键字，则必须同时修改索引表。

当一个文件中记录数目很大时，索引表也会很大，以致一个页块容纳不下，在这种情况下查阅索引仍要多次访问外存，为此可以为索引也建立一个索引，称为查找表。当查找表中项目仍然很多时，可以建立更高一级的索引，通常最高可达四级索引，它们也被称为多级索引。多级索引是一种静态索引，其各级索引均为顺序表，结构简单，修改很不方便，每次修改都要重组索引。

当数据文件在使用过程中记录变动较多时，可利用二叉排序树、B 树等树表结构来建立索引，称为动态索引。动态索引在插入、删除时操作都很方便。动态索引本身是层次结构，无须建立多级索引，建立索引表的过程即为排序过程。

10.3 ISAM 文件和 VSAM 文件

10.3.1 ISAM 文件

ISAM 是 Indexed Sequential Access Methed（索引顺序存取方法）的缩写，它是一种专为磁盘存取设计的文件组织形式，采用的是静态索引结构。由于磁盘是以盘组、柱面和磁道三级地址存取的设备，因此可对磁盘上的数据文件建立盘组、柱面和磁道多级索引。在下面的学习中只讨论在同一个盘组上建立的 ISAM 文件。

1. ISAM 文件的组成

ISAM 文件由三部分组成：基本数据区、溢出区和多级索引。

（1）基本数据区：由一个或多个柱面组成，文件的记录按关键字有序存放于柱面的每个磁道上。

（2）溢出区：每个柱面都开出一个溢出区，为插入记录而设，当一个磁道存满记录而又要在该磁道插入记录时，就将该磁道的最后一个记录移至溢出区，再将新记录插入到此磁道的适当位置。每个磁道的溢出数据在溢出区中组成链表。

（3）多级索引：由磁道索引、柱面索引和主索引各级结构组成。

- 磁道索引包括基本索引项和溢出索引项，基本索引项含本磁道的最大关键字及起始地址；溢出索引项含本磁道溢出记录的最大关键字及本磁道溢出区首地址。
- 柱面索引包含柱面中的最大关键字和该柱面磁道索引的起始地址。
- 主索引是柱面索引的索引，每个索引项包含柱面索引中一组记录最大关键字及该柱面索引项的起始地址。检索时由高级索引到低级索引逐级查找，找到待查找记录所在的磁道，再在磁道中查找待查找记录。

例如,现在有一个磁盘组上的 ISAM 文件,如图 10-1 所示。

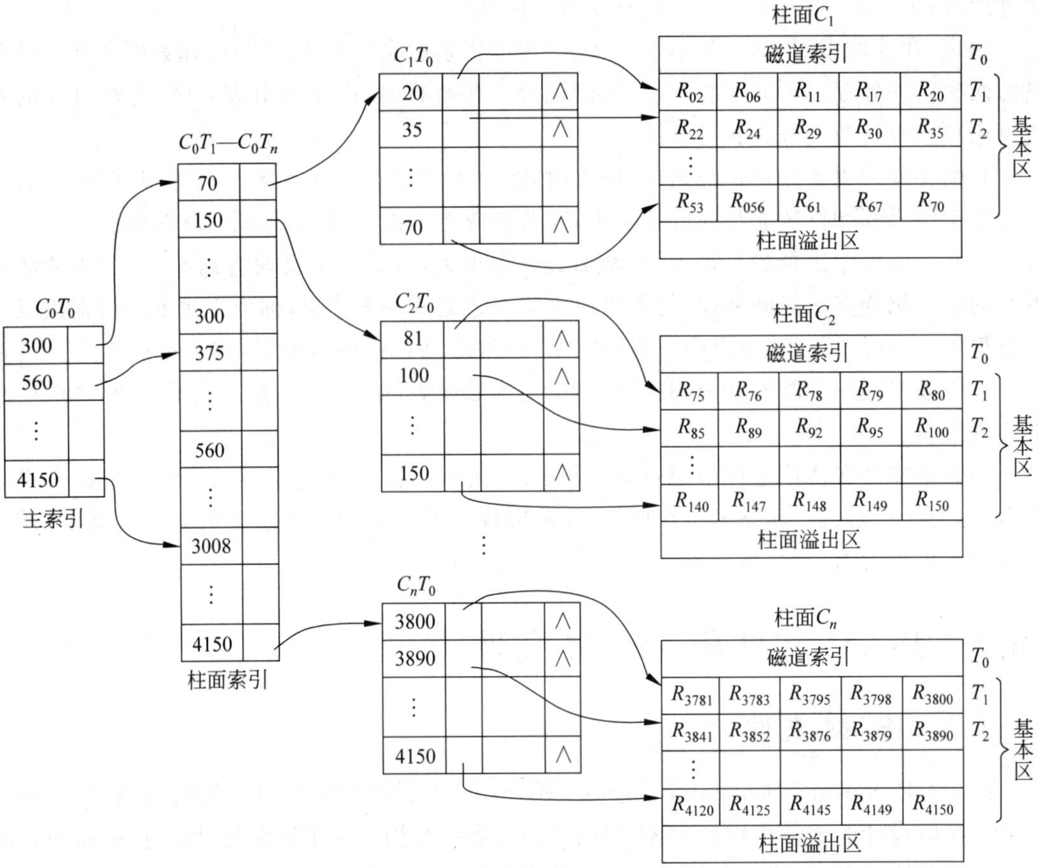

图 10-1　ISAM 文件结构示例

在图 10-1 中,C 表示柱面,T 表示磁道,C_iT_j 表示 i 号柱面,j 号磁道;R_i 表示关键字为 i 的记录。从图 10-1 可以看出,主索引是柱面索引的索引,这里只有一级主索引,若文件占用的柱面索引很大,使得一级主索引也很大时,可采用多级主索引。当然,若柱面索引较小时,则主索引可省略。

通常主索引和柱面索引放在同一个柱面上,主索引放在柱面最前的一个磁道上,其后的磁道中存放柱面索引。每个存放主文件的柱面都建立有一个磁道索引,放在该柱面的最前面的磁道头上。其后的若干个磁道是存放主文件记录的基本区,该柱面最后的若干个磁道是溢出区。基本区中的记录是按主关键字大小顺序存储的,溢出区被整个柱面上的基本区中各磁道共享,当基本区中某磁道溢出时,就将该磁道的溢出记录按主关键字大小链成一个链表(简称溢出链表)放入溢出区。

2. 各级索引的索引项结构

磁道索引项由 4 项构成:基本索引项关键字、基本索引项指针、溢出索引项关键字和溢出索引项指针。每个柱面索引项有两项:关键字和指针。主索引也是由关键字和指针两部分组成。各级索引的索引项结构如图 10-2 所示。

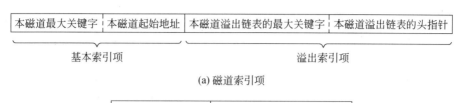

$$本磁道最大关键字 \mid 本磁道起始地址 \mid 本磁道溢出链表的最大关键字 \mid 本磁道溢出链表的头指针$$

基本索引项　　　　　　　　　　　溢出索引项

(a) 磁道索引项

$$柱面的最大关键字 \mid 本柱面的磁道索引起始地址$$

(b) 柱面索引项

$$一组柱面索引项中最大关键字 \mid 本组柱面索引项的起始地址$$

(c) 主索引项

图 10-2　各种索引项格式

注意：*磁道索引中的每一个索引项都由基本索引项和溢出索引项两个基本索引项组成。*

3. ISAM 文件的检索

在 ISAM 文件上检索记录时,有两种检索路径:

(1) 若检索记录在某柱面的基本区中,则检索路径为:主索引→柱面索引→某磁道索引→某柱面基本区中某磁道有序表的顺序扫描;

(2) 若被检索记录在某柱面的溢出区,则检索路径为:主索引→柱面索引→某磁道索引→某柱面有序溢出链表的顺序扫描。

例如,现在要在图 10-1 中的 ISAM 文件中查找 R_{80},则查找主索引,即读入 C_0T_0;因为 $80<300$,则查找柱面索引的 C_0T_1,即读入 C_0T_1;因为 $70<80<150$,则进一步把 C_2T_0 读入内存;查找磁道索引,因为 $80<81$,所以 C_2T_1 即为 R_{80} 所存放的磁道,读入 C_2T_1 后即可查找得到 R_{80};如果没找到,则不存在 R_{80}。

为了提高检索效率,通常可让主索引常驻内存,并将柱面索引放在数据文件所占空间居中位置的柱面上,这样,从柱面索引查找到磁道索引时,磁道移动距离的平均值最小。

4. ISAM 文件的插入删除

文件建立的时候,磁道索引的溢出索引项都是空的,各个柱面溢出区也都为空,如图 10-1 中的文件,各个柱面溢出区都是为空的。当有新的记录插入时,首先找到它应插入的磁道,若该磁道不满,则将新记录插入磁道的适当位置即可;若该磁道已满,则新记录或者插在该磁道上,或者直接插入到该磁道的溢出链表上,插入后,可能要修改磁道索引中的基本索引项和溢出索引项。

例如,现在要依次将记录 R_{72}、R_{87}、R_{91} 插入到图 10-1 所示的文件中,当插入 R_{72} 时,应将它插入在 C_2T_1,因为 $72<75$,所以 R_{72} 应插在该磁道的第一个记录的位置上,而该磁道上原记录依次后移一个位置,于是最后一个记录 R_{80} 被移入溢出区。由于该磁道上最大关键字由 80 变成 79,故它的溢出链表也由空变成含有一个 R_{80} 记录的非空表。因此将 C_2T_1 对应的磁道索引项中基本索引项的最大关键字由 80 改为 79;将溢出索引项的最大关键字置为 80,且令溢出链表的头指针指向 R_{80} 的位置。则插入 R_{72} 后第二个柱面的变化如图 10-3 所示。

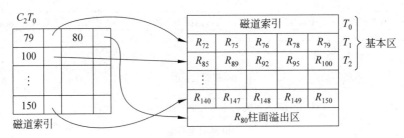

图 10-3　插入 R_{72} 记录

类似地,将 R_{87} 和 R_{91} 先后插入到第 2 号柱面的第 2 号磁道上,插入 R_{87} 时,R_{100} 被移到溢出区;插入 R_{91} 时,R_{95} 被移到溢出区,如图 10-4 所示。

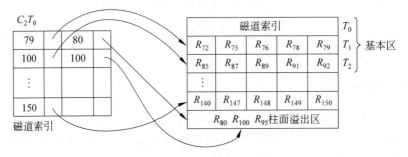

图 10-4　插入 R_{87} 与 R_{91} 记录

注意:当有记录从基本区移入溢出区时,在溢出链表中的记录要按移入的先后顺序存放。

ISAM 文件中删除记录的操作比插入简单得多,只要找到待删除的记录,在其存储位置上作删除标记即可,而不需要移动记录或改变指针。在经过多次的增删后,文件的结构可能变得很不合理。此时,大量的记录进入溢出区,而基本区中又浪费很多的空间。因此,通常需要周期性地整理 ISAM 文件,把记录读入内存重新排列,复制成一个新的 ISAM 文件,填满基本区而空出溢出区。

10.3.2　VSAM 文件

VSAM 是虚拟存储存取方法(Virtual Storage Access Method)的英文缩写。它是一种采用虚拟存储存取方法的文件。对用户来说,文件只有控制区间和控制区域等逻辑存储单位,与外存储器中柱面、磁道等具体存储单位没有必然的联系。用户在存取文件记录时,不需要考虑该记录的当前位置是在内存还是在外存,也不需要考虑何时执行对外存进行读/写的命令,更方便用户的使用。

和 ISAM 文件一样,VSAM 文件也是索引顺序文件组织方式,但 ISAM 文件采用静态索引结构,而 VSAM 采用 B+树的动态索引结构。关于 B+树的概念在第 6 章已经讲解过,这里就不再赘述。

1. VSAM 文件的组成

VSAM 文件的结构由三部分组成:数据集、顺序集和索引集。现有一个 VSAM 文件结构图,如图 10-5 所示。

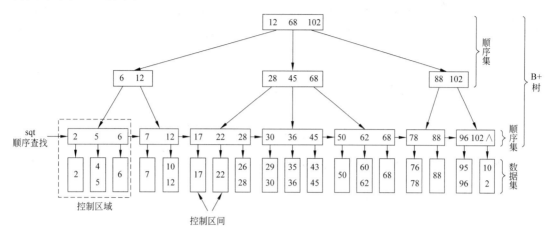

图 10-5　VSAM 文件结构示意图

(1) 数据集。文件的记录均存放在数据集中,数据集中的一个结点称为控制区间 (contorl interal),它是一个 I/O 操作的基本单位,由一组连续的存储单元组成。控制区间的大小可随文件不同而不同,但同一文件上控制区间的大小相同。每个控制区间含有一个或多个按关键字递增有序排列的记录。

(2) 顺序集和索引集。顺序集和索引集一起构成一棵 B+树,作为文件的索引部分。

顺序集用于存放控制区间的索引项,一个索引包含该控制区间的最大关键字和指向区间的指针。若干个控制区间的索引项组成顺序集中的一个结点,结点之间用指针链接,使整个顺序集形成一个链表。顺序集中一个结点和与之对应的控制区间组成一个控制区域。

每个顺序集的结点又在其上一层的结点中建立索引,且逐层向上建立索引,每个索引项都是由下层若干个结点的最大关键字和指向这些结点的指针组成。这些上层的索引组成了索引集,它们是 B+树的非终端结点。

2. VSAM 文件的插入和删除

和 ISAM 文件不同,VSAM 文件没有溢出区,解决插入的方法是在初建文件时留出空间。一是每个控制区间内并未填满记录,而是在最末一个记录和控制信息之间留有空隙;二是在每个区域中有一些完全空的控制区间,并在顺序集的索引中指明这些区间。

在 VSAM 文件中插入新记录时有 4 种情况:

(1) 新记录能直接插入到相应的控制区间中,但需要修改顺序集中的索引项。

(2) 新记录插入的控制区间未填满,但需要把其中较大的关键字向后移。

(3) 新记录要插入的空间已满,此时要进行控制区域的分裂,即将接近一半的记录移到同一控制区间中,并修改顺序集中相应的索引。

(4) 新记录要插入的控制区域中已没有完全空的控制区间,要进行控制区域的分裂,此时顺序集中的结点也要分裂。

在 VSAM 文件中删除记录时,将同一控制区间中比删除记录关键字大的记录向前移动,把空间留给以后要插入的新记录;若整个控制区间变空,则回收作空闲区间用,且删除顺序集中相应的索引项。

和 ISAM 文件相比,基于 B＋树的 VSAM 文件的查找效率更高;动态分配和释放存储空间,可以保持较高的存储空间利用率;而且不必对文件进行重组。因此,VSAM 文件通常被作为大型索引顺序文件的标准组织方式。

10.4　哈希文件

哈希文件也称为散列文件,是利用哈希存储方式组织的文件,也称为直接存取文件。它类似于哈希表的存储,即根据关键字的特点,设计一个哈希函数和处理冲突的方法,将记录存储到存储设备上。

对于文件来说,它与哈希表还是不同的,磁盘的文件记录通常是成组存放的,若干个记录组成一个存储单位,在哈希文件中,这个存储单位叫作桶(bucket)。假如一个桶能存放 m 个记录,当桶中已经有 m 个同义词记录时,再存放第 $m＋1$ 个同义词记录时就会发生"溢出"。处理"溢出"可采用哈希表中处理冲突的各种方法,但在哈希文件中,主要采用拉链法。

处理冲突时,需要将第 $m＋1$ 个记录放到另一个桶中,通常称此桶为"溢出桶",相对地,称前 m 个同义词存储的桶为"基桶"。注意,溢出桶和基桶大小相同,相互之间用指针相连接。

例如,现在有一组关键字集合{12,65,26,5,896,15,64,25,698,6,97,321,256,14,3,8,68,50}。假如有 4 个桶,桶的容量为 5,则根据除留余数法构建哈希函数,那么构建的哈希文件如图 10-6 所示。

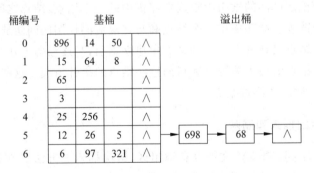

图 10-6　哈希文件结构图

在哈希文件中进行查找时,首先根据给定值求出哈希桶地址,将基桶的记录读入内存,进行顺序查找,若找到关键字等于给定值的记录,则检索成功;当在基桶中没有找到待查找记录时,就沿着指针到所指的溢出桶中进行查找。因此,在构建文件时,希望同一哈希地址的溢出桶和基桶进行在磁盘上的物理位置不要相距太远,最好在同一柱面上。而删除记录时,仅需对删除记录进行标记即可。

哈希文件的文件记录是随机存放的,不需要对记录进行排序;而且其插入删除操作也颇为方便,存取速度快,不需要索引区,节省存储空间。当然,它也有一些缺点,不能进行顺序存储,只能按关键字随机存取,查询方式限于简单查询,在经过多次插入、删除后,可能造成文件结构不合理,需要重新组织文件。

10.5　多关键字文件

多关键字文件,顾名思义,是包含有多个关键字的文件。它不仅对主关键字进行查询,而且还经常对次关键字进行查询检索。对多关键字文件,除了对主关键字建立主关键字索引外,还需要对次关键字建立相应的次关键字索引。次关键字索引表可以是顺序表也可以是树表。次关键字索引表中,如果具有相同次关键字的记录进行链接,称为多重表文件;如果具有相同次关键字的记录之间不进行链接,称为倒排文件。接下来分别学习这两种多关键字文件。

10.5.1　多重表文件

多重表文件是将索引方法和链接方法相结合的一种组织方式。它的具体组织方式如下:对每个需要查询的次关键字建立一个索引,同时将具有相同次关键字的记录链接成一个链表,并将此链表的头指针、链表长度及次关键字作为索引表的一个索引项。通常多重表文件的主文件是一个顺序文件。

例如,传智播客每个学科每个月都会开班,那么现在以各学科开班情况为数据建立一个多重表文件,主关键字为学科,次关键字是班编号、校区,如表 10-5 所示。

表 10-5　多重表文件

物理地址	学科	学科编号	人数	班级编号(按月份)	校区	班级链	校区链
1	C/C++	001	200	03	北京	3	7
2	Java	002	196	06	武汉	^	5
3	IOS	003	206	03	南京	^	^
4	Android	004	200	05	哈尔滨	6	^
5	PHP	005	190	07	武汉	7	^
6	UI	006	240	05	深圳	^	^
7	网络营销	007	120	07	北京	^	^

该文件有两个次关键字,它设有两个链接字段,分别将同一月份开班(班级编号)的和相同校区的记录链接在一起,由此形成班级编号索引和校区索引,分别如表 10-6 和表 10-7 所示。

表 10-6　班级编号索引

次关键字	头指针	链长	次关键字	头指针	链长
03	1	2	06	2	1
05	4	2	07	5	2

表 10-7　校区索引

次关键字	头指针	链长	次关键字	头指针	链长
北京	1	2	哈尔滨	4	1
武汉	2	2	深圳	6	1
南京	3	1			

将次关键字相同的记录链接在一起,如在多重表文件中,相同班级编号的记录链接在一起,在班级链中,物理地址为 1 的记录班级编号为 03,这一条记录的班级链为 3,表明下一条班级编号为 03 的记录是存储在物理地址 3 处,这样就将相同记录链接起来了。

在多重表文件中检索,可进行单关键字简单查询,也可进行多关键字组合查询。

单关键字简单查询是按给定值,在对应次关键字索引表中找到对应索引项,从头指针出发,列出该链表上所有记录。例如,在表 10-5 中查询所有 3 月份开班的学科,则只需要在班级编号索引表中先找到次关键字 03,然后从它的头指针出发,列出该链表上所有的记录即可。

进行多关键字组合查询,例如要查询北京校区 3 月份开班的学科,则既可以从班级编号索引表的头指针出发查找,也可以从校区索引表的头指针出发查找,读出链表上的每个记录,判定它是否满足查询条件。

注意:在查找同时满足多个关键字条件的记录时,可先比较多个索引链表的长度,然后选择较短的链表进行查找。

在多重表文件中插入新记录时,如果不要求保持链表的某种次序,则可将新记录插在链表的头指针之后;但删除记录时比较烦琐,需要在每个关键字的链表中删去该记录。

10.5.2　倒排文件

倒排文件和多重表文件的区别在于次关键字索引的结构不同。在次关键字索引中,具有相同次关键字的记录之间不进行链接,而是列出具有该次关键字记录的物理地址。倒排文件中的次关键字索引称为倒排表,倒排表和主文件一起就称为倒排文件。

在一般文件组织中,是先找记录,然后再找到该记录所含的次关键字;而倒排文件中,是先给定次关键字,然后查找含有该次关键字的各个记录,这种文件的查找次序正好与一般文件的查找相反,因此称之为"倒排"。其实多重索引文件实际上也是倒排,只是索引的方法不同。

以表 10-5 的文件为例,两个次关键字的倒排表如表 10-8、表 10-9 所示。

表 10-8　班级编号倒排表

次关键字	物理地址	次关键字	物理地址
03	1,3	06	2
05	4,6	07	5,7

表 10-9　校区倒排表

次关键字	物理地址	次关键字	物理地址
北京	1,7	哈尔滨	4
武汉	2,5	深圳	6
南京	3		

在倒排表中,各索引项的物理地址是有序的。在倒排文件中查找记录是非常快的,特别是对某些查找,不用读取记录就可得到结果,如在文件中查找北京校区 3 月份开班的学科,则直接求取两个倒排表中"03"和"北京"两个次关键字的交集即可得到。

倒排文件的主要优点就是在处理复杂多关键字的查找时,可在倒排表上先完成交、并等逻辑运算,得到结果后再对记录进行存取,这样不必对每个记录随机存取,把记录的查询转换为地址集合的运算,从而提高查找记录。

在倒排文件中插入和删除记录时有些麻烦,它需要将改动修改到倒排表。而且倒排表维护起来比较困难,在同一倒排表中,因为不同关键字的记录个数不同,各倒排表的长度也不同,同一倒排表中各项长度也不等。

10.6　本章小结

本章主要讲解了文件的概念与分类,首先讲解了文件的概念,然后讲解了不同类型的文件,包括顺序文件、索引文件、ISAM 文件、VSAM 文件、哈希文件和多关键字文件。本章所学内容较为简单,因为文件的组织形式并不是数据结构的重点内容,因此并不深入,但读者在学习之后也要对文件及其分类有大体的掌握。

【思考题】

简述什么是哈希文件及哈希文件的访问特点。

第 11 章

综合项目——贪吃蛇

学习目标
- 熟悉项目开发流程。
- 理解项目需求,划分项目模块,学会设计数据结构及接口。
- 掌握项目实现流程,完成贪吃蛇游戏项目。

本书前 10 章对数据结构的基本知识及使用规则都进行了详细阐述,学习数据结构的目的是要将其应用到项目开发中来解决实际问题,并且在应用的过程中增强各种数据结构的认知理解和使用能力,锻炼编程思维能力。本章将带领大家以数据结构为基础,用 C 语言来实现一个有趣的游戏项目——贪吃蛇。

11.1 项目分析

相信读者都知道贪吃蛇这款游戏,它是一款经典的手机游戏。通过控制蛇头方向吃食物,使得蛇变长,从而获得积分,既简单又耐玩。通过上下左右键控制蛇的方向,寻找吃的东西,每吃一口就能得到一定的积分,而且蛇的身子会越吃越长,身子越长玩的难度就越大,不能碰墙,不能咬到自己的身体,更不能咬自己的尾巴,等到了一定的分数,就能过关,然后继续玩下一关。

将这些游戏功能划分成一个个模块,然后对各个模块再进行深入分析,划分成更小的模块,最后划分到具体的功能函数,实现这些功能函数,再把模块整合,那么项目就初步实现了。

11.1.1 模块设计

本游戏使用 MVC(Model-View-Controller,模型-视图-控制器)设计模式,按照这种设计模式将应用程序的输入、处理和输出分开,使应用程序被分成三个核心部分:模型、视图、控制器。每个部分各自处理自己的任务。这种设计模式可以映射传统的输入、处理和输出功能到一个逻辑的图形化用户界面结构中。

在本游戏中,从键盘输入移动方向和蛇的移动是异步的关系,即一个线程执行蛇的移动,相当于数据显示层(View),一个线程执行玩家的输入,相当于控制器(Controller)(关于线程,将在后文中讲解),两个过程是独立的,但又需要全局变量进行通信。所需要的地图、食物等数据存储于 Model 层。

在本项目中,根据游戏需求分析,M 部分包括蛇、食物、随机数生成三个模块,V 部分为界面处理模块,C 部分为游戏控制模块。具体如图 11-1 所示。

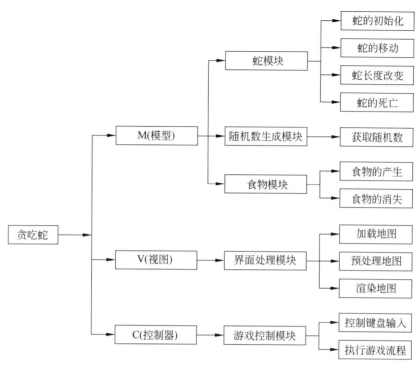

图 11-1　贪吃蛇功能模块划分

根据图 11-1 的划分描述,下面介绍系统中各模块的主要功能:

(1) 蛇模块。蛇吃了食物后会增长,不是一个固定长度,选用链表更为合适,这里选用单链表来模拟蛇。因为蛇在移动时是将蛇尾结点移动,插入到蛇头结点前成为新的蛇头结点(见 11.1.2 节),在这个过程中需要用到链表的相关知识,比如查找、增加、删除等操作。

蛇这一模块主要完成关于蛇的一系列动作:蛇的创建;当蛇吃了不同的食物时,有对应的长度增加、长度减小和蛇的移动速度增加等反应;当蛇撞到障碍物、自身或者通关时就死亡。

(2) 食物模块。本模块主要是控制食物随机出现的种类和位置,食物在出现时,不能出现在蛇的身体上、障碍物上;当蛇把食物吃掉后,食物要消失。

(3) 随机数生成模块。由于项目中需要用到一些随机数,比如随机选择食物的种类,随机摆放食物的位置等,所以设计了随机数生成模块。

(4) 界面处理模块。游戏运行的整个界面称为地图,而界面处理模块主要就是实现地图的加载、预处理地图和地图的显示等功能,直观形象地显示蛇、食物、障碍物以及实时得分等界面信息。

(5) 控制游戏流程模块。此模块就是程序入口模块,即 main() 函数,在这个函数中创建了两个线程,一个线程获取键盘的输入。另一个线程实现游戏流程的不停循环,即当游戏运行状态正常时,不停调用蛇的移动、预处理地图和显示地图等函数;当游戏状态为进入下一关时,重新加载地图;当游戏状态为闯关失败时,则进入游戏的结束流程。该模块可以控制游戏数据模型和游戏界面的同步。

📖 **多学一招：多线程**

在设计项目模块时,控制游戏流程模块用到了多线程,这里就讲解一下什么是多线程。学习多线程之前,要先学习两个概念:进程与线程。

所谓进程就是"正在运行的程序",在操作系统中,每个独立执行的程序都可称为一个进程。例如计算机上正在运行的 QQ、微信、美图等都是进程。在多操作任务系统中,进程是不可并发执行的,虽然我们可以一边听音乐一边聊天,但实际上这些进程并不是同时运行的。在计算机中,所有的应用程序都是由 CPU 执行的,对于一个 CPU 来说,在某个时间点只能运行一个程序,也就是说只能执行一个进程,只是 CPU 速度很快,在不同进程间的切换也很快,从表层看,用户会以为是同时执行多个程序。

在一个进程中可以有多个执行单元同时运行,这些执行单元可以看作程序执行的组成部分,被称为线程。当产生一个进程时就会默认创建一个线程,这个线程运行是 main() 方法中的代码。

我们都知道,代码是从上向下执行的,不会出现两段程序代码交替运行的情况,这样的程序称为单线程程序。如果程序中开启多个线程交替运行程序代码,则需要创建多个线程,即多线程程序。进程与线程的关系如图 11-2 所示。

多线程也是由 CPU 轮流执行的。CPU 好比餐馆中的厨师,线程好比服务员点菜上菜时的订单,而整个流程可以看作是一个进程。若餐馆中只有一位服务员,当一位顾客点单时,好比一个进程只开启一个线程;若来了另一位顾客,就只能等第一位顾客点菜完成后才能点菜。这时若启用另一个服务员来为另一位顾客点菜,那么两个服务员就相当于两个线程。如果一位顾客点了两个

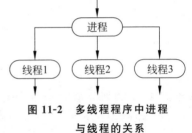

图 11-2　多线程程序中进程与线程的关系

菜,当厨师为第一位顾客做第一道菜时就是在执行线程 1,当第一位顾客的第一道菜做完,第一位顾客开始享用这道菜,而厨师并不急于完成第一位顾客的订单,而是开始为第二位顾客做第一道菜,就是在执行线程 2。

创建多线程后,原来从上而下执行代码的线程称为主线程,而去执行别的程序代码的线程称为子线程。在本章的项目中,main() 函数中就开启了两个线程,主线程用来加载地图、随机生成食物、控制蛇的移动等,子线程用来获取键盘的输入来判断蛇的移动方向,整个流程中两个线程交替执行。

多线程在实际开发中应用非常广泛,因为这并非数据结构课程的内容,所以这里只进行简单讲解,以帮助读者理解项目中所用到的多线程。

11.1.2　模块描述

确定系统功能后,将依据功能进行数据结构的设计。在该游戏中,用二维数组来构建地图坐标,用一个单向链表来构建一条蛇,通过插入结点来使蛇增长,删除结点使蛇变短。下面将介绍系统设计思路及功能的具体实现。

1. 加载地图

游戏中的地图是通过二维数组标记实现的,二维数组的行列索引标记着地图的位置,元

素值通过枚举来赋值,其值为 1～7,分别标识路径、蛇身、蛇头、正常食物、障碍物、致幻食物、有毒食物。在初始时,加载地图实际就是读取一个存放于文本的二维数组,该二维数组元素值只有 1 和 5,即路径和障碍物。

2. 预处理地图

由蛇模块获取蛇头和蛇身的坐标位置,由食物模块获取食物的坐标,然后根据坐标来改变对应二维数组位置的元素值(元素取值为 1～7)。

3. 渲染地图

渲染就是打印二维数组,根据元素值的不同打印对应的符号。蛇身用"□"表示,蛇头用"○"表示,可以走的路用"　"(空格)表示,障碍物用"╋"表示,正常食物用"▲"表示,有毒食物(使蛇减速变短)用"★"表示,致幻食物(加速变长)用"◆"表示。这样就可以实现游戏画面的显示了。假如每隔 0.5s 显示一次的话,就能看到运行时游戏场景的变化了。

4. 蛇的初始化

蛇的初始化实际就是链表的初始化,该链表有 4 个结点,每个结点都是一个结构体,里面包含该结点的坐标信息,它出现的初始位置是首行的前 4 个元素,即二维数组中的前 4 个元素。

5. 蛇的移动

蛇的移动是通改变链表头尾结点的坐标位置来实现的,例如当蛇向右前进一个单位,则将尾结点插入到头结点前,同时改变蛇头、蛇身以及蛇尾的枚举值。这样整体来看来蛇就前进了一个单位,如图 11-3 所示。

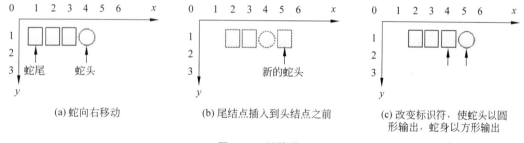

(a) 蛇向右移动　　　　　(b) 尾结点插入到头结点之前　　　(c) 改变标识符,使蛇头以圆形输出,蛇身以方形输出

图 11-3　蛇的前进

如图 11-3 所示,在坐标系 (x, y) 中,蛇向右移动一个单位,则将蛇尾结点移动插入到蛇头结点前,如图中(b)所示,原先的蛇尾结点坐标由 $(1,1)$ 变为 $(5,1)$,然后将蛇头指针指向该结点,将蛇尾指针指向新的蛇尾,即 $(2,1)$ 点。并且将原蛇头 $(4,1)$ 位置对应的二维数组中的元素值修改为蛇身的枚举值(即 3),这样就可以保证打印时以"□"形式显示;将新蛇头 $(5,1)$ 位置上对应的二维数组中的元素值修改为蛇头的枚举值(即 2),保证打印时能以"○"形式显示。

同理,当蛇向左、向上、向下移动时,也是将蛇尾结点移动到相应坐标位置。

注意:地图中的坐标系 (x, y) 对应二维数组 map$[a][b]$ 中的 a、b 时是相反的,如原来蛇

头的位置为(4,1),而这个位置在二维数组中的位置为 map[1][4]。地图坐标系与二维数组下标的对应关系如下所示:

$$坐标(x,y)\leftrightarrow二维数组[y][x]$$

之所以这样对应是由于二维数组的二重循环打印,有兴趣的读者可以自己分析。

6. 蛇的增长

当蛇吃了正常食物后,蛇的长度会增加,增加蛇的长度就是在食物的位置增加一个链表结点并且将这个链表结点变为蛇头,在这个过程中需要注意:把蛇头指针指向新的蛇头,蛇尾指针不用改变。

7. 蛇的减短

当蛇吃了有毒食物后,蛇的长度会变短,其实现过程为:在食物位置产生一个链表结点并且将这个结点变为蛇头,同时把链表的尾部两个结点删除,这样增加一个结点,删除两个结点,就可以实现蛇的前行和长度减短的功能。在这个过程中同时也要注意蛇头指针和蛇尾指针的指向改变。

8. 蛇移动速度的改变

在讨论蛇的移动速度改变之前,先思考如何实现蛇的移动。蛇的移动是通过改变蛇在地图中的坐标位置并且刷新界面完成的。在这个过程中刷新速率就是蛇的移动速度,这里是通过睡眠函数 sleep()来控制刷新速率的,通过在睡眠函数中设置睡眠时间就能影响蛇的移动速度,读者可以查看代码中的相关部分来理解这种方法。

9. 蛇的死亡

当蛇撞上障碍物、自身或者通关时,蛇会死亡,蛇死亡就是链表的销毁。

10. 食物的产生

食物的产生都是随机的,包括食物出现的位置和食物的种类,这些因素由通过随机函数获取的随机数决定。食物的位置不能出现在障碍物和边界上。食物有三种:正常食物(蛇吃了增长)、有毒食物(蛇吃了长度减小)、致幻食物(蛇吃了会兴奋加速)。

11. 食物的消失

蛇吃了食物之后,地图中就不能再显示食物了,即该食物位置对应的二维数组元素值变为路径的枚举值(值为 1)。

12. 获取随机数

随机数由随机数种子产生,用于控制食物出现的位置和种类。

13. 控制键盘输入(子线程)

子线程通过获取键盘输入的 W/w(上)、S/s(下)、A/a(左)、D/d(右)键来改变蛇模块中移动方向的枚举值,从而影响蛇的移动方向。

14. 执行游戏流程(主线程)

根据蛇的存活状态来判断接下来的操作(进入下一关、失败、继续游戏),当继续本关游戏时,按照获取的键盘输入方向让蛇移动,进行界面的预加载和渲染。关于这一部分将在11.2 节详细讲解。

11.1.3 项目分析

前面对项目进行了模块划分与分析,当完成各模块之后需要把模块整合起来,使其协同工作,形成一个完整的可以运行的项目。下面用流程图来表示各个模块,如图 11-4 所示。

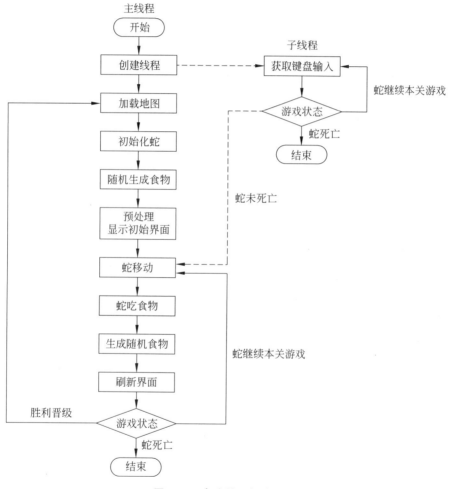

图 11-4 贪吃蛇运行流程图

在这个流程图中,程序运行之初创建了一个子线程,这个子线程负责获取键盘的输入,当游戏继续时,就一直读取键盘输入控制蛇的移动方向,当游戏结束时,子线程退出。

主线程在创建了子线程后就加载地图并初始化蛇,然后产生随机数随机生成食物,并预处理地图,渲染地图显示初始游戏界面。

游戏界面显示之后,会根据子线程读取的移动方向来控制蛇的移动,蛇移动之后会吃食物,食物被吃掉之后又会随机生成,然后刷新界面(预处理、渲染地图),将界面显示出来。

刷新界面时会判断蛇的状态,如果蛇死亡,则结束游戏,即主线程和子线程都结束;如果蛇胜利晋级,则进入下一关,重新加载地图,显示新的一关的游戏初始界面;如果蛇没有死亡也没有晋级过关,继续本关游戏,则按照子线程读取的键盘输入控制蛇的移动。

11.2 项目实现

11.2.1 创建项目

根据 11.1 节的项目分析,需要创建界面处理模块、蛇模块、随机数生成模块、食物模块及全局变量对应的头文件及其实现文件。各个文件及功能如下:

(1) map.h 头文件、map.c 源文件。

map.h 头文件中定义了枚举 Emap 用来标识地图中的路径、蛇、食物、障碍物等;定义了枚举 EgameStatus 来标识游戏状态。并且定义了 PreviewMap()、LoadMap() 和 DisplayMap() 三个函数,分别用来预处理地图、加载地图、显示地图。map.c 源文件用于实现 map.h 中的函数。

(2) snake.h 头文件、snake.c 源文件。

snake.h 头文件中定义了枚举 Edirection 来标识蛇的移动方向;定义了枚举 EsnakeStutas 标识蛇吃了食物后的状态;蛇用双向链表来表示,则定义 struct Snake 表示链表结点。此外,还定义了 SnakeInit()、SnakeMove()、SnakeInsert()、SnakeDestroy()、SnakeNormalFn()、SnakeShorten()、SnakeAccelerate() 函数,分别用于蛇的生成、移动、增长等一系列动作。snake.c 源文件用于实现 snake.h 头文件中的函数。

(3) random.h 头文件、random.c 源文件。

random.h 头文件定义了 InitRandomSystem()、GetRandomNumber() 两个函数,分别用于初始化随机数系统、产生随机数。random.c 源文件用于实现这两个函数。

(4) food.h 头文件、food.c 源文件。

food.h 头文件定义了 struct Food 用于标识食物的种类与位置。并且定义了 FoodCreate()、FoodRelease() 函数,分别用于生成、释放食物。food.c 源文件用于实现 food.h 头文件中的函数。

(5) global.h 头文件。

该文件定义了整个项目中所需要的全局变量。

在整个项目中,随机数的生成决定着食物的生成种类与位置,食物的生成消失与蛇的一系列活动都要在地图中完成,随机数、蛇、食物、地图这几个模块都要用到 global.h 头文件中定义的全局变量。

11.2.2 项目设计

由 11.2.1 节的分析得出,本项目一共需定义 5 个头文件,下面就详细分析每个头文件的定义。

1. map.h 头文件

map.h 头文件定义地图加载时的相关信息,代码如下所示:

```
#pragma once
enum EMap                                  //标识地图中的路径、蛇头、蛇身、食物、障碍物
{
    MAP_ROAD=1,
    MAP_BODY,
    MAP_HEAD,
    MAP_FOOD_NORMAL,
    MAP_OBSTACLE,
    MAP_FOOD_ACCELERATE,
    MAP_FOOD_SHORTEN
};
enum EGameStatus                           //游戏状态
{
    GAME_LOOP,
    GAME_VICTORY,
    GAME_FAILURE
};
int width, height;                         //地图的长和宽
volatile enum EGameStatus status;          //游戏状态
int map[MAX_LENGTH][MAX_LENGTH];           //地图最大容量为 32 * 32
int mapTemp[MAX_LENGTH][MAX_LENGTH];       //地图最大容量为 32 * 32
int selectNum;                             //所选关卡
//地图预处理
void PreviewMap();
//载入地图
void LoadMap(int scene);
//地图显示(多线程)
void DisplayMap();
```

枚举 EMap 用来标识地图中的路径、蛇、食物、障碍物等,用于渲染地图。

枚举 EGameStatus 用于标识游戏状态:GAME_LOOP 表示继续本关游戏;GAME_VICTORY 表示胜利过关,进入下一关游戏;GAME_FAILURE 表示失败。

后面接着定义了地图处理的相关函数。

2. snake.h 头文件

snake.h 头文件定义了蛇的状态标识及一系列动作,代码如下:

```
//蛇
#pragma once
enum EDirection
{
    SNAKE_UP,                    //W
    SNAKE_LEFT,                  //A 键
```

```
    SNAKE_DOWN,                         //S 键
    SNAKE_RIGHT                         //D 键
};
//type declaration
typedef struct Snake
{
    int x;
    int y;
    struct Snake * pNext;
}Snake;
enum ESnakeStatus                       //蛇吃了食物后的状态
{
    SnakeNormal=1,
    SnakeShorten,
    SnakeAccelerate
};
int snakeLength;                        //蛇的长度
Snake * pHeader, * pTail;               //蛇头、蛇尾
enum EDirection direction;              //蛇的移动方向
enum ESnakeStatus SnakeStatus;          //蛇吃了食物后的状态
//初始化蛇
Snake * SnakeInit();
//链表蛇移动(多线程)
void SnakeMove();
//头插法链表增长
Snake * SnakeInsert();
//某个具体关卡中的游戏结束
void SnakeDestroy();
void SnakeNormalFn();                   //吃了正常食物
Snake * SnakeShorten();                 //吃了有毒食物,蛇缩短
void SnakeAccelerate();                 //吃了致幻食物,蛇加速移动
```

　　枚举 EDirection 标识蛇上下左右的移动方向;枚举 EsnakeStatus 标识蛇吃了食物后的状态:SnakeNormal 表示蛇吃了食物状态正常增长,SnakeShorten 表示蛇吃了食物长度减短,SnakeAccelerate 表示蛇吃了食物加速。struct Snake 定义了蛇结点:x、y 标识蛇出现的坐标位置。这些枚举、结构之后定义了一系列蛇动作的相关函数。

3. random.h 头文件

random.h 头文件的定义如下所示:

```
#pragma once
//初始化随机数系统
void InitRandomSystem();
//产生 [leftVal, rightVal] 之间的随机整数
int GetRandomNumber(int leftVal, int rightVal);
```

4. food.h 头文件

food.h 头文件用于定义关于食物的信息,代码如下:

```
#pragma once
//type declaration
typedef struct Food
{
    int x;
    int y;
    enum EMap foodKind;
}Food;
Food food;                          //食物
//创建食物
Food FoodCreate();
//食物被吃掉
void FoodRelease();
```

struct Food 中的 x、y 标识食物出现的位置，enum EMap 则是在 map.h 中定义的枚举。

5. global.h 头文件

global.h 头文件中定义了整个项目中的全局变量，代码如下所示：

```
#pragma once
//Boolean declaration
#define TRUE 1
#define FALSE 0
#define OTHER -1

//Macro value declaration
#define INIT_SNAKE_LEN              4        //初始蛇的长度
#define VICTORE_SNAKE_LEN           10       //过关时蛇的长度
#define MAX_LENGTH                  32       //路径字符串数组最大长度
#define CONSOLE_MAX_WIDTH           80       //控制台最大宽度
#define DELAY_TIME                  500      //延时时间
#define DELAY_TIME_ACCELERATE       100      //吃了致幻食物后的延时时间
#define DELAY_TIME_SHORTEN          1000     //吃了有毒食物后的延时时间
//Basic type declaration
typedef int BOOL;
```

11.2.3　项目实现

头文件中定义了项目需要的功能，这些功能在各自对应的源文件中实现，下面讲解各源文件中功能函数的实现。

1. map.c 源文件

map.c 源文件中需要实现三个功能函数：PreviewMap()、LoadMap()、DisplayMap() 函数。文件代码如下：

```
1 #define _CRT_SECURE_NO_WARNINGS
2 #include "global.h"
```

```
 3 #include "snake.h"
 4 #include "food.h"
 5 #include "map.h"
 6 #include <stdio.h>
 7 #include <stdlib.h>
 8
 9 static FILE * fp=NULL;                              //定义文件指针
10 volatile enum EGameStatus status=GAME_LOOP;
11 //加载地图
12 void LoadMap(int scene)
13 {
14     int i, j;
15     char str[MAX_LENGTH]="";
16
17     sprintf(str, "Map\\%d.map", scene);
18     fp=fopen(str, "r");
19     fscanf(fp, "%d%d", &width, &height);
20
21     for (i=0; i <height; i++)
22     {
23         for (j=0; j <width; j++)
24         {
25             fscanf(fp, "%d", &map[j][i]);
26             mapTemp[j][i]=map[j][i];
27         }
28     }
29     fclose(fp);
30     fp=NULL;
31 }
32
33 //预处理地图
34 void PreviewMap()
35 {
36     int i, j;
37     for (i=0; i <height; i++)
38     {
39         for (j=0; j <width; j++)
40         {
41             map[i][j]=mapTemp[i][j];
42         }
43     }
44
45     Snake * pSnake=pHeader;
46     map[pSnake->x][pSnake->y]=MAP_HEAD;
47     pSnake=pSnake->pNext;
48     while (pSnake)
49     {
50         map[pSnake->x][pSnake->y]=MAP_BODY;
51         pSnake=pSnake->pNext;
52     }
```

```
53        map[food.x][food.y]=food.foodKind;
54 }
55
56 //显示地图
57 void DisplayMap()
58 {
59     int i, j;
60
61     system("cls");
62     printf(" 传智案例\n\n");
63     for (i=0; i <height; i++)
64     {
65         for (j=0; j <width; j++)
66         {
67             if (i==0||j==0)
68             {
69                 printf("回");
70                 continue;
71             }
72             switch (map[j][i])
73             {
74             case MAP_ROAD:
75                 printf(" ");
76                 break;
77             case MAP_BODY:
78                 printf("□");
79                 break;
80             case MAP_HEAD:
81                 printf("○");
82                 break;
83             case MAP_FOOD_NORMAL:
84                 printf("▲");
85                 break;
86
87             case MAP_FOOD_ACCELERATE:
88                 printf("◆");
89                 break;
90             case MAP_FOOD_SHORTEN:
91                 printf("★");
92                 break;
93             case MAP_OBSTACLE:
94                 printf("╋");
95                 break;
96             }
97         }
98         printf("回");
99
100        switch (i)
101        {
102        case 3:
```

```
103          printf("\t 您的得分是：%d", snakeLength);
104          break;
105
106
107      case 7:
108          printf("\t 本关过关蛇长需要 10");
109          break;
110      case 8:
111          printf("\t 目前蛇长度是：%d", snakeLength);
112          break;
113      case 9:
114          printf("\t 距过关还需的长度：%d", 10 - snakeLength);
115          break;
116
117      case 13:
118          switch (food.foodKind)
119          {
120          case MAP_FOOD_NORMAL:
121              printf("\t 出现的食物为：健康食物!");
122              break;
123          case MAP_FOOD_ACCELERATE:
124              printf("\t 出现的食物为：有毒食物!");
125              break;
126          case MAP_FOOD_SHORTEN:
127              printf("\t 出现的食物为：致幻食物!");
128              break;
129          default:
130              break;
131          }
132          break;
133
134      case 14:
135          switch (food.foodKind)
136          {
137          case MAP_FOOD_NORMAL:
138              printf(" 效果：吃后增长 1,健康快乐成长!");
139              break;
140          case MAP_FOOD_ACCELERATE:
141              printf(" 效果：吃后增长 1,但是蛇速变快!");
142              break;
143          case MAP_FOOD_SHORTEN:
144              printf(" 效果：吃后减短 1,并且蛇速变慢!");
145              break;
146          default:
147              break;
148          }
149          break;
150
151      default:
152          break;
```

```
153          }
154
155          printf("\n");
156      }
157      for (j=0; j <=width; j++)
158          printf("回");
159      printf("\n");
160 }
```

下面对三个函数的实现稍作讲解：

（1）LoadMap()函数。此函数用于加载地图，将存储于文本文件中的二维数组加载到内存。代码 15 行创建一个字符数组，代码 16、17 行将存储于外存的某一个文本文件读入到此字符数组中；代码 18、19 行读取地图的宽度和长度，即二维数组的大小。代码 21～28 行用双重 for 循环将文本中的二维数组读入到内存中的二维数组。

（2）PreviewMap()函数。此函数用于对二维数组进行赋值处理。代码 37～43 行用双层 for 循环对二维数组中的元素进行赋值。代码 45、46 行创建了一个链表结点，并用 MAP_HEAD 赋值，在渲染时显示为蛇头；代码 48～52 行用 while 循环创建蛇身结点；代码 53 行设置食物的位置和种类。

（3）DisplayMap()函数。此函数用于渲染地图，即将预处理过的地图打印。代码 63～156 行控制地图的高度范围；在这个高度范围内，代码 65～97 行控制地图的宽度范围；在这个宽度范围内，代码 67～71 行打印地图边界；代码 72～96 行判断某个位置是路径、蛇头、蛇身、食物或障碍物，然后将其打印出来。代码 100～156 行打印游戏状态信息：游戏得分、蛇的长度、食物种类、蛇吃掉食物后的反应等。

2．snake.c 源文件

snake.c 源文件主要实现蛇的初始化、蛇的移动以及蛇吃了食物后的反应等一系列函数，文件代码如下所示：

```
1 #include <malloc.h>
2 #include <windows.h>
3 #include "global.h"
4 #include "snake.h"
5 #include "food.h"
6 #include "map.h"
7 //蛇的初始化
8 Snake * SnakeInit()
9 {
10     direction=SNAKE_RIGHT;
11     snakeLength=INIT_SNAKE_LEN;
12     int cnt=INIT_SNAKE_LEN;          //计算蛇身长度 for 循环的边界
13     SnakeStatus=SnakeNormal;
14     //蛇头创建
15     pHeader=pTail= (Snake * )malloc(sizeof(Snake));
16     pTail->x=cnt;
17     pTail->y=1;
```

```
18
19      //蛇身创建
20      while (cnt-->1)
21      {
22          pTail->pNext=(Snake *)malloc(sizeof(Snake));
23          pTail=pTail->pNext;
24          pTail->x=cnt;
25          pTail->y=1;
26      }
27      pTail->pNext=NULL;
28      return pHeader;
29 }
30
31
32 void SnakeMove()
33 {
34      BOOL result;
35      Snake * pSnake=NULL;
36      int x=pHeader->x, y=pHeader->y, newX=x, newY=y;
37      switch (direction)
38      {
39      case SNAKE_UP:
40          result=SnakeJudge(x, y-1);
41          if (result==TRUE)
42              newY=y-1;
43          break;
44      case SNAKE_LEFT:
45          result=SnakeJudge(x-1, y);
46          if (result==TRUE)
47              newX=x-1;
48          break;
49      case SNAKE_DOWN:
50          result=SnakeJudge(x, y+1);
51          if (result==TRUE)
52              newY=y+1;
53          break;
54      case SNAKE_RIGHT:
55          result=SnakeJudge(x+1, y);
56          if (result==TRUE)
57              newX=x+1;
58          break;
59      }
60      if (result==TRUE)
61      {
62          Snake * pTemp=pHeader;
63          pTail->pNext=pHeader;
64          map[pTail->x][pTail->y]=MAP_ROAD;
65          while (pTemp->pNext !=pTail)
66              pTemp=pTemp->pNext;
67          pTemp->pNext=NULL;
```

```
68          pHeader=pTail;
69          pHeader->x=newX;
70          pHeader->y=newY;
71          map[pTail->x][pTail->y]=MAP_ROAD;
72          pTail=pTemp;
73      }
74      else if (result==FALSE)
75          status=GAME_FAILURE;
76  }
77
78  //链表蛇事件判定
79  static BOOL SnakeJudge(int x, int y)
80  {
81      Snake * pSnake=pHeader;
82      if (x >=width || x <=0 || y >=height || y <=0)
83          return FALSE;
84      switch (map[x][y])
85      {
86          case MAP_ROAD:
87              return TRUE;
88          case MAP_BODY:
89              while (pSnake && (pSnake->x !=x || pSnake->y !=y))
90                  pSnake=pSnake->pNext;
91              if (!pSnake || pSnake==pTail)
92                  return TRUE;
93              return FALSE;
94          case MAP_FOOD_NORMAL:
95              SnakeNormalFn();
96              FoodRelease();
97              return OTHER;
98              break;
99          case MAP_FOOD_SHORTEN:
100             SnakeShorten();
101             FoodRelease();
102             return OTHER;
103             break;
104         case MAP_FOOD_ACCELERATE:
105             SnakeAccelerate();
106             FoodRelease();
107             return OTHER;
108             break;
109         case MAP_OBSTACLE:
110         default:
111             return FALSE;
112     }
113 }
114
115 //头插法链表增长
116 Snake * SnakeInsert()
117 {
```

```
118    Snake * pSnake=(Snake * )malloc(sizeof(Snake));
119    pSnake->x=food.x;
120    pSnake->y=food.y;
121    pSnake->pNext=pHeader;
122    pHeader=pSnake;
123    if (++snakeLength==VICTORE_SNAKE_LEN)
124        status=GAME_VICTORY;
125
126    return pHeader;
127 }
128
129 void SnakeNormalFn()
130 {
131    SnakeInsert();
132    SnakeStatus=SnakeNormal;
133 }
134
135 Snake * SnakeShorten()
136 {
137    if (snakeLength <=2)
138    {
139        status=GAME_FAILURE;
140        return pHeader;
141    }
142    Snake * pTempHeader=pHeader;
143    Snake * pTempTail=pTail;
144    Snake * pTempBehTail=pTail;
145
146    while ((pTempHeader->pNext)->pNext !=pTempTail)
147    {
148        pTempHeader=pTempHeader->pNext;
149    }
150    pTail=pTempHeader;
151    pTempBehTail=pTempHeader->pNext;
152    pTail->pNext=NULL;
153
154    pTempBehTail->x=food.x;
155    pTempBehTail->y=food.y;
156    pTempBehTail->pNext=pHeader;
157    pHeader=pTempBehTail;
158
159    free(pTempTail);
160    snakeLength--;
161
162    SnakeStatus=SnakeShorten;
163    return pHeader;
164 }
165
166 void SnakeAccelerate()
167 {
```

```
168      SnakeInsert();
169      SnakeStatus=SnakeAccelerate;
170 }
171
172 //蛇的死亡销毁
173 void SnakeDestroy()
174 {
175      Snake * pSnake=pHeader;
176      while (pHeader)
177      {
178          pHeader=pHeader->pNext;
179          free(pSnake);
180          pSnake=NULL;
181      }
182      pTail=NULL;
183 }
```

下面对 snake.c 源文件中实现的几个函数进行讲解：

（1）SnakeInit（）函数。代码 8～29 行实现了 SnakeInit（）函数，此函数用于蛇的初始化，即创建一条蛇；代码 11 行定义蛇的初始长度为 4（INIT_SNAKE_LEN 是在 global.h 中定义的宏）；代码 13 行定义蛇的初始状态为正常（SnakeNormal 为枚举 EsnakeStutas 中定义的变量）；代码 15～17 行创建蛇头，在地图坐标系中的位置为（4,1）；代码 20～26 行用 while（）循环创建蛇身，蛇身横坐标递减，纵坐标不变；代码 27、28 行使蛇尾指针指向空，并返回蛇头指针。

（2）SnakeMove（）函数。代码 32～76 行实现了 SnakeMove（）函数，此函数用于实现蛇的移动，是通过改变蛇头或蛇身的坐标来实现的，这一点在 11.1.2 节中也有讲解，此处不再赘述；代码 37～59 行是确实蛇的移动方向，获取新的坐标；代码 60～73 行判断新的坐标处是否是可以通行的路径，如果是，则将蛇尾结点移动到新坐标处；代码 74、75 行判断如果新的坐标不是可通行的路径，则蛇死亡，游戏失败。

（3）SnakeJudge（）函数。此函数用于判断蛇头运行到下一位置时游戏的状态。若是食物蛇就进行吃食物的操作：如果是正常的食物，则调用 SnakeNormalFn（）和 FoodRelease（）函数，使蛇将食物吃掉并释放食物；如果是减短蛇身的食物，则调用 SnakeShorten（）和 FoodRelease（）函数，吃掉食物并将食物释放；如果是加速的致幻食物，则调用 SnakeAccelerate（）和 FoodRelease（）函数，吃掉食物并将食物释放。若是障碍物或者蛇身，游戏就失败了；若是路径则游戏就继续进行。需要注意的是如果下一位置是蛇身，需要判断蛇尾移动后还能否相撞。

（4）SnakeInsert（）函数。此函数实现蛇的增长，如果吃了食物后蛇的长度需要增长，则分配一个结点，采用头插法使链表长度增加，即蛇的长度增加。代码 123、124 行用于判断如果蛇的长度达到过关长度，则本关游戏胜利过关。

（5）SnakeNormalFn（）函数。此函数用于描述蛇吃了正常食物后的状态，它调用了 SnakeInsert（）函数使蛇的长度增加，又将蛇的状态改为 SnakeNormal 状态。

（6）SnakeShorten（）函数。此函数用于实现蛇长度的减短。代码 137～141 行用于判断如果蛇的长度减短到小于 2，则游戏失败；如果还没有减短到小于 2，则吃掉食物后，将蛇头结点删除，使蛇头指针指向下一个结点，成为新的蛇头。然后将蛇头结点释放，蛇长度减1，蛇的状态改为 SnakeShorten。

（7）SnakeAccelerate()函数。此函数用于描述蛇吃了加速的致幻食物的状态，它调用了 SnakeInsert()函数使蛇的长度增加，又将蛇的状态改为 SnakeAccelerate 状态。

（8）SnakeDestroy()函数。此函数用于蛇的死亡销毁，蛇死亡或者过关开始下一关游戏，就将链表结点释放。

3. random.c 源文件

random.c 源文件用来初始化随机数系统，获取一个随机数，文件代码如下：

```
1 #include "global.h"
2 #include "random.h"
3 #include <stdlib.h>
4 #include <time.h>
5
6 static BOOL bIsInit=FALSE;                //限定本文件内使用
7 //初始化随机数系统，以时间为种子
8 void InitRandomSystem()
9 {
10     if (!bIsInit)
11     {
12         time_t t;
13         bIsInit=TRUE;
14         srand((unsigned)time(&t));
15     }
16 }
17 //获取一个随机数
18 int GetRandomNumber(int leftVal, int rightVal)
19 {
20     return rand() %(rightVal -leftVal+1)+leftVal;
21 }
```

此源文件有两个函数：InitRandomSystem()和 GetRandomNumber()，这两个函数也可以合并为一个，但为了使代码更清晰，在本项目中分为两个函数。InitRandomSystem()以时间为种子初始化随机数系统；GetRandomNumber()获取产生的随机数。这两个函数都比较简单，不过多讲解。

4. food.c 源文件

food.c 源文件需要实现三个函数：FoodKindFn()、FoodCreate()和 FoodRelease()。这三个函数分别用于确定食物种类、创建食物、释放食物。代码实现如下：

```
1 #include "global.h"
2 #include "random.h"
3 #include "food.h"
4 #include "map.h"
5
6 static BOOL bIsExisted=FALSE;
```

```
 7 //确定食物种类
 8 enum EMap FoodKindFn()
 9 {
10     int xx=GetRandomNumber(1, 10);
11     if (xx>0 && xx<=8)
12     {
13         return MAP_FOOD_NORMAL;
14     }
15     else if (xx==9)
16     {
17         return MAP_FOOD_ACCELERATE;
18     }
19     else
20     {
21         return MAP_FOOD_SHORTEN;
22     }
23 }
24
25 //创建食物
26 Food FoodCreate()
27 {
28     int x, y;
29     BOOL result;
30     if (bIsExisted)
31         return food;
32     do
33     {
34         result=TRUE;
35         x=GetRandomNumber(0, width-1);
36         y=GetRandomNumber(0, height-1);
37         if (map[x][y] !=MAP_ROAD||x==0||y==0)
38             result=FALSE;
39     }while (!result);
40
41     bIsExisted=TRUE;
42     food.x=x;
43     food.y=y;
44     food.foodKind=FoodKindFn();
45
46     return food;
47 }
48 //释放食物
49 void FoodRelease()
50 {
51     if (bIsExisted)
52     {
53         bIsExisted=FALSE;
54         FoodCreate();
55     }
56 }
```

上述代码中出现了 3 个函数,下面分别对这 3 个函数进行讲解:

(1) FoodKindFn()函数。此函数用于确定食物的种类,代码第 10 行获取一个随机数;代码 11~22 行由产生的随机数来确定食物的种类:如果随机在 0~8 范围内,则产生正常食物;如果随机数值为 9,则产生加速的致幻食物;其他情况则产生使蛇长度减短的食物。

(2) FoodCreate()函数。此函数用于创建食物,代码 32~39 行采用 do…while 循环来不断确定产生食物的坐标位置;当位置确定后,代码 44 行调用 FoodKindFn()函数来确定食物。这样两个函数结合便确定了食物产生的位置与种类。

(3) FoodRelease()函数。当蛇将食物吃掉,食物要消失时,就用到该函数。其实食物本身只是栈上的一个结构体,该结构体有两个整型数据存储坐标,当该位置食物消失时,就刷新食物结构体的坐标,同时在地图模块的预处理函数中把以前位置的食物对应的二维数组中的元素值改为路径(1)。

11.2.4　主函数实现

前面已经完成了贪吃蛇项目中所有功能模块的编写,但是功能模块是无法独立运行的,需要一个程序将这些功能模块按照项目的逻辑思路整合起来,这样才能完成一个完整的项目。此时就需要创建一个 main.c 文件来整合这些代码,main.c 文件中包含 main()函数,是程序的入口。

除此之外,在 main.c 文件中还需要定义 InitGame()、MainLoop()、Failure()、VictoryFn() 4 个函数,这 4 个函数的作用分别如下:

(1) InitGame()函数。此函数用于游戏开始的初始化准备,调用已经完成的函数来加载、预处理地图,初始化蛇等。

(2) MainLoop()函数。此函数用于获取键盘的输入,在 11.1 节讲解过,游戏的运行需要两个线程来执行,主线程控制游戏界面的显示,子线程获取键盘的输入。其中子线程获取键盘输入就是通过调用 MainLoop()函数来实现的。

(3) Failure()函数。此函数用于显示游戏失败时的界面。

(4) VictoryFn()函数。此函数用于显示游戏胜利时的界面。

实现了这 4 个函数后,在 main()函数中创建子线程,两个线程执行不同的代码块共同控制游戏的运行状态。main.c 文件的代码实现如下:

```
1 #include "global.h"
2 #include "map.h"
3 #include "food.h"
4 #include "snake.h"
5 #include "random.h"
6 #include <stdio.h>
7 #include <conio.h>
8 #include <process.h>        //windows 线程头文件
9 #include <windows.h>        //获取键盘输入的头文件
10
11 void InitGame(int n)
12 {
13     LoadMap(n);             //加载地图
14     SnakeInit();            //蛇初始化
```

```
15        PreviewMap();                                    //预处理地图
16        FoodCreate();                                    //创建食物
17        PreviewMap();                                    //预处理地图
18        DisplayMap();                                    //显示地图
19   }
20   void MainLoop(void * param)                           //游戏的子循环,获取键盘输入
21   {
22        char ch;
23        while (status==GAME_LOOP)                         //该线程执行读取用户输入功能
24        {
25            ch=_getch();                                  //获取键盘输入
26            switch (ch)
27            {
28            case 'w':
29            case 'W':
30                direction=SNAKE_UP;                       //向上移动
31                break;
32            case 'a':
33            case 'A':
34                direction=SNAKE_LEFT;                     //向左移动
35                break;
36            case 's':
37            case 'S':
38                direction=SNAKE_DOWN;                     //向下移动
39                break;
40            case 'd':
41            case 'D':
42                direction=SNAKE_RIGHT;                    //向右移动
43                break;
44            default:
45                break;
46            }
47        }
48   }
49
50   void Failure()                                        //闯关失败,打印游戏结束界面
51   {
52        int i, tmp;
53        system("cls");
54        printf("\n\n\n\n");
55        for (i=0; i <CONSOLE_MAX_WIDTH; i++)              //打印第一排"#"符号
56            printf("#");
57
58        tmp=CONSOLE_MAX_WIDTH - 30;
59        for (i=0; i <tmp / 2; i++)
60            printf(" ");
61        printf("很抱歉,你失败了!请再次开启游戏 \n"); //打印结束提示
62
63        for (i=0; i <CONSOLE_MAX_WIDTH; i++)              //打印第二排"#"符号
64            printf("#");
```

```
65        system("pause");
66 }
67
68 void VictoryFn()                                    //打印胜利过关界面
69 {
70        int i, tmp;
71        system("cls");
72        printf("\n\n\n\n");
73        for (i=0; i < CONSOLE_MAX_WIDTH; i++)
74            printf("#");
75
76        tmp=CONSOLE_MAX_WIDTH - 30;
77        for (i=0; i < tmp / 2; i++)
78            printf(" ");
79        printf("恭喜您,顺利进入第%d关,继续愉快地玩耍\n", snakeLength);
80
81        for (i=0; i < CONSOLE_MAX_WIDTH; i++)
82            printf("#");
83        Sleep(500);
84 }
85
86
87 int main()
88 {
89        HANDLE hThread;
90        hThread= (HANDLE)_beginthread(MainLoop, 0, NULL);      //创建一个子线程
91        int selectNum=1;
92        InitRandomSystem();                                 //初始化随机数系统
93 AA:
94        InitGame(selectNum);                                //根据随机选的关卡数初始化游戏
95
96        while (status==GAME_LOOP)                            //状态一直是 GAME_LOOP 时,一直执行
97        {
98            switch (SnakeStatus)
99            {
100            case SnakeShorten:
101                Sleep(DELAY_TIME_SHORTEN);                  //显示完地图后,停顿 DELAY_TIME 时间
102                SnakeMove();                                //蛇正常移动 (为了游戏的健壮性)
103                break;
104            case SnakeNormal:
105                Sleep(DELAY_TIME);                          //显示完地图后,停顿 DELAY_TIME 时间
106                SnakeMove();                                //蛇正常移动 (为了游戏的健壮性)
107                break;
108            case SnakeAccelerate:
109                Sleep(DELAY_TIME_ACCELERATE);               //显示完地图后,停顿 DELAY_TIME 时间
110                SnakeMove();                                //蛇正常移动 (为了游戏的健壮性)
111                break;
112            default:
113                SnakeMove();                                //蛇正常移动 (为了游戏的健壮性)
114                break;
```

```
115          }
116
117          PreviewMap();                    //预处理地图
118          DisplayMap();                    //显示地图
119
120     }
121
122     if (status==GAME_FAILURE)             //游戏失败
123     {
124          Failure();                       //退出
125          SnakeDestroy();
126
127     }
128     else if (status==GAME_VICTORY)
129     {
130          VictoryFn();
131          status=GAME_LOOP;
132          selectNum=selectNum %3+1;
133          goto AA;
134     }
135 }
```

下面对 main.c 文件代码进行分析,该文件主要包含 4 个函数:InitGame()、MainLoop ()、Failure()、VictoryFn()。

代码 11~19 行实现 InitGame()函数,调用其他模块中已经完成的函数实现游戏状态的初始化。

代码 20~48 行实现 MainLoop()函数,根据键盘的输入控制蛇的移动方向:如果输入 W/w 则向上移动;如果输入 A/a 则向左移动;如果输入 S/s 则向下移动;如果输入 D/d 则向右移动。

代码 50~66 行实现 Failure()函数,打印游戏失败的界面显示,如图 11-5 所示。

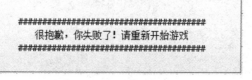

图 11-5　游戏失败

代码 68~84 行实现了 VictoryFn()函数,打印游戏胜利过关的界面显示,如图 11-6 所示。

代码 87~135 行是 main()函数的实现,在程序运行之初,代码第 90 行就创建了一个子线程 hThread,调用 MainLoop()函数读取键盘的输入。

接下来由主线程执行下面的代码。

代码 92 行初始化随机数系统,代码 94 行根据随机选关初始化游戏。

代码 96~120 行用 while()循环控制本关游戏的循环,用 switch…case 语句判断蛇的状态,然后调用 Sleep()函数设置休眠时长 DELAY_TIME_ACCELERATE,这个休眠是为了

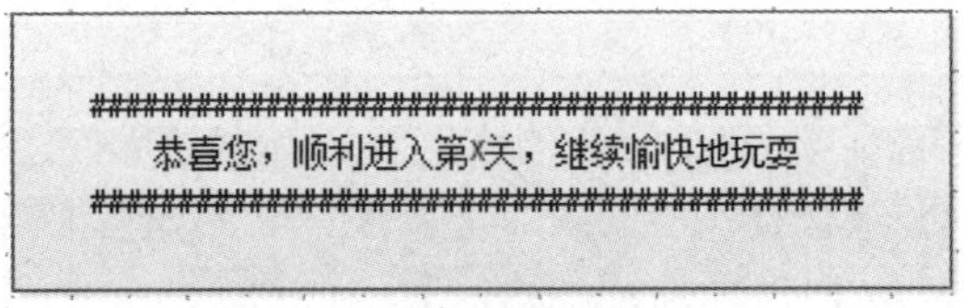

```
###############################################
恭喜您，顺利进入第X关，继续愉快地玩耍
###############################################
```

图 11-6   胜利过关

让游戏界面有一定的动态缓冲,否则界面会刷新得特别快而使游戏无法进行;之后调用 SnakeMove()函数使蛇移动。

代码 117、118 行调用 PreviewMap()和 DisplayMap()函数,预处理和显示状态改变之后的地图。

代码 122～134 行判断游戏是否失败或胜利过关,如果失败则调用 Failure()函数退出游戏,并调用 SnakeDestroy()函数将蛇销毁。如果胜利则调用 VictoryFn()函数显示胜利界面,将 status 状态改为 GAME_LOOP,进行游戏选关,最后调用 goto 语句回到 AA 处重新开始游戏。

11.2.5   效果展示

本节演示游戏运行效果,以方便读者了解项目功能。

1. 游戏开始

游戏开始运行后,显示运行界面,如图 11-7 所示。

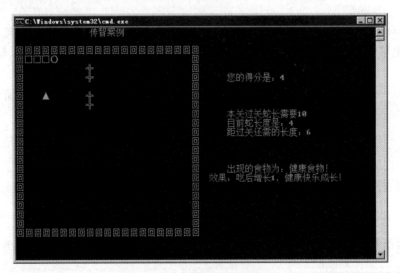

图 11-7   游戏运行界面

在图 11-7 的运行界面中,地图边界由回字形符号组成;蛇的起始位置在左上角,长度为 4,蛇头由符号"〇"表示,蛇身由符号"□"表示;障碍物由"╋"表示;此运行界面中出现的 "△"表示正常食物。在地图右边打印了游戏运行状态信息,它显示:目前蛇的长度是 4,过关需要蛇增长到 10,距离过关长度还差 6;地图中出现的食物是健康食物,吃掉后,蛇的长度增加 1。

2．游戏失败

当蛇撞到障碍物，或撞到自身，或吃掉过多有毒食物使自身长度减短到小于 2，蛇会死亡，则游戏结束，游戏结束界面如图 11-8 所示。

图 11-8 游戏结束界面

3．胜利过关

当蛇吃掉足够多的健康食物，增长到一定长度，则本关游戏胜利，会进入下一关，游戏胜利界面如图 11-9 所示。

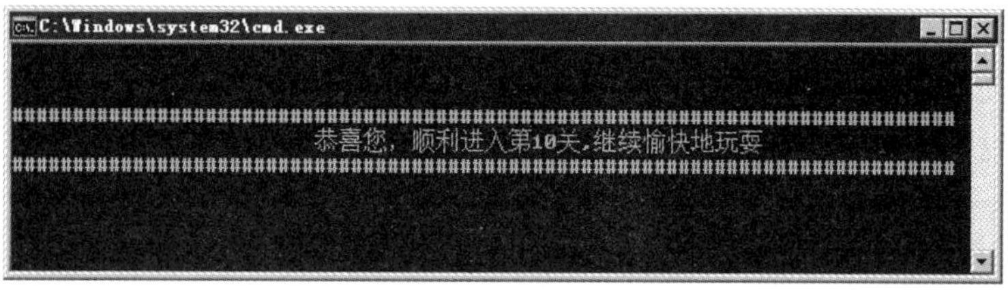

图 11-9 游戏胜利过关界面

从图 11-9 中可以看出，本关游戏胜利后将会进入第 10 关游戏。

11.3 项目心得

项目内容介绍完毕，下面对项目进行简单总结。初学者也应养成这样的习惯，在项目完成后，及时回顾遇到的问题及解决方法，总结得失，为今后的开发工作积累经验。

1．项目整体规划

每一个项目在实现之前都要对项目整体要实现哪些功能进行分析设计。将这些功能划分成不同的模块，如果模块较大，还可以在内部划分成更小的功能模块。这样逐个实现每个模块，条理清晰。在实现各个模块后，需要将模块整合，使各个功能协调有序地进行。在进行模块划分和模块整合时，可以使用流程图来表示模块之间的联系与运行流程。

2．多线程

在项目中往往会有一些功能需要同时进行，那么就需要多个线程协调工作来执行这些功能。例如,本项目中蛇的移动和从键盘读取输入方向,当从键盘读取到输入时,蛇就立刻要作出反应,这需要两个线程同时工作。当子线程读取键盘输入时,通过改变全局变量Edirection 使蛇改变移动方向。在几个线程协调工作时要设计如何让线程间进行通信。

3. 代码复用

代码复用一直是软件设计追求的目标,本系统实现时也力图尽量做到这点,因此将很多操作功能封装成函数,方便进行多次使用。例如本项目中地图的加载、预处理和显示等相应封装成 LoadMap()、PreviewMap()和 DisplayMap()函数,在每一次界面的刷新中,都要重复调用这些函数,避免了相同代码多次重复编写。

4. 资源回收

资源清理回收往往是初学者容易忽视的问题,而这个问题又容易造成不可预知的严重后果,在资源使用完毕后主动清理完成回收是很重要的。本项目中对于使用完毕的资源进行了有效回收,例如,当蛇吃了有毒食物长度变短时,则删除一个结点并将结点释放,完成资源的回收;当蛇死亡时,也是将蛇的结点逐一释放,完成资源回收。

【思考题】

在项目中使用单链表模拟蛇,增加结点使蛇长度增加,删除结点使蛇长度减短。请编写函数实现这两个操作。